高等职业技术教育机械类教改规划教材
(应用型本科适用)

机械制造工艺与夹具(第二版)

主　编　余承辉
副主编　张本松　张　宁
参　编　姜　晶　孙甲尧　孙　斌

上海科学技术出版社

内容提要

本书是在建设国家示范性高职院校的背景下，作者在积累多年教学和课程改革经验的基础上编写而成的。全书共9章，内容包括机械加工工艺基本知识、典型零件加工、机床常用夹具、专用夹具的设计方法、机械加工精度、机械加工表面质量、机械装配工艺基础、现代制造技术、机械制造工艺与夹具综合实训等。

本书为高职高专、电大、职大、成人教育等院校机械类、机电类专业的通用教材，也可作为工程技术人员的参考书。

本书按其主要内容编制了各章课件，在上海科学技术出版社网站公布，欢迎读者登录 www.sstp.cn/pebooks/download/浏览、下载。

图书在版编目(CIP)数据

机械制造工艺与夹具/余承辉主编. —2版. —上海:上海科学技术出版社,2014.8

高等职业技术教育机械类教改规划教材.应用型本科适用

ISBN 978-7-5478-2234-0

Ⅰ.①机… Ⅱ.①余… Ⅲ.①机械制造工艺—高等职业教育—教材②机床夹具—高等职业教育—教材

Ⅳ.①TH16②TG75

中国版本图书馆CIP数据核字(2014)第105753号

机械制造工艺与夹具(第二版)

主编 余承辉

上海世纪出版股份有限公司
上海科学技术出版社 出版
(上海钦州南路71号 邮政编码200235)
上海世纪出版股份有限公司发行中心发行
200001 上海福建中路193号 www.ewen.cc
常熟市兴达印刷有限公司印刷
开本 787×1092 1/16 印张:19.5
字数:410千字
2010年7月第1版
2014年8月第2版 2014年8月第2次印刷
ISBN 978-7-5478-2234-0/TH·46
定价:38.00元

前　言

机械制造工艺与夹具是以机械制造中的工艺和工装设计问题为研究对象的一门应用性制造技术课程。机械制造工艺与夹具的内容极其广泛,它包括零件的毛坯制造、机械加工、产品的装配及夹具设计等。机械制造工艺与夹具课程涉及的行业有百余种,产品品种成千上万,但是研究的工艺问题则可归纳为质量、效率和经济性三类:

(1) 保证和提高产品的质量　产品质量包括整台机械的装配精度、使用性能、使用寿命和可靠性,以及零件的加工精度和加工表面质量。近代,由于宇航、精密机械、电子工业和国防工业的需要,对零件的精度和表面质量的要求越来越高,相继出现了各种新工艺和新技术,如精密加工、超精密加工和微细加工等,加工精度由 1 μm 级提高到 0.1～0.01 μm 级,目前正在向纳米(0.001 μm)级精度迈进。

(2) 提高劳动生产率　第一种方法是提高切削用量,采用高速切削、高速磨削和重磨削。近年来出现的聚晶金刚石和聚晶立方氮化硼等新型刀具材料,其切削速度可达 20 m/s,高速磨削的磨削速度达 200 m/s。重磨削是高效磨削的发展方向,包括大进给。第二种方法是改进工艺方法、创新工艺。例如,利用锻压设备实现少无切削加工,对高强度、高硬度的难切削材料采用特种加工等。第三种方法是提高自动化程度,实现高度自动化。例如,采用数控机床、加工中心、柔性制造单元(FMC)、柔性制造系统(FMS)、计算机集成制造系统(CIMS)和无人化车间或工厂等。

(3) 降低成本　要节省和合理选择原材料,研究新材料;合理使用和改进现有设备,研制新的高效设备等。

对上述三类问题要辨证地全面地进行分析。要在满足质量要求的前提下,不断提高劳动生产率和降低成本。以优质、高效、低耗的工艺去完成零件的加工和产品的装配,这样的工艺才是合理的和先进的工艺。

机械制造工艺与夹具课程是机械类、机电类各专业的主要专业课。通过本课程的学习及相关实践教学环节的训练,可使学生初步具备分析和解决工艺技术及装夹问题的能力。具体要求如下:

① 掌握机械制造工艺的基本理论和夹具设计方法及典型结构,注重基本概念的建立和理论的具体应用,学会对较复杂零件进行工艺分析和夹具设计。

② 具有制定中等复杂零件的机械加工工艺规程、设计夹具以及一般产品的装配工艺规程的初步能力。

③ 树立生产制造系统的观点,了解现代制造技术的新成就、发展方向和一些重要的现

代制造技术，以扩大视野、开阔思路、提高工艺等制造技术水平和增强人才的竞争力及就业能力。

本书第一版是由来自全国十多位既具有丰富理论知识，又具有较强的教学与生产实践经验的教师和工程技术人员编写的，应该说教材充分体现了多年来高职教育教学改革的成果，定位准确，教材编写规范，图文制作精良。教材于2010年出版以来，受到了广大教师和学生的一致好评。

随着高等教育教学改革的不断深入，教材也应与时俱进，紧跟改革步伐，不断进取。教高〔2012〕4号“教育部关于全面提高高等教育质量的若干意见”明确提出要强化实践育人环节，结合专业特点和人才培养要求，增加实践教学比重，确保实践教学必要的学时。所以，我们通过深入调研，广泛征求各方意见，并结合一线教师的反映，决定对本书第一版进行修订。

第二版教材突出了理论实践一体化的特点，将理论和实践知识融为一体，实践部分主要介绍机械制造工艺与夹具课程设计的目的、内容、步骤等，通过设计实例，培养学生综合运用机械制造工艺知识，掌握一般机械制造的基本方法和程序，培养拟定工艺规程、选择工装、制定工艺卡片等能力。

第二版教材共9章，在第一版基础上增加了“综合实训”章节。全书内容包括机械加工工艺基本知识、典型零件加工、机床常用夹具、专用夹具的设计方法、机械加工精度、机械加工表面质量、机械装配工艺基础、现代制造技术、机械制造工艺与夹具综合实训等，是以机械制造中的工艺和工装设计问题为研究对象的一门应用性、实践性的机械制造技术课程教材。每章后附有复习思考题。

参加此次修订工作的有余承辉（第一章）、张本松（第二章）、姜晶（第三、四、六章）、张宁（第五、九章）、孙甲尧（第七章）、孙斌（第八章）。全书由余承辉教授担任主编，张本松、张宁担任副主编。

鉴于编者水平有限，书中难免有错误和不妥之处，恳请广大读者批评指正。

本书按其主要内容编制了各章课件，在上海科学技术出版社网站公布，欢迎读者登录www.sstp.cn/pebooks/download/浏览、下载。

编　者

目　录

第一章　机械加工工艺基本知识

第二章　典型零件加工

第三章 机床常用夹具

第四章 专用夹具的设计方法

第五章 机械加工精度

第六章 机械加工表面质量

第七章 机械装配工艺基础

第八章 现代制造技术

第九章　机械制造工艺与夹具综合实训

第一章　机械加工工艺基本知识

第一节　基本概念

一、生产过程与工艺过程

1. 生产过程

机械产品的生产过程是指将原材料转变为成品的所有劳动过程。这里所指的成品可以是一台机器、一个部件,也可以是某种零件。对于机械制造而言,生产过程包括:

① 原材料、半成品和成品的运输和保存。

② 生产和技术准备工作,如产品的开发和设计、工艺及工艺装备的设计与制造、各种生产资料的准备以及生产组织。

③ 毛坯制造和处理,如铸造、锻造和冲压等。

④ 零件的机械加工、热处理及其他表面处理。

⑤ 部件或产品的装配、检验、调试、油漆和包装等。

由上可知,机械产品的生产过程是相当复杂的,它通过的整个路线称为工艺路线。一台机器的生产往往不是一个工厂能够单独完成的,而是由许多工厂和车间联合起来共同完成。为了便于组织生产和提高劳动生产率,现代机械工业的发展趋势是组织专业化生产。例如,制造汽车时,汽车上的轮胎、仪表、电器元件、液压元件甚至发动机等许多零部件都是由专业厂协作生产完成,再由汽车厂完成关键部件的生产,并装配成完整的产品(汽车)。产品按专业化组织生产后,各有关工厂的生产过程比较简单,有利于保证质量、提高生产率和降低成本。

2. 工艺过程

工艺过程是指改变生产对象的形状、尺寸、相对位置和性质等,使其成为半成品或成品的过程,它是生产过程的一部分,包括毛坯制造、热处理、机械加工、装配等工艺过程。采用机械加工的方法,直接改变毛坯的形状、尺寸和表面质量,使之成为产品零件的过程称为机械加工工艺过程。后面所提到的工艺过程均指机械加工工艺过程。

在机械加工工艺过程中,根据被加工零件的结构特点和技术要求,要采用不同的加工方法和装备,按照一定的顺序集中进行加工,才能完成由毛坯到零件的过程。组成机械加工工艺过程的基本单元是工序。工序又由安装、工位、工步和进给等组成。

(1) 工序　一个或一组工人,在一个工作地点对同一个或同时对几个工件进行加工所连续完成的那部分工艺过程,称为工序。划分工序的主要依据是工作地点或机床是否变动和加工是否连续。如图 1-1 所示的阶梯轴,当单件小批生产时,可划分为表 1-1 所示的三个工序;大批

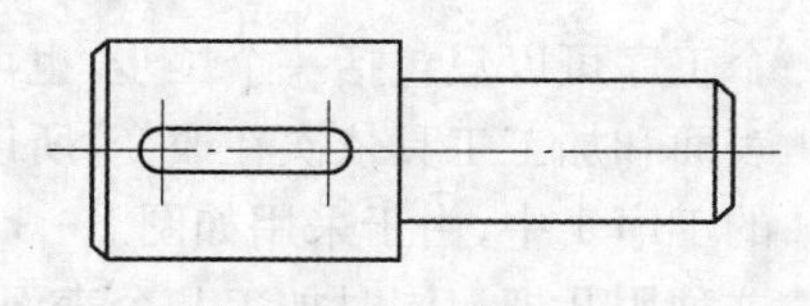

图 1-1　阶梯轴

大量生产时，则可划分为表1-2所示的五个工序。

(2) 安装　工件在加工之前，应先使工件在机床上或夹具中占有正确的位置，这一过程称为定位。工件定位后，将其固定，使其在加工过程中保持定位位置不变的操作称为夹紧。将工件在机床或夹具中每定位、夹紧一次所完成的那一部分工序内容称为安装。一道工序中，工件可能被安装一次或多次。在加工零件时，应尽量减少安装次数，因为安装次数越多，越会加大误差，同时增加生产时间。

表1-1　阶梯轴单件小批量生产的加工工艺过程

工序号	工序内容	设备
1	车一端面，钻中心孔；调头，车另一端面，钻中心孔	车床Ⅰ
2	车大外圆及倒角；调头，车小外圆、切槽及倒角	车床Ⅱ
3	铣键槽、去毛刺	铣床

表1-2　阶梯轴大批量生产的加工工艺过程

工序号	工序内容	设备
1	铣两端面、钻两端中心孔	铣端面、钻中心孔机床
2	车大外圆及倒角	车床Ⅰ
3	车小外圆、切槽及倒角	车床Ⅱ
4	铣键槽	铣床
5	去毛刺	钳工设备

(3) 工位　为了完成一定的工序内容，一次安装工件后，工件在机床上所占据的每一个待加工位置称为工位。为了减少由于多次安装带来的误差和时间损失，加工中常采用回转工作台、回转夹具或移动夹具，使工件在一次安装后，先后处于几个不同的位置进行加工，称为多工位加工。如图1-2所示为利用回转工作台，在一次安装中依次完成装卸工件、钻孔、扩孔、铰孔四个工位加工的例子。采用多工位加工方法既可以减少安装次数、提高加工精度、减轻工人的劳动强度，又可以使各工位的加工与工件的装卸同时进行，提高劳动生产率。

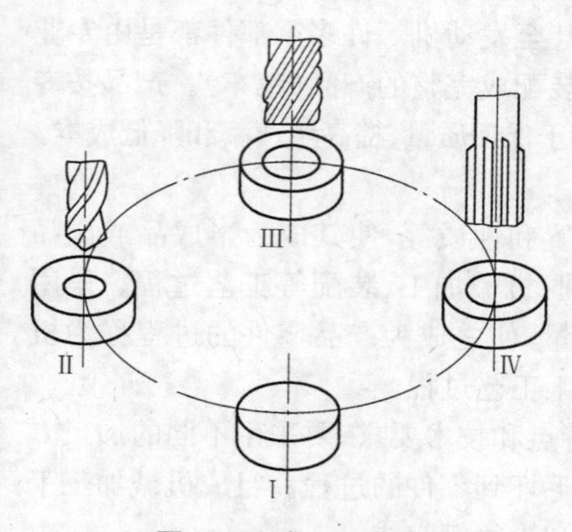

图1-2　多工位加工

(4) 工步　工序又可分成若干工步。在一个工序中，当加工表面不变、切削刀具不变、切削用量不变的情况下，连续完成的那部分工序内容称为工步。一个工序可以只包括一个工步，也可以包括几个工步。例如，在表1-1的工序1中，由于加工表面和加工工具依次在改变，所以该工序包括四个工步：两次车端面、两次钻孔。在表1-2的工序1中，由于采用如图1-3所示的两面同时加工的方法，所以该工序只有两个工步，像这种用几把刀同时加工几个表面，可视为一个工步，又称为复合工步。在机械加工过程中，

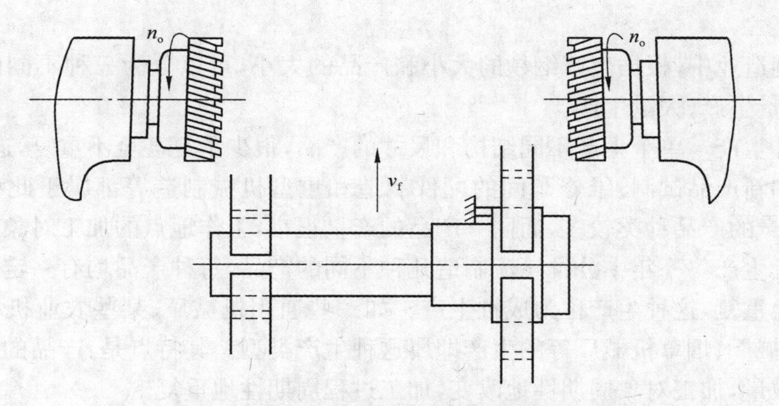

图 1-3　复合工步(多刀铣削阶梯轴两端面)

采用复合工步,可有效地提高生产效率。

但是,对于在一次安装中连续进行的若干相同的工步,通常算作一个工步。如图 1-4 所示的零件,如用一个钻头连续钻削四个 ϕ15 mm 的孔,认为是一个工步(钻4×ϕ15 mm 孔)。

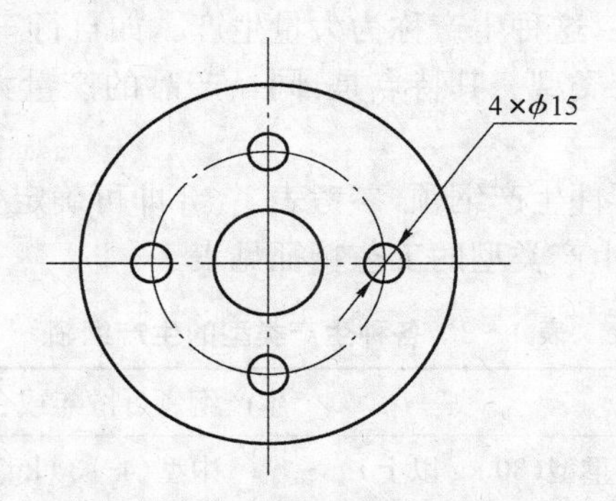

图 1-4　加工四个相同孔的工步

(5) 走刀　在一个工步中,若需切去的金属层很厚,则可分为几次切削。则每进行一次切削就是一次走刀。一个工步可以包括一次或几次走刀。

二、生产纲领和生产类型

1. 生产纲领

生产纲领是指企业在计划期内应当生产的产品产量和进度计划。计划期通常为 1 年,所以生产纲领也称为年产量。

对于零件而言,产品的产量除了制造机器所需要的数量之外,还要包括一定的备品和废品,因此零件的生产纲领应按下式计算:

$$N=Qn(1+a\%)(1+b\%)$$

式中　N——零件的年产量(件/年);

Q——产品的年产量(台/年);

n——每台产品中该零件的数量(件/台);

$a\%$——该零件的备品率;

$b\%$——该零件的废品率。

2. 生产类型

在机械制造业中，根据生产纲领的大小和产品的大小，可以分为三种不同的生产类型：单件生产、批量生产、大量生产。

（1）单件生产　单个生产不同结构和尺寸的产品，很少重复甚至不重复，这种生产称为单件生产。如新产品试制、维修车间的配件制造和重型机械制造等都属于此种生产类型。其特点是：生产的产品种类较多，而同一产品的产量很小，工作地点的加工对象经常改变。

（2）成批生产　一年中分批轮流制造几种不同的产品，每种产品均有一定的数量，加工对象周期性地重复，这种生产称为成批生产。如一些通用机械厂、某些农业机械厂、陶瓷机械厂、造纸机械厂、烟草机械厂等的生产即属这种生产类型。其特点是：产品的种类较少，有一定的生产数量，加工对象周期性地改变，加工过程周期性地重复。

同一产品（或零件）每批投入生产的数量称为批量。根据批量的大小又可分为大批生产、中批生产和小批生产。小批生产的工艺特征接近单件生产，大批生产的工艺特征接近大量生产。

（3）大量生产　同一产品的生产数量很大，大多数工作地点经常按一定节奏重复进行某一零件的某一工序的加工，这种生产称为大量生产。如自行车制造和一些链条厂、轴承厂等专业化生产即属此种生产类型。其特点是：同一产品的产量大，工作地点较少改变，加工过程重复。

根据前面公式计算的零件生产纲领，参考表 1-3 即可确定生产类型。不同生产类型的制造工艺有不同特征，各种生产类型的工艺特征见表 1-4。

表 1-3　各种生产类型的生产纲领

生产类型		生产纲领（件/年或台/年）		
		重型（30 kg 以上）	中型（4～30 kg）	轻型（4 kg 以下）
单件生产		5 以下	10 以下	100 以下
成批生产	小批生产	5～100	10～200	100～500
	中批生产	100～300	200～500	500～5 000
	大批生产	300～1 000	500～5 000	5 000～50 000
大量生产		1 000 以上	5 000 以上	50 000 以上

表 1-4　各种生产类型的工艺特征

工艺特征	单件生产	成批生产	大量生产
毛坯的制造方法	铸件用木模手工造型；锻件用自由锻。毛坯精度低，加工余量大	部分铸件用金属模机器造型；部分锻件用模锻，毛坯精度中等，加工余量中等	铸件广泛采用金属模机器造型，锻件广泛采用锻模，以及其他高生产率的毛坯制造方法。毛坯精度高，加工余量小
零件互换性	无需互换、互配零件，可成对制造，广泛用修配法装配	大部分零件有互换性，少数用修配法装配	全部零件有互换性，某些要求精度高的配合，采用分组装配

（续表）

工艺特征	单件生产	批量生产	大量生产
机床设备及其布置	采用通用机床；按机床类别和规格采用“机群式”排列	部分采用通用机床，部分专用机床；按零件加工分“工段”排列	广泛采用生产率高的专用机床和自动机床；按流水线形式排列
刀具和量具	采用通用刀具和万能量具	较多采用专用刀具和专用量具	广泛采用高生产率的刀具和量具
夹具	很少用专用夹具，由划线和试切法达到设计要求	广泛采用专用夹具，部分用划线法进行加工	广泛用专用夹具，用调整法达到精度要求
对技术工人要求	需要技术熟练的工人	各工种需要一定熟练程度的技术工人	对机床调整工人技术要求高，对机床操作工人技术要求低
对工艺文件的要求	只有简单的工艺过程卡	有详细的工艺过程卡或工艺卡，零件的关键工序有详细的工序卡	有工艺过程卡、工艺卡和工序卡等详细的工艺文件
生产率	低	中	高
成本	高	中	低
发展趋势	箱体类复杂零件采用加工中心加工	采用成组技术、数控机床或柔性制造系统等进行加工	在计算机控制的自动化制造系统中加工，并可能实现在线故障诊断，自动报警和加工误差自动补偿

第二节　机械加工工艺规程

机械加工工艺规程是将产品或零部件的制造工艺过程和操作方法按一定格式固定下来的指导施工技术文件。机械加工工艺规程包括零件加工工艺流程、加工工序内容、切削用量、采用设备及工艺装备、工时定额等。

一、机械加工工艺规程的作用

机械加工工艺规程是机械制造工厂最主要的技术文件，是工厂规章制度的重要组成部分，其作用主要有：

（1）组织和管理生产的基本依据　工厂进行新产品试制或产品投产时，必须按照工艺规程提供的数据进行技术准备和生产准备，以便合理编制生产计划，合理调度原材料、毛坯和设备，及时设计制造工艺装备，科学地进行经济核算和技术考核。

（2）指导生产的主要技术文件　工艺规程是在结合本厂具体情况，总结实践经验的基础上，依据科学的理论和必要的工艺实验后制订的，它反映了加工过程中的客观规律，工人必须按照工艺规程进行生产，才能保证产品质量，才能提高生产效率。

（3）新建和扩建工厂的原始资料　新建或扩建工厂或车间时，根据工艺规程来确定所需要的机床的品种和数量、机床的布置、占地面积、辅助部门的安排等。

(4) 是技术交流、技术革新的基本资料　典型和标准的工艺规程能缩短生产的准备时间,提高经济效益。先进的工艺规程必须广泛吸取合理化建议,不断交流工作经验,才能适应科学技术的不断发展。工艺规程则是开展技术革新和技术交流必不可少的技术语言和基本资料。

二、机械加工工艺规程的类型

1. 工艺规程的类型

(1) 专用工艺规程　针对每一个产品和零件所设计的工艺规程。

(2) 通用工艺规程　它包括典型工艺规程(为一组结构相似的零部件所设计的通用工艺规程)、成组工艺规程(按成组技术原理将零件分类成组,针对每一组零件所设计的通用工艺规程)以及标准工艺规程(已纳入国家标准或工厂标准的工艺规程)。

2. 工艺规程的格式

将工艺规程的内容填入一定格式的卡片,即成为生产准备和施工依据的工艺文件,常见有以下几种卡片。

(1) 机械加工工艺过程卡片　这种卡片主要列出了整个零件加工所经过的工艺路线,包括毛坯,机械加工和热处理等。它是制订其他工艺文件的基础,也是生产技术准备、编制作业计划和组织生产的依据。在这种卡片中,由于各工序的说明不够具体,故一般不能直接指导工人操作,而多作为生产管理方面使用。在单件小批生产中,通常不编制其他较详细的工艺文件,而是以这种卡片指导生产。因此,这种卡片应编制得比较详细。工艺过程卡的格式见表 1-5。

表 1-5　机械加工工艺过程卡

<table>
<tr><td rowspan="2"></td><td rowspan="2" colspan="2">机械加工工艺过程卡片</td><td colspan="2">产品型号</td><td colspan="2"></td><td colspan="2">零(部)件图号</td><td colspan="2"></td><td colspan="2"></td></tr>
<tr><td colspan="2">产品名称</td><td colspan="2"></td><td colspan="2">零(部)件名称</td><td colspan="2"></td><td>共　页</td><td>第　页</td></tr>
<tr><td>材料序号</td><td></td><td>毛坯种类</td><td></td><td>毛坯外形尺寸</td><td></td><td>每件毛坯可制作数</td><td></td><td>每台件数</td><td></td><td>备注</td><td></td></tr>
<tr><td rowspan="2">工序号</td><td rowspan="2">工序名称</td><td rowspan="2">工序内容</td><td rowspan="2">车间</td><td rowspan="2">工段</td><td rowspan="2">设备</td><td rowspan="2" colspan="4">工艺设备</td><td colspan="2">工　时</td></tr>
<tr><td>准终</td><td>单件</td></tr>
<tr><td></td><td></td><td></td><td></td><td></td><td></td><td colspan="4"></td><td></td><td></td></tr>
<tr><td></td><td></td><td></td><td></td><td></td><td></td><td colspan="4"></td><td></td><td></td></tr>
<tr><td></td><td></td><td></td><td></td><td></td><td></td><td colspan="4"></td><td></td><td></td></tr>
</table>

<table>
<tr><td></td><td></td><td></td><td></td><td></td><td></td><td></td><td></td><td></td><td></td><td rowspan="2">设计
(日期)</td><td rowspan="2">审核
(日期)</td><td rowspan="2">(标准化
日期)</td><td rowspan="2">(会签
日期)</td><td rowspan="2"></td></tr>
<tr><td></td><td></td><td></td><td></td><td></td><td></td><td></td><td></td><td></td><td></td></tr>
<tr><td>标记</td><td>处数</td><td>更改文件号</td><td>签字</td><td>日期</td><td>标记</td><td>处数</td><td>更改文件号</td><td>签字</td><td>日期</td><td></td><td></td><td></td><td></td><td></td></tr>
</table>

(2) 机械加工工序卡片 用来具体指导工人操作的一种最详细的工艺文件,卡片上要画出工序简图,注明该工序的加工表面及应达到的尺寸精度和表面粗糙度要求、工件的安装方式、切削用量、工装设备等内容。格式见表 1-6。

表 1-6 机械加工工序卡

	机械加工工序卡	产品型号		零(部)件图号			
		产品名称		零(部)件名称		共 页	第 页

工序简图	车 间	工序号	工序名称	材料牌号
	毛坯种类	毛坯外形尺寸	每件毛坯可制件数	每台件数
	设备名称	设备型号	设备编号	同时加工件数
	夹具编号	夹具名称	切削液	
	工位器具编号	工位器具名称	工序工时	
			准终	单件

工步号	工步内容	工艺装备	主轴转速 (r/min)	切削速度 (m/min)	进给量 (mm/r)	切削深 (mm)	进给次数	工步工时	
								机动	辅助

										设计(日期)	审核(日期)	(标准化日期)	(会签日期)
标记	处数	更改文件号	签字	日期	标记	处数	更改文件号	签字	日期				

(3) 机械加工工艺卡 工艺卡是以工序为单位,详细说明零件工艺过程的工艺文件,它用来指导工人操作和帮助管理人员及技术人员掌握零件加工过程,广泛用于批量生产的零件和小批生产的重要零件。工艺卡的格式见表 1-7。

表 1-7 机械加工工艺卡

<table>
<tr><td colspan="3" rowspan="2">(单位)</td><td colspan="3" rowspan="2">机械加工工艺卡</td><td colspan="2">产品型号</td><td></td><td colspan="2">零(部)件图号</td><td colspan="3"></td><td colspan="2">共 页</td></tr>
<tr><td colspan="2">产品名称</td><td></td><td colspan="2">零(部)件名称</td><td colspan="3"></td><td colspan="2">第 页</td></tr>
<tr><td colspan="3">材料牌号</td><td></td><td>毛坯种类</td><td></td><td>毛坯外形尺寸</td><td></td><td colspan="2">每件毛坯可制件数</td><td></td><td colspan="2">每台件数</td><td></td><td>备注</td><td></td></tr>
<tr><td rowspan="2">工序号</td><td rowspan="2">装卡</td><td rowspan="2">工步</td><td rowspan="2">工序内容</td><td rowspan="2">同时加工零件数</td><td colspan="4">切削用量</td><td rowspan="2">设备名称及编号</td><td colspan="3">工艺装备名称及编号</td><td rowspan="2">技术等级</td><td colspan="2">工时定额</td></tr>
<tr><td>背吃刀量(mm)</td><td>切削速度(m/min)</td><td>每分钟转数或往复次数</td><td>进给量(mm/r)</td><td>夹具</td><td>刀具</td><td>量具</td><td>单件</td><td>准终</td></tr>
<tr><td></td><td></td><td></td><td></td><td></td><td></td><td></td><td></td><td></td><td></td><td></td><td></td><td></td><td></td><td></td><td></td></tr>
<tr><td></td><td></td><td></td><td></td><td></td><td></td><td></td><td></td><td></td><td></td><td colspan="2">编制(日期)</td><td colspan="2">审核(日期)</td><td>会签(日期)</td><td></td></tr>
<tr><td></td><td></td><td></td><td></td><td></td><td></td><td></td><td></td><td></td><td></td><td colspan="2" rowspan="2"></td><td colspan="2" rowspan="2"></td><td rowspan="2"></td><td rowspan="2"></td></tr>
<tr><td>标记</td><td>处记</td><td>更改</td><td>签字</td><td>日期</td><td>标记</td><td>处记</td><td>更改</td><td>签字</td><td>日期</td></tr>
</table>

另外,还有单轴自动车床调整卡片、多轴自动车床调整卡片、检验卡片以及装配工艺卡片等。

三、制订工艺规程的原则和依据

1. 制订工艺规程的原则

制订工艺规程时,必须遵循以下原则:

① 充分利用本企业现有的生产条件。

② 可靠地加工出符合图纸要求的零件,保证产品质量。

③ 保证良好的劳动条件,提高劳动生产率。

④ 在保证产品质量的前提下,尽可能降低消耗、降低成本。

⑤ 尽可能采用国内外先进工艺技术。

此外,工艺规程还应做到清晰、正确、完整和统一,所用术语、符号、编码、计量单位等都必须符合相关标准。

2. 制订工艺规程的主要依据

制订工艺规程时,必须依据如下原始资料:

① 产品的整套装配图和零件工作图。

② 产品的生产纲领。

③ 工厂现有的生产条件,包括毛坯的生产条件或协作关系、工艺装备和专用设备及其制造能力、工人的技术水平以及各种工艺资料和标准等。

④ 产品验收的质量标准。

⑤ 新技术、新工艺及其有关工艺手册和资料。

四、制订工艺规程的步骤

制订机械加工工艺规程的步骤大致如下：

① 熟悉和分析制订工艺规程的主要依据，确定零件的生产纲领和生产类型。

② 分析零件工作图和产品装配图，进行零件结构工艺性分析。

③ 确定毛坯，包括选择毛坯类型及其制造方法。

④ 选择定位基准或定位基面。

⑤ 拟定工艺路线。

⑥ 确定各工序需用的设备及工艺装备。

⑦ 确定加工余量、工序尺寸及其公差。

⑧ 确定各主要工序的技术要求及检验方法。

⑨ 确定各工序的切削用量和时间定额，并进行技术经济分析，选择最佳工艺方案。

⑩ 填写工艺文件。

五、制定工艺规程时要解决的主要问题

制定工艺规程时，主要解决以下几个问题：

① 零件图的研究和工艺分析。

② 毛坯的选择。

③ 定位基准的选择。

④ 工艺路线的拟订。

⑤ 工序内容的设计，包括机床设备及工艺装备的选择、加工余量和工序尺寸的确定、切削用量的确定、热处理工序的安排、工时定额的确定等。

第三节　零件的结构工艺性分析

制定零件的机械加工工艺规程前，必须认真研究零件图，对零件进行工艺分析。

一、产品零件图样和装配图样的分析研究

零件图是制订工艺规程最主要的原始资料。只有通过对零件图和装配图的分析，才能了解产品的性能、用途和工作条件，明确各零件的相互装配位置和作用，了解零件的主要技术要求，找出生产合格产品的关键技术问题。主要从以下几方面分析研究零件图：

(1) 检查零件图的完整性和正确性　主要检查零件视图是否表达直观、清晰、准确、充分；尺寸、公差、技术要求是否合理、齐全。如有错误或遗漏，应提出修改意见。

(2) 分析零件材料及热处理　审查零件材料及热处理选用是否合适，尽量避免采用贵重金属；了解零件材料加工的难易程度，初步考虑热处理工序的安排。

(3) 分析零件的技术要求　包括零件加工表面的尺寸精度、形状精度、位置精度、表面粗糙度、表面微观质量以及热处理等要求，并审查其合理性，必要时应参阅部、组件装配图或总装图。

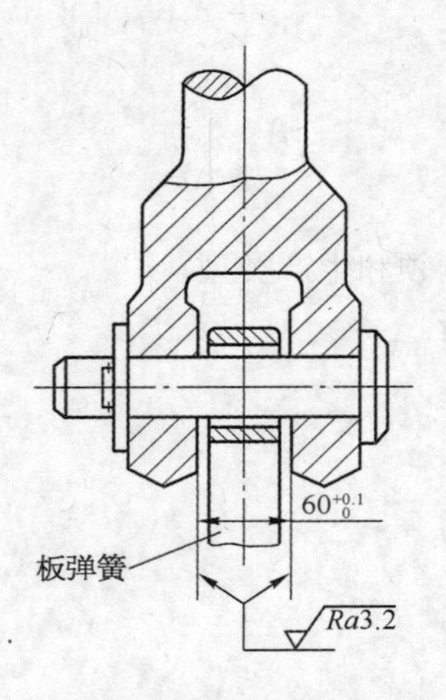

图 1-5　汽车钢板弹簧吊耳

如图 1-5 所示的汽车板弹簧与吊耳的装配简图，两个零件的对应侧面并不接触，所以可将吊耳槽的表面粗糙度要求降低些，与设计单位协商，由原设计的 $Ra3.2$ 改为 $Ra12.2$，从而可增大铣削加工时的进给量，提高生产效率并降低了生产成本。

二、零件的结构工艺性分析

零件的结构工艺性是指所设计的零件在不同的生产条件下，零件毛坯的制造、零件的加工和产品的装配所具备的可行性和经济性。零件结构工艺性涉及面很广，必须全面综合地分析。零件结构工艺性好还是差对其工艺过程的影响非常大，不同结构的两个零件尽管都能满足使用性能要求，但它们的加工方法和制造成本却可能有很大的差别。零件机械加工结构工艺性的对比见表 1-8。

表 1-8　零件结构工艺性对比

序号	工艺性不好的结构 A	工艺性好的结构 B	说　明
1	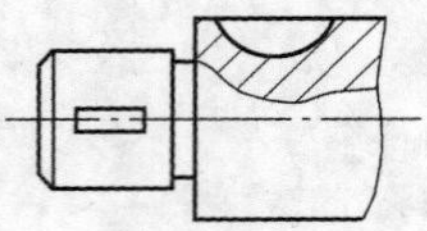	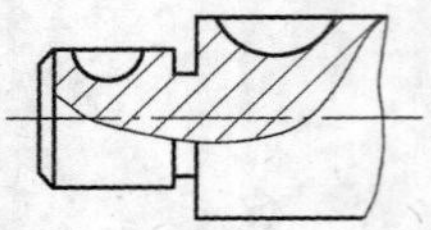	结构 B 键槽的尺寸、方位相同，则可在一次装夹中加工出全部键槽，以提高生产率
2	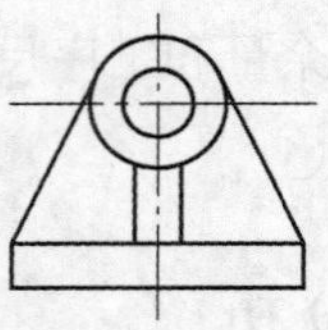	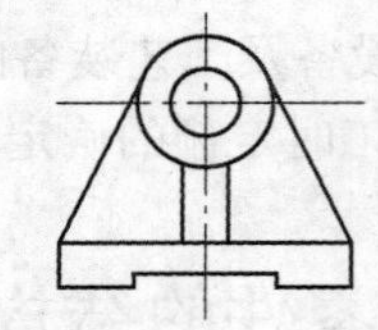	结构 B 的底面接触面积小，加工量小，稳定性好
3	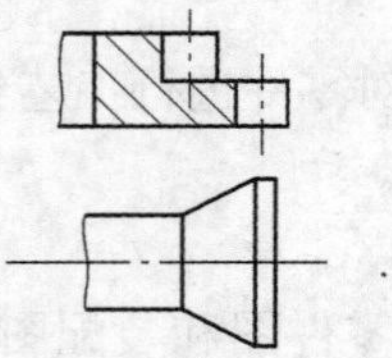	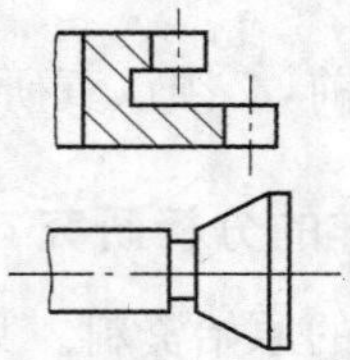	结构 B 有退刀槽，从而保证加工的可能性，减少刀具（砂轮）的磨损
4	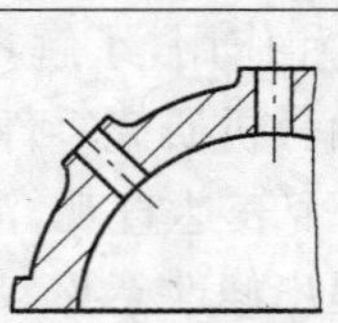	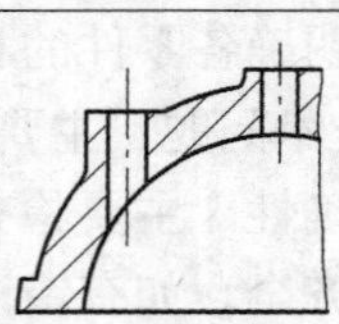	结构 B 被加工表面的方向一致，可以在一次装夹中进行加工
5	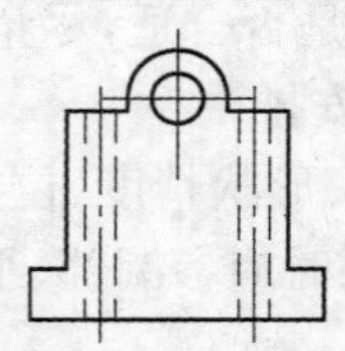	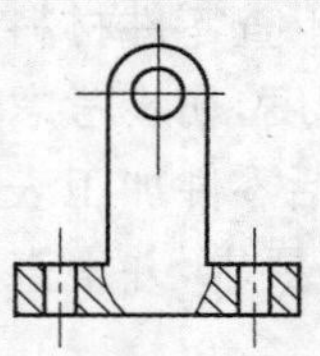	结构 B 避免深孔加工，可节约零件材料

（续表）

序号	工艺性不好的结构 A	工艺性好的结构 B	说　明
6		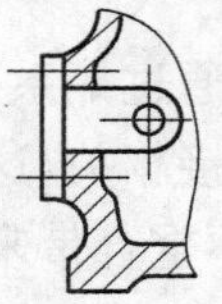	箱体类零件的外表面比内表面容易加工，应以外部连接表面代替内部连接表面
7	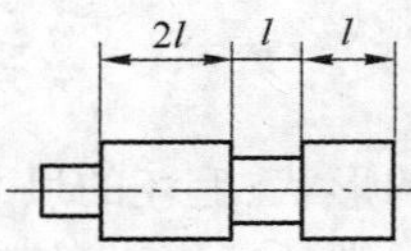 $2l$　l　l	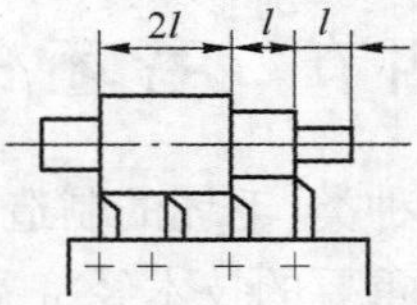 $2l$　l　l	结构 B 加工表面长度相等或成倍数，直径尺寸沿一个方向递减，便于布置刀具，可在多刀半自动车床上加工
8	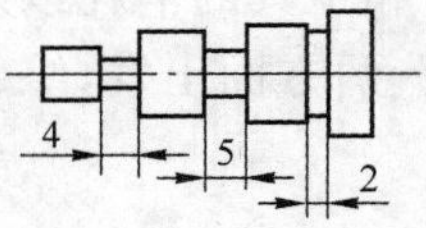 4　5　2	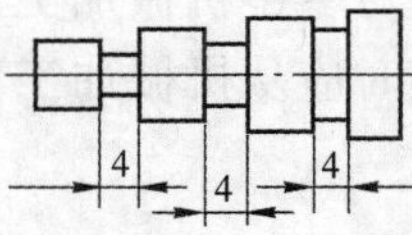 4　4　4	结构 B 凹槽尺寸相同，可减少刀具种类，减少换刀时间
9	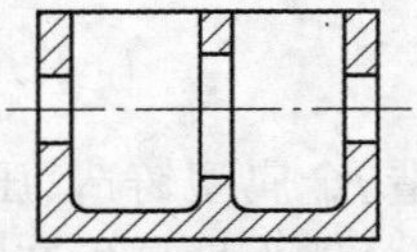	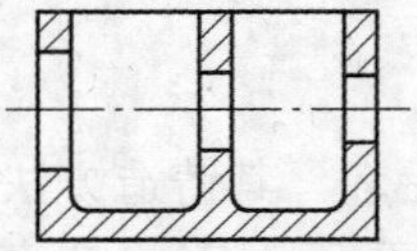	结构 B 同轴孔的孔径向同一方向递减或递增
10		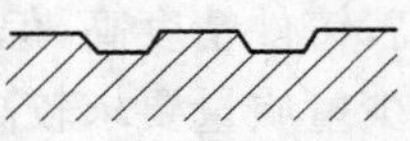	结构 B 的三个凸台表面，可在一次走刀中加工完毕

三、零件工艺分析应重点研究的几个问题

对于较复杂的零件，在进行工艺分析时还必须重点研究以下三个方面的问题：

1. 主次表面的区分和主要表面的保证

零件的主要表面是指零件与其他零件相配合的表面，或是直接参与机器工作过程的表面。主要表面以外的其他表面称为次要表面。根据主要表面的质量要求，便可确定所应采用的加工方法以及采用哪些最后加工的方法来保证实现这些要求。

2. 零件的技术要求分析

零件的技术要求分析，是制定工艺规程的重要环节。只有认真地分析零件的技术要求，分清主、次后，才能合理地选择每一加工表面应采用的加工方法和加工方案，以及整个零件的加工路线。零件技术要求分析主要有以下几个方面的内容。

① 精度分析。包括被加工表面的尺寸精度、形状精度和相互位置精度的分析。

② 表面粗糙度及其他表面质量要求的分析。

③ 热处理要求和其他方面要求（如动平衡等）的分析。

在认真分析了零件的技术要求后，结合零件的结构特点，对零件的加工工艺过程便有一个初步轮廓。加工表面的尺寸精度、表面粗糙度和有无热处理要求，决定了该表面的最终加工方法。进而得出中间工序和粗加工工序所采用的加工方法。

分析零件的技术要求时，还要结合零件在产品中的作用，审查技术要求规定是否合理，有无遗漏和错误，发现不妥之处，应与设计人员协商解决。

3. 零件图上表面位置尺寸的标注

零件上各表面之间的位置精度是通过一系列工序加工后获得的，这些工序的顺序与工序尺寸和相互位置关系的标注方式直接相关，这些尺寸的标注必须做到尽量使定位基准、测量基准与设计基准重合，以减少基准不重合带来的误差。

第四节 毛坯的选择

选择毛坯，主要是确定毛坯的种类、毛坯的制造方法、毛坯的形状、毛坯的尺寸等。在制订工艺规程时，正确地选择毛坯有重要的技术经济意义。毛坯种类的选择，不仅影响着毛坯的制造工艺、设备及制造费用，而且对零件机械加工工艺、设备和工具的消耗以及工时定额也都有很大的影响。所以选择毛坯时应从机械加工和毛坯制造两方面出发，综合考虑以求达到最佳效果。

一、常见毛坯的种类

1. 铸件

铸件适用于形状复杂的零件毛坯。其铸造方法有砂型铸造、金属型铸造、压力铸造等。木模手工造型铸件精度低，加工表面余量大，生产率低，适用于单件小批量生产或大型零件的铸造。金属模机器造型生产率高，铸件精度高，但设备费用高，铸件的重量也受到限制，适用于大批量生产的中小件。其次，少量质量要求较高的小型铸件可采用特种铸造(如压力铸造、离心铸造、熔模铸造等)。

2. 锻件

锻件适用于强度要求高、形状比较简单的零件毛坯。锻件有自由锻造锻件和模锻件两种。自由锻造锻件加工余量较大，锻件精度低，生产率不高，而且锻件的结构必须简单，适用于单件和小批生产以及制造大型锻件。

模锻件的精度和表面质量都比自由锻件好，而且锻件的形状也较复杂，减少了机械加工余量。模锻的生产率比自由锻高得多，但需要特殊的设备和锻模，故适用于批量较大的中小型锻件。

3. 焊接件

焊接件是用焊接方法而获得的结合件，焊接件的优点是制造简单、周期短、节省材料，缺点是抗振性差、变形大，需经时效处理后才能进行机械加工。

4. 冲压件

冲压件是通过冲压设备对薄钢板进行冷冲压加工而得到的零件，它可以非常接近成品要求，冲压零件可以作为毛坯，有时还可以直接成为成品。冲压件的尺寸精度高。适用于批量较大而零件厚度较小的中小型零件。

5. 型材

型材有热轧和冷拉两类。型材按截面形状可分为圆钢、方钢、六角钢、扁钢、角钢、槽钢及其他特殊截面的型材。热轧的型材精度低，但价格便宜，用于一般零件的毛坯；冷拉的型材尺寸较小、精度高，易于实现自动送料，但价格较高，多用于批量较大的生产，适用于自动机床加工。

6. 冷挤压件

冷挤压件是通过压力机把放在冷挤压模中的金属毛坯施加压力变形而制得的。其生产效率高。冷挤压毛坯精度高，表面粗糙度值小，可以不再进行机械加工，但要求材料塑性好，主要为有色金属和塑性好的钢材。适用于大批量生产中制造形状简单的小型零件。

7. 粉末冶金件

粉末冶金件是以金属粉末为原料，在压力机上通过模具压制成形后经高温烧结而成。其生产效率高，零件的精度高，表面粗糙度值小，一般可不再进行精加工，但金属粉末成本较高，适用于大批或大量生产中压制形状较简单的小型零件。

二、毛坯的选择原则

1. 零件材料及其力学性能

零件的材料大致确定了毛坯的种类。例如材料为铸铁和青铜的零件应选择铸件毛坯；钢质零件形状不复杂，力学性能要求不太高时可选型材；重要的钢质零件为保证其力学性能，应选择锻件毛坯。

2. 零件的结构和尺寸

形状复杂的毛坯常采用铸件，但对于形状复杂的薄壁件，一般不能采用砂型铸造；对于一般用途的阶梯轴，如果各段直径相差不大、力学性能要求不高时，可选择棒料做毛坯，倘若各段直径相差较大，为了节省材料，应选择锻件。

3. 生产类型

当零件的生产批量较大时，应采用精度和生产率都比较高的毛坯制造方法，这时毛坯制造增加的费用可由材料耗费减少的费用和机械加工减少的费用来补偿。

4. 现有生产条件

选择毛坯类型时，要结合本企业的具体生产条件，如现场毛坯制造的实际水平和能力、外协的可能性等。

5. 充分考虑利用新技术、新工艺和新材料的可能性

为了节约材料和能源，减少机械加工余量，提高经济效益，只要有可能，就必须尽量采用精密铸造、精密锻造、冷挤压、粉末冶金和工程塑料等新工艺、新技术和新材料。

三、确定毛坯时的几项工艺措施

实现少切屑、无切屑加工，是现代机械制造技术的发展趋势之一。但是，由于毛坯制造技术的限制，加之现代机器对零件精度和表面质量的要求越来越高，为了保证机械加工能达到质量要求，毛坯的某些表面仍需留有加工余量。加工毛坯时，由于一些零件形状特殊，安装和加工不大方便，必须采取一定的工艺措施才能进行机械加工。以下从机械加工工艺角度来分析几种常见的工艺措施。

1. 设置工艺凸台

有些零件，由于结构的原因，加工时不易装夹稳定，为了装夹方便迅速，可在毛坯上制出

凸台，即所谓的工艺凸台，如图 1-6 所示。工艺凸台只在装夹工件时用，零件加工完成后，一般都要切掉，但如果不影响零件的使用性能和外观质量时，可以保留。

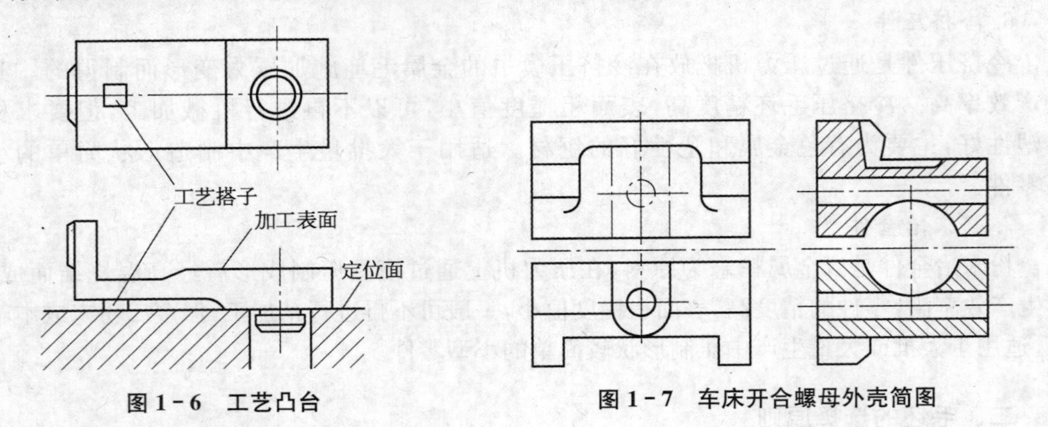

图 1-6　工艺凸台　　**图 1-7　车床开合螺母外壳简图**

2. 采用组合毛坯

装配后需要形成同一工作表面的两个相关零件，为了保证这类零件的加工质量和加工方便，常做成整体毛坯，加工到一定阶段再切割分离。如磨床主轴部件中的三瓦轴承、发动机的连杆和车床的开合螺母等零件。如图 1-7 所示车床进给系统中开合螺母外壳，其毛坯是两件合制的。

3. 采用合件毛坯

为了毛坯制造方便和易于机械加工，可以将若干个小零件制成一个毛坯，如图 1-8a 所示的滑键毛坯，对毛坯的各平面加工好后再切割成单件如图 1-8b 所示，然后再对单件进行加工。

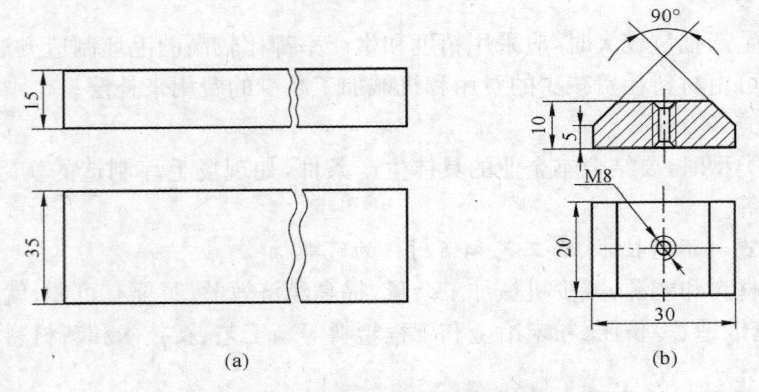

图 1-8　滑键的零件图与毛坯图

(a) 滑键零件毛坯图；(b) 零件图

第五节 工件的定位

机械加工时，为使工件的被加工表面获得规定的尺寸和位置要求，确定工件在机床上或夹具中占有正确的位置过程，称为定位。工件的定位是通过定位基准和定位元件的紧密贴合接触来实现的。

一、基准的概念及其分类

基准是指确定零件上某些点、线、面位置时所依据的那些点、线、面，或者说是用来确定生产对象上几何要素间的几何关系所依据的那些点、线、面。按其作用的不同，基准可分为设计基准和工艺基准两大类。

1. 设计基准

设计基准是指设计图样上采用的基准。如图 1-9a 所示的 A 面是 B 面和 C 面长度尺寸的设计基准；D 面为 E 面和 F 面长度尺寸的设计基准，又是两孔水平方向的设计基准。如图 1-9b 所示的齿轮，齿顶圆、分度圆和内孔直径的设计基准均是孔的轴线。

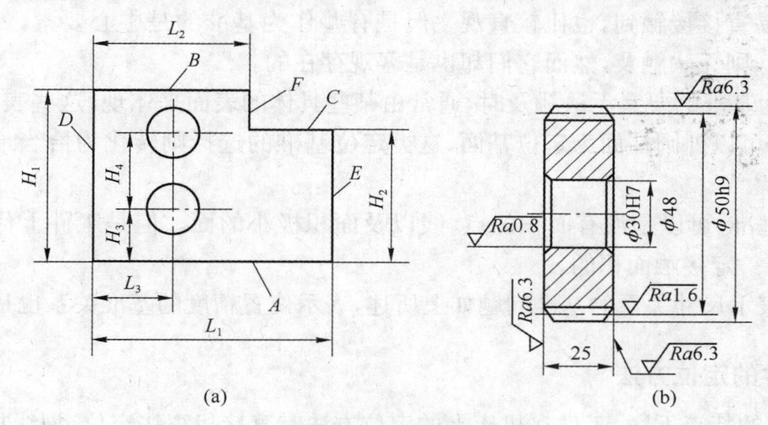

图 1-9　设计基准分析

2. 工艺基准

工艺基准是在机械加工工艺过程中，用来确定被加工表面加工后尺寸、形状、位置的基准。工艺基准按不同的用途可分为工序基准、定位基准、测量基准和装配基准。

(1) 工序基准　在工序图上用来确定本工序的被加工表面加工后的尺寸、形状、位置的基准，称为工序基准。所标定的被加工表面位置的尺寸，称为工序尺寸。如图 1-10 所示，通孔为加工表面，要求其中心线与 A 面垂直，并与 B 面及 C 面保持距离 L_1，L_2，因此表面 A、表面 B 和表面 C 均为本工序的工序基准。

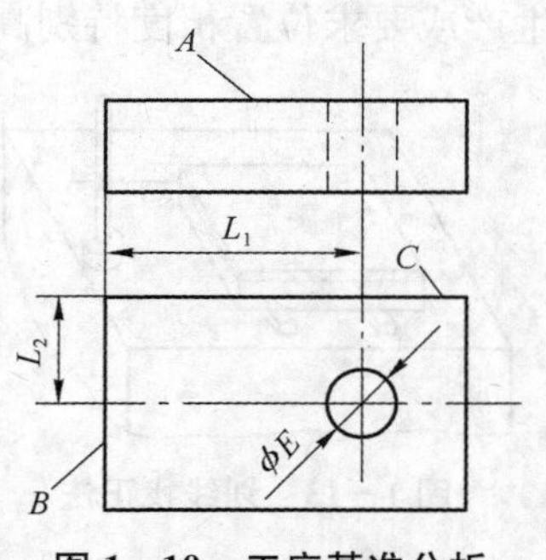

图 1-10　工序基准分析

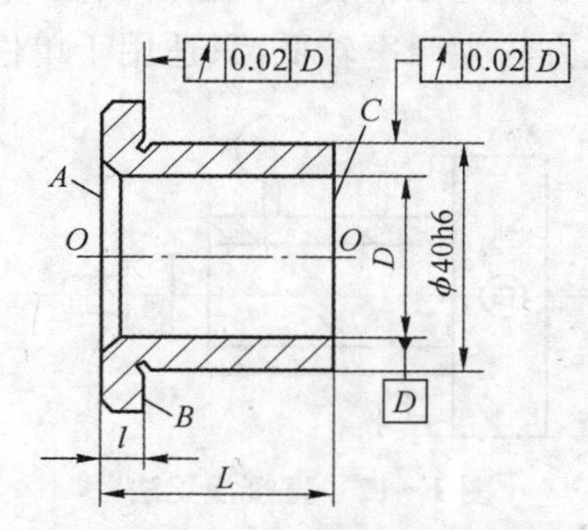

图 1-11　定位基准分析

(2) 定位基准　定位基准是工件上与夹具定位元件直接接触的点、线或面，在加工中用作定位时，它使工件在工序尺寸方向上获得确定的位置。如图 1-11 所示的零件的内孔套在心轴上加工 ϕ40h6 外圆时，内孔中心线即为定位基准。定位基准是由技术人员编制工艺规程时确定的。作为定位基准的点、线、面在工件上也不一定存在，但必须由相应的实际表面来体现。如图 1-11 中内孔中心线由内孔面来体现。这些实际存在的表面称为定位基准面。

(3) 测量基准　测量已加工表面尺寸及位置的基准，称为测量基准。如图 1-11 所示的零件，当以内孔为基准(套在检验心轴上)去检验 ϕ40h6 外圆的径向圆跳动和端面 B 的端面圆跳动时，内孔即测量基准。

(4) 装配基准　装配时用以确定零件在机器中位置的基准。如图 1-11 所示零件的 ϕ40h6 外圆及端面 B。

分析确定基准时，必须注意以下几点：

① 基准是制订工艺的依据，必然是客观存在的。当作为基准的是轮廓要素，如平面、圆柱面等时，容易直接接触到，也比较直观。但是有些作为基准的是中心要素，如圆心、球心、对称轴线等时，则无法触及，然而它们却也是客观存在的。

② 当作为基准的要素无法触及时，通常由某些具体的表面来体现，这些表面称为基面。如轴的定位则可以外圆柱面为定位基面，这类定位基准的选择则转化为恰当地选择定位基面的问题。

③ 作为基准，可以是没有面积的点、线以及面积极小的面。但是工件上代表这种基准的基面总是有一定接触面积的。

④ 不仅表示尺寸关系的基准问题如上所述，表示位置精度的基准关系也是如此。

二、工件的定位方法

根据定位的特点不同，工件在机床上的定位方法有直接找正法定位、划线找正法和使用夹具定位等 3 种。

1. 直接找正法定位

此法是用百分表、划针或目测在机床上直接找正工件，使其获得正确位置的一种方法，如图 1-12 所示。在磨床上磨削一个与外圆表面有同轴度要求的内孔时，加工前将工件装在四爪卡盘上，若同轴度要求不高(0.2 mm 左右)，可用划针找正。若同轴度要求高(0.02 mm 左右)，用百分表控制外圆的径向跳动，从而保证加工后零件外圆与内孔的同轴度要求。

直接找正法的定位精度和找正的快慢，取决于找正精度、找正方法、找正工具和工人的技术水平。该方法生产率较低，只适用于单件小批生产或要求位置精度特别高的工件。

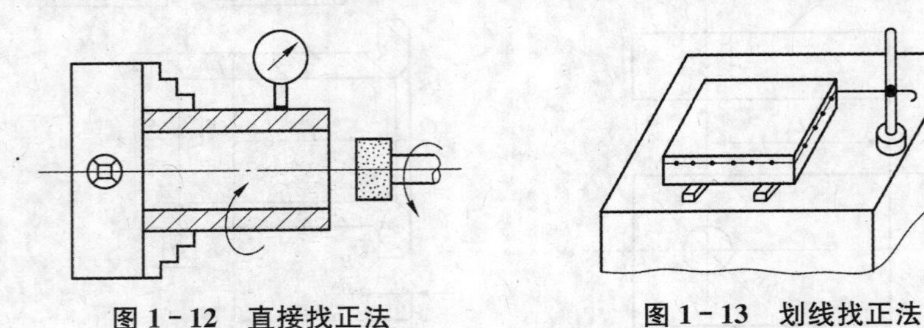

图 1-12　直接找正法　　**图 1-13　划线找正法**

2. 划线找正法

此法是在机床上用划针按毛坯或半成品上所划的线找正工件，使其获得正确位置的一种方法。如图 1-13 所示，划线找正的定位精度不高，主要用于批量小，毛坯精度低及大型零件的粗加工。

3. 使用夹具定位

此法是用夹具上的定位元件使工件获得正确位置的一种方法。工件定位迅速方便，定位精度也比较高，用于成批和大量生产，如图 1-14 所示。

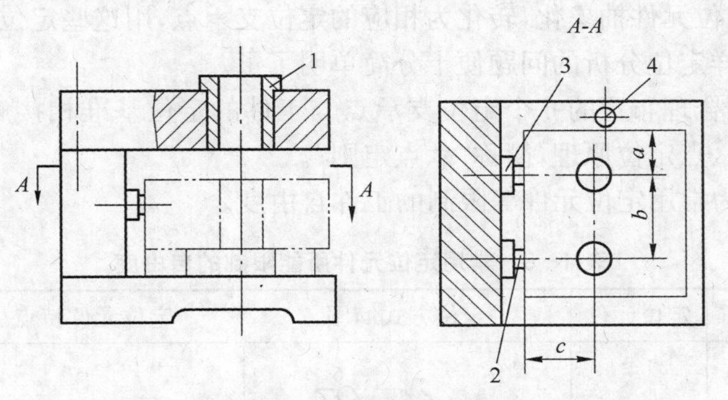

图 1-14　使用夹具定位

1—导向元件；2、3、4—定位元件

三、工件定位的基本原理

1. 六点定则

如图 1-15 所示，任何一个自由刚体，在空间均有 6 个自由度，即沿空间坐标轴 x、y、z 三个方向的移动和绕此三坐标轴的转动(分别以 $\vec{x}$、$\vec{y}$、$\vec{z}$ 和 $\widehat{x}$、$\widehat{y}$、$\widehat{z}$ 表示)。

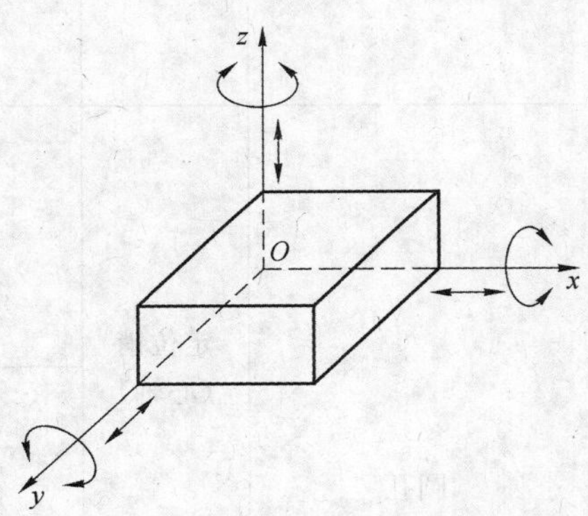

图 1-15　工件的 6 个自由度

如图 1-16 所示一个长方体工件在空间坐标系中的定位情况。

在 xOy 平面上设置 3 个支承(不能在一条直线上)，工件放在这 3 个支承上，就能限制工件 $\widehat{x}$、$\widehat{y}$、$\vec{z}$ 的 3 个自由度；在 xOz 平面上设置两个支承(两点的连线不能平行于 z 轴)，把工件靠在这两个支承上，可限制 $\vec{y}$、$\widehat{z}$ 两个自由度；在 yOz 平面上设置一个支承，使工件靠在这个支承上，就限制了 $\vec{x}$ 这个自由度。这样工件的这 6 个自由度就都被限制了，工件在空间的位置就完全确

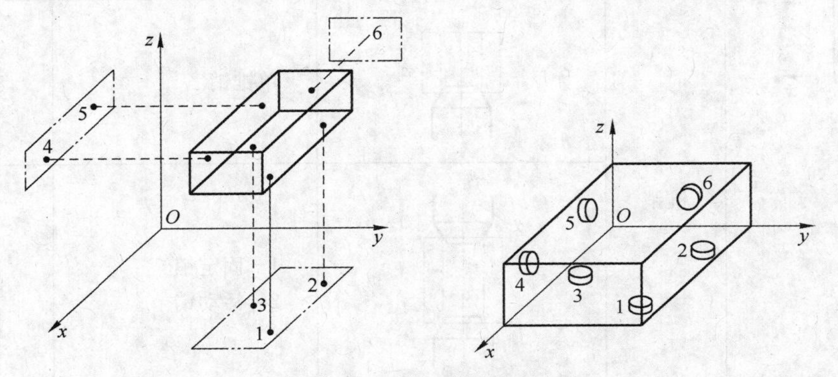

图 1-16　长方体工件的定位

定了。工件定位的实质就是限制工件的自由度，使工件在夹具中占有某个确定的正确加工位置。

在这个空间坐标系中，设置的 6 个支承称为定位支承点，实际上就是起定位作用的定位元件。将具体的定位元件抽象化，转化为相应的定位支承点，用这些定位支承点来限制工件的运动自由度，这样定位分析的问题便十分简单明了了。

在夹具中采用合理布置的 6 个定位支承点与工件的定位基准相接触，来限制工件的 6 个自由度，就称为六点定位原理，简称“六点定则”。

表 1-9 所示为常用定位元件等限制的工件自由度。

表 1-9　常用定位元件所能限制的自由度

工件定位基准面	定位元件	定位方式简图	定位元件特点	限制的自由度
平面 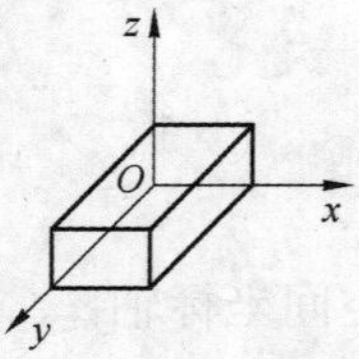	支承钉	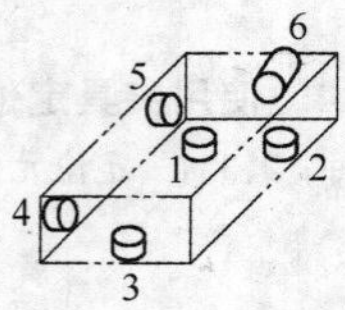	—	1、2、3—$\vec{z}$、$\widehat{x}$、$\widehat{y}$ 4、5—$\vec{x}$、$\widehat{z}$ 6—$\vec{y}$
	支承板	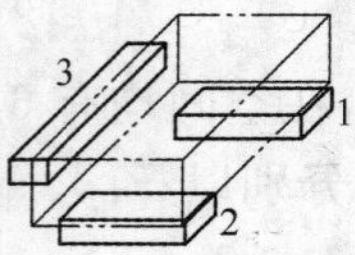	每个支承板也可设计为两个或两个以上小支承板	1、2—$\vec{z}$、$\widehat{x}$、$\widehat{y}$ 3—$\vec{x}$、$\widehat{z}$
圆孔 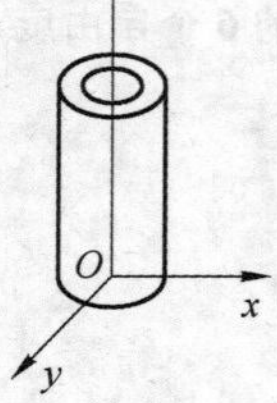	定位销（心轴）	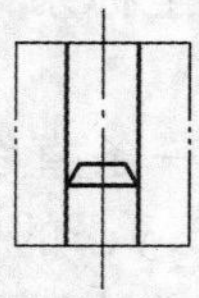	短销（短心轴）	$\vec{x}$、$\vec{y}$
		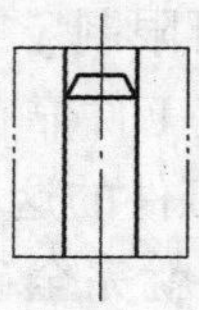	长销（长心轴）	$\vec{x}$、$\vec{y}$、$\widehat{x}$、$\widehat{y}$
	锥销	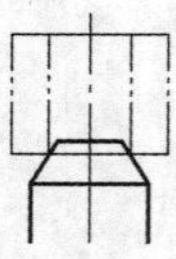	单锥销	$\vec{x}$、$\vec{y}$、$\vec{z}$、
		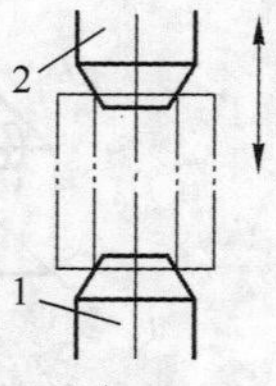	1—固定销 2—活动销	$\vec{x}$、$\vec{y}$、$\vec{z}$ $\widehat{x}$、$\widehat{y}$

（续表）

工件定位基准面	定位元件	定位方式简图	定位元件特点	限制的自由度
外圆柱面 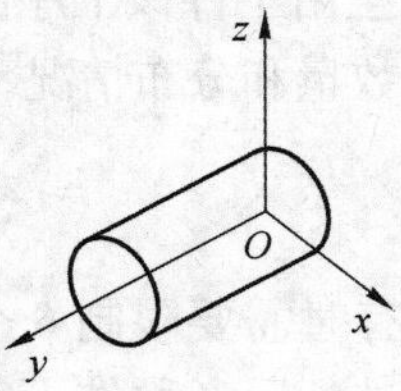	支承板或支承钉	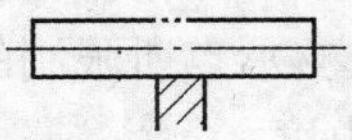	短支承板或支承钉	$\vec{z}$
		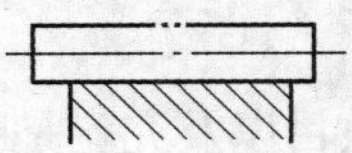	长支承板或两个支承	$\widehat{x}$、$\vec{z}$
	V形块	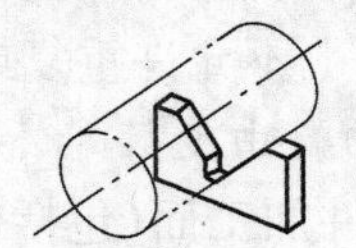	窄V形块	$\vec{x}$、$\vec{z}$
		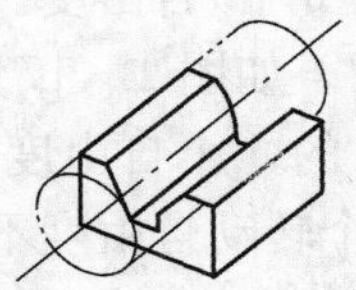	宽V形块或两个窄V形块	$\vec{x}$、$\vec{z}$ $\widehat{x}$、$\widehat{z}$
外圆柱面 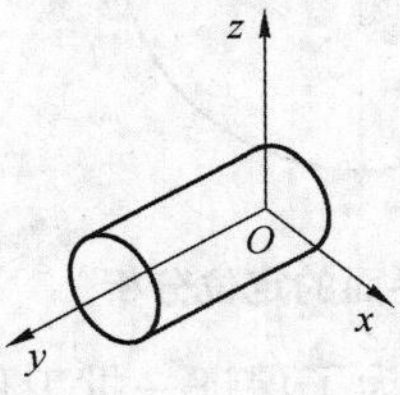	定位套	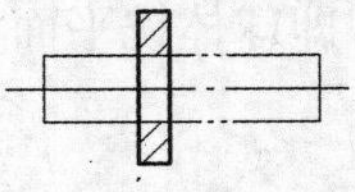	短套	$\vec{x}$、$\vec{y}$、
		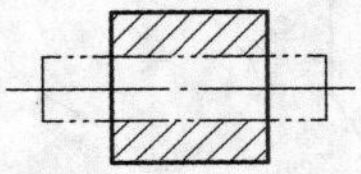	长套	$\vec{x}$、$\vec{z}$、$\widehat{x}$、$\widehat{z}$
	半圆孔	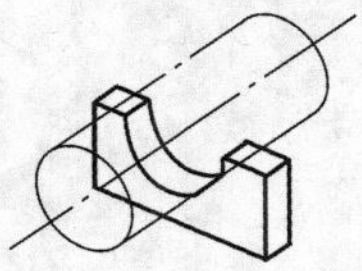	短半圆孔	$\vec{x}$、$\vec{z}$
			长半圆孔	$\vec{x}$、$\vec{z}$、 $\widehat{x}$、$\widehat{z}$
	锥套	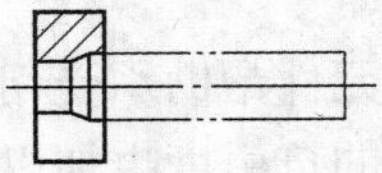	单锥套	$\vec{x}$、$\vec{y}$、$\vec{z}$
		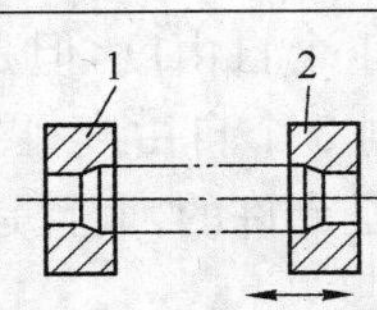	1—固定锥套 2—活动锥套	$\vec{x}$、$\vec{y}$、$\vec{z}$ $\widehat{x}$、$\widehat{z}$

应用六点定位原理实现工件在夹具中的正确定位时，应注意下列几点：

① 设置3个定位支承点的平面限制一个移动自由度和两个转动自由度，称为主要定位面。工件上选作主要定位的表面应力求面积尽可能大些，而3个定位支承点的分布应尽量彼此远离和分散，绝对不能分布在一条直线上，以承受较大外力作用，提高定位稳定性。

② 设置两个定位支承点的平面限制两个自由度，称为导向定位面。工件上选作导向定

位的表面应力求面积狭而长，而两个定位支承点的分布在平面纵向上应尽量彼此远离，绝对不能分布在平面窄短方向上，以使导向作用更好，提高定位稳定性。

③ 设置一个定位支承点的平面限制一个自由度，称为止推定位面或防转定位面。究竟是止推作用还是防转作用，要根据这个定位支承点所限制的自由度是移动的还是转动的而定。

④ 一个定位支承点只能限制一个自由度。

⑤ 定位支承点必须与工件的定位基准始终贴紧接触，一旦分离，定位支承点就失去了限制工件自由度的作用。

⑥ 工件在定位时需要限制的自由度数目以及究竟是哪几个自由度，完全由工件该工序的加工要求所决定，应该根据实际情况进行具体分析，合理设置定位支承点的数量和分布情况。

⑦ 定位支承点所限制的自由度，原则上不允许重复或相互矛盾。

2. 由工件加工要求确定工件应限制的自由度数

1）完全定位和不完全定位　根据工件加工面（包括位置尺寸）要求，有时需要限制 6 个自由度，有时仅需要限制 1 个或几个（少于 6 个）自由度。前者称作完全定位，后者称作不完全定位。完全定位和不完全定位都有应用。如图 1－17 所示，在长方形工件上加工一个不通孔，为满足所有加工要求，必须限制工件的 6 个自由度，这就是完全定位。如图 1－18 所示，在球体上铣平面，由于是球体，所以三个转动自由度不必限制，此外该平面在 x 方向和 y 方向均无位置尺寸要求，因此这两个方向的移动自由度也不必限制。因为 z 方向有位置尺寸要求，所以必须限制 z 方向移动自由度，即球体铣平面（通铣）只需限制 1 个自由度。

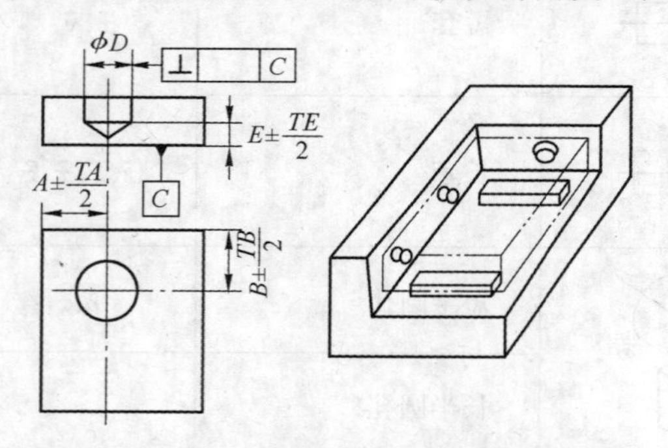

图 1－17　长方体工件钻孔工序的定位分析

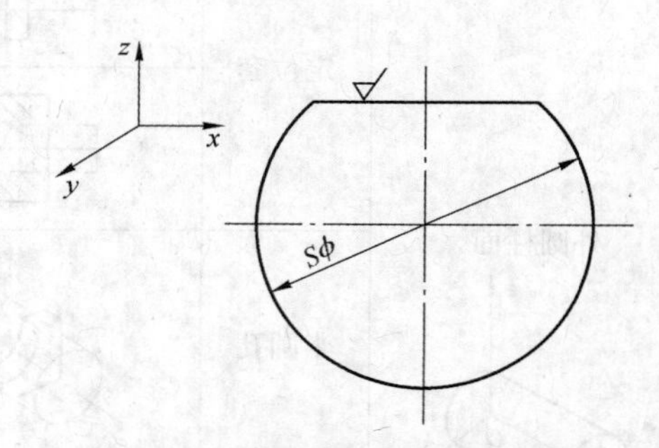

图 1－18　球体上铣平面的定位分析

这里必须强调指出，有时为了使定位元件帮助承受切削力、夹紧力或为了保证一批工件的进给长度一致，常常对无位置尺寸要求的自由度也加以限制。例如在图 1－18 中，虽然从定位分析上看，球体上通铣平面只需限制 1 个自由度，但是在决定定位方案的时候，往往会考虑要限制 2 个自由度（图 1－19），或限制 3 个自由度（图 1－20）。在这种情况下，对没有位置尺寸要求的自由度也加以限制，不仅是允许的，而且是必要的。

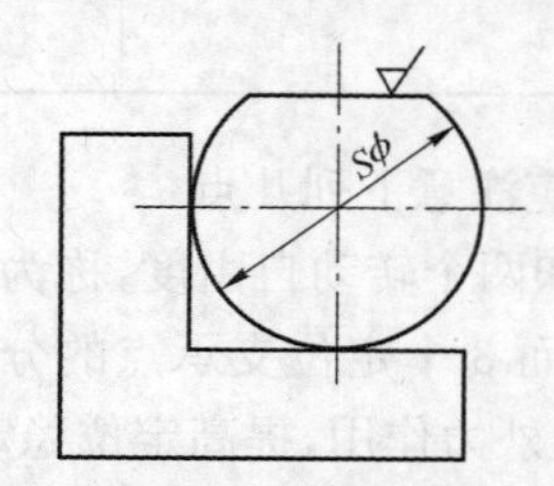

图 1－19　球体上通铣平面限制 2 个自由度

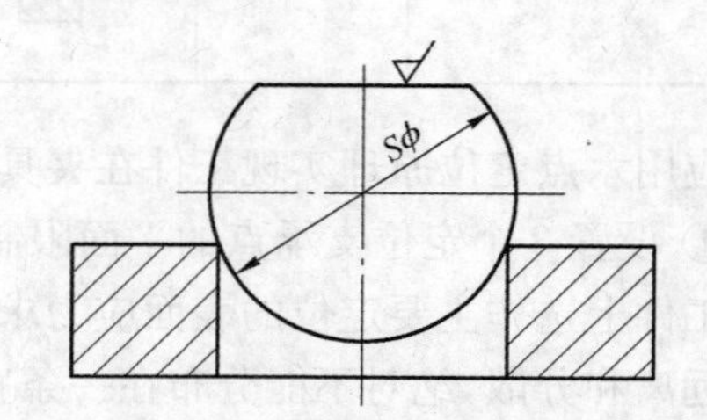

图 1－20　球体上通铣平面限制 3 个自由度

2）欠定位和过定位

（1）欠定位　根据工件加工要求，工件必须限制的自由度没有得到全部限制，或者说完全定位和不完全定位中，约束点不足，这样的定位称为欠定位。如图 1－21 所示为在铣床上铣削某轴的不通槽时，只限制了工件 4 个自由度，$\vec{x}$ 自由度未被限制，故加工出来的槽的长度尺寸无法保证一致。因此，欠定位是不允许的。

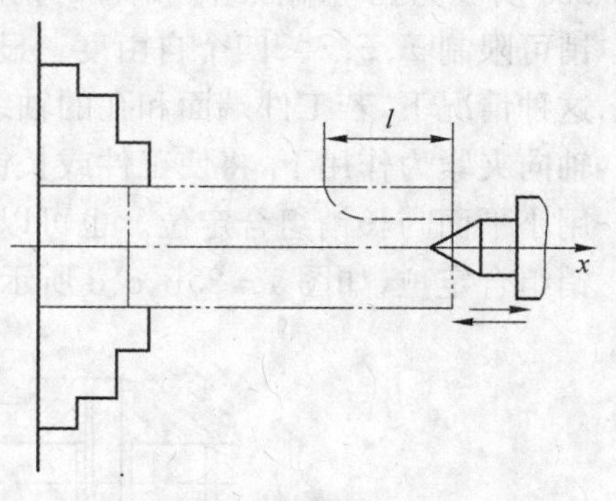

图 1－21　轴铣槽工序的定位

（2）过定位　工件在定位时，同一个自由度被两个或两个以上定位元件来限制，这样的定位被称为过定位（或称定位干涉）。过定位是否允许，应根据具体情况进行具体分析。一般情况下，如果工件的定位面为没有经过机械加工的毛坯面，或虽经过了机械加工，但仍然很粗糙，这时过定位是不允许的。如果工件的定位面经过了机械加工，并且定位面和定位元件的尺寸、形状和位置都做得比较准确，比较光整，则过定位不但对工件加工面的位置尺寸影响不大，反而可以增强加工时的刚性，这时过定位是允许的。下面针对几个具体的过定位的例子做简要的分析。

如图 1－22 所示为平面定位的情况。图中应该用三个支承钉，限制了 $\vec{z}$、$\widehat{x}$、$\widehat{y}$三个自由度，但却采用了 4 个支承钉，出现了过定位。若工件的定位面未经过机械加工，表面仍然粗糙，则该定位面实际上只可能与 3 个支承钉接触，究竟与哪 3 个支承钉接触，与重力、夹紧力和切削力都有关，定位不稳。如果在夹紧力作用下强行使工件定位面与 4 个支承钉都接触，就只能使工件变形，产生加工误差。

为了避免上述过定位情况的发生，可以将 4 个平头支承钉改为 3 个球头支承钉，重新布置 3 个球头支承钉的位置。也可以将 4 个球头支承钉之一改为辅助支承。辅助支承只起支承作用而不起定位作用。

如果工件的定位面已经过机械加工，并且很平整，4 个平头支承钉顶面又准确地位于同一平面内，则上述过定位不仅允许而且能增强支承刚度，减少工件的受力变形，这时还可以将支承钉改为支承板，如图 1－22b 所示。

由于过定位往往会带来不良后果，一般确定定位方案时，应尽量避免。消除或减少过定

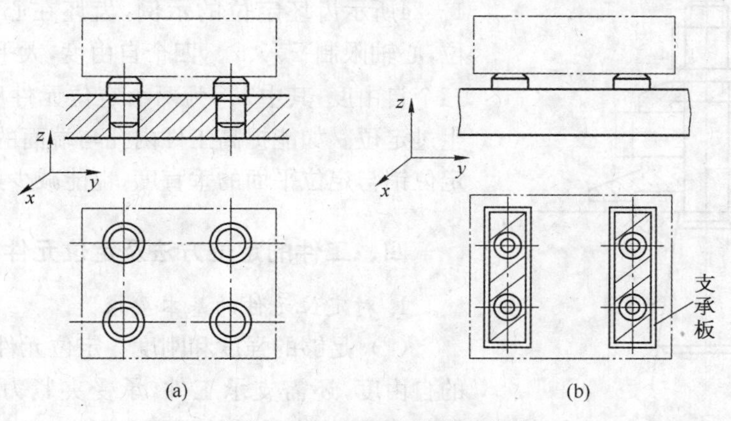

图 1－22　平面定位的过定位

位引起的干涉，一般有两种方法。

① 改变定位装置的结构，使定位元件重复限制自由度的部分不起定位作用。如图 1-23a 所示为孔与端面组合定位的情况。其中，长销的大端面可以限制 $\vec{y}$、$\widehat{x}$、$\widehat{z}$三个自由度，长销可限制 $\vec{x}$、$\vec{z}$、$\widehat{x}$、$\widehat{z}$四个自由度。显然$\widehat{x}$和$\widehat{z}$自由度被重复限制，出现两个自由度过定位。在这种情况下，若工件端面和孔的轴线不垂直，或销的轴线与销的大端面有垂直度误差，则在轴向夹紧力作用下，将使工件或长销产生变形，这当然是应该想办法避免的。为此，可以采用小平面与长销组合定位。也可以采用大平面与短销组合定位。还可以采用球面垫圈与长销组合定位，如图 1-23b、c、d 所示。

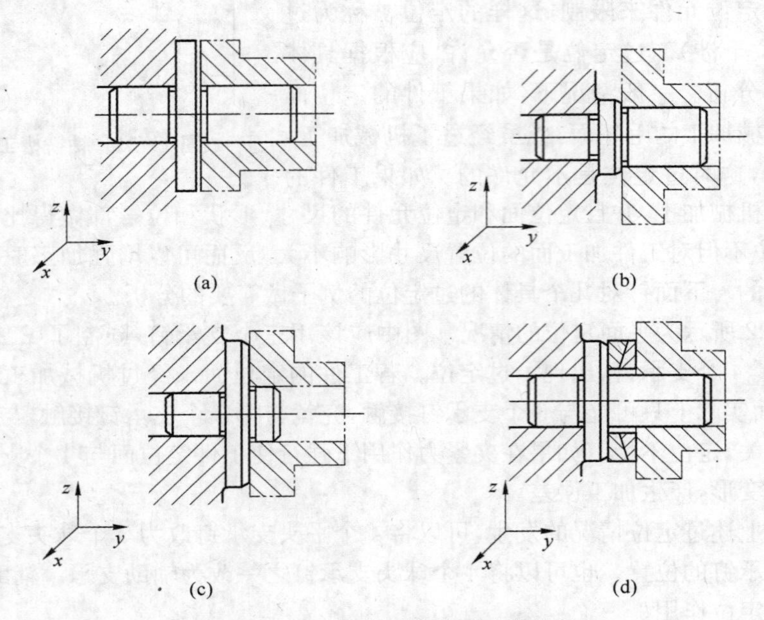

图 1-23　工件过定位及改进方法

(a) 长销、大支承板定位；(b) 长销、小支承面定位；
(c) 短销、大支承面定位；(d) 长销、球面垫圈定位

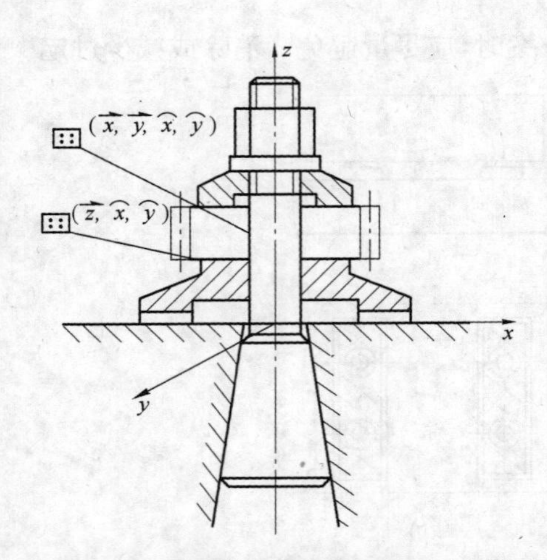

图 1-24　提高配合面精度利用过定位

② 提高工件和夹具有关表面的位置精度，如图 1-24所示齿坯定位的示例，齿坯在心轴和大平面定位，心轴限制 $\vec{x}$、$\vec{y}$、$\widehat{x}$、$\widehat{y}$四个自由度，大平面限制 $\vec{z}$、$\widehat{x}$、$\widehat{y}$三个自由度，其中$\widehat{x}$、$\widehat{y}$为两个定位元件所限制，所以产生过定位。如能提高工件内孔与端面的垂直度和提高定位销与定位平面的垂直度，也能减少过定位的影响。

四、工件的定位方法及定位元件

1. 对定位元件的基本要求

(1) 足够的强度和刚度　定位元件不仅限制工件的自由度，还需支承工件，承受夹紧力和切削力的作用。因此，应有足够的强度和刚度，以免使用中变形或

损坏。

(2) 足够的精度 由于工件的定位是通过定位副的配合(或接触)实现的。定位元件上限位基面的精度直接影响工件的定位精度。因此,限位基面应有足够的精度,以适应工件的加工要求。

(3) 耐磨性好 工件的装卸会磨损定位元件的限位基面,导致定位精度下降。定位精度下降到一定程度时,定位元件必须更换,否则夹具不能继续使用。为了延长定位元件的更换周期,提高夹具的使用寿命,定位元件应有较好的耐磨性。

2. 工件以平面定位时的定位元件

1) 主要支承 主要支承用来限制工件的自由度,起定位作用。常用的有固定支承、可调支承、自位支承三种。

(1) 固定支承 固定支承有支承钉和支承板两种形式。如图 1-25 所示。在使用过程中,它们都是固定不动的。当以粗基准面(未经加工的毛坯表面)定位时,应采用合理布置的三个球头支承钉(见图 1-25B 型),使其与毛坯良好接触。图 1-25C 型为齿纹头支承钉,能增大摩擦因数,防止工件受力后滑动,常用于侧面定位。

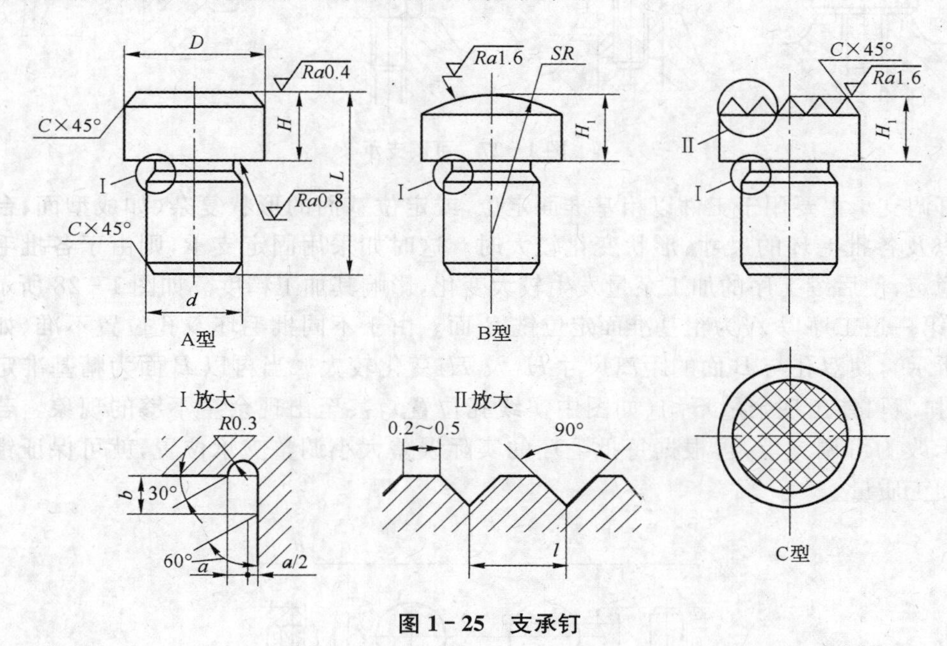

图 1-25 支承钉

工件以精基准面(加工过的平面)定位时,定位表面也不会绝对平整,一般采用如图 1-25 所示的 A 型平头支承钉和如图 1-26 所示的支承板。A 型支承板结构简单,便于制造,但不利于清除切屑,故适用于顶面和侧面定位。B 型支承板则易保证工作表面清洁,故

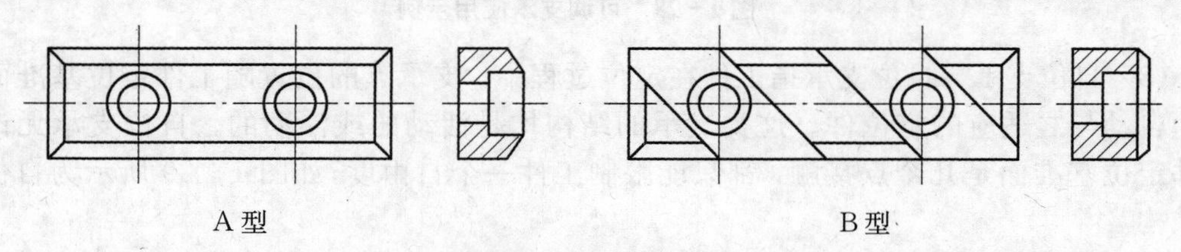

图 1-26 支承板

适用于底面定位。

为保证各固定支承的定位表面严格共面，装配后，需将其工作表面一次磨平，或对夹具体的高度 H_1 及支承钉或支承板的高度 H 的公差严加控制。

支承钉与夹具体孔的配合用 H7/r6 或 H7/n6，当支承钉需要经常更换时，应加衬套。衬套外径与夹具体孔的配合一般用 H7/n6 过渡配合或 H7/r6 过盈配合，衬套内径与支承钉的配合选用 H7/js6。

支承板通常用 2 个或 3 个 M4～M10 的螺钉紧固在夹具体上，当受力较大有移动趋势，或定位板在某一方向有位置尺寸要求时，应装圆锥销或将支承板嵌入夹具体槽内。

(2) 可调支承　可调支承是指支承的高度可以进行调节。如图 1-27 所示为几种可调支承的结构。

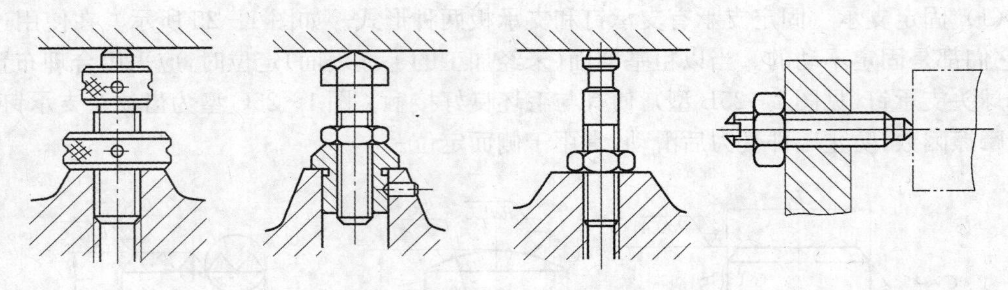

图 1-27　可调支承

可调支承主要用于工件以粗基准面定位，或定位基面的形状复杂（如成型面、台阶面等），以及各批毛坯的尺寸、形状变化较大时。这时如采用固定支承，则由于各批毛坯尺寸不稳定，使后续工序的加工余量发生较大变化，影响其加工精度。如图 1-28 所示箱体工件，第一道工序以 A 为粗基准面定位铣 B 面。由于不同批毛坯双孔位置不准（如图中虚线所示），使双孔与 B 面的距离尺寸 H_1 及 H_2 变化较大。当再以 B 面为精基准定位镗双孔时，就可能出现余量不均（如图中实线孔位置），甚至出现余量不够的现象。若将固定支承改为可调支承，再根据每批毛坯的实际误差大小调整支承位置，就可保证镗孔工序的加工质量。

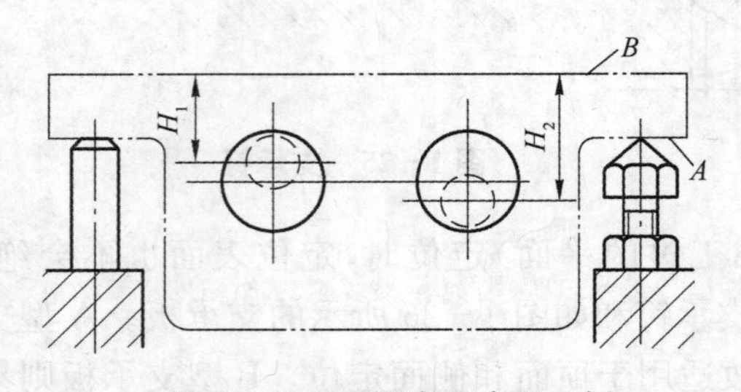

图 1-28　可调支承应用示例

(3) 自位支承　自位支承指工件在定位过程中，支承点的位置随工件定位基准面位置而自动与之适应的定位件。这类支承的结构均是活动的或浮动的。自位支承无论与工件定位基准面是几个点接触，都只能限制工件一个自由度，如图 1-29 所示为自位支承结构。

2) 辅助支承　工件因尺寸形状或局部刚度较差，使其定位不稳或受力变形等原因，需

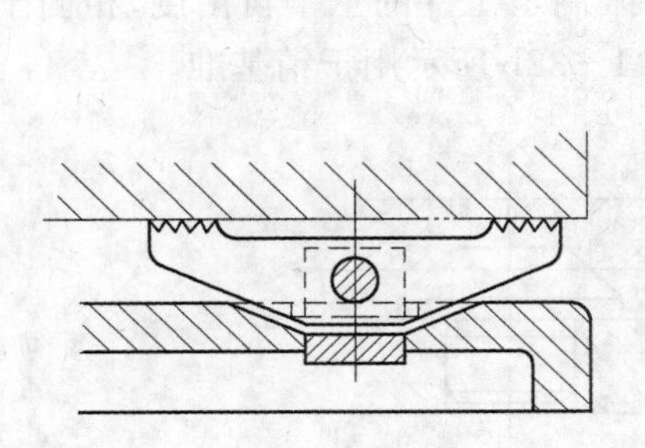
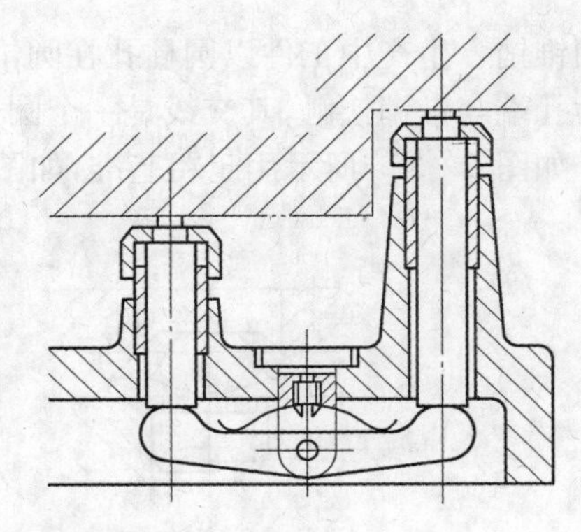

图 1－29　自位支承结构

增设辅助支承，用以承受工件重力、夹紧力或切削力。辅助支承的工作特点是：待工件定位夹紧后，再行调整辅助支承，使其与工件的有关表面接触并锁紧。而且辅助支承是每安装一个工件就调整一次。如图 1－30 所示，工件以小端的孔和端面在短销和支承环上定位，钻大端面圆周一组通孔。由于小头端面太小，工件又高，钻孔位置离工件中心又远，因此受钻削力后定位很不稳定，且工件又容易变形，为了提高工件定位稳定性和安装刚性，则需在图示位置增设三个均布的辅助支承。但此支承不起限制自由度作用，也不允许破坏原有定位。

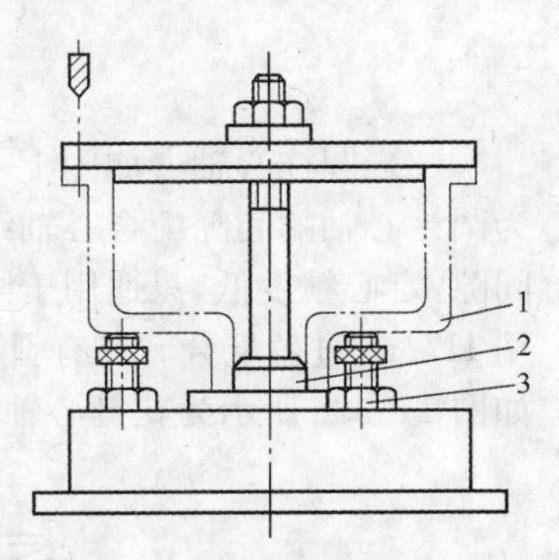

图 1－30　辅助支承提高工件稳定性和刚度

1—工件；2—短销；3—辅助支承

3. 工件以圆孔定位时的定位元件

生产中，工件以圆柱孔定位应用较广。如各类套筒、盘类、杠杆、拨叉等。所采用的定位元件有圆柱销和各种心轴。这种定位方式的基本特点是：定位孔与定位元件之间处于配合状态，并要求确保孔中心线与夹具规定的轴线相重合。孔定位还经常与平面定位联合使用。

(1) 圆柱销　如图 1－31 所示为圆柱定位销结构。按销与工件表面接触相对长度来区分长、短销。长销限制工件四个自由度，短销限制工件两个自由度。

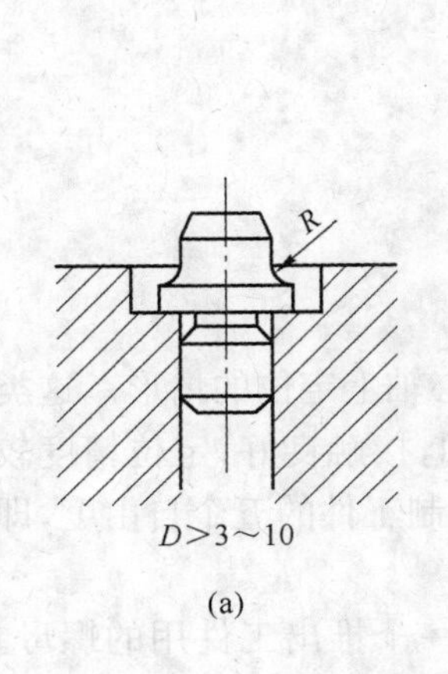

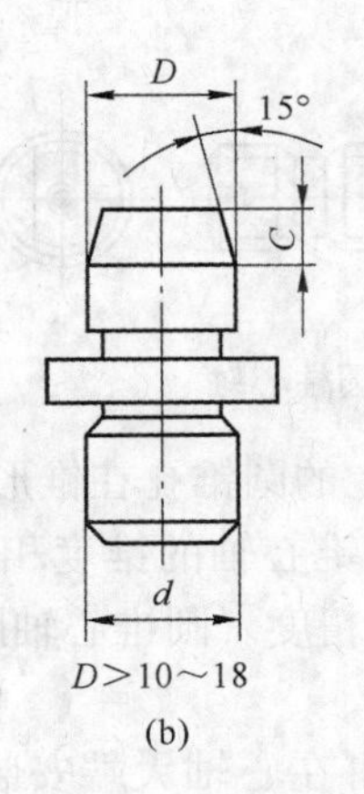

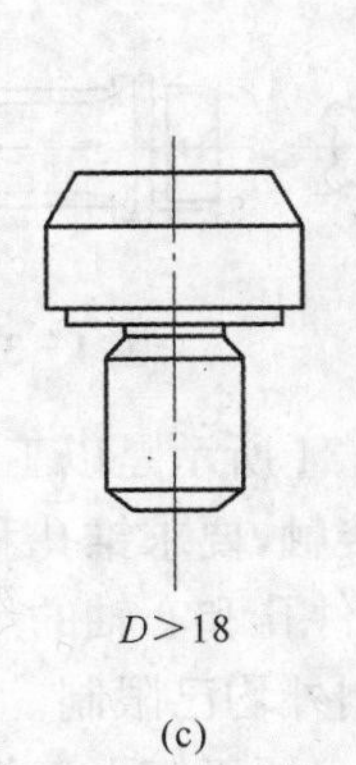

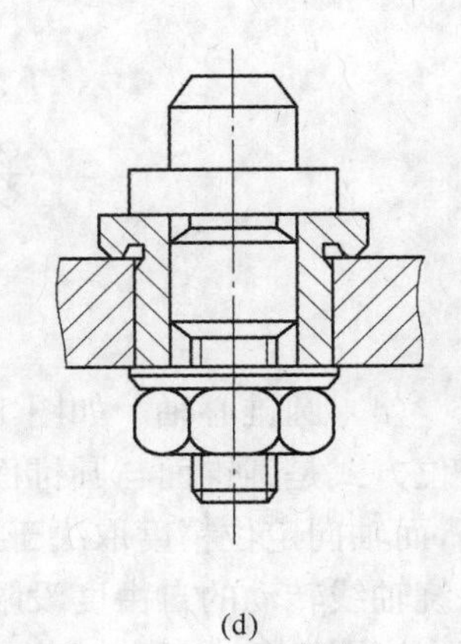

图 1－31　圆柱定位销

（2）圆锥销　生产中工件以圆柱孔在圆锥销上定位的情况也是常见的，如图 1－32 所示。这时为孔端与锥销接触，其交线是一个圆，限制了工件的三个自由度，相当于三个止推定位支承。如图 1－32a 所示用于粗基准，如图 1－32b 所示用于精基准。

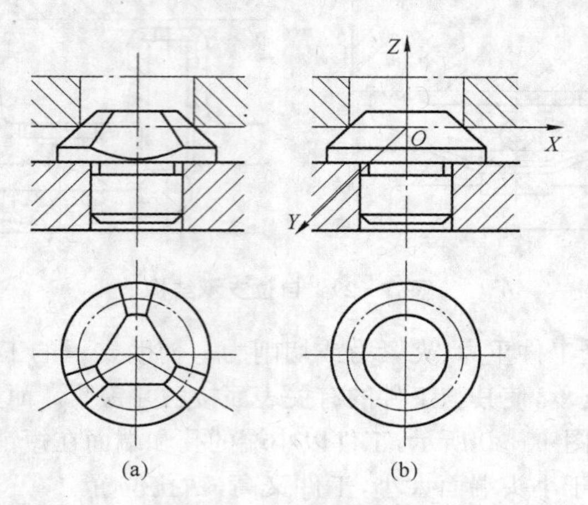

图 1－32　圆锥销定位

（3）圆柱心轴　如图 1－33 所示为三种圆柱刚性心轴的典型结构。如图 1－33a 所示为圆柱心轴的间隙配合心轴结构，孔轴配合采用 H7/g6。结构简单、装卸方便，但因有装卸间隙，定心精度低，只适用于同轴度要求不高的场合。如图 1－33b 所示为过盈配合心轴，采用 H7/r6 过盈配合。其有引导部分、配合部分、连接部分，适用于定心精度要求高的场合。如图 1－33c 所示为花键心轴，用于以花键孔为定位基准的场合。

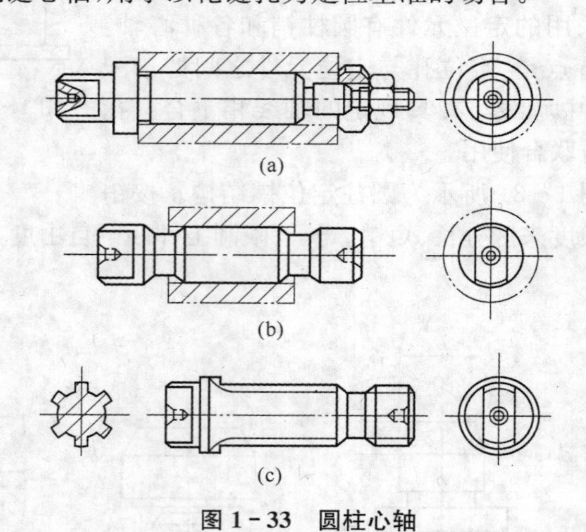

图 1－33　圆柱心轴

（4）圆锥心轴　如图 1－34 所示是以工件上的圆锥孔在锥形心轴上定位的情形。这类定位方式是圆锥面与圆锥面接触，要求锥孔和圆锥心轴的锥度相同，接触良好，定位精度较高，而轴向定位精度取决于工件孔和心轴的尺寸精度。圆锥心轴限制工件的五个自由度，即除绕轴线转动的自由度没限制外均已限制。

当圆锥角小于自锁角时，为便于卸下工件，可在心轴大端安装一个推出工件用的螺母。如图 1－34b 所示。

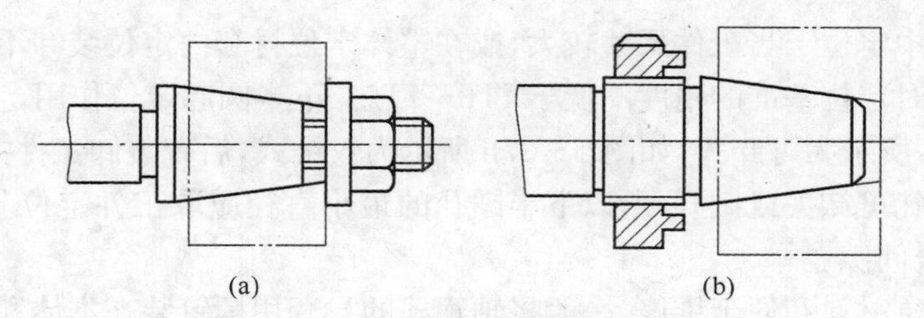

图 1-34　圆锥心轴

4. 工件以外圆柱表面定位

根据外圆柱面的完整程度、加工要求和安装方式的不同，相应的定位元件有 V 形架、圆孔、半圆孔、圆锥孔及定心夹紧装置。但其中应用最广泛的是 V 形架。

(1) V 形架中定位　用 V 形架定位，无论定位基准是否经过加工，是完整的圆柱面或圆弧面均可采用。并且能使工件的定位基准轴线对中在 V 形架的对称平面上，而不受定位基准直径误差的影响，即对中性好。如图 1-35a 所示用于较短的精基准面的定位；如图 1-35b 所示用于较长粗基准的或阶梯轴的定位；如图 1-35c 所示用于长的精基准表面或两段基准面相距较远的轴定位；如图 1-35d 所示用于长度和直径较大的重型工件，此时 V 形架不必做成整体的钢件，可采用在铸铁底座上镶装淬火钢垫板的结构。

工件在 V 形架上定位时，可根据接触母线的长度决定所限制的自由度数，相对接触较长时，限制工件的四个自由度，相对接触较短时限制工件的二个自由度。

V 形架两斜面间的夹角 α，一般选用 60°、90°、120°，以 90°应用最广。其结构和尺寸均已标准化。

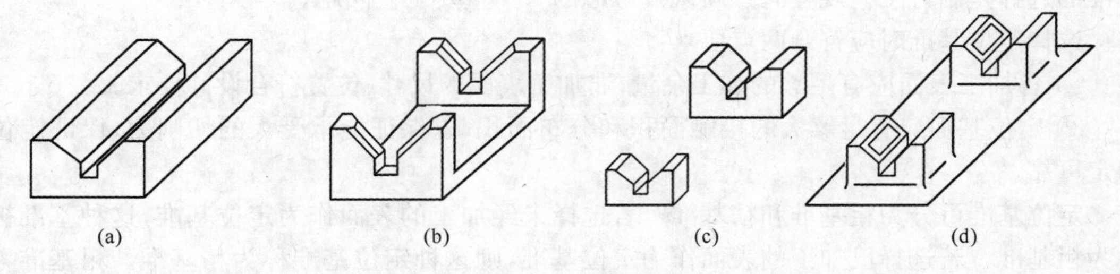

图 1-35　V 形架

(2) 圆孔中定位　工件以外圆柱表面为定位基准在圆孔中定位。这种定位方法一般适用于精基准定位，采用的定位元件结构简单，常作成钢套装于夹具体中，如图 1-36 所示。

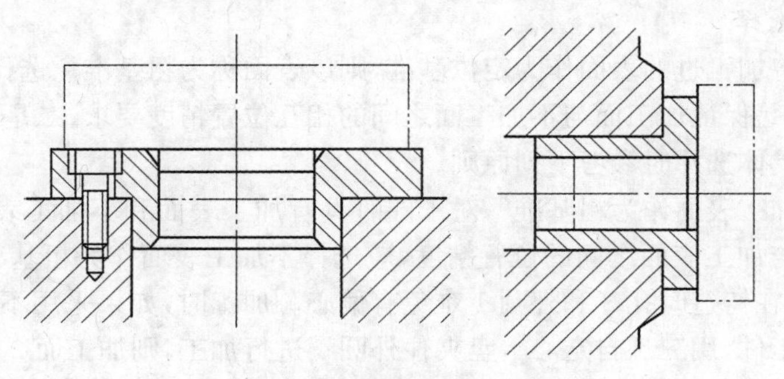

图 1-36　定位套

(3) 半圆孔中定位　当工件尺寸较大,或在整体定位衬套内定位装卸不便时,多采用此种定位方法。此时定位基准的精度不低于 IT8～IT9。下半圆起定位作用,上半圆起夹紧作用。如图 1-37a 所示为可卸式,如图 1-37b 所示为铰链式,后者装卸工件方便。

由于上半圆孔可卸去或掀开,所以下半圆孔的最小直径应取工件定位基准外圆的最大直径,不需留配合间隙。

为了节省优质材料和便于维修,一般将轴瓦式的衬套用螺钉装在本体和盖上。

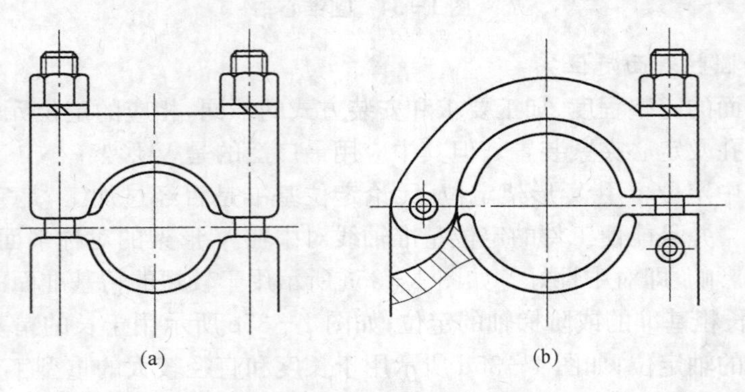

图 1-37　半圆孔定位装置

五、定位基准的选择

定位基准的选择对于保证零件的尺寸精度和位置精度以及合理安排加工顺序都有很大影响,当使用夹具安装工件时,定位基准的选择还会影响夹具结构的复杂程度。因此,定位基准的选择是制订工艺规程时必须认真考虑的一个重要工艺问题。

选择定位基准时应符合两点要求:

① 各加工表面应有足够的加工余量,非加工表面的尺寸、位置符合设计要求。

② 定位基面应有足够大的接触面积和分布面积,以保证能承受大的切削力,保证定位稳定可靠。

定位基准可分为粗基准和精基准。若选择未经加工的表面作为定位基准,这种基准被称为粗基准。若选择已加工的表面作为定位基准,则这种定位基准称为精基准。粗基准考虑的重点是如何保证各加工表面有足够的余量,而精基准考虑的重点是如何减少误差。在选择定位基准时,通常是从保证加工精度要求出发的,因而分析定位基准选择的顺序应从精基准到粗基准。

1. 粗基准的选择

用毛坯上未曾加工过的表面作为定位基准,则该表面称为粗基准。选择粗基准时,主要考虑两个问题:一是保证加工面与不加工面之间的相互位置精度要求;二是合理分配各加工面的加工余量。具体选择时参考下列原则。

(1) 选择不加工表面作为粗基准　对于同时具有加工表面和不加工表面的零件,为了保证不加工表面与加工表面之间的位置精度,应选择不加工表面作为粗基准。如图 1-38a 所示零件的毛坯,在铸造时孔 3 和外圆 1 难免有偏心。加工时,如果采用不加工的外圆面 1 作为粗基准装夹工件,用三爪自定心卡盘夹住外圆 1 进行加工,则加工面 2 与不加工面 1 同轴,可以保证壁厚均匀,但是加工面 2 的加工余量则不均匀。如果采用该零件的毛坯孔 3 作为粗基准装夹工件(直接找正装夹,用四爪单动卡盘夹住外圆 1,按毛坯孔 3 找正)进行加工,则加工面 2 与该面的毛坯孔 3 同轴,加工面 2 的余量是均匀的,但是加工面 2 与不加工外圆 1 则不同轴,即壁厚不均匀,如图 1-38b 所示。

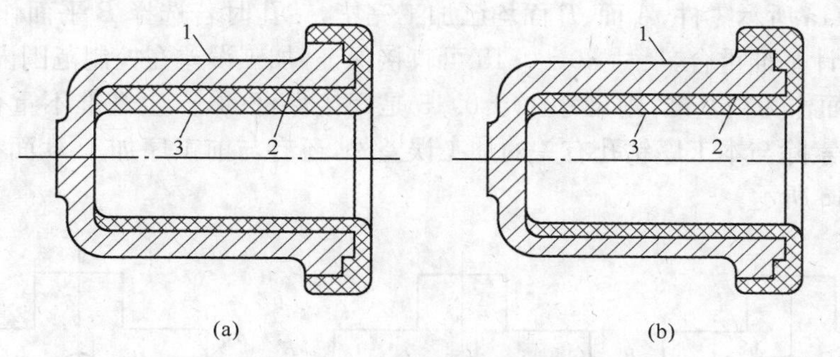

图 1-38　两种粗基准选择对比

(a) 以外圆 1 为粗基准,孔的余量不均,但加工后壁厚均匀

(b) 以内圆 3 为粗基准,孔的余量均匀,但加工后壁厚不均

1—外圆面;2—加工面;3—孔

(2) 合理分配各加工表面的加工余量　对于有多个被加工表面的工件,选择粗基准时,应考虑合理分配各加工表面的加工余量。一是应保证各主要表面都有足够的加工余量。为满足这个要求,应选择毛坯余量最小的表面作为粗基准,如图 1-39 所示的阶梯轴,应选择 ϕ55 mm 外圆表面作为粗基准。如果选 ϕ108 mm 的外圆表面为粗基准加工 ϕ55 mm 外圆表面,当两个外圆表面偏心为 3 mm 时,则加工后的 ϕ55 mm 外圆表面,因一侧加工余量不足而出现毛面,使工件报废。二是对于工件上的某些重要表面,为了尽可能使其表面加工余量均匀,则应选择重要表面作为粗基准。如图 1-40 所示的床身导轨表面是重要表面,车床床身粗加工时,应选择导轨表面作为粗基准,先加工床脚面,再以床脚面为精基准加工导轨面。

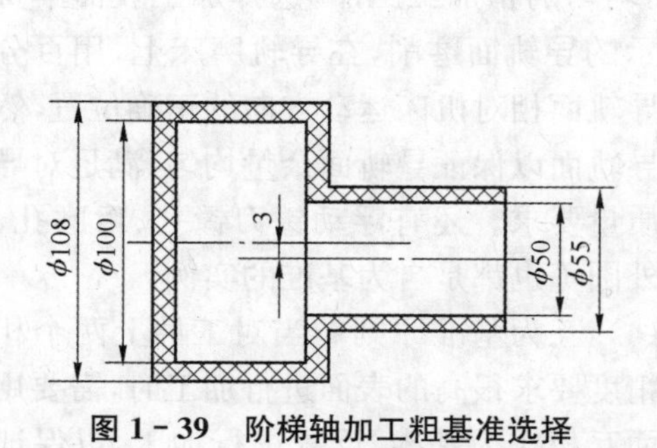

图 1-39　阶梯轴加工粗基准选择

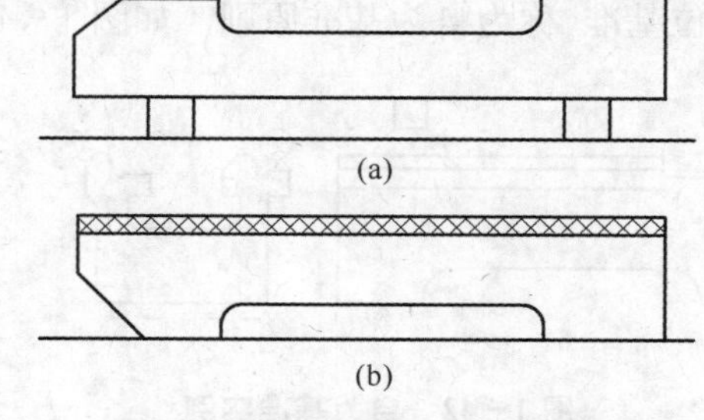

图 1-40　床身加工粗基准选择

(3) 粗基准应避免重复使用　在同一尺寸方向上,粗基准通常只能使用一次。因为毛坯面粗糙且精度低,重复使用将产生较大误差。

(4) 粗基准选用的基本条件　选作粗基准的平面应平整,没有浇冒口或飞边等缺陷,以便定位可靠,夹紧方便。

2. 精基准选择

利用已加工的表面作为定位基准,这个表面则称为精基准。精基准的选择应从保证零件加工精度出发，兼顾夹具结构简单。选择精基准一般应按照如下原则选取。

(1) 基准重合原则　应尽可能选择零件设计基准为定位基准，以避免产生基准不重合误差。

如图 1 - 41a 所示零件，A 面、B 面均已加工完毕，钻孔时若选择 B 平面作为精基准，则定位基准与设计基准重合，尺寸 30±0.15 可直接保证，加工误差在控制范围内，如图1 - 41b 所示；若选 A 面作为精基准，则尺寸 30±0.15 是间接保证的，产生基准不重合误差。影响尺寸精度的因素除与本工序钻孔有关的加工误差外，还有与前工序加工 B 面有关的加工误差，如图 1 - 41c 所示。

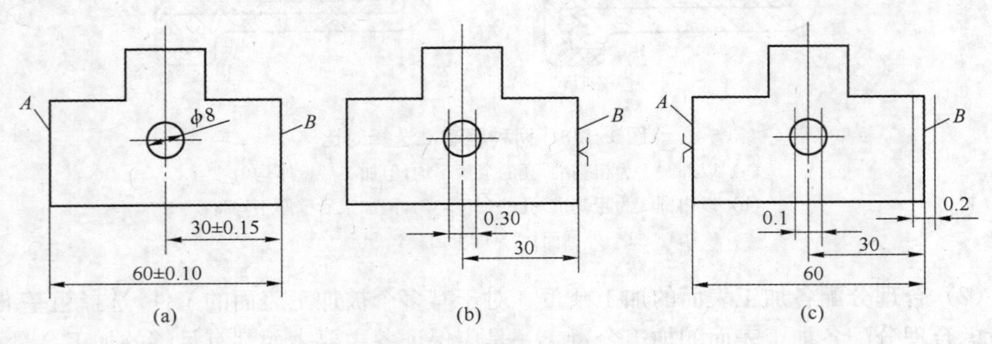

图 1 - 41　基准重合原则

(2) 基准统一原则　应采用同一组基准定位加工零件上尽可能多的表面，这就是基准统一原则。这样做可以简化工艺规程的制订工作，减少夹具设计、制造工作量和成本，缩短生产准备周期；由于减少了基准转换，便于保证各加工表面的相互位置精度。例如加工轴类零件时，采用两中心孔定位加工各外圆表面，就符合基准统一原则。箱体零件采用一面两孔定位，齿轮的齿坯和齿形加工多采用齿轮的内孔及一端面为定位基准，均属于基准统一原则。

(3) 自为基准原则　某些要求加工余量小而均匀的精加工工序，选择加工表面本身作为定位基准，称为自为基准原则。如图 1 - 42 所示的导轨面磨削，在导轨磨床上，用百分表找正导轨面相对机床运动方向的正确位置，然后加工导轨面以保证导轨面余量均匀，满足对导轨面的质量要求。还有浮动镗刀镗孔、珩磨孔、无心磨外圆等也都是自为基准的实例。

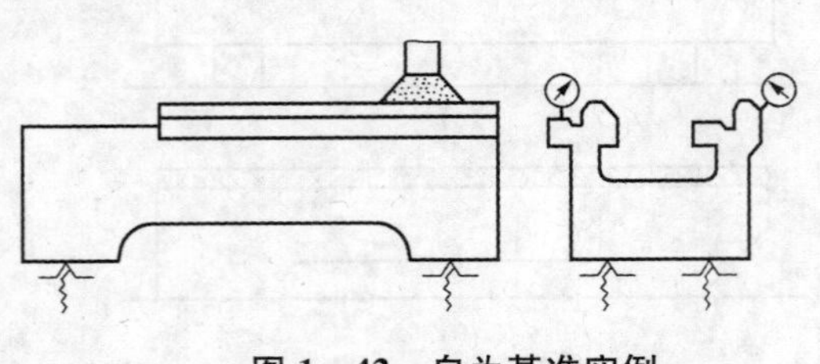
图 1 - 42　自为基准实例

(4) 互为基准原则　当对工件上两个相互位置精度要求很高的表面进行加工时，需要用两个表面互相作为基准，反复进行加工，以保证位置精度要求。例如要保证精密齿轮的齿圈跳动精度，在齿面淬硬后，先以齿面定位磨内孔，再以内孔定位磨齿面，从而保证位置精度。

(5) 准确可靠原则　即所选基准应保证工件定位准确、安装可靠；夹具设计简单、操作方便。

无论是粗基准还是精基准的选择，上述原则都不可能同时满足，有时甚至互相矛盾，因此选择基准时，必须具体情况具体分析，权衡利弊，保证零件的主要设计要求。

六、定位误差的分析与计算

在机械加工过程中，使用夹具的目的是为保证工件的加工精度。那么，在设计定位方案时，工件除了正确地选择定位基准和定位元件之外，还应使选择的定位方式必须能满足工件加工精度要求。因此，需要对定位方式所产生的定位误差进行定量地分析与计算，以确定所选择的定位方式是否合理。

1. 定位误差产生的原因及计算

造成定位误差 Δ_D 的原因，一是由于基准不重合而产生的误差，称为基准不重合误差 Δ_B；二是由于定位副的制造误差，而引起定位基准的位移，称为基准位移误差 Δ_Y。当定位误差 $\Delta_D \leqslant 1/3\delta_K$（$\delta_K$ 为本工序要求保证的工序尺寸的公差）时，一般认为选定的定位方式可行。

1）基准不重合误差与计算　由于定位基准与工序基准不重合而造成的工序基准对于定位基准在工序尺寸方向上的最大可能变化量，称为基准不重合误差，以 Δ_B 表示，如图 1－43 所示。

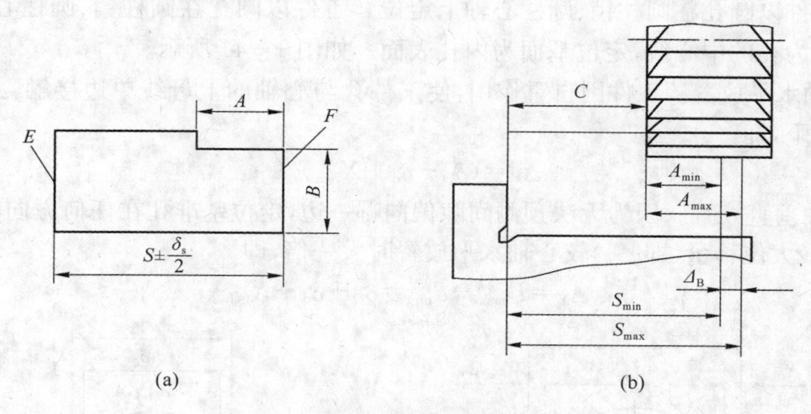

图 1－43　基准不重合误差

如图 1－43a 所示的零件简图，在工件上铣缺口，加工尺寸为 A、B。如图 1－43b 所示为加工示意图，工件以底面和 E 面定位，C 为确定刀具和夹具相互位置的对刀尺寸，在加工过程中 C 的位置是不变的，加工尺寸 A 的设计基准是 F，定位基准是 E，两者不重合。当一批工件逐个在夹具上定位时，受尺寸 $S\pm\delta_s/2$ 的影响，设计基准 F 的位置是变化的，F 的变动影响 A 的大小，给 A 造成误差，这个误差就是基准不重合误差，显然基准不重合误差的大小应等于定位基准与设计基准不重合而造成的加工尺寸的变化范围，由图 1－43b 可知

$$\Delta_B = A_{max} - A_{min} = S_{max} - S_{min} = \delta_s$$

S 是定位基准 E 与设计基准 F 间的距离尺寸，当设计可变动方向与加工尺寸的方向相同时，基准不重合误差就等于定位基准与设计基准间尺寸的公差，S 的公差为 δ_s，即

$$\Delta_B = \delta_s$$

当设计基准的变动方向与加工尺寸方向由一夹角（夹角为 β）时，基准不重合误差就等于定位基准与设计基准间距离尺寸公差在加工尺寸方向上的投影，即

$$\Delta_B = \delta_s \cos\beta$$

当定位基准与设计基准之间有几个相关尺寸的组合，应将各相关的尺寸公差在加工尺

寸方向上的投影之和，即

$$\Delta_B = \sum_{i=1}^{n} \delta_i \cos\beta_i$$

式中 δ_i——定位基准与设计基准之间各相关尺寸的公差(mm)；

β_i——β_i的方向与加工尺寸方向之间的夹角(°)。

2) 基准位移误差及计算　由于定位副的制造误差而造成定位基准位置的变动，对工件加工尺寸造成的误差，称为基准位移误差，用 Δ_Y 来表示。显然不同的定位方式和不同的定位副结构，其定位基准的移动量的计算方法是不同的。下面分析几种常见的定位方式产生的基准位移误差的计算方法。

(1) 工件以平面定位　工件以平面为定位基准时，若平面为粗糙表面则计算其定位误差没有意义；若平面为已加工表面则其与定位基准面的配合较好，误差很小，可以忽略不计。即工件以平面定位时，基准位移误差为

$$\Delta_Y = 0$$

(2) 工件以圆孔在圆柱销、圆柱心轴上定位　工件以圆孔在圆柱销、圆柱心轴上定位，其定位基准为孔的中心线，定位基面为内孔表面。如图 1-44 所示。

① 心轴水平放置。工件因自重作用，使工件孔与心轴的上母线单边接触，Δ_Y仅反映在径向单边向下，即

$$\Delta_Y = (\delta_D + \delta_d + X_{min})/2$$

② 心轴垂直放置。因为无法预测间隙偏向哪一边，定位基准孔在任何方向都可作双向移动，故其最大位移量(即 Δ_Y)较心轴水平放置时大一倍，即

$$\Delta_Y = D_{max} - d_{min} = \delta_D + \delta_d + X_{min}$$

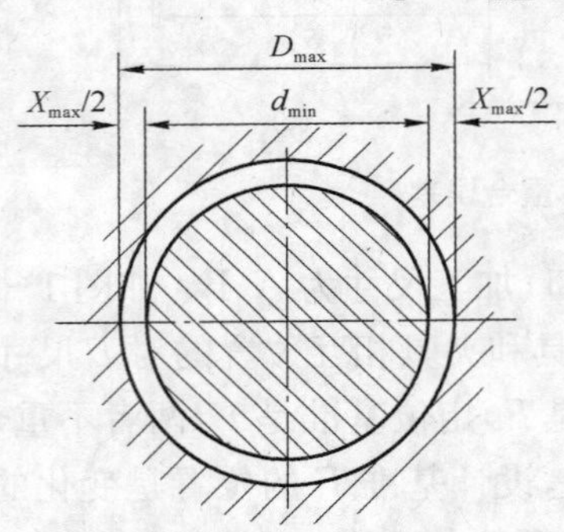

图 1-44　圆柱孔在圆柱销、圆柱心轴上的定位误差

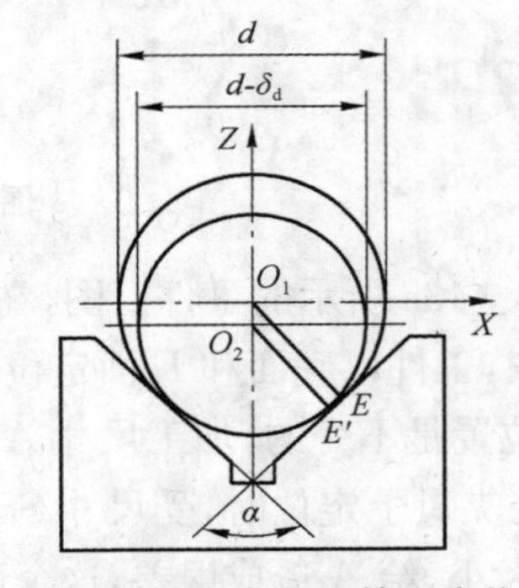

图 1-45　在 V 形块上定位的基准位移误差

(3) 工件以外圆柱面在 V 形块上定位时的定位误差　如图 1-45 所示，工件以外圆柱面在 V 形块中定位，由于工件定位面外圆直径有公差 δ_d，对一批工件而言，当直径由最大 d 变到最小 $d-\delta_d$时，工件中心(即定位基准)将在 V 形块的对称中心平面内上下偏移，左右不发生偏移，即工件中心由 O_1变到 O_2，其变化量 O_1O_2(即 Δ_Y)由几何关系推出

$$\Delta_Y = O_1O_2 = \frac{\delta_d}{2\sin\frac{\alpha}{2}}$$

工件以外圆柱面在 V 形块上定位的基准不重合误差 Δ_B与工序基准的位置有关，分别介

绍其定位误差，如图 1-46 所示。

① 工序基准为工件轴线。如图 1-46b 所示为工序基准与定位基准重合，则基准不重合误差 $\Delta_B=0$，故影响工序尺寸 H_1 的定位误差为

$$\Delta_D=0+\Delta_Y=0+\frac{\delta_d}{2\sin\frac{\alpha}{2}}$$

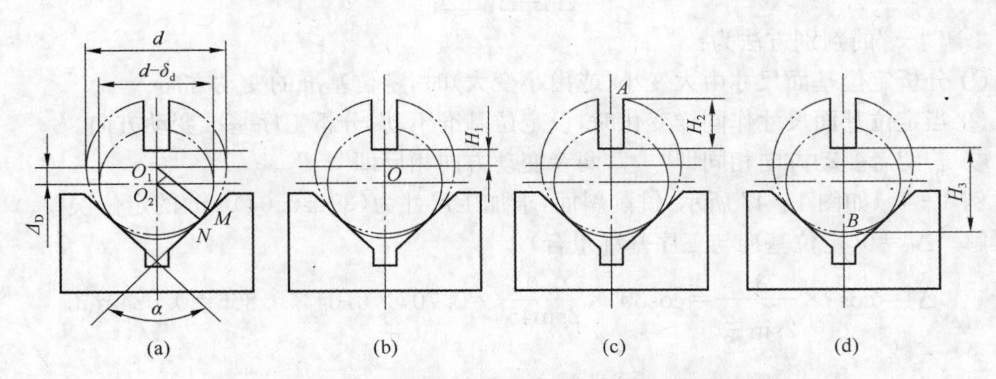

图 1-46　工件在 V 形块上定位的基准位移误差

② 工序基准为外圆上母线。如图 1-46c 所示工序基准选在工件上母线 A 处，工件尺寸为 H_2。此时工序基准与定位基准不重合，除含有定位基准位移误差 Δ_Y 外，还有基准不重合误差 Δ_B。假定定位基准 O_1 不动，当工件直径由最大 d 变到最小 $d-\delta_d$ 时，工序基准的变化量为 $\delta_d/2$，就是 Δ_B 的大小，其方向与定位基准 O_1 变到 O_2 的方向相同，故其定位误差 Δ_D 是两者之和，即

$$\Delta_D=\Delta_B+\Delta_Y=\delta_d/2+\frac{\delta_d}{2\sin\frac{\alpha}{2}}$$

③ 工序基准为外圆下母线。图 1-46d 所示工序基准选在工件下母线 B 处，工件尺寸为 H_3。工序基准与定位基准 O_1 不重合的另一种情况。当工件直径由最大 d 变到最小 $d-\delta_d$ 时，工序基准的变化量仍为 $\delta_d/2$，但其方向与定位基准 O_1 变到 O_2 的方向相反，故其定位误差 Δ_D 是两者之差，即

$$\Delta_D=-\Delta_B+\Delta_Y=\frac{\delta_d}{2\sin\frac{\alpha}{2}}-\delta_d/2$$

可见，工件以外圆柱面在 V 形块定位时，如果工序基准不同，产生的定位误差 Δ_D 也不同。其中以下母线为工序基准时，定位误差最小，也易测量。故轴类零件的键槽尺寸，一般多以下母线标注。

3）定位误差的计算　由于定位误差 Δ_D 是由基准不重合误差和基准位移误差组合而成的，因此在计算定位误差时，先分别算出 Δ_B 和 Δ_Y，然后将两者组合而得 Δ_D。组合时可有如下情况。

（1）两种特殊情况

$$\Delta_Y=0,\Delta_B\neq0\text{ 时}\quad \Delta_D=\Delta_B$$
$$\Delta_Y\neq0,\Delta_B=0\text{ 时}\quad \Delta_D=\Delta_Y$$

(2) 一般情况

$$\Delta_Y \neq 0, \Delta_B \neq 0 \text{ 时}$$

如果工序基准不在定位基面上

$$\Delta_D = \Delta_Y + \Delta_B$$

如果工序基准在定位基面上

$$\Delta_D = \Delta_Y \pm \Delta_B$$

"+""−"的判别方法为:

① 分析定位基面尺寸由大变小(或由小变大)时,定位基准的变动方向。

② 当定位基面尺寸作同样变化时,设定位基准不动,分析工序基准变动方向。

③ 若两者变动方向相同即"+",两者变动方向相反即"−"。

例 1-1 如图 1-47 所示,铣削斜面,求加工尺寸为(39±0.04)mm 的定位误差。

解 $\Delta_B = 0$(定位基准与工序基准重合)

$$\Delta_Y = \cos\beta \times \frac{\delta_d}{2\sin\frac{\alpha}{2}} = \cos 30° \times \frac{0.04}{2\sin 45°} = 0.707 \times 0.04 \times 0.866 = 0.024 \text{ mm}$$

$$\Delta_D = \Delta_Y = 0.024 \text{ mm}$$

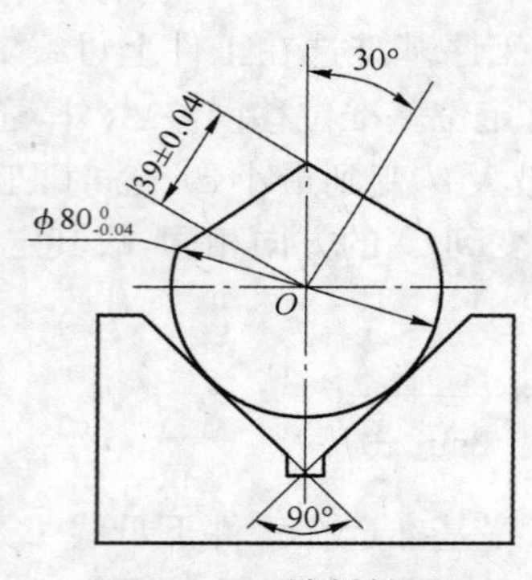

图 1-47 铣削斜面

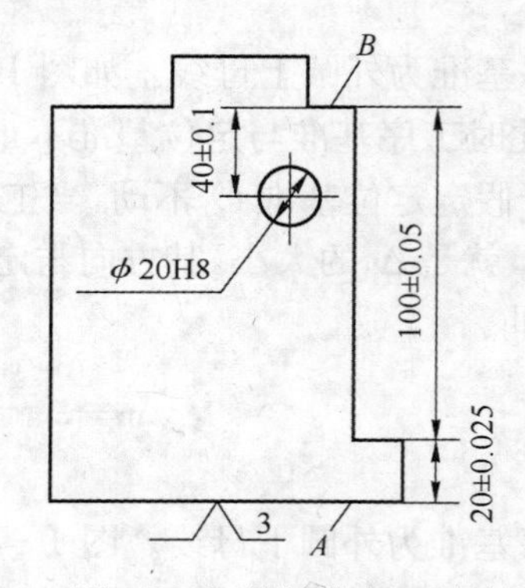

图 1-48 平面上加工孔

例 1-2 如图 1-48 所示,以 A 面定位加工 ϕ20H8 孔。求加工尺寸(40±0.1)mm 的定位误差。

解 $\Delta_Y = 0$(定位基面为平面)

由于定位基准 A 与工序基准 B 不重合,因此将产生基准不重合误差

$$\Delta_B = \sum_{i=1}^{n} \delta_i \cos\beta = (0.05 + 0.1)\cos 0° = 0.15 \text{ mm}$$

$$\Delta_D = \Delta_B = 0.15 \text{ mm}$$

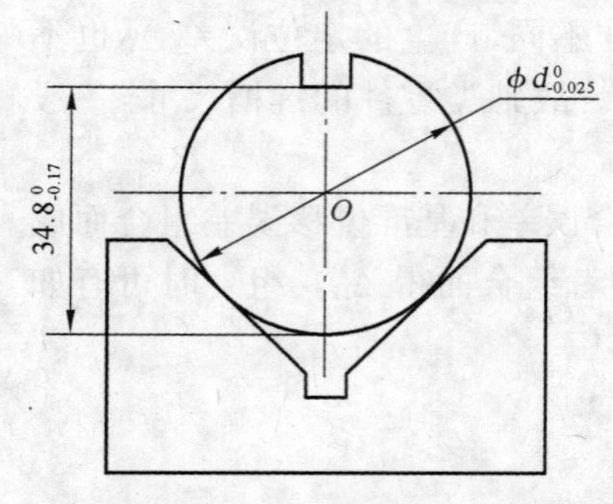

图 1-49 圆柱面上加工键槽

例 1-3 如图 1-49 所示,工件以外圆柱面在 V 形块上定位加工键槽,保证键槽深度 $34.8_{-0.17}^{\ 0}$ mm,试计算其定位误差。

解 $\Delta_B = 1/2 \times \delta_d = 1/2 \times 0.025 = 0.0125 \text{ mm}$

$$\Delta_Y = \frac{\delta_d}{2\sin\frac{\alpha}{2}} = \frac{0.025}{2\sin 45°} = 0.707 \times 0.025 = 0.0177 \text{ mm}$$

因为工序基准在定位基面上，所以 $\Delta_D=\Delta_Y\pm\Delta_B$，由于基准位移和基准不重合分别引起加工尺寸作相反方向变化，取“－”。则

$$\Delta_D=\Delta_Y-\Delta_B=0.0177-0.0125=0.0052\ \text{mm}$$

例 1－4　如图 1－50 所示，工件以 d_1 外圆定位，加工 ϕ10H8 孔。已知 d_1 为 $\phi 30_{-0.01}^{\ 0}$ mm，d_2 为 $\phi 55_{-0.056}^{-0.01}$ mm，$H=(40\pm0.15)$ mm，$t=0.03$ mm。求加工尺寸（40±0.12）mm 的定位误差。

解　定位基准是 d_1 的轴线，工序基准则在 d_2 的外圆下母线上，是相互独立的因素，则

$$\Delta_B=\sum_{i=1}^{n}\delta_i\cos\beta=(\delta_{d2}/2+t)\cos\beta=0.046/2+0.03=0.053\ \text{mm}$$

$$\Delta_Y=0.707\delta_{d1}=0.707\times0.01=0.007\ \text{mm}$$

$$\Delta_D=\Delta_B+\Delta_Y=0.053+0.007=0.06\ \text{mm}$$

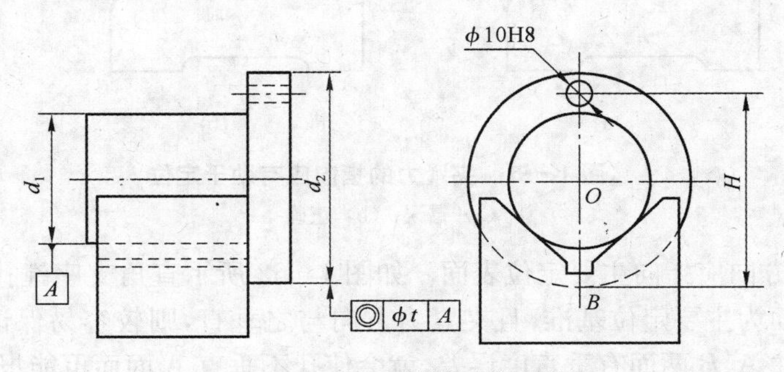

图 1－50　阶梯轴上加工槽

第六节　工件的夹紧

加工前，工件在夹具的定位元件上获得正确位置之后，还必须在夹具上设置夹紧机构将工件夹紧，以保证工件在加工过程中不致因受到切削力、惯性力、离心力或重力等外力作用而产生位置偏移和振动，并保持已由定位元件所确定的加工位置。由此可见夹紧机构在夹具中占有重要地位。

一、对夹紧装置的要求

在设计夹具时，选择工件的夹紧方法一般与选择定位方法同时考虑，有时工件的定位也是在夹紧过程中实现的。在设计夹紧装置时，必须满足下列基本要求。

① 夹紧过程中能保持工件在定位时已获得的正确位置。

② 夹紧适当和可靠。夹紧机构一般要有自锁作用，保证在加工过程中工件不会产生松动或振动。在夹压工件时，不许工件产生不适当的变形和表面损伤。

③ 夹紧机构操作方便、安全省力，以便减轻劳动强度，缩短辅助时间，提高生产效率。

④ 夹紧机构的复杂程度和自动化程度与工件的生产批量和生产方式相适应。

⑤ 结构设计应具有良好的工艺性和经济性。结构力求简单、紧凑和刚性好。尽量采用标准化夹紧装置和标准化元件，以便缩短夹具的设计和制造周期。

二、夹紧力三要素的确定

1. 夹紧力方向的确定

(1) 夹紧力的方向不应破坏工件定位　如图 1－51a 所示为不正确的夹紧方案，夹紧力有向上的分力 F_{wz}，使工件离开原来的正确定位位置。而如图 1－51b 所示为正确的夹紧方案。

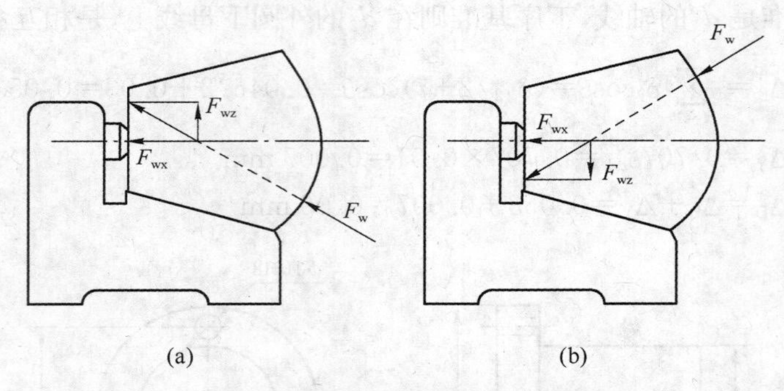

图 1－51　夹紧力的指向应有助于定位

(a) 错误；(b) 正确

(2) 夹紧力方向应指向主要定位表面　如图 1－52 所示直角支座镗孔，要求孔与 A 面垂直，故应以 A 面为主要定位基准，且夹紧力方向与之垂直，则较容易保证质量。反之，若压向 B 面，当工件 A、B 两面有垂直度误差，就会使孔不垂直 A 面而可能报废。

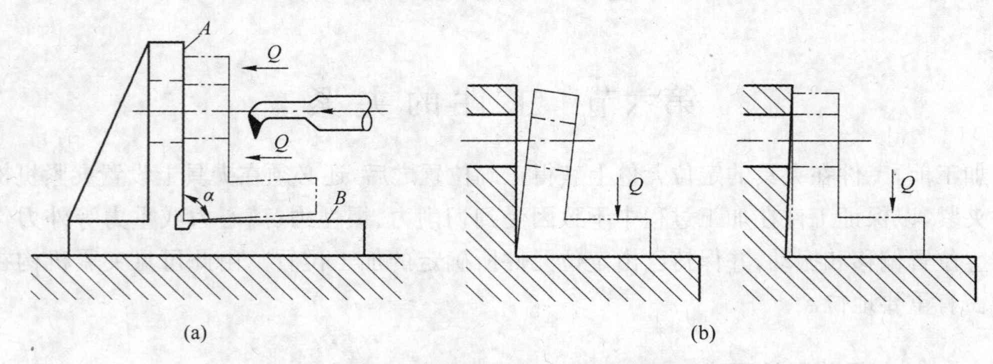

图 1－52　夹紧力方向对镗孔垂直度的影

(a) 合理；(b) 不合理

(3) 夹紧力方向应使工件的夹紧变形尽量小　如图 1－53 所示为薄壁套筒，由于工件的径向刚度很差，用图 1－53a 的径向夹紧方式将产生过大的夹紧变形。若改用如图 1－53b 所示的轴向夹紧方式，则可减少夹紧变形，保证工件的加工精度。

(4) 夹紧力方向应使所需夹紧力尽可能小　在保证夹紧可靠的前提下，减小夹紧力可以减轻工人的劳动强度，提高生产效率，同时可以使机构轻便、紧凑以及减少工件变形。为此，应使夹紧力 Q 的方向最好与切削力 F、工件重力 G 的方向重合，这时所需要的夹紧力为最小。一般在定位与夹紧同时考虑时，切削力 F、工件重力 G、夹紧力 Q 三力的方向与大小也要同时考虑。

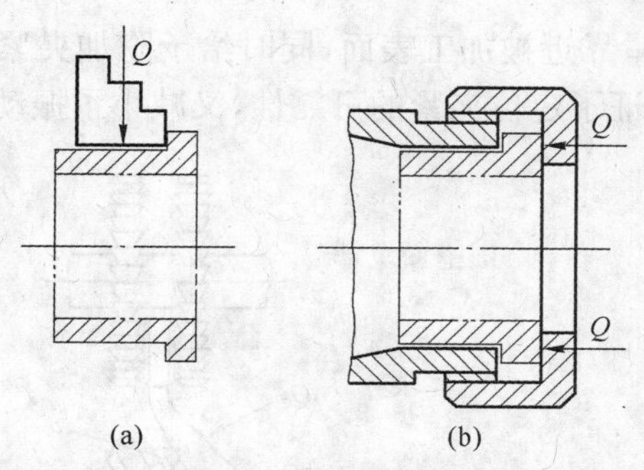

图 1-53　夹紧力的作用方向对工件变形的影响

(a) 不合理；(b) 合理

如图 1-54 所示为夹紧力、切削力和重力之间关系的几种示意情况，显然，如图 1-54a 所示最合理，如图 1-54f 所示情况为最差。

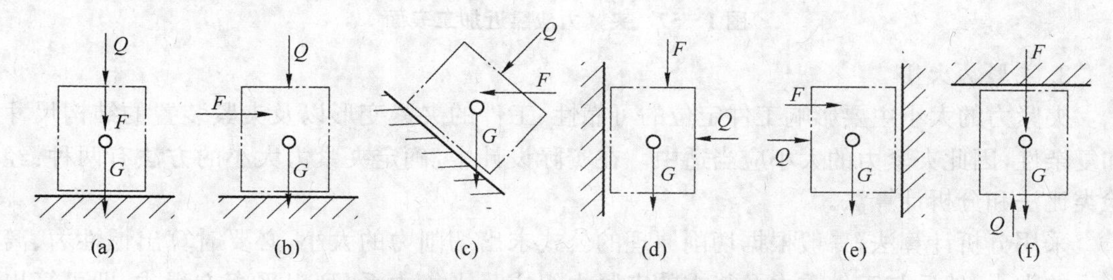

图 1-54　夹紧力、切削力和重力之间关系

2. 夹紧力作用点

夹紧力作用点的位置和数目将直接影响工件定位后的可靠性和夹紧后的变形，应注意以下几个方面：

(1) 夹紧力作用点应靠近支承元件的几何中心或几个支承元件所形成的支承面内　如图 1-55a 所示中夹紧力作用在支承面范围之外，会使工件倾斜或移动，而如图 1-55b 所示因它作用在支承面范围之内，所以是合理的。

(2) 夹紧力作用点应落在工件刚度较好的部位上　这对刚度较差的工件尤其重要，如图 1-56 所示，将作用点由如图 1-56a 所示的中间的单点，改成如图 1-56b 所示的两旁的两点夹紧，变形大为改善，且夹紧也较可靠。

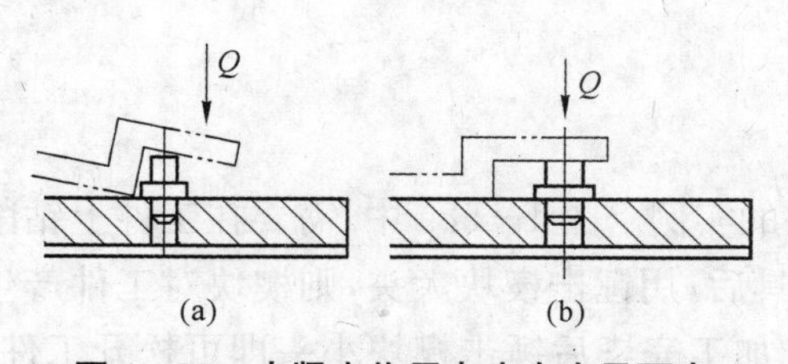

图 1-55　夹紧力作用点应在支承面内

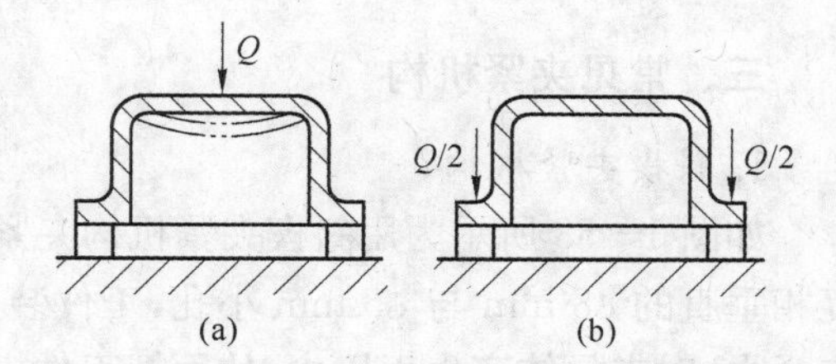

图 1-56　夹紧力作用点应在刚性较好部位

(3) 夹紧力作用点应尽可能靠近被加工表面　这样可减小切削力对工件造成的翻转力矩，必要时应在工件刚性差的部位增加辅助支承并施加附加夹紧力，以免振动和变形。如图

1－57 所示，辅助支承 a 尽量靠近被加工表面，同时给予附加夹紧力 Q_2。这样翻转力矩小，又增加了工件的刚性，既保证了定位夹紧的可靠性，又减小了振动和变形。

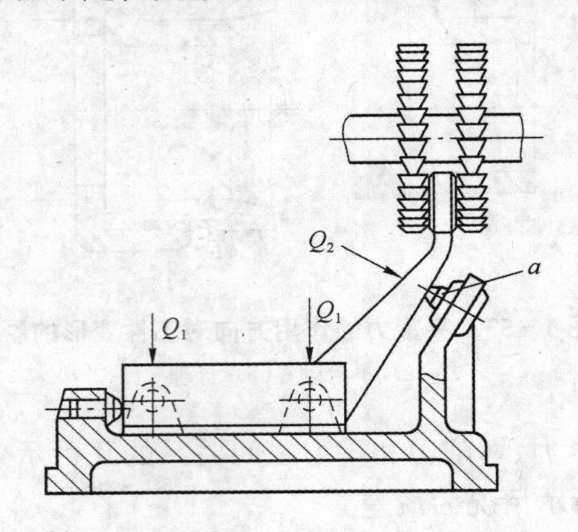

图 1－57　夹紧力应靠近加工表面

3. 夹紧力大小

夹紧力的大小主要影响工件定位的可靠性、工件的夹紧变形以及夹紧装置的结构尺寸和复杂性，因此夹紧力的大小应当适中。在实际设计中，确定夹紧力大小的方法有两种：经验类比法和分析计算法。

采用分析计算法，一般根据切削原理的公式求出切削力的大小，必要时算出惯性力、离心力的大小，然后与工件重力及待求的夹紧力组成静平衡力系，列出平衡方程式，即可算出理论夹紧力，再乘以安全系数 K，作为所需的实际夹紧力。K 值在粗加工时取 2.2～3，精加工时取 1.2～2。

由于加工中切削力随刀具的磨钝、工件材料性质和余量的不均匀等因素而变化，而且切削力的计算公式是在一定的条件下求得的，使用时虽然根据实际的加工情况给予修正，但是仍然很难计算准确。所以在实际生产中一般很少通过计算法求得夹紧力，而是采用类比的方法估算夹紧力的大小。对于关键性的重要夹具，则往往通过实验方法来测定所需要的夹紧力。

夹紧力三要素的确定，实际上是一个综合性问题，必须全面考虑工件的结构特点、工艺方法、定位元件的结构和布置等多种因素，以便最后确定并具体设计出较为理想的夹紧机构。

三、常见夹紧机构

1. 斜楔夹紧机构

如图 1－58 所示为用斜楔夹紧机构夹紧工件的实例。图 1－58a 中，需要在工件上钻削互相垂直的 ϕ8 mm 与 ϕ5 mm 小孔，工件装入夹具后，用锤击楔块大头，则楔块对工件产生夹紧力，对夹具体产生正压力，从而把工件楔紧。加工完毕后锤击楔块小头即可松开工件。但这类夹紧机构产生的夹紧力有限，且操作费时，故在生产中直接用楔块楔紧工件的情况是比较少的。但是利用斜面楔紧作用的原理和采用楔块与其他机构组合起来夹紧工件的机构却比较普遍。

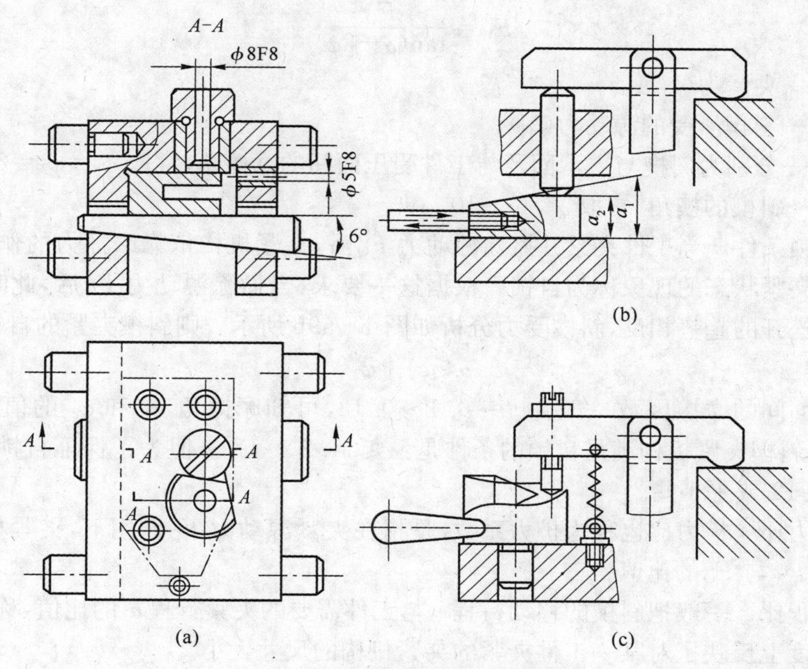

图 1-58　斜楔夹紧机构实例

图 1-58b 所示为将斜楔与滑柱压板组合而成的机动夹紧机构；图 1-58c 所示为由端面斜楔与压板组合而成的手动夹紧机构。

(1) 斜楔夹紧力的计算　斜楔夹紧时的受力情况如图 1-59a 所示，可推导出斜楔夹紧机构的夹紧力计算公式

$$F_Q = F_W \tan\varphi_1 + F_W \tan(\alpha + \varphi_2)$$

$$F_W = \frac{F_Q}{\tan\varphi_1 + \tan(\alpha + \varphi_2)}$$

当 α、φ_1、φ_2 均很小且 $\varphi_1 = \varphi_2 = \varphi$ 上式可近似的简化为

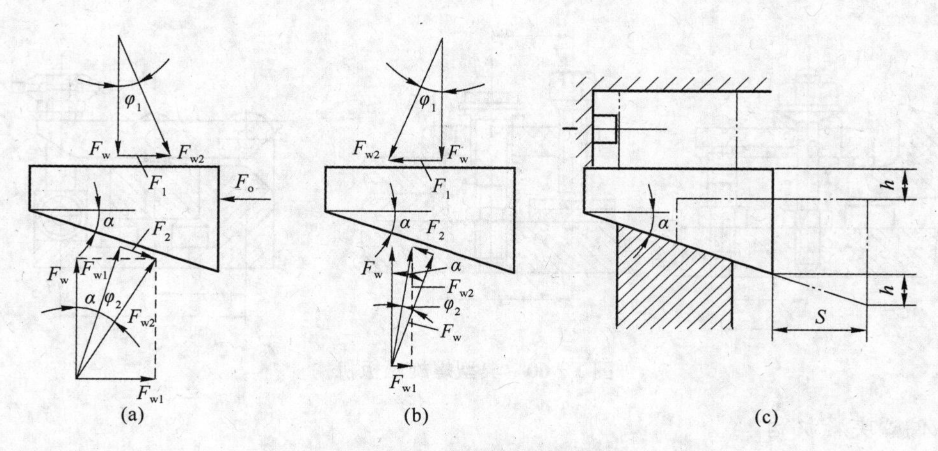

图 1-59　斜楔夹紧受力分析

(a) 夹紧受力图；(b) 自锁受力图；(c) 夹紧行程

$$F_W=\frac{F_Q}{\tan(\alpha+2\varphi)}$$

式中　F_W——夹紧力(N)；

F_Q——斜楔所受的源动力(N)；

φ_1、φ_2——分别为斜楔与支承面及与工件受压面间的摩擦角，常取 $\varphi_1=\varphi_2=2°\sim8°$

α——斜楔的楔角，常取 $\alpha=6°\sim10°$。

(2) 自锁条件　当工件夹紧并撤除源动力 F_Q后，夹紧机构依靠摩擦力的作用，仍能保持对工件的夹紧状态的现象称为自锁。根据这一要求，当撤除源动力 F_Q后，此时摩擦力的方向与斜楔松开的趋势相反，斜楔受力分析如图 1-59b 所示。则斜楔夹紧的自锁条件是

$$\alpha\leqslant\varphi_1+\varphi_2$$

钢铁表面间的摩擦因数一般为 $f=0.1\sim0.12$，可知摩擦角 φ_1 和 φ_2 的值为 $2.72°\sim8.2°$。因此，斜楔夹紧机构满足自锁的条件是：$\alpha\leqslant11.2°\sim17°$。但为了保证自锁可靠，一般取 α 为 $10°\sim12°$或更小些。

(3) 扩力比　扩力比也称为扩力系数，是指在夹紧源动力 F_Q作用下，夹紧机构所能产生的夹紧力 F_W与 F_Q的比值。

(4) 行程比　一般把斜楔的移动行程 s 与工件需要的夹紧行程 h 的比值，称为行程比，它在一定程度上反映了对某一工件夹紧的夹紧机构的尺寸大小。

当夹紧源动力 F_Q和斜楔行程 s 一定时，楔角 α 越小，则产生的夹紧力 F_W和夹紧行程比就越大，而夹紧行程 h 却越小。此时楔面的工作长度加大，致使结构不紧凑，夹紧速度变慢。所以在选择楔角 α 时，必须同时兼顾扩力比和夹紧行程，不可顾此失彼。

斜楔夹紧机构结构简单，工作可靠，但由于它的机械效率较低，很少直接应用于手动夹紧机构中。

2. 螺旋夹紧机构

螺旋夹紧机构在夹具中应用最广，其优点是结构简单、制造方便、夹紧力大、自锁性能好。它的结构形式很多，但从夹紧方式来分，可分为螺栓夹紧和螺母夹紧两种。如图 1-60 所示，设计时应根据所需的夹紧力的大小选择合适的螺纹直径。

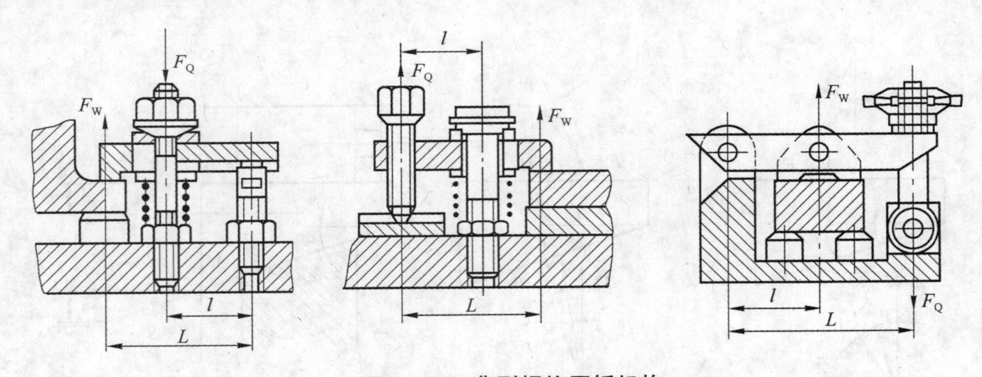

图 1-60　典型螺旋压板机构

3. 偏心夹紧机构

如图 1-61 所示为常见的各种偏心夹紧机构，其中如图 1-61a、图 1-61b 所示是偏心轮和螺栓压板的组合夹紧机构；如图 1-61c 所示是利用偏心轴夹紧工件的；如图 1-61d 所

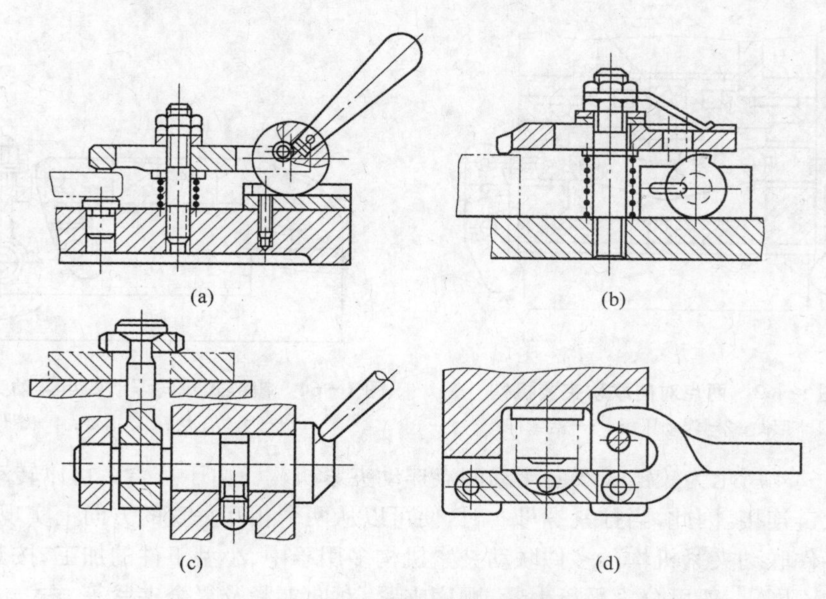

图 1-61　偏心夹紧机构实例

示为直接用偏心圆弧将铰链压板锁紧在夹具体上，通过摆动压块将工件夹紧。

偏心夹紧机构的特点是结构简单、动作迅速，但它的夹紧行程受偏心距 e 的限制，夹紧力较小，故一般用于工件被夹压表面的尺寸变化较小和切削过程中振动不大的场合，多用于小型工件的夹具中。

4. 联动夹紧机构

联动夹紧机构是利用机构的组合完成单件或多件的多点、多向同时夹紧的机构。它可以实现多件加工、减少辅助时间、提高生产效率、减轻工人的劳动强度等。

(1) 多点联动夹紧机构　最简单的多点联动夹紧机构是浮动压头，如图 1-62 所示为两种典型浮动压头的示意图。其特点是具有一个浮动元件 1，当其中的某一点夹压后，浮动元件就会摆动或移动，直到另一点也接触工件均衡压紧工件为止。

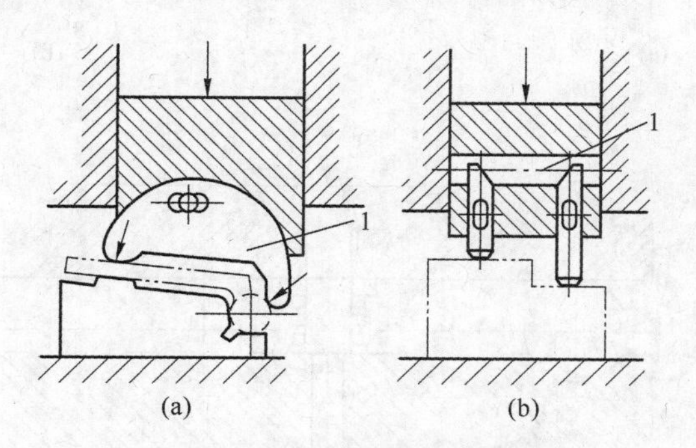

图 1-62　浮动压头示意图

1—浮动元件

如图 1-63 所示为两点对向联动夹紧机构，当液压缸中的活塞杆 3 向下移动时，通过双臂铰链使浮动压板 2 相对转动，最后将工件 1 夹紧。

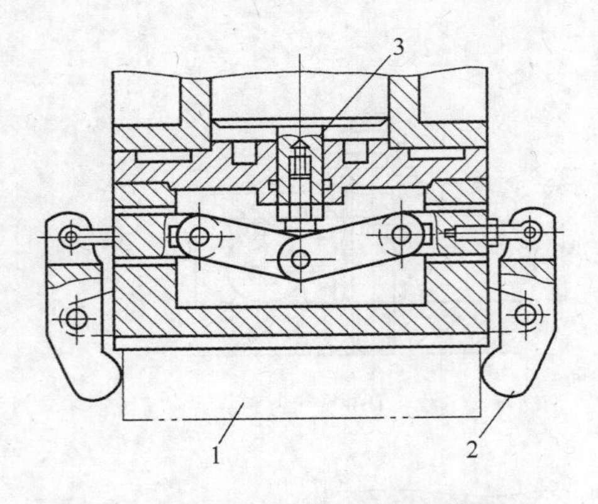

图 1-63 两点对向联动夹紧机构

1—工件；2—浮动压板；3—活塞杆

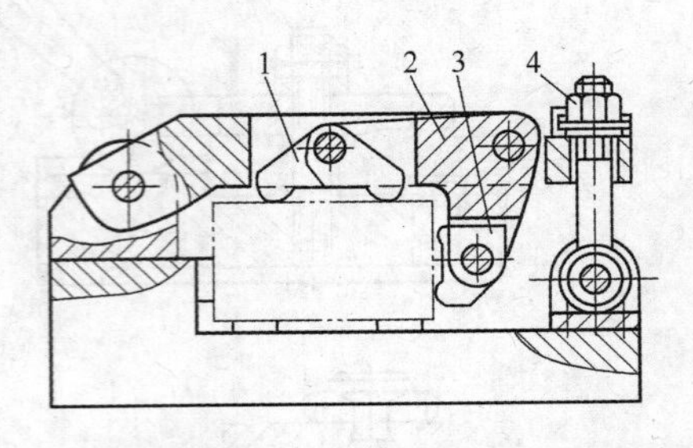

图 1-64 铰链式双向浮动四点连动夹紧机构

1、3—摆动压块；2—摇臂；4—螺母

如图 1-64 所示为铰链式双向浮动四点连动夹紧机构。由于摇臂 2 可以转动并与摆动压块 1、3 铰链连接，因此，当拧紧螺母 4 时，便可以从两个相互垂直的方向上实现四点连动。

（2）多件联动夹紧机构　多件联动夹紧机构多用于中、小型工件的加工，按其对工件施加力方式的不同，一般可分为平行夹紧、顺序夹紧、对向夹紧及复合夹紧等方式。

如图 1-65a 所示为浮动压板机构对工件平行夹紧的实例。由于压板 2、摆动压块 3 和球面垫圈 4 可以相对转动，均是浮动件，故旋动螺母 5 即可同时平行夹紧每个工件。如图 1-65b 所示为液性介质联动夹紧机构。密闭腔内的不可压缩液性介质既能传递力，还能起浮动环节作用。旋紧螺母 5 时，液性介质推动各个柱塞 7，使它们与工件全部接触并夹紧。

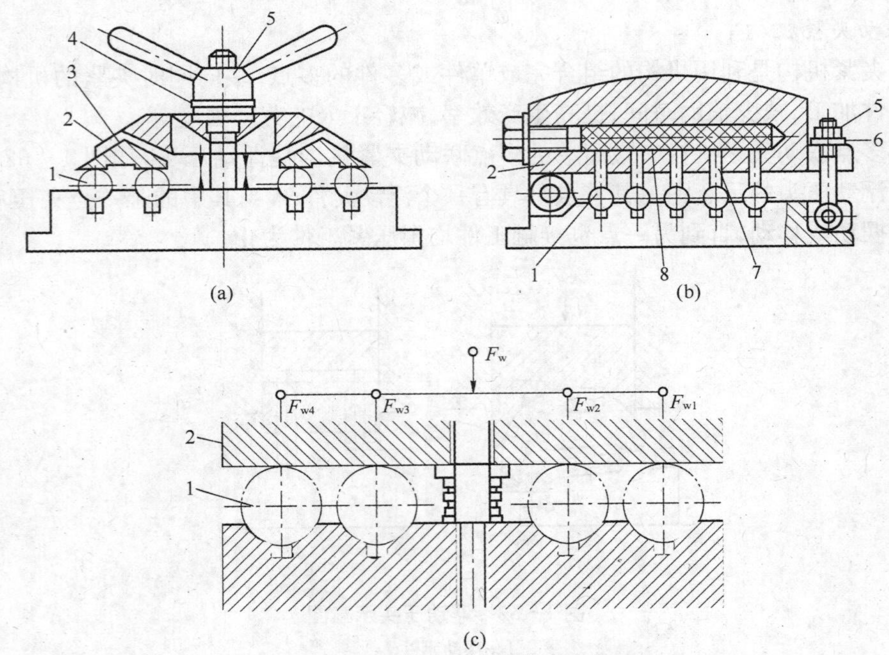

图 1-65 平行式多件联动夹紧机构

1—工件；2—压板；3—摆动压块；4—球面垫圈；5—螺母；6—垫圈；7—柱塞；8—液性介质

第七节　工艺路线的拟订

拟定工艺路线是指拟定零件加工所经过的有关部门和工序的先后顺序。工艺路线的拟定是工艺规程制订过程中的关键阶段，是工艺规程制订的总体设计，其主要任务包括确定加工方法的确定、加工顺序的安排、工序集中与分散等内容。工艺路线拟定的合理与否，不仅影响加工质量和生产率，而且影响工人、设备、工艺装备及生产场地等的合理利用，从而影响生产成本。它与零件的加工要求，生产批量及生产条件等诸多因素有关。拟定时一般应提出几种方案，结合实际情况分析比较，确定较为合理的工艺路线。

一、加工方法的确定

确定加工方法时，一般先根据表面的加工精度和表面粗糙度要求，选定最终加工方法，然后再确定从毛坯表面到最终成形表面的加工路线，即确定加工方案。由于获得同一精度和同一表面粗糙度的方案有好几种，在具体选择时，还应考虑工件的结构形状和尺寸、工件材料的性质、生产类型、生产率和经济性、生产条件等。

1. 加工经济精度和经济表面粗糙度

任何一个表面加工中，影响选择加工方法的因素很多，每种加工方法在不同的工作条件下所能达到的精度和经济效果均不同。也就是说所有的加工方法能够获得的加工精度和表面粗糙度均有一个较大的范围。例如，选择较低的切削用量，精细地操作，就能达到较高精度。但是，这样会降低生产率，增加成本。反之，如增大切削用量，提高生产率，成本能够降低，但精度也降低了。所以在确定加工方法时，应根据工件的每个加工表面的技术要求来选择与经济精度相适应的加工方案，而这一经济精度指的是在正常加工条件下（采用符合质量标准的设备、工艺装备和标准技术等级的工人，合理的加工时间）所能达到的加工精度，相应的表面粗糙度称为经济表面粗糙度。

表 1-10、表 1-11、表 1-12 分别摘录了外圆、平面、孔的加工方法、加工方案及其经济精度和经济表面粗糙度。表 1-13、表 1-14 摘录了轴心线平行、轴心线垂直的孔的位置精度，供选用时参考。

表 1-10　外圆柱面加工方法

序号	加 工 方 法	加工经济精度（IT）	经济表面粗糙度值 Ra（μm）	适 用 范 围
1	粗车	11～13	12.5～50	适用于淬火钢以外的各种金属
2	粗车－半精车	8～10	3.2～6.3	
3	粗车－半精车－精车	7～8	0.8～1.6	
4	粗车－半精车－精车－滚压（或抛光）	7～8	0.025～0.2	
5	粗车－半精车－磨削	7～8	0.4～0.8	主要用于淬火钢，也可用于未淬火钢，但不宜加工有色金属
6	粗车－半精车－粗磨－精磨	6～7	0.1～0.4	
7	粗车－半精车－粗磨－精磨－超精加工（或轮式超精磨）	5	0.012～0.1（或 Rz0.1）	

（续表）

序号	加工方法	加工经济精度（IT）	经济表面粗糙度值 Ra（μm）	适用范围
8	粗车—半精车—精车—精细车（金刚车）	6～7	0.025～0.4	主要用于要求较高的有色金属加工
9	粗车—半精车—粗磨—精磨—超精磨（或镜面磨）	5以上	0.006～0.025（或 Rz0.05）	极高精度的外圆加工
10	粗车—半精车—粗磨—精磨—研磨	5以上	0.006～0.1（或 Rz0.05）	

表1-11 平面加工方法

序号	加工方法	加工经济精度（IT）	经济表面粗糙度值 Ra（μm）	适用范围
1	粗车	11～13	12.5～50	端面
2	粗车—半精车	8～10	3.2～6.3	
3	粗车—半精车—精车	7～8	0.8～1.6	
4	粗车—半精车—磨削	6～8	0.2～0.8	
5	粗刨（或粗铣）	11～13	6.3～25	一般不淬硬平面（端铣表面粗糙度 Ra 值较小）
6	粗刨（或粗铣）—精刨（或精铣）	8～10	1.6～6.3	
7	粗刨（或粗铣）—精刨（或精铣）—刮研	6～7	0.1～0.8	精度要求较高的不淬硬平面，批量较大时宜采用宽刃精刨方案
8	以宽刃精刨代替上述刮研	7	0.2～0.8	
9	粗刨（或粗铣）—精刨（或精铣）—磨削	7	0.2～0.8	精度要求高的淬硬平面，或不淬硬平面
10	粗刨（或粗铣）—精刨（或精铣）—粗磨—精磨	6～7	0.25～0.4	
11	粗铣—拉	7～9	0.2～0.8	大量生产，较小的平面（精度视拉刀精度而定）
12	粗铣—精铣—磨削—刮研	5以上	0.006～0.1（或 Rz0.05）	高精度平面

表 1-12　孔加工方法

序号	加 工 方 法	加工经济精度(IT)	经济表面粗糙度值 Ra(μm)	适 用 范 围
1	钻	11～13	12.5	加工未淬火钢及铸铁的实心毛坯，也可用于加工有色金属。孔径小于 15～20 mm
2	钻—扩	8～10	1.6～6.3	
3	钻—粗铰—精铰	7～8	0.8～1.6	
4	钻—扩	10～11	6.3～12.5	
5	钻—扩—铰	8～9	1.6～3.2	
6	钻—扩—粗铰—精铰	7	0.8～1.6	
7	钻—扩—机铰—手铰	6～7	0.2～0.4	
8	钻—扩—拉	7～9	0.1～1.6	大批大量生产(精度由拉刀的精度而定)
9	粗镗(或扩孔)	11～13	6.3～12.5	除淬火钢外各种材料，毛坯有铸出孔或锻出孔
10	粗镗(粗扩)—半精镗(精扩)	9～10	1.6～3.2	
11	粗镗(粗扩)—半精镗(精扩)—精镗(铰)	7～8	0.8～1.6	
12	粗镗(粗扩)—半精镗(精扩)—精镗—浮动镗刀精镗	6～7	0.4～0.8	
13	粗镗(扩)—半精镗—磨孔	7～8	0.2～0.8	主要用于淬火钢，也可用于未淬火钢，但不宜用于有色金属
14	粗镗(扩)—半精镗—粗磨—精磨	6～7	0.1～0.2	
15	粗镗—半精镗—精镗—精细镗(金刚镗)	6～7	0.05～0.4	主要用于精度要求较高的有色金属加工
16	钻(扩)—粗铰—精铰—珩磨；钻(扩)—拉—珩磨；粗镗—半精镗—精镗—珩磨	6～7	0.025～0.2	主要用于精度要求很高的孔
17	以研磨代替 16 中的珩磨	5～6	0.006～0.1	

表 1-13　轴心线平行的孔的位置精度(经济精度)　(mm)

加工方法	工具的定位	两孔的轴线间的距离误差或从孔的轴线到平面的距离误差	加工方法	工具的定位	两孔的轴线间的距离误差或从孔的轴线到平面的距离误差
立钻或摇臂钻上钻孔	用钻模	0.1～0.2	卧式镗床上镗孔	用镗模	0.05～0.08
	按划线	1.0～3.0		按定位样板	0.08～0.2
立钻或摇臂钻上镗孔	用镗模	0.05～0.08		按定位器的指示读数	0.04～0.06
车床上镗孔	按划线	1.0～2.0		用块尺	0.05～0.1
	用带有滑座的尺	0.1～0.3		用内径或用塞尺	0.05～0.25
坐标镗床上镗孔	用光学仪器	0.004～0.015		用程序控制的坐标装置	0.04～0.05
金刚镗床上镗孔		0.008～0.02		用游标尺	0.2～0.4
多轴组合机床上镗孔	用镗模	0.03～0.05		按划线	0.4～0.6

表 1-14　轴心线相互垂直的孔的位置精度(经济精度)　(mm)

加工方法	工具的定位	在 100 长度上轴线的垂直度	轴线的倾斜度	加工方法	工具的定位	在 100 长度上轴线的垂直度	轴线的倾斜度
立钻钻床上钻孔	用钻模	0.1	0.5	卧式镗床上镗孔	用镗模	0.04～0.2	0.02～0.06
	按划线	0.5～1.0	0.2～2				
铣床上镗孔	回转工作台	0.02～0.05	0.1～0.2		回转工作台	0.06～0.3	0.03～0.08
	回转分度头	0.05～0.1	0.3～0.5		按指示器调整零件回转	0.05～0.15	0.1～1.0
多轴组合机床镗孔	用镗模	0.02～0.05	0.01～0.03		按划线	0.5～1.0	0.5～2.0

根据经济精度和经济表面粗糙度的要求，采用相应的加工方法和加工方案，以提高生产率，取得较好的经济性。例如，加工除淬火钢以外的各种金属材料的外圆柱表面，当精度在 IT11～IT13、表面粗糙度值 Ra 在 12.5～50 μm 之间时，采用粗车的方法即可；当精度在 IT7～IT8、表面粗糙度值 Ra 在 0.8～1.6 μm 之间时，可采用粗车—半精车—精车的加工方案，这时，如采用磨削加工方法，由于其加工成本太高，一般来说是不经济的。反之，在加工精度为 IT6 级的外圆柱表面时，需在车削的基础上进行磨削，如不用磨削，只采用车削，由于需仔细刃磨刀具、精细调整机床、采用较小的进给量等，加工时间较长，也是不经济的。

2. 工件的结构形状和尺寸

工件的形状和尺寸影响加工方法的选择。如小孔一般采用钻、扩、铰的方法；大孔常采用镗削的加工方法；箱体上的孔一般难以拉削或磨削而采用镗削或铰削；对于非圆的通孔，应优先考虑用拉削或批量较小时用插削加工；对于难磨削的小孔，则可采用研磨加工。

3. 工件材料的性质

经淬火后的表面，一般应采用磨削加工；材料未淬硬的精密零件的配合表面，可采用刮研加工；对硬度低而韧性较大金属，如铜、铝、镁铝合金等有色金属，为避免磨削时砂轮的嵌塞，一般不采用磨削加工，而采用高速精车、精镗、精铣等加工方法。

4. 生产类型

所选用的加工方法要与生产类型相适应。大批大量生产应选用生产率高和质量稳定的加工方法：例如，平面和孔可采用拉削加工，单件小批生产则应选择设备和工艺装备易于调整，准备工作量小，工人便于操作的加工方法；例如，平面采用刨削、铣削，孔采用钻、扩、铰或镗的加工方法。又如，为保证质量可靠和稳定，保证有高的成品率，在大批大量生产中采用珩磨和超精磨加工精密零件，也常常降级使用一些高精度的加工方法加工一些精度要求并不太高的表面。

5. 生产率和经济性

对于较大的平面，铣削加工生产率较高；对于窄长的工件宜用刨削加工；对于大量生产的低精度孔系，宜采用多轴钻；对于批量较大的曲面加工，可采用机械靠模加工、数控加工和特种加工等加工方法。

6. 生产条件

选择加工方法，不能脱离本厂实际，应充分利用现有设备和工艺手段，发挥技术人员的创造性，挖掘企业潜力，重视新技术、新工艺的推广应用，不断提高工艺水平。

二、加工顺序的安排

零件一般不可能在一个工序中加工完成，需要分几个阶段来进行加工。在加工方法确定以后，开始安排加工顺序，即确定哪些结构先加工，哪些结构后加工，以及热处理工序和辅助工序等。零件加工顺序的合理安排，能够提高加工质量和生产率，降低加工成本，获得较好的经济效益。

1. 加工阶段的划分

(1) 粗加工阶段　主要切除各表面上的大部分加工余量，使毛坯形状和尺寸接近于成品，为后序加工创造条件。

(2) 半精加工阶段　完成次要表面的加工，并为主要表面的精加工做准备。

(3) 精加工阶段　保证主要表面达到图样要求。

(4) 光整加工阶段　对表面粗糙度及加工精度要求高的表面，还需进行光整(达到 IT6 级以上和 $Ra<0.32\ \mu m$)，提高表面层的物理力学性能。这个阶段一般不能用于提高零件的位置精度。

有些毛坯的加工余量大，表面极其粗糙，应进行荒加工阶段(即去皮加工阶段)，通常在毛坯准备车间进行。对有些重型零件或加工余量小、精度不高的零件，则可以在一次装夹后完成表面的粗精加工。

2. 划分加工阶段的原因

(1) 利于保证加工质量　工件粗加工因加工余量大，其切削力、夹紧力也较大，将造成加工误差，工件在划分加工阶段后，可以在以后的加工阶段中纠正或减小误差，以提高加工质量。

(2) 便于合理使用设备　粗加工可采用刚性好、效率高、功率大、精度相对低的机床，精加工则要求机床精度高。划分加工阶段后，可以充分发挥各类设备的优势，满足加工的要求。

(3) 便于安排热处理工序　粗加工后，工件残余应力大，一般要安排去应力的热处理工序。精加工前要安排淬火等最终热处理，其变形可以通过精加工予以消除。

(4) 便于及时发现毛坯缺陷　毛坯经粗加工阶段后，可以及时发现和处理缺陷，以免造成对缺陷工件继续加工而造成浪费。

(5) 避免损伤已加工表面　精加工工序安排在最后，可以避免加工好的表面在搬运和夹紧中受到损伤。

应当指出，工艺过程划分阶段是指零件加工的整个过程而言，不能从某一表面的加工或某一工序的性质来判断。例如，某些定位基准面的精加工，在半精加工甚至粗加工阶段就加工得很准确，无须放在精加工阶段。

3. 工序集中与工序分散

工序集中与工序分散是拟定工艺路线时，确定工序数目或工序内容多少的两种不同的原则，它与设备类型的选择有密切关系。

1) 工序集中与工序分散的性质　工序集中就是将工件的加工集中在少数几道工序内完成，每道工序的加工内容较多。工序集中可采用技术上措施集中，称为机械集中，如多刃、多刀加工，自动机床和多轴机床加工等，也可采用人为的组织措施集中，称为组织集中，如卧式车床的顺序加工。工序分散就是将工件的加工分散在较多的工序内进行，每道工序的加工内容较少，有些工序只包含一个工步。

2) 工序集中与工序分散的特点

(1) 工序集中的特点

① 采用高效率的机床或自动线(数控机床)等，生产率高。

② 工件装夹次数减少，易于保证表面间位置精度，还能减少工序间运输量，利于缩短生产周期。

③ 工序数目少，可减少机床数量、操作人员数量和生产面积，还可简化生产计划和生产组织工作。

④ 因采用结构复杂的专用设备及工艺装备，故投资大，调整和维修复杂，生产准备工作量大，转换新产品比较费时。

(2) 工序分散的特点

① 机床设备及工艺装备简单，调整和维修方便，工人易于掌握，生产准备工作量少，易于平衡工序时间，能较快的更换和生产不同产品。

② 可采用最为合理的切削用量，减少基本时间。

③ 设备数量多，操作工人多，占用场地大。

④ 对工人的技术水平要求较低。

3) 工序集中与工序分散的选用　工序集中与工序分散各有利弊，应根据生产类型、现有生产条件、企业能力、工件结构特点和技术要求等进行综合分析，具体选择原则如下：

① 单件小批生产适用于采用工序集中的原则，以便简化生产计划和组织工作。成批生产宜适当采用工序集中的原则，以便选用效率较高的机床，大批大量生产中，工件结构较复杂，适用于采用工序集中的原则，可以采用各种高效组合机床、自动机床等加工，对结构较简单的工件，如轴承和刚性较差、精度较高的精密工件，也可采用分散原则。

② 产品品种较多，又经常变换，适用于采用工序分散的原则。同时，由于数控机床和柔性制造系统的发展，也可以采用工序集中的原则。

③ 工件加工质量要求较高时，一般采用工序分散原则，可以用高精度机床来保证加工质量的要求。

④ 对于重型工件，一般采用适当集中原则，减少工件装卸和运输的工作量。

4. 加工顺序的确定

工件的加工过程通常包括机械加工工序，热处理工序，以及辅助工序。在安排加工顺序时，常遵循以下原则：

1) 机械加工工序的安排

(1) 基面先行　先以粗基准定位加工出精基准，以便尽快为后续工序提供基准，如基准不统一，则应按基准转换顺序逐步提高精度的原则安排基准面加工。

(2) 先粗后精　先粗加工，其次半精加工，最后安排精加工和光整加工。

(3) 先主后次　先考虑主要表面(装配基面、工作表面等)的加工，后考虑次要表面(键槽、螺孔、光孔等)的加工。主要表面加工容易产生废品，应放在前阶段进行，以减少工时的浪费。由于次要表面加工量较少，而且又和主要表面有位置精度要求，因此，一般应放在主要表面半精加工或光整加工之前完成。

(4) 先面后孔　对于箱体、支架、连杆等类零件(其结构主要由平面和孔所组成)，由于平面的轮廓尺寸较大，且表面平整，用以定位比较稳定可靠，故一般是以平面为基准来加工孔，能够确保孔与平面的位置精度，加工孔时也较方便，所以应先加工平面，后加工孔。

(5) 就近不就远　在安排加工顺序时，还要考虑车间机床的布置情况，当类似机床布置在同一区域时，应尽量把类似工种的加工工序就近布置，以避免工件在车间内往返搬运。

2) 热处理工序的安排

(1) 预备热处理

① 退火、正火。退火、正火和调质处理的目的是改善工件材料力学性能和切削加工性能，一般安排在粗加工以前进行。放在粗加工之前可改善粗加工时材料的切削加工性能，并可减少车间之间的运输工作量。

② 时效处理。时效处理的目的是消除毛坯制造和机械加工过程中产生的内应力，一般安排在粗加工以后、精加工以前进行。为了减少运输工作量，对于加工精度要求不高的工件，一般把消除内应力的热处理安排在毛坯进入机械加工车间之前进行。对于机床床身、立柱等结构复杂的铸件，则应在粗加工前、后都要进行时效处理。对于精度要求较高的工件(如镗床的箱体)应安排两次或多次时效处理。对于精度要求很高的精密丝杠、主轴等零件，则应在粗加工、半精加工之间安排多次时效处理。

③ 调质处理。调质处理能消除内应力、改善加工性能并能获得较好的综合力学性能。一般安排在粗加工之后进行，对一些性能要求不高的零件，调质也常作为最终热处理。

(2) 最终热处理

① 普通淬火。淬火的目的是提高工件的表面硬度,一般安排在半精加工之后,磨削等精加工之前进行。因为工件在淬火后,表面会产生氧化层,而且产生一定的变形,所以在淬火后必须进行磨削或其他能够加工淬硬层的工序。

② 渗碳淬火。渗碳淬火的目的是改善工件的表面力学性能,高温渗碳淬火工件变形大,一般将渗碳淬火工序放在次要表面加工之前进行,待次要表面加工完毕以后再进行淬火,以减少次要表面的位置误差。

③ 渗氮、氰化处理。目的也是改善工件的表面力学性能,可根据零件的加工要求,安排在粗、精磨之间或精磨之后进行。

3) 辅助工序的安排　辅助工序一般包括去毛刺、倒棱、清洗、防锈、去磁、检验等。检验工序是主要的辅助工序,是保证产品质量的重要措施。除了各工序操作者自检外,在粗加工结束后精加工开始前、重要工序或工序较长的工序前后、零件换车间前后、零件全部加工结束以后,均应安排检验工序。

三、机床与工艺装备的选择

机床与工艺装备是零件加工的物质基础,是加工质量和生产率的重要保障。机床与工艺装备包括机械加工过程中所需的机床、夹具、量具、刀具等。机床和工艺装备的选择是制定工艺规程的一个重要环节,对零件加工的经济性也有重要影响。为了合理的选择机床和工艺装备,必须对各种机床的规格、性能和工艺装备的种类、规格等进行详细的了解。

1. 机床的选择

在工件的加工方法确定以后,加工工件所需的机床就已基本确定,由于同一类型的机床中有多种规格,其性能也并不完全相同,所以加工范围和质量各不相同,只有合理地选择机床,才能加工出理想的产品。在对机床进行选择时,除对机床的基本性能有充分了解之外,还要综合考虑以下几点。

① 机床的技术规格要与被加工的工件尺寸相适应。

② 机床的精度要与被加工的工件要求精度相适应。机床的精度过低,不能加工出设计的质量;机床的精度过高,又不经济。对于由于机床局限,理论上达不到应有加工精度的,可通过工艺改进的办法达到目的。

③ 机床的生产率应与被加工工件的生产纲领相适应。

④ 机床的选用应与企业自身经济实力相适应。既要考虑机床的先进性和生产的发展需要,又要实事求是,减少投资。要立足于国内,就近取材。

⑤ 机床的使用应与企业现有生产条件相适应。应充分利用现有机床,如果需要改造机床或设计专用机床,则应提出与加工参数和生产率有关的技术资料,确保零件加工质量的技术要求等。

2. 工艺装备的选择

(1) 夹具的选择　单件小批量生产应尽量选用通用夹具和机床自带的卡盘、钳台和转台。大批量生产时,应采用高生产率的专用机床夹具,在推行计算机辅助制造,成组技术等新工艺或为提高生产效率时,应采用成组夹具、组合夹具。夹具的精度应与零件的加工精度相适应。

（2）刀具的选择　一般选用标准刀具，刀具选择时主要考虑加工方法、加工表面的尺寸、工件材料、加工精度、表面粗糙度、生产率和经济性等因素。在组合机床上加工时，由于机床按工序集中原则组织生产，考虑到加工质量和生产率的要求，可采用专用的复合刀具，这样可提高加工精度、生产率和经济效益。自动线和数控机床所使用的刀具应着重考虑其寿命期内的可靠性，加工中心机床所使用的刀具还应注意选择与其配套的刀夹和刀套。

（3）量具、检具和量仪的选择　主要依据生产类型和要检验的精度。对于尺寸误差，在单件小批量生产中，广泛采用通用量具，如游标卡尺、千分尺等，对于形位误差，在单件小批量生产中；一般采用百分表和千分表等通用量具，大批大量生产应尽量选用效率高的量具、检具和量仪，如各种极限量规、专用检验器具和测量仪器等。

第八节　切削用量的确定

切削用量的确定是切削加工中十分重要的环节，选择合理的切削用量，必须考虑合理的刀具寿命。切削用量的合理确定，能够充分发挥刀具切削性能和机床性能，对确保加工质量、提高生产率和获得良好的经济效益都有着十分重要的意义。

一、刀具寿命的确定

确定刀具寿命是确定切削用量所要考虑的一个重要内容，确定刀具寿命应考虑工序费用和生产率，按工序费用最少的原则确定的刀具寿命，称为刀具的经济寿命，按切削生产率最高的原则确定的刀具寿命，称为最高生产率寿命。

1. 刀具的经济寿命

刀具的经济寿命 T_C 是按工序加工成本最低的原则确定的刀具寿命。

工序加工时的工序费用 C（单位为元）计算如下：

$$C=t_m M+t_{ct}\frac{t_m}{T}M+\frac{t_m}{T}C_t+t_{ot}M$$

式中　t_m——工序的切削时间（min），$t_m=KT^m$，其中 K 为常数，T 为刀具寿命；

t_{ct}——换刀一次所需要的时间（min）；

t_{ot}——除换刀外的其他辅助时间（min）；

M——单位时间内的全厂费用分摊（元/min），包括所有人员的工资、厂房与设备的折旧、动力消耗等各种费用，但有关刀具刃磨的费用计入刀具费用 C_t 中，不计入 M；

C_t——刀具寿命期间与刀具有关的包括刃磨费用在内的费用（元），称刀具费用。

工序费用 C 对刀具寿命 T 求导，并令其等于零，即 $\frac{dC}{dT}=0$。可得到工序加工成本最低的刀具的经济寿命 T_C 为

$$T_C=\frac{1-m}{m}\left(t_{ct}+\frac{C_t}{M}\right)$$

其中 m 为速度影响系数。

2. 刀具的最高生产率寿命

刀具的最高生产率寿命 T_p（min）是按工序加工时间最少的原则确定的刀具寿命。单件

工序工时 t_w 为

$$t_w = t_m + t_{ct}\frac{t_m}{T} + t_{ot}$$

为求 t_w 的最小值，令 $\frac{dt_w}{dT}=0$，则最高生产率寿命 T_p 为

$$T_p = \left(\frac{1-m}{m}\right)t_{ct}$$

3. 刀具寿命的合理选择

刀具的最高生产率寿命 T_p 比经济寿命 T_C 低，即 T_p 所允许的切削速度比 T_C 所允许的切削速度高。通常在制定工艺规程时，常采用刀具的经济寿命及其所允许的切削速度，在特殊情况下才采用最高生产率寿命 T_p 及其所允许的较高的切削速度。由于普通机床是有级调速的，所须切削速度不可能刚好与机床主轴相吻合，在误差范围内也可。

表 1-15 摘录了几种常用刀具材料寿命的近似计算公式，表 1-16 摘录了常用刀具寿命的推荐值，供选用时参考。

表 1-15　刀具寿命的近似计算公式

刀具寿命	高速钢	硬质合金	陶瓷
经济寿命	$T_C=7\left(t_{ct}+\frac{C_t}{M}\right)$	$T_C=4\left(t_{ct}+\frac{C_t}{M}\right)$	$T_C=\left(t_{ct}+\frac{C_t}{M}\right)$
最高生产率寿命	$T_p=7t_{ct}$	$T_p=4t_{ct}$	$T_p=t_{ct}$

表 1-16　常用刀具寿命的推荐值　(min)

刀具类型	刀具寿命 T	刀具类型	刀具寿命 T
可转位车刀	10～15	高速钢钻头	80～120
硬质合金车刀	20～60	齿轮刀具	200～300
高速钢车刀	30～90	自动线上的刀具	240～480
硬质合金端铣刀	120～180		

二、切削用量的确定

1. 切削用量的合理选择原则

(1) 切削用量要与加工生产率相适应　加工生产率可用 $Q=1/t_m$ 表示，而

$$t_m = (\pi\Delta d_w L_w)/(10^3 v_c a_p f)$$

式中　d_w——车削前工件的毛坯直径(mm)；

L_w——工件车削部分长度(mm)；

Δ——加工余量(mm)；

v_c——切削速度(m/min)；

a_p——背吃刀量(mm)；

f——进给量 mm/r。

由于Δ、d_w、L_w均为常数，令$10^3/(\pi\Delta d_w L_w)=A_0$，则加工生产率$Q=A_0 v_c a_p f$。由此可见，加工生产率与切削用量三要素呈线性关系，选择合理的切削用量就是要选择切削用量三要素的最佳组合，在确保刀具合理寿命的前提下，使a_p、f、v_c三者的乘积最大，以获得最高的生产率。所以在选择切削用量时，首先选择尽可能大的，再根据机床动力和刚性限制条件，选取尽可能大的f，最后参照切削用量手册选取或利用公式计算确定v_c。

(2) 切削用量要与加工表面质量相适应　在切削用量三要素中，对已加工面表面粗糙度影响最大的是进给量f，进给量增大，已加工表面的残留面积及其峰谷高差尺寸相应增大，表面粗糙度也相应增大。对于半精加工和精加工，进给量是限制切削生产率提高的主要因素。由于切削速度v_c是影响切削温度的主要因素，切削温度的变化对积屑瘤的生灭、形状、尺寸产生决定影响，而积屑瘤又对表面粗糙度产生影响，故切削温度影响加工表面质量。背吃刀量a_p对表面加工质量也有影响，过大的背吃刀量将可能影响表面粗糙度。

(3) 切削用量要与刀具寿命相适应　在切削用量三要素中，对刀具寿命影响最大的因素是切削速度v_c，其次是进给量f，影响最小的是背吃刀量a_p，所以在选择切削用量时，在机床、刀具、工件的强度以及工艺系统刚性允许的条件下，首先选择尽可能大的背吃刀量，其次选择在加工条件和加工要求限制下允许的进给量，最后按刀具寿命的要求确定一个合适的切削速度v_c。

2. 切削用量的合理确定

(1) 背吃刀量a_p的确定　粗加工时，除了将半精加工、精加工的余量留下来，如表1-17所示，在机床功率和刀具强度允许的情况下，剩下的余量应尽可能在一次进给下切除。但粗加工在以下情况下一般分两次或多次进给。

① 工艺系统刚性不足，或加工余量极不均匀，一次进给会引起系统较大的振动。

② 加工余量太小大，导致机床功率不足或刀具强度不够。

③ 间歇切削，刀具受到较大振动冲击，容易造成进给。一般第一次进给切去余量的2/3～3/4，第二次进给切去剩下余量的1/3～1/4。在粗加工锻件或铸件时，由于毛坯硬皮、缩孔、砂眼、气孔等缺陷而造成断续切削，为了保护刀刃，第一次进给的背吃刀量应取较大值。

表1-17　加工余量和背吃刀量a_p　(mm)

加工类型	表面粗糙度Ra(μm)	加工余量	背吃刀量a_p
粗加工	80～20		8～10
半精加工	10～5	0.5～2.0	
精加工	2.5～1.25	0.05～0.4	

半精加工、精加工一般多采用较小的背吃刀量a_p，根据刀具刃口的锋利程度确定背吃刀量，对于刃口较锋利的高速钢刀具不应小于0.005 mm；对于刃口不太锋利的硬质合金刀具，背吃刀量要大一些。

(2) 进给量f的确定　粗加工时一般不考虑进给量对表面粗糙度的影响，采用较大的进给量。根据机床进给机构的强度、车刀刀杆刚度、刀片强度、工件装夹刚度等因素确定，每个因素给出一个对应的进给量，最后选出一个最小的进给量作为切削量，在大批量生产工艺规程时，应根据以上因素，通过计算和比较来确定合理的进给量。但实际生产中，常常根据工件材料、工件直径、背吃刀量、车刀刀杆尺寸等因素，经验确定进给量，见表1-18所示。

表1-18 用硬质合金车刀粗车外圆及端面时的进给量(经验值)

工件材料	车刀刀杆尺寸(mm)	工件直径(mm)	背吃刀量 a_p(mm)				
			≤3	>3～5	>5～8	>8～12	>12
			进给量 f(mm/r)				
碳素钢 合金钢 耐热钢	16×25	20	0.3～0.4	—	—	—	—
		40	0.4～0.5	0.3～0.4	—	—	—
		60	0.5～0.7	0.4～0.6	0.3～0.5	—	—
		100	0.6～0.9	0.5～0.7	0.5～0.6	0.4～0.5	—
		400	0.8～1.2	0.7～1.0	0.6～0.8	0.5～0.6	—
	20×30 25×25	20	0.3～0.4	—	—	—	—
		40	0.4～0.5	0.3～0.4	—	—	—
		60	0.6～0.7	0.5～0.7	0.4～0.6	—	—
		100	0.8～1.0	0.7～0.9	0.5～0.7	0.4～0.7	—
		400	1.2～1.4	1.0～1.2	0.8～1.0	0.6～0.9	0.4～0.6
铸铁 铜合金	16×25	40	0.4～0.5	—	—	—	—
		60	0.6～0.8	0.5～0.8	0.4～0.6	—	—
		100	0.8～1.2	0.7～1.0	0.6～0.8	0.5～0.7	—
		400	1.2～1.4	1.0～1.2	0.8～1.0	0.6～0.8	—
	20×30 25×25	40	0.4～0.5	—	—	—	—
		60	0.6～0.9	0.5～0.8	0.4～0.7	—	—
		100	0.9～1.3	0.8～1.2	0.7～1.0	0.5～0.8	—
		400	1.2～1.8	1.2～1.6	1.0～1.3	0.9～1.1	0.7～0.9

由上表可以看出，车刀尺寸较大或者工件直径较大时，可以选用较大的进给量。背吃刀量较大时，由于切削力较大，应该选用较大的进给量。加工铸铁的切削力比加工钢的切削力小，可以采用较大的进给量。

半精加工和精加工时，最大进给量主要受加工精度和表面粗糙度的限制，当车刀的刀尖圆弧半径较大或车刀副偏角较小，且切削速度较高时，进给量可以选大一些。表1-19所示为硬质合金车刀半精车与精车钢和铸铁工件外圆时，按加工面的表面粗糙度和经验选择的进给量，仅供选用时参考。

应该指出的是，单件小批量生产时，为了简化工艺文件，常不具体规定切削用量，而由操作者根据具体情况自行确定。

表 1-19　硬质合金车刀半精车与精车外圆时按表面粗糙度选择的进给量(经验值)

表面粗糙度 Ra(μm)	工件材料	副偏角(°)	切削速度 v_c(m/min)	刀尖圆弧半径(mm)		
				0.5	1.0	2.0
				进给量 f(mm/r)		
10	钢	5	100～120	—	0.55～0.70	0.70～0.88
	铸铁	10～15	50～70	—	0.45～0.60	0.60～0.70
5	钢	5	<50	0.20～0.30	0.25～0.35	0.30～0.45
			50～100	0.28～0.35	0.35～0.40	0.40～0.55
			>100	0.35～0.40	0.40～0.50	0.50～0.60
		10～15	<50	0.18～0.25	0.25～0.30	0.30～0.40
			50～100	0.25～0.30	0.30～0.35	0.35～0.50
			>100	0.30～0.35	0.35～0.40	0.50～0.55
	铸铁	5	50～70	—	0.30～0.50	0.45～0.65
		15			0.25～0.40	0.40～0.60
2.5	钢	≥5	30～50	—	0.11～0.15	0.14～0.22
			50～80		0.14～0.20	0.17～0.25
			80～100		0.16～0.25	0.23～0.35
			100～130		0.20～0.30	0.25～0.39
			>130		0.25～0.30	0.35～0.39
	铸铁	≥5	60～80	—	0.15～0.25	0.20～0.35
1.25	钢	≥5	100～110	—	0.12～0.15	0.14～0.17
			110～130		0.13～0.18	0.17～0.23
			>130		0.17～0.26	0.21～0.27

(3) 切削速度 v_c 的确定　粗车时,背吃刀量和进给量都比较大,切削速度应选低。根据已确定的背吃刀量、进给量和刀具寿命,由下式计算:

$$v_c=\frac{C_v}{T^m a_p^{x_v} f^{y_v}}k_v$$

式中　　C_v——与切削条件有关的常数;

x_v、y_v、m——指数;

k_v——切削速度修正系数,对于不重要的加工,可直接选 $k_v=1$,在大批量生产时,k_v 应进行仔细计算。

计算得到 v_{c0}(初算切削速度)后,根据加工工件直径计算相应的转速 n_0(初算转速),公式如下:

$$n=1000v_C/(\pi d_W)$$

式中　d_W——工件直径(mm);

v_C——切削速度(m/min)；

n——主运动速度(r/min)。

计算出 n_0 以后，再按照机床的实际可能，确定一个可实现的转速 n。然后再根据这个转速 n，计算实际的切削速度 v_c。有关系数和指数可参照 1－20 表选取。

表 1－20　切削速度计算中的指数和系数

工件材料	刀具材料	进给量(mm/r)	系数和指数			
			c_v	x_v	y_v	m
外圆纵车 碳素结构钢 $\sigma_b=0.65$ GPa	P10 （干切）	$f\leqslant0.30$	291	0.15	0.2	0.2
		$f\leqslant0.70$	242		0.35	
		$f>0.70$	235		0.45	
	W6Mo5Cr4V2 W18Cr4V （加切削液）	$f\leqslant0.25$	67.2	0.25	0.33	0.125
		$f>0.25$	43		0.66	
外圆纵车 灰铸铁 190HBS	K20 （干切）	$f\leqslant0.40$	189.8	0.15	0.2	0.2
		$f>0.40$	158		0.4	
	W6Mo5Cr4V2 W18Cr4V （干切）	$f\leqslant0.25$	24		0.3	0.1

半精加工、精加工时由于背吃刀量和进给量比较小，应采用高的切削速度，同时也为了避开积屑瘤发生区域；工件材料的强度、硬度低，切削加工性较好时，选择较高的切削速度；刀具的切削性愈好，切削速度就愈高；断续切削时，应适当降低切削速度，避免切削力冲击和切削热冲击；工件材料的强度、硬度高，选择较低的切削速度；在易发生振动的情况下，所确定的切削速度应避免自激振动的临界区域；加工大件、细长件和薄壁件时，所确定的切削速度应适当降低，这样可有效地保证加工精度。

第九节　加工余量的确定

工件的加工工艺路线拟订之后，在进一步安排各个工序的具体内容时，就要对每道工序进行详细设计，其中包括正确的确定每道工序应保证的工序的尺寸。而工序尺寸的确定与工序的加工余量有着密切的关系，本节主要讨论有关加工余量的一些问题。

一、加工余量的概念

工件要达到应有的精度和表面粗糙度，必须经过多道加工工序，故应留有加工余量。加工余量是指加工过程中从加工表面切去的材料层厚度。加工余量主要分为工序余量和加工总余量两种。

1. 工序余量

工序余量是相邻两工序的工序尺寸之差，即在一道工序中从某一加工表面切除的材料层厚度。

(1) 基本余量　由于毛坯制造和各个工序尺寸都存在误差，故加工余量是个变动值。当工序尺寸用基本尺寸计算时，所得到的加工余量称为基本余量。

对于非对称的加工表面，如图 1-66 所示，加工余量是单边余量。

对于外表面，如图 1-66a 所示

$$Z=a-b$$

对于内表面，如图 1-66b 所示

$$Z=b-a$$

式中　Z——本工序的基本余量(mm)；
a——前工序的工序尺寸(mm)；
b——本工序的工序尺寸(mm)。

对于内孔、外圆等回转表面，其加工余量是双边余量，即相邻两工序的直径差。

对于外圆，如图 1-66c 所示

$$Z=d_a-d_b$$

对于内孔，如图 1-66d 所示

$$Z=d_b-d_a$$

式中　Z——直径上的基本余量(mm)；
d_a——前工序加工直径(mm)；
d_b——本工序加工直径(mm)。

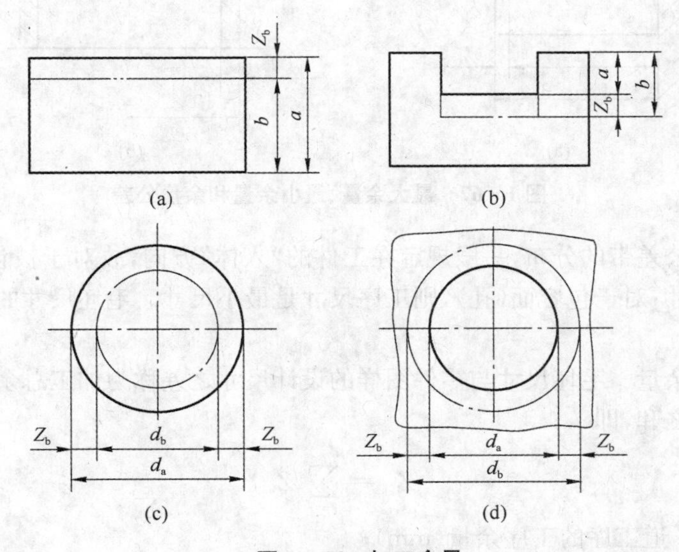

图 1-66　加工余量

当加工某个表面的一道工序包括几个工步时，相邻两工步尺寸之差就是工步余量，即在一个工步中从某一加工表面切除的材料层厚度。

(2) 最大余量、最小余量和余量公差　由于毛坯制造和各个工序加工后的工序尺寸都不可避免地存在误差，加工余量也是变动值，有最大余量、最小余量之分，余量的变动范围称为余量公差，如图 1-67a 所示。对于被包容面来说，基本余量是前工序和本工序基本尺寸之差；最小余量是前工序最小工序尺寸和本工序最大工序尺寸之差，是保证该工序加工表面的精度和质量所需切除的金属层最小厚度；最大余量是前工序最大工序尺寸和本工序最小工序尺寸之差。如图 1-67b 所示。对于包容面来说则相反。余量公差即加工余量的变动范围（最大加工余量与最小加工余量的差值），等于前工序与本工序两工序尺寸公差之和。最大余量、最小余量和余量公差可分别由下式表示：

最大余量 $$Z_{\max}=a_{\max}-b_{\min}$$

最小余量 $$Z_{\min}=a_{\min}-b_{\max}$$

余量公差 $$T_Z=Z_{\max}-Z_{\min}=(a_{\max}-a_{\min})+(b_{\max}-b_{\min})=T_a+T_b$$

式中 T_Z——本工序余量公差（mm）；

T_a——前工序的工序尺寸公差（mm）；

T_b——本工序的工序尺寸公差（mm）。

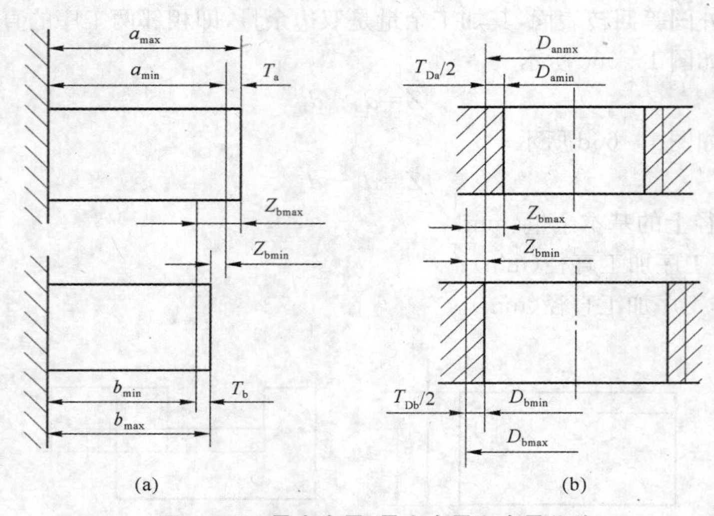

图 1-67 最大余量、最小余量和余量公差

工序尺寸的公差带的分布，一般规定在工件的“入体”方向，故对于被包容表面（轴），工序尺寸即最大尺寸；对于包容面（孔），则工序尺寸是最小尺寸。毛坯尺寸的公差一般采用双向标注。

（3）加工总余量 毛坯尺寸与零件图样的设计尺寸之差称为加工总余量。加工总余量等于各工序余量之和，即

$$Z_{总}=\sum_{i=1}^{n} Z_i$$

式中 Z_i——第 i 道工序的工序余量（mm）；

n——该表面总加工的工序数。

加工总余量也是个变动值，其值及公差一般可从有关手册中查找或由经验确定。如图 1-68 所示，在内孔和外圆表面经过多次加工后，加工总余量、工序余量和加工尺寸的分布。

二、影响加工余量的因素

加工余量的大小对于零件的加工质量、生产率和生产成本均有较大的影响。加工余量

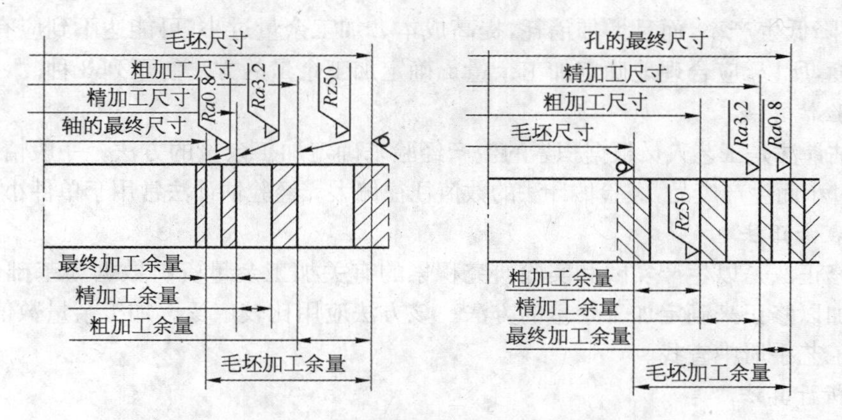

图 1－68 加工余量和加工尺寸的分布

过大，不仅增加机械加工的劳动量，降低了生产率，而且增加材料、工具和电力等的消耗，加工成本增高。但是加工余量过小，有不能纠正消除前工序的各种误差和表面缺陷的可能，甚至产生废品。因此，应当合理地确定加工余量。

为了合理确定加工余量，必须了解影响加工余量的各项因素。影响加工余量的因素有以下几个方面；

1. 前工序形成的表面粗糙层和表面缺陷层

本工序必须把前工序所形成的表面粗糙层切去。此外，还必须把毛坯铸造冷硬层、锻造氧化层、脱碳层、切削加工残余应力层、表面裂纹、组织过度塑性变形或其他破坏层等全部切除。

2. 前工序的尺寸公差

由于前工序加工后，表面存在有尺寸误差和几何误差，而这些误差一般包括在工序尺寸公差中，所以为了使加工后工件表面不残留前工序这些误差，本工序加工余量值应比前工序的尺寸公差值大。

3. 前工序的几何误差

前工序的几何误差是指不由尺寸公差所控制的几何误差。当几何误差和尺寸公差之间的关系是独立原则或最大实体原则时，尺寸公差不控制几何误差。为了能消除前道工序加工后产生的几何误差，本工序的加工余量值应比前工序的几何误差值大。

4. 本工序的装夹误差

装夹误差包括工件的定位误差和夹紧误差，若用夹具装夹时，还应考虑夹具本身的误差。这些误差会使工件在加工时的位置发生偏移，所以加工余量还必须考虑这些误差的影响。例如，用三爪卡盘夹持工件外圆磨削内孔时，由于三爪卡盘定心不准，使用工件轴心线偏离主轴旋转轴线 e 值，造成孔的磨削余量不均匀，为了确保前工序各项误差和缺陷的切除，孔的直径余量应增加 $2e$。

5. 其他特殊因素

例如，对于需要热处理的工件，当热处理后变形较大时，加工余量应适当增加，淬火件的磨削余量一般就比不淬火的大。

三、加工余量的确定方法

加工余量的大小，直接影响工件的加工质量和生产率。加工余量过大，不仅增加机械加工劳动量，降低生产率，而且增加消耗，提高成本。加工余量过小，可能达不到应有的精度和表面粗糙度，所以，应合理地确定加工余量。确定加工余量的方法有下列3种。

1. 经验估算法

经验估计法是工艺人员根据积累的生产经验来确定加工余量的方法。一般情况下，为防止因余量过小而生产废品，经验估计法的数值往往偏大。经验估计法常用于单件小批量生产。

2. 查表修正法

查表修正法是以生产实践和实验研究积累的有关加工余量资料数据为基础，并按具体生产条件加以修正来确定加工余量的方法。该方法应用比较广泛。加工余量数值可在各种机械加工工艺手册中查找。

3. 分析计算法

这是通过对影响加工余量的各种因素进行分析，然后根据一定的计算关系式来计算加工余量的方法。此法确定的加工余量比较合理，但由于所需的具体资料目前尚不完整，计算也较复杂，故很少采用。

第十节　工序内容的设计

工序尺寸是指某一个工序加工应达到的尺寸，其公差即为工序尺寸公差，各个工序的加工余量确定后，即可确定工序尺寸及其公差。

工件从毛坯加工至成品的过程中，要经过多道工序，每道工序都将得到相应的工序尺寸。制定合理的工序尺寸及其公差是确保加工工艺规程、加工精度和加工质量的重要内容。工序尺寸及其公差可根据加工基准情况分别予以确定。

一、基准重合，工序尺寸及其公差的计算

1. 根据零件图的设计尺寸及公差确定工序尺寸及其公差

利用零件图的设计尺寸及公差作为工序尺寸及其公差，如图1-69所示，在一个长方形钢板上加工通孔，钻孔工序需确定三个工序尺寸，分别是孔本身的直径尺寸、孔中心线在两个方向上的位置尺寸。为确保孔的直径尺寸 $\phi10$，采用 $\phi10$ 的钻头钻孔，以 A、B 面为定位基准，直接采用设计尺寸 50 ± 0.15 及 20 ± 0.15 作为工序尺寸进行加工，能够确保两个方向上的位置尺寸。

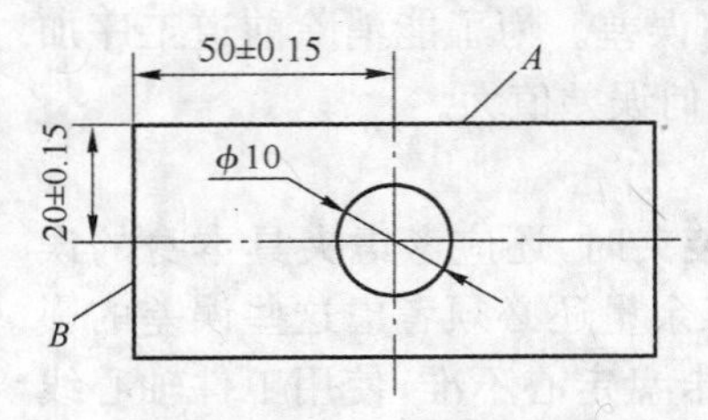

图1-69　根据零设计尺寸确定工序尺寸及其公差

2. 在确定加工余量的同时确定工序尺寸及其公差

对于加工内外圆柱面和某些平面，在确定加工余量同时确定工序尺寸及其公差。确定时只需考虑各工序的加工余量和该种加工方法所能达到的经济精度，确定顺序是从最后一道工序开始向前推算，其步骤如下。

① 确定各工序余量和毛坯总余量。

② 确定各工序尺寸公差及表面粗糙度。最终工序尺寸公差等于设计公差，表面粗糙度为设计表面粗糙度。其他工序公差和表面粗糙度按此工序加工方法的经济精度和经济粗糙度来确定。

③ 求工序的基本尺寸。从零件图的设计开始，一直往前推算带毛坯尺寸，某工序基本尺寸等于后道工序基本尺寸加上或减去后道工序余量。

④ 标注工序尺寸公差。最后一个工序按设计尺寸公差标注，其余工序尺寸按“单向入体”原则标注。

例如，某法兰盘零件上有一个孔，孔径为 $\phi 60^{+0.03}_{0}$ mm，表面粗糙度 Ra 值为 0.8 μm，如图 1－70 所示，毛坯为铸钢件，需淬火处理。其工艺路线见表 1－21。

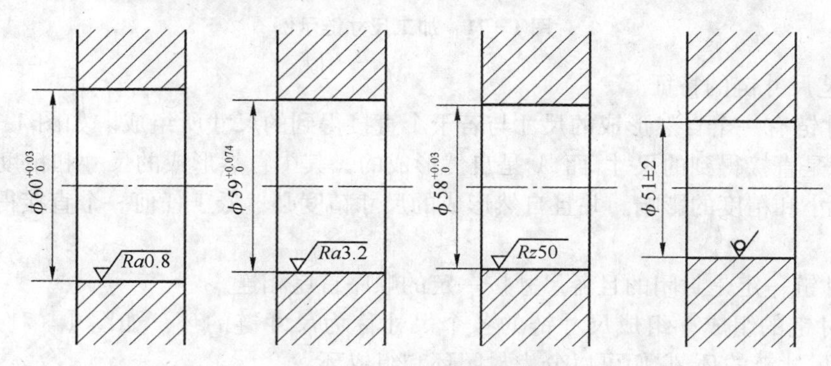

图 1－70　内孔工序尺寸计算

表 1－21　工序尺寸及其公差的计算　(mm)

工序名称	工序余量	工序所能达到的精度等级	工序尺寸（最小工序尺寸）	工序尺寸及其上、下偏差
磨　孔	0.4	IT7(＋0.030)	60	$60^{+0.030}_{0}$
半精镗孔	1.6	IT9(＋0.074)	59.6	$59.6^{+0.074}_{0}$
粗 镗 孔	7	IT12(＋0.3)	58	$58^{+0.300}_{0}$
毛 坯 孔		±2	51	51±2

其步骤如下：

① 根据各工序的加工性质，查表得它们的工序余量(见表 1－21 的第 1 列)。

② 确定各工序的尺寸公差。由各工序的加工性质查有关经济加工精度和经济粗糙度(见表 1－21 中的第 2 列)。

③ 根据查的余量计算各工序尺寸(见表 1－21 中的第 3 列)。

④ 确定各工序尺寸的上下偏差。按“单向入体”原则，对于孔，基本尺寸值为公差带的下偏差，上偏差取正值；对于毛坯偏差应取双向对称偏差(见表 1－12 的第 4 列)。

二、基准不重合时工序尺寸及其公差的计算

1. 工艺尺寸链概述

1) 工艺尺寸链的定义　在机器装配或零件加工过程中，由相互连接的尺寸形成的封闭尺寸组，称为尺寸链，如图 1－71 所示，用零件的表面 1 定位加工表面 2 得尺寸 A_1，再加工表面 3，得尺寸 A_2，自然形成 A_0，于是 $A_1-A_2-A_0$ 连接成了一个封闭的尺寸组，形成尺寸链。在机械加工过程中，同一个工件的各有关尺寸链称为工艺尺寸链。

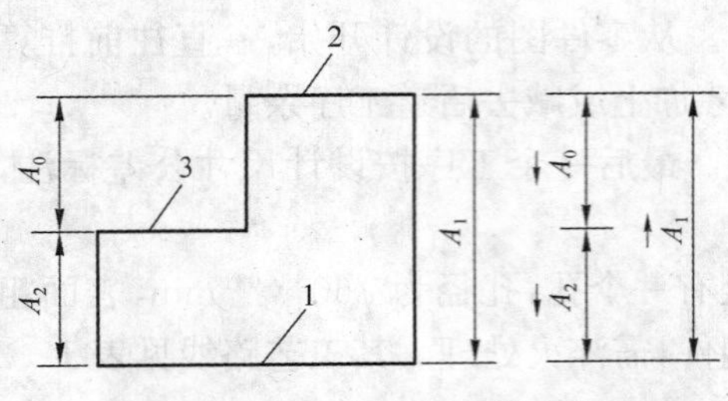

图 1-71　加工尺寸链示例

2）工艺尺寸链的特征

① 尺寸链有一个自然形成的尺寸与若干个直接得到的尺寸所组成。如图 1-71 所示，尺寸 A_1、A_2是直接得到的尺寸，而 A_0 是自然形成的。其中自然形成的尺寸和精度受直接得到的尺寸大小和精度的影响。并且自然形成的尺寸精度必然低于任何一个直接得到的尺寸的精度。

② 尺寸链一定是封闭的且各尺寸按一定的顺序首尾相连。

3）尺寸链的组成　组成尺寸链的各个尺寸称为尺寸链的环。如图 1-71 所示，A_1、A_2、A_0都是尺寸链的环，它们可以分为封闭环和组成环。

（1）封闭环　在加工（或测量）过程中最后自然形成的环称为封闭环，如图 1-71 所示的 A_0。每个尺寸链必须有且仅能有一个封闭环，用 A_0 表示。

（2）组成环　在加工（或测量）过程中直接得到的环称为组成环。尺寸链中除了封闭环外，都是组成环。按其对封闭环的影响，组成环可分为增环和减环。

① 增环。尺寸链中，由于该类组成环的变动引起封闭环同相变动。则该类组成环称为增环，如图 1-71 所示的 A_1，增环用 $\overrightarrow{A}$ 表示。

② 减环。尺寸链中，由于该类组成环的变动引起封闭环反向变动，则该类组成环称为减环，如图 1-71 所示的 A_2。减环用 $\overleftarrow{A}$ 表示。

③ 增环和减环的判别。为了简易地判别增环和减环，可在尺寸链上先给封闭环任意定出方向并画出箭头，然后依次方向环绕尺寸链回路，顺次给每个组成环画出箭头。此时凡与封闭环箭头相反的组成环称为增环，相同的为减环，如图 1-72 所示。

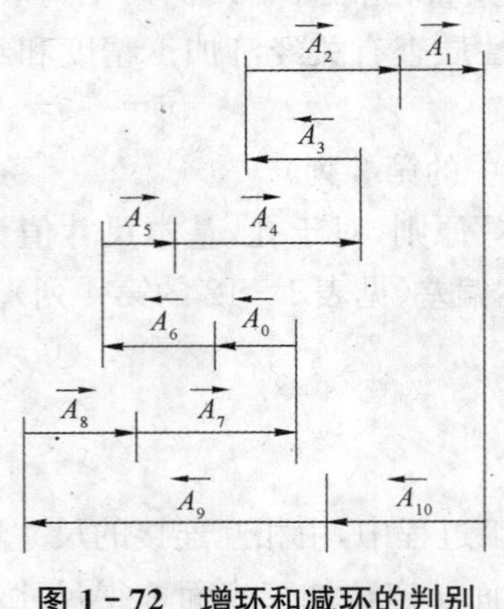

图 1-72　增环和减环的判别

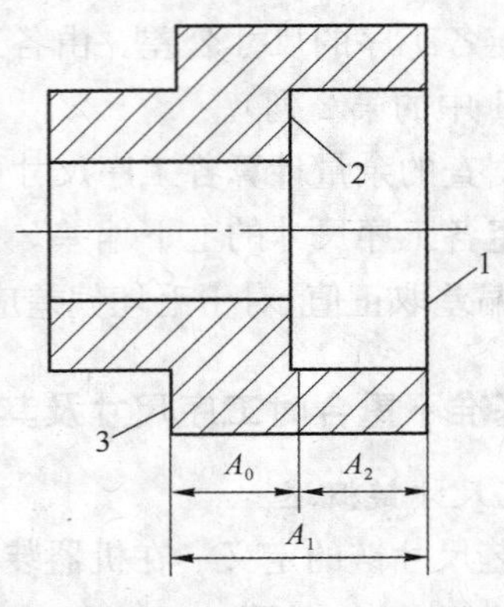

图 1-73　封闭环的判定

2. 工艺尺寸链的建立

工艺尺寸链的建立并不复杂，但在尺寸链的建立中，封闭环的判定和组成环的查找应引起初学者的重视。因为封闭环的判定错误，整个尺寸链的解算将得出错误的结果；组成环的查找不对，将得不到最少链环的尺寸链，解算的结果也是错误的，下面将分别予以讨论。

（1）封闭环的判定　在工艺尺寸链中，封闭环是加工过程中自然形成的尺寸。因此，封闭环是随着零件加工方案的变换而变化的。仍以图 1－71 为例，若以 1 面定位加工 2 面得到尺寸 A_1，然后以 2 面定位加工 3 面，则 A_0 为直接得到的尺寸，而 A_2 为自然形成的尺寸，即 A_2 为封闭环。又如图 1－73 所示的零件，当以表面 3 定位加工表面 1 而获得尺寸 A_1，然后以表面 1 为测量基准加工表面 2 而直接获得尺寸 A_2，则自然形成的尺寸 A_0 为封闭环；但以加工过的表面 1 为测量基准加工表面 2，直接获得尺寸 A_2，再以表面 2 定位基准加工表面 3 直接获得尺寸 A_0，此时尺寸 A_1 便为自然形成的而成为封闭环。所以封闭环的判定必须根据零件加工的具体方案，紧紧抓住"自然形成"这一要领。

（2）组成环的查找　组成环的查找的方法，从结构封闭的两表面开始，同步地按照工艺过程的顺序，分别向前查找各表面最后一次加工的尺寸，之后再进一步查找此加工尺寸的工序基准的最后一次加工时的尺寸，如此继续向前查找，知道两条路线最后得到的加工尺寸的工序基准重合（即重合的工序基准为同一表面），至此上述尺寸系统即形成封闭轮廓，从而构成工艺尺寸链。

查找组成环必须掌握的基本特点为：组成环是加工过程中"直接获得"的，而且对封闭环有影响。下面以如图 1－74 所示为例，说明尺寸链建立的具体过程。如图 1－74 所示为套类零件，为便于讨论问题，图中只标出轴向设计尺寸，轴向尺寸加工安排顺序如下：

① 以大端面 A 定位，车端面 D 获得 A_1；并车小外圆至 B 面，保证长度 $40_{-0.2}^{\ 0}$ mm，如图 1－74b 所示。

② 以端面 D 定位，精车大端面 A 获得尺寸 A_2，并车大孔时车端面 C，获得孔深尺寸

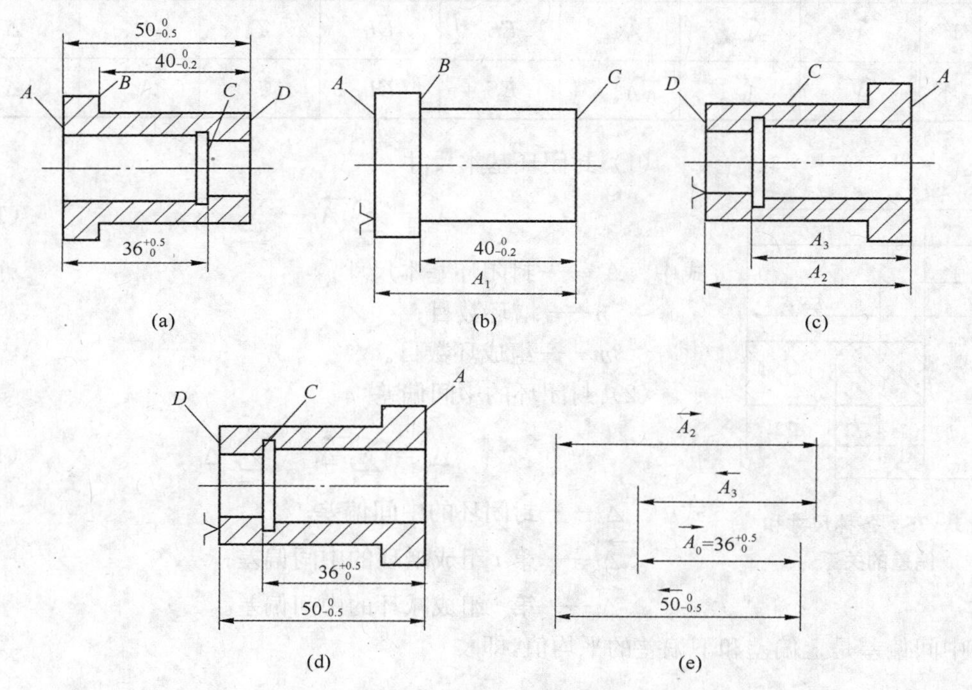

图 1－74　工艺尺寸链的建立过程

A_3,如图 1-74c 所示。

③ 以端面 D 定位，磨大端面 A 保证全长尺寸 $50_{-0.5}^{0}$ mm，同时保证孔深尺寸为 $36_{0}^{+0.5}$ mm,如图 1-74d 所示。

由以上工艺过程可知,孔深尺寸为 $36_{0}^{+0.5}$ mm 是自然形成的,应为封闭环。从构成封闭环的两界面 A 面和 C 面开始查找组成环,A 面的最近一次加工是磨削,工艺基准是 D 面,直接获得的尺寸是 $50_{-0.5}^{0}$ mm;C 面最近一次加工是车孔时的车削,测量基准是 A 面,直接获得的尺寸是 A_3。显然上述两尺寸的变化都会引起封闭环的变化,是欲查找的组成环。但此两环的工序基准各为 D 面与 A 面,不重合,为此要进一步查找最近一次加工 D 面和 A 面的加工尺寸。A 面的最近一次加工是精车 A 面,直接获得的尺寸是 A_2,工序基准为 D 面,正好与加工尺寸 $50_{-0.5}^{0}$ mm 的工序基准重合,而且 A_2 的变化也会引起封闭环的变化,应为组成环。至此,找出 A_2,A_3,$50_{-0.5}^{0}$ mm 为组成环,$36_{0}^{+0.5}$ mm 为封闭环,它们组成了一个封闭的尺寸链,如图 1-74e 所示。

3. 工艺尺寸链计算的基本公式

工艺尺寸链条的计算方法有两种:极值法和概率法。目前生产中多采用极值法计算,下面仅介绍极值法计算的基本公式,概率法将在装配尺寸链的时候介绍。如图 1-75 所示为尺寸链各种尺寸的偏差的关系,表 1-22 列出了尺寸链计算中所用的符号。

表 1-22　尺寸链计算使用符号

环名	符号名称							
	基本尺寸	最大尺寸	最小尺寸	上偏差	下偏差	公差	平均尺寸	中间偏差
封闭环	A_0	$A_{0\max}$	$A_{0\min}$	ES_0	EI_0	T_0	A_{0av}	Δ_0
增　环	$\overrightarrow{A}_i$	$\overrightarrow{A}_{i\max}$	$\overrightarrow{A}_{i\min}$	ES_i	EI_i	T_i	A_{iav}	Δ_i
减　环	$\overleftarrow{A}_i$	$\overleftarrow{A}_{i\max}$	$\overleftarrow{A}_{i\min}$	ES_i	EI_i	T_i	A_{iav}	Δ_i

(1) 封闭环基本尺寸

$$A_0=\sum_{i=1}^{n}\overrightarrow{A}_i-\sum_{i=n+1}^{m}\overleftarrow{A}_i \tag{1-1}$$

式中　A_0——封闭环基本尺寸;

n——增环数目;

m——组成环数目。

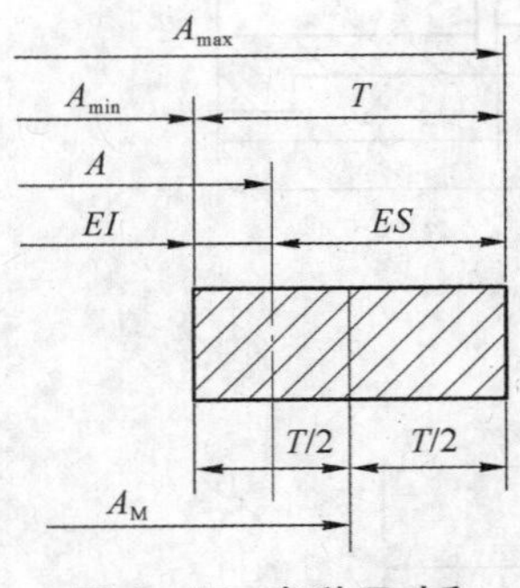

图 1-75　各种尺寸和偏差的关系

(2) 封闭环的中间偏差

$$\Delta_0=\sum_{i=1}^{n}\overrightarrow{\Delta}_i-\sum_{i=n+1}^{m}\overleftarrow{\Delta}_i \tag{1-2}$$

式中　Δ_0——封闭环的中间偏差;

$\overrightarrow{\Delta}_i$——第 i 组成增环的中间偏差;

$\overleftarrow{\Delta}_i$——第 i 组成减环的中间偏差。

中间偏差是上偏差和下偏差的平均值,即

$$\Delta=\frac{1}{2}(ES+EI) \tag{1-3}$$

(3) 封闭环公差

$$T_0 = \sum_{i=1}^{m} T_i \tag{1-4}$$

(4) 封闭环极限偏差

上偏差
$$ES_0 = \Delta_0 + \frac{T_0}{2} \tag{1-5}$$

下偏差
$$EI_0 = \Delta_0 - \frac{T_0}{2} \tag{1-6}$$

(5) 封闭环极限尺寸

最大极限尺寸
$$A_{0\max} = A_0 + ES_0 \tag{1-7}$$

最小极限尺寸
$$A_{0\min} = A_0 + EI_0 \tag{1-8}$$

(6) 组成环平均公差

$$T_{avi} = \frac{T_0}{m} \tag{1-9}$$

(7) 组成环极限偏差

上偏差
$$ES_i = \Delta_i + \frac{T_i}{2} \tag{1-10}$$

下偏差
$$EI_i = \Delta_i - \frac{T_i}{2} \tag{1-11}$$

(8) 组成环极限尺寸

最大极限尺寸
$$A_{i\max} = A_i + ES_i \tag{1-12}$$

最小极限尺寸
$$A_{i\min} = A_i + EI_i \tag{1-13}$$

4. 工序尺寸及公差的确定

在零件的加工过程中，为了便于工件的定位或测量，有时难于采用零件的设计基准作为定位基准或者测量基准，这时就需要应用工艺尺寸链条的原则进行工序尺寸及公差的计算。

(1) 测量基准与设计基准不重合　在零件加工时会遇到一些表面加工后设计尺寸不便于直接测量的情况。因此需要在零件上选一个易于测量的表面作为测量基准进行测量，以间接检验设计尺寸。

例 1-5　如图 1-76 所示的套筒类零件，A、B 端面已加工完成，孔底 C 加工时，设计尺寸$10_{-0.35}^{0}$ mm 不便测量，为确保加工精度，试标出测量尺寸。

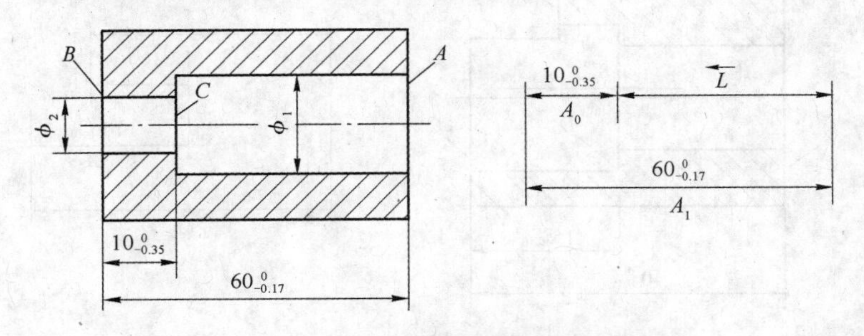

图 1-76　测量尺寸的计算

解　由于 ϕ_1 孔的深度可用游标卡尺方便地测出，因此设计尺寸$10_{-0.35}^{0}$ mm 可通过设计尺寸$60_{-0.17}^{0}$ mm 和 ϕ_1 孔的深度尺寸间接求得，根据尺寸链的计算公式计算如下。

由式(1-1)得

$$A_0=\overrightarrow{A_1}-\overleftarrow{L}$$

$$L=A_1-A_0=60-10=50\ \text{mm}$$

由式(1-2)得

$$\Delta_0=\overrightarrow{\Delta_{A_1}}-\overleftarrow{\Delta_L}$$

$$\Delta_L=\Delta_{A_1}-\Delta_0=\frac{1}{2}(0-0.17)-\frac{1}{2}(0-0.35)=0.09\ \text{mm}$$

由式(1-4)得

$$T_0=T_{A_1}+T_L$$

$$T_L=T_0-T_{A_1}=0.35-0.17=0.18\ \text{mm}$$

由式(1-10)和式(1-11)得

$$ES_L=\Delta_L+\frac{T_L}{2}=0.09+\frac{1}{2}\times0.18=0.18\ \text{mm}$$

$$EI_L=\Delta_L-\frac{T_L}{2}=0.09-\frac{1}{2}\times0.18=0$$

最后得

$$L=50^{+0.18}_{0}\ \text{mm}$$

测量基准与设计基准不重合时，需要通过工艺尺寸链对工艺尺寸进行尺寸计算，依计算出来的工艺尺寸进行加工来间接确保设计尺寸，但计算出来的工艺尺寸的精度要求明显比设计尺寸的精度要求高，所以给加工增加了难度。对定位基准与设计基准不重合时也存在这种情况。

(2) 定位基准与设计基准不重合　零件在加工的过程中，在遇到加工表面的定位基准和设计基准不重合时，可以采用工艺尺寸链的计算公式确定工序尺寸，通过该工序尺寸加工零件，以间接保证设计尺寸的精度。

例 1-6　如图 1-77 所示的套类零件，A、C、D 表面在上道工序均已加工，本工序要求加工缺口 B 面，设计基准为 D，设计尺寸为 $8^{+0.35}_{0}$ mm，定位基准为 A，试确定工序尺寸及其公差。

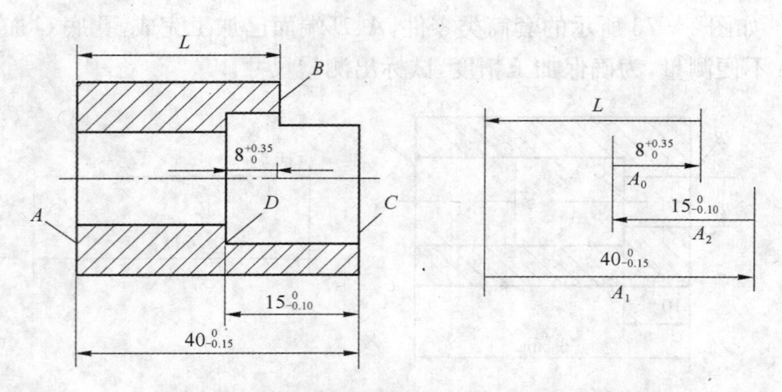

图 1-77　定位基准与设计基准不重合的尺寸换算

解　从加工工艺和工艺方法可知，上道工序已保证尺寸$40^{0}_{-0.35}$ mm 和$15^{0}_{-0.10}$ mm，本工序直接保证尺寸为 L，因此，设计尺寸 $8^{+0.35}_{0}$ mm 成为自然形成的尺寸，即为封闭环。同时尺寸$40_{-0.35}^{\ 0}$ mm、$15_{-0.10}^{\ 0}$ mm 和 L 的变化对设计尺寸 $8_{\ 0}^{+0.35}$ mm 均有影响，所以，这三个尺寸为组成环。根据工艺尺寸链的公式计算如下。

由式(1-1)得

$$A_0=\overrightarrow{L}+\overrightarrow{A}_2-\overleftarrow{A}_1$$
$$8=L+15-40$$
$$L=33\ \text{mm}$$

由式(1-2)得

$$\Delta_0=\overrightarrow{\Delta}_L+\overrightarrow{\Delta}_2-\overleftarrow{\Delta}_1$$
$$\Delta_L=\Delta_0+\Delta_1-\Delta_2=\frac{1}{2}(0.35+0)+\frac{1}{2}(0-0.15)-\frac{1}{2}(0-0.1)=0.15\ \text{mm}$$

由式(1-4)得

$$T_0=T_L+T_2+T_1$$
$$0.35=T_L+0.1+0.15$$
$$T_L=0.1\ \text{mm}$$

由式(1-10)和式(1-11)得

$$ES_L=\Delta_L+\frac{T_L}{2}=0.15+\frac{0.1}{2}=0.20\ \text{mm}$$
$$EI_L=\Delta_L-\frac{T_L}{2}=0.15-\frac{0.1}{2}=0.10\ \text{mm}$$

最后得

$$L=33_{+0.10}^{+0.20}\ \text{mm}$$

从尺寸链的计算结果可以看出，虽然设计尺寸 $8_{\ 0}^{+0.35}$ mm 的加工公差为 0.35 mm，但是因定位基准与设计基准不重合，使得本工序尺寸公差减小到 0.10 mm，提高了加工精度。采用上述加工方案，工件定位方便，夹具设计结构简单。所以，在工艺设计时，要全面考虑问题，以求得到最佳方案。

(3) 从尚需继续加工的表面标注工序尺寸时工艺尺寸链的确定。

例 1-7　如图 1-78 所示为一带键槽的齿轮内孔，镗孔后需热处理再磨削，因设计基准内孔要继续加工，所以键槽深度的最终尺寸不能直接获得，插键槽时的深度只能作为加工中间的工序尺寸，其加工顺序为：

① 镗内孔至 $\phi 84.8_{\ 0}^{+0.07}$ mm。

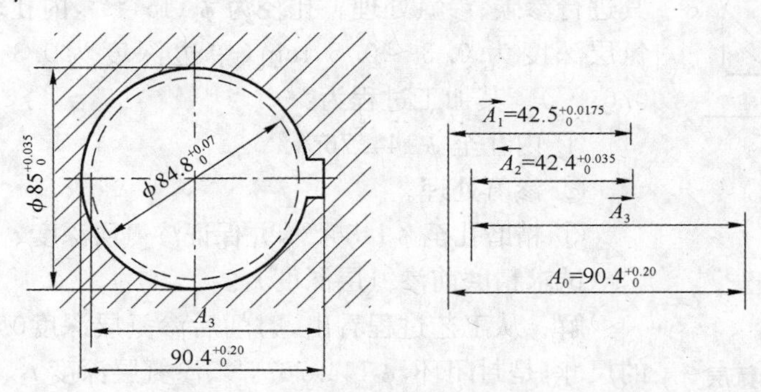

图 1-78　内孔和键槽工艺尺寸链计算

② 插键槽至尺寸 A_3。

③ 淬火热处理。

④ 磨内孔至 $\phi 85^{+0.035}_{0}$ mm，同时间接获得键槽深度尺寸 $90.4^{+0.20}_{0}$ mm。

试确定工序尺寸 A_3。

解 从加工过程可以看出，最后一道工序磨内孔产生两个尺寸，一个是内孔尺寸，另一个是键槽深度尺寸。在工艺过程中，加工一个表面同时产生两个或多个尺寸时，工艺上只能保证一个尺寸，其余尺寸为间接保证的。本题中最后磨内孔产生的内孔尺寸和键槽尺寸中，内孔尺寸的公差要求严，工艺上应直接保证内孔尺寸 $\phi 85^{+0.035}_{0}$ mm；键槽深度尺寸 $90.4^{+0.20}_{0}$ mm，通过插键槽工序引入的工序尺寸 A 间接保证，因此是封闭环；对封闭环有影响的工序尺寸 $\phi 85^{+0.035}_{0}$ mm、$\phi 84.8^{+0.07}_{0}$ mm 及 A 是组成环。工序尺寸 A 用工艺尺寸链计算公式计算如下。

由式(1-1)得

$$A_0 = \overrightarrow{A_3} + \overrightarrow{A_1} - \overleftarrow{A_2}$$

$$A_3 = A_0 + A_2 - A_1 = 90.4 + 42.4 - 42.5 = 90.3 \text{ mm}$$

由式(1-2)得

$$\Delta_0 = \overrightarrow{\Delta_3} + \overrightarrow{\Delta_1} - \overleftarrow{\Delta_2}$$

$$\Delta_3 = \Delta_0 + \Delta_2 - \Delta_1 = \frac{1}{2}(0+0.2) + \frac{1}{2}(0.035+0) - \frac{1}{2}(0.0175+0) = 0.108\,75 \text{ mm}$$

由式(1-4)得

$$T_0 = T_1 + T_2 + T_3$$

$$T_3 = T_0 - T_1 - T_2 = 0.2 - 0.0175 - 0.035 = 0.1475 \text{ mm}$$

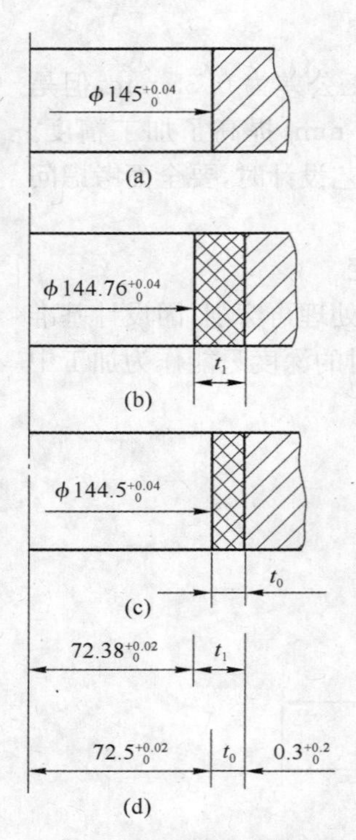

图 1-79 保证渗氮层厚度的工序尺寸计算

由式(1-10)和式(1-11)得

$$ES_3 = \Delta_3 + \frac{1}{2}T_3 = 0.108\,75 + \frac{1}{2} \times 0.147\,5 = 0.183 \text{ mm}$$

$$EI_3 = \Delta_3 - \frac{1}{2}T_3 = 0.108\,75 - \frac{1}{2} \times 0.147\,5 = 0.035 \text{ mm}$$

最后得

$$A_3 = 90.3^{+0.183}_{+0.035} \text{ mm}$$

(4) 保证渗碳、渗氮层厚度的工序尺寸的计算

例 1-8 如图 1-79 所示某零件内孔，为改善其表面性能，对其进行渗碳、渗氮处理。孔径为 $\phi 145^{+0.04}_{0}$，内孔表面要求渗氮，渗氮层深度为 0.3～0.5 mm(单边深度为 $0.3^{+0.2}_{0}$，双边深度为 $0.6^{+0.4}_{0}$)。其加工过程为：

① 内孔至 $\phi 144.76^{+0.04}_{0}$。

② 渗氮处理。

③ 精磨孔至 $\phi 145^{+0.04}_{0}$，并保证渗氮层深度 $t_0 = 0.3$～0.5 mm。

试求精磨前渗氮层深度 t_1。

解 从工艺过程看出，磨削后渗氮层深度 $0.6^{+0.4}_{0}$ 是间接获得的尺寸，是封闭环，$\phi 144.76^{+0.04}_{0}$、渗氮层深度 t_1、内孔 $\phi 145^{+0.04}_{0}$ 是直接保证尺寸，因此是组成环。渗氮层深度 t_1 用工艺尺寸链计算公式计算如下。

由式(1-1)得

$$t_0=\overrightarrow{t}_1+\overrightarrow{A}_1-\overleftarrow{A}_2$$

$$t_1=A_2+t_0-A_1=145+0.6-144.76=0.84\ \text{mm}$$

由式(1-2)得

$$\Delta_0=\overrightarrow{\Delta}_{A_1}+\overrightarrow{\Delta}_{t_1}-\overleftarrow{\Delta}_{A_2}$$

$$\Delta_{t_1}=\Delta_0+\Delta_{A_2}-\Delta_{A_1}=\frac{1}{2}(0.4+0)+\frac{1}{2}(0.04+0)-\frac{1}{2}(0.04+0)=0.2\ \text{mm}$$

由式(1-4)得

$$T_0=T_{A_1}+T_{A_2}+T_{t_1}$$

$$T_{t_1}=T_0-T_{A_1}-T_{A_2}=0.4-0.04-0.04=0.32\ \text{mm}$$

由式(1-10)和式(1-11)得

$$ES_{t_1}=0.2+\frac{1}{2}\times0.32=0.36\ \text{mm}$$

$$EI_{t_1}=0.2-\frac{1}{2}\times0.32=0.04\ \text{mm}$$

最后得

$$t_1=0.84^{+0.36}_{+0.04}\ \text{mm}$$

此工序尺寸为双边尺寸,所以就单边而言,渗氮层深度应为0.44~0.6 mm。

第十一节 机械加工生产率和技术经济分析

制订工艺规程的根本任务在于保证产品质量的前提下,提高劳动生产率和降低成本,即做到高产、优质、低消耗。要达到这一目的,制订工艺规程时,还必须对工艺过程认真开展技术经济分析,有效地采取提高机械加工生产率的工艺措施。

一、机械加工生产率分析

1. 工时定额

工时定额是指在一定生产条件下,规定生产一件产品或完成一道工序所需消耗的时间。它是安排生产计划、进行成本核算、考核工人完成任务情况、新建和扩建工厂或车间时确定所需设备和工人数量的主要依据。

制定合理的工时定额是调动工人积极性的重要手段,可以促进工人技术水平的提高,从而不断提高生产率。一般是技术人员通过计算或类比的方法,或者通过对实际操作时间的测定和分析的方法进行确定。在使用中,工时定额应定期修订,以使其保持平均先进水平。

在机械加工中,为了便于合理地确定工时定额,把完成一个工件的一道工序的时间称为单件工序时间 T_0,包括如下组成部分。

(1) 基本时间　基本时间 T_b 是直接改变生产对象的尺寸、形状、相对位置、表面状态或材料性质等工艺过程所消耗的时间。对机械加工而言,是指从工件上切除材料层所耗费的时间(包括刀具的切入或切出时间),基本时间可按公式求得。例如车削基本时间 T_b 为

$$T_b=\frac{L_j Z}{n f a_p}$$

式中　T_b——基本时间(min)；

L_j——工作行程的计算长度(mm)，包括加工表面的长度，刀具的切入或切出长度(切入、切出长度可查阅有关手册确定)；

Z——工序余量(mm)；

n——工件的旋转速度(r/min)；

f——刀具的进给量(mm/r)；

a_p——背吃刀量(mm)。

(2) 辅助时间　辅助时间 T_a 是为实现工艺过程所必须进行的各种辅助动作所消耗的时间。这些辅助动作包括：装夹和卸下工件；开动和停止机床；改变切削用量；进、退刀具；测量工件尺寸等。

辅助时间的确定方法随生产类型而异。大批大量生产时，为使辅助时间规定的合理，需将辅助动作分解，再分别确定各分解动作的时间，最后予以综合。中批生产可根据以往的统计资料来确定。单件小批量生产常用基本时间的百分比估算。

基本时间和辅助时间的总和，称为工序作业时间，即直接用于制造产品或零、部件所消耗的时间。

(3) 布置工作地时间　布置工作地时间 T_s 是为使加工正常进行，工人照管工作地(如更换刀具、润滑机床、清理切屑、收拾工具等)所消耗的时间。布置工作地时间可按照工序作业时间的 α 倍(一般 $\alpha=2\%\sim7\%$)来估算。

(4) 休息和生理需要时间　休息和生理需要时间 T_r 是工人在工作班内为恢复体力和满足生理上的需要所消耗的时间。它可按工序作业时间的 β 倍(一般 $\beta=2\%\sim4\%$)来估算。

上述四部分的时间之和称为单件工时，因此，单件工时为

$$T_0=T_b+T_a+T_s+T_r=(T_b+T_a)(1+\alpha+\beta)$$

(5) 准备和终结时间　对于成批生产还要考虑准备与终结时间，准备和终结时间 T_e 是工人为了生产一批产品或零、部件，进行准备和结束工作所消耗的时间。这些工作包括：熟悉工艺文件、安装工艺装备、调整机床、归还工艺装备和送交成品等。

准备和终结时间对一批工件只消耗一次，工件批量 n 越大，则分摊到每一个工件上的这部分时间越少。所以，成批生产时的单件工时 T_p 为

$$T_p=T_b+T_a+T_s+T_r+\frac{T_e}{n}=(T_b+T_a)(1+\alpha+\beta)+\frac{T_e}{n}$$

在大量生产时，每个工作地点完成固定的一道工序，一般不需考虑准备和终结时间。

2. 提高机械加工生产率的工艺措施

劳动生产率是一个综合技术经济指标，它与产品设计、生产组织、生产管理和工艺设计都有密切关系。这里讨论提高机械加工生产率的问题，主要从工艺技术的角度，研究如何通过减少时间定额，寻求提高生产率的工艺途径。

1) 缩短基本时间

(1) 提高切削用量　增大切削速度、进给量和背吃刀量都可以缩短基本时间，这是机械加工中广泛采用的提高生产率的有效方法。近年来国外出现了聚晶金刚石和聚晶立方氮化

硼等新型刀具材料，切削普通钢材的速度可达 900 m/min；加工 60HRC 以上的淬火钢、高镍合金钢，在 980℃时仍能保持其红硬性，切削速度可在 900 m/min 以上。高速滚齿机的切削速度可达 65～75 m/min，目前最高滚切速度已超过 300 m/min。磨削方面，近年的发展趋势是在不影响加工精度的条件下，尽量采用强力磨削，提高金属切除率，磨削速度已超过 60 m/s 以上；而高速磨削速度已达到 180 m/s 以上。

（2）减少或重合切削行程长度　利用几把刀具或复合刀具对工件的同一表面或几个表面同时进行加工，或者利用宽刃刀具、成形刀具作横向进给同时加工多个表面，实现复合工步，都能减少每把刀具的切削行程长度或使切削行程长度部分或全部重合，减少基本时间。

（3）采用多件加工　多件加工可分顺序多件加工、平行多件加工和平行顺序多件加工三种形式。

顺序多件加工是指工件按进给方向一个接一个地顺序装夹，减少了刀具的切入、切出时间，即减少了基本时间。这种形式的加工常见于滚齿、插齿、龙门刨、平面磨和铣削加工中。

平行多件加工是指工件平行排列，一次进给可同时加工 n 个工件，加工所需基本时间和加工一个工件相同，所以分摊到每个工件的基本时间就减少到原来的 $1/n$，其中 n 为同时加工的工件数。这种方式常见于铣削和平面磨削中。

平行顺序多件加工是上述两种形式的综合，常用于工件较小、批量较大的情况，如立轴平面磨削和立轴铣削加工中。

2）缩短辅助时间　缩短辅助时间的方法通常是使辅助操作实现机械化和自动化，或使辅助时间与基本时间重合。具体措施有：

（1）采用先进高效的机床夹具　这不仅可以保证加工质量，而且大大减少了装卸和找正工件的时间。

（2）采用多工位连续加工　即在批量和大量生产中，采用回转工作台和转位夹具，在不影响切削加工的情况下装卸工件，使辅助时间与基本时间重合。该方法在铣削平面和磨削平面中得到广泛的应用，可显著地提高生产率。

（3）采用主动测量或数字显示自动测量装置　零件在加工中需多次停机测量，尤其是精密零件或重型零件更是如此，这样不仅降低了生产率，不易保证加工精度，还增加了工人的劳动强度，主动测量的自动测量装置能在加工中测量工件的实际尺寸，并能用测量的结果控制机床进行自动补偿调整。该方法在内、外圆磨床上采用，已取得了显著的效果。

（4）采用两个相同夹具交替工作的方法　当一个夹具安装好工件进行加工时，另一个夹具同时进行工件装卸，这样也可以使辅助时间与基本时间重合。该方法常用于批量生产中。

3）缩短布置工作场地时间　布置工作场地时间，主要消耗在更换刀具和调整刀具的工作上。因此，缩短布置工作场地时间主要是减少换刀次数、换刀时间和调整刀具的时间。减少换刀次数就是要提高刀具或砂轮的耐用度，而减少换刀和调刀时间是通过改进刀具的装夹和调整方法，采用对刀辅具来实现的。例如，采用各种机外对刀的快换刀夹具、专用对刀样板或样件以及自动换刀装置等。目前，在车削和铣削中已广泛采用机械夹固的可转位硬质合金刀片，既能减少换刀次数，又减少了刀具的装卸、对刀和刃磨时间，从而大大提高了生产效率。

4）缩短准备和终结时间　缩短准备与终结时间的主要方法是扩大零件的批量和减少调整机床、刀具和夹具的时间。

二、工艺过程的技术经济分析

制订机械加工工艺规程时，通常应提出几种方案。这些方案应都能满足零件的设计要求，但成本则会有所不同。为了选取最佳方案，需要进行技术经济分析。

1. 生产成本和工艺成本

制造一个零件或一件产品所必需的一切费用的总和，称为该零件或产品的生产成本。生产成本实际上包括与工艺过程有关的费用和与工艺过程无关的费用两类。因此，对不同的工艺方案进行经济分析和评价时，只需分析、评价与工艺过程直接相关的生产费用，即所谓工艺成本。在进行经济分析时，应首先统计出每一方案的工艺成本，再对各方案的工艺成本进行比较，以其中成本最低、见效最快的为最佳方案。

(1) 工艺成本的组成　工艺成本由两部分构成，即可变成本(V)和不变成本(S)。

可变成本(V)是指与生产纲领 N 直接有关，并随生产纲领成正比例变化的费用。它包括工件材料(或毛坯)费用、操作工人工资、机床电费、通用机床的折旧费和维修费、通用工艺装备的折旧费和维修费等。

不变成本(S)是指与生产纲领 N 无直接关系，不随生产纲领的变化而变化的费用。它包括调整工人的工资、专用机床的折旧费和维修费、专用工艺装备的折旧费和维修费等。

(2) 工艺成本的计算　零件加工的全年工艺成本(E)为

$$E=V\cdot N+S$$

式中　V——可变成本(元/件)；

N——零件年产量(件/年)；

S——不变成本(元/年)。

此式为直线方程，其坐标关系如图 1-80 所示，可以看出，E 与 N 是线性关系，即全年工艺成本与年产量成正比，直线的斜率为工件的可变费用，直线的起点为工件的不变费用，当年产量产生 ΔN 的变化时，则年工艺成本的变化为 ΔE。

单件工艺成本 E_d 可按下式计算：

$$E_d=V+S/N$$

单件工艺成本与年产量的关系如图 1-81 所示，E_d 与 N 呈双曲线关系，当 N 增大时，E_d 逐渐减小，极限值接近可变费用。

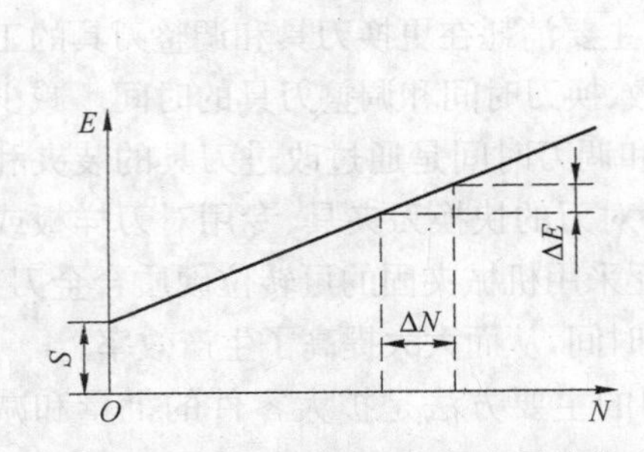

图 1-80　全年工艺成本与年产量的关系

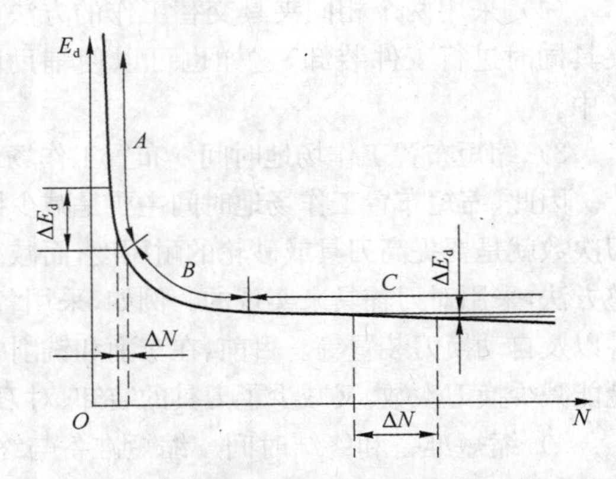

图 1-81　单件工艺成本与年产量的关系

2. 不同工艺方案的经济性比较

在进行不同工艺方案的经济分析时，常对零件或产品的全年工艺成本进行比较，这是因为全年工艺成本与生产纲领呈线性关系，容易比较。设两种不同方案分别为Ⅰ和Ⅱ，它们的全年工艺成本分别为

$$E_1=V_1N+S_1$$
$$E_2=V_2N+S_2$$

两种方案比较时，往往一种方案的可变费用较大时，另一种方案的不变费用就会较大。如果某方案的可变费用和不变费用均较大，那么该方案在经济上是不可取的。现在同一坐标图上分别画出方案Ⅰ和Ⅱ全年的工艺成本与年产量的关系，如图 1－82 所示。

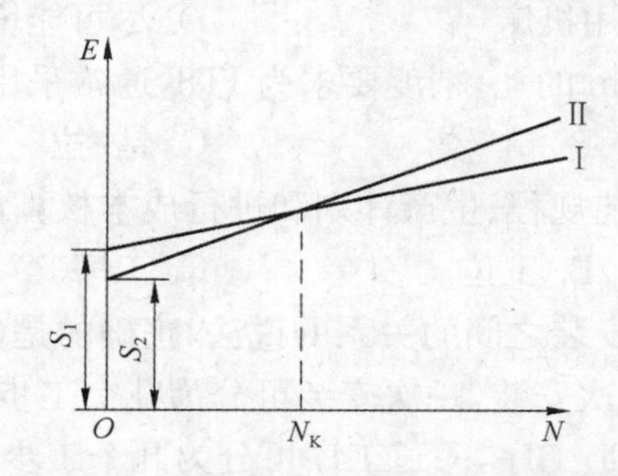

图 1－82　两种方案全年工艺成本的比较

由图可知，两条直线相交于 $N=N_K$ 处，N_K 称为临界产量，在此年产量时，两种工艺路线的全年工艺成本相等。由 $V_1N_K+S_1=V_2N_K+S_2$ 可得：

$$N_K=(S_1-S_2)/(V_2-V_1)$$

当 $N<N_K$ 时，宜采用方案Ⅱ，即年产量小时，宜采用不变费用较少的方案；当 $N>N_K$ 时，则宜采用方案Ⅰ，即年产量大时，宜采用可变费用较少的方案。

如果需要比较的工艺方案中基本投资差额较大，还应考虑不同方案的基本投资差额的回收期。投资回收期必须满足以下要求：

① 小于采用设备和工艺装备的使用年限。

② 小于该产品由于结构性能或市场需求等因素所决定的生产年限。

③ 小于国家规定的标准回收期，即新设备的回收期应小于 4～6 年，新夹具的回收期应小于 2～3 年。

复习思考题

一、选择题

1. 退火处理一般安排在(　　)。

A. 毛坯制造之后　　B. 粗加工后　　C. 半精加工之后　　D. 精加工之后

2. 轴类零件定位用的顶尖孔是属于(　　)。

A. 精基准　　B. 粗基准　　C. 辅助基准　　D. 自为基准

3. 加工箱体类零件时常选用一面两孔作定位基准，这种方法一般符合(　　)。

A. 基准重合原则　B. 基准统一原则　C. 互为基准原则　D. 自为基准原则

4. 自为基准多用于精加工或光整加工工序，其目的是(　　)

A. 符合基准重合原则　B. 符合基准统一原则

C. 保证加工面的形状和位置精度　D. 保证加工面的余量小而均匀

5. 精密齿轮高频淬火后需磨削齿面和内孔，以提高齿面和内孔的位置精度，常采用以下原则来保证(　　)。

A. 基准重合　B. 基准统一　C. 自为基准　D. 互为基准

6. 在拟定零件机械加工工艺过程、安排加工顺序时首先要考虑的问题是(　　)。

A. 尽可能减少工序数　B. 精度要求高的主要表面的加工问题

C. 尽可能避免使用专用机床　D. 尽可能增加一次安装中的加工内容

7. 零件上孔径小于 30 mm 的孔，精度要求为 IT8，通常采用的加工方案为(　　)。

A. 钻-镗　B. 钻-铰　C. 钻-拉　D. 钻-扩-磨

8. 编制零件机械加工工艺规程、生产计划和进行成本核算最基本的单元是(　　)。

A. 工步　B. 工位　C. 工序　D. 走刀

9. 下述关于工步、工序、安装之间的关系的说法，正确的是(　　)。

A. 一道工序可分为几次安装，一次安装可分为几个工步

B. 一次安装可分为几道工序，一道工序可分为几个工步

C. 一道工序可分为几个工步，一个工步可分为几次安装

D. 一道工序只有两次安装，一次安装可分为几个工步

10. 精铣平面时，宜选用的加工条件为(　　)。

A. 较大切削速度与较大进给速度　B. 较大切削速度与较小进给速度

C. 较小切削速度与较大进给速度　D. 较小切削速度与较小进给速度

11. 在加工表面和加工工具不变的情况下，所连续完成的那一部分工序，称为(　　)。

A. 工步　B. 工位　C. 走刀　D. 安装

12. 粗加工时，为了提高生产效率，选用切削用量时，应首先选择较大的(　　)。

A. 进给量　B. 背吃刀量　C. 切削速度　D. 切削厚度

13. 在车床上加工轴，用三爪卡盘安装工件，相对夹持较长，它的定位是(　　)。

A. 六点定位　B. 五点定位　C. 四点定位　D. 三点定位

14. 工件在夹具中安装时，绝对不允许采用(　　)。

A. 完全定位　B. 不完全定位　C. 过定位　D. 欠定位

15. 基准不重合误差的大小主要与哪种因素有关(　　)。

A. 本工序要保证的尺寸大小

B. 本工序要保证的尺寸精度

C. 工序基准与定位基准间的位置误差

D. 定位元件和定位基准本身的制造精度

16. 用四爪单动卡盘装夹工件时，对毛坯面进行找正时，一般采用(　　)。

A. 划线盘　B. 卡尺　C. 千分尺　D. 百分表

17. 用四爪单动卡盘装夹工件时，对已加工表面进行找正时，一般采用(　　)。

A. 划线盘　B. 卡尺　C. 千分尺　D. 百分表

18. 在外圆柱上铣平面，用两个固定短 V 形块定位，其限制了工件的自由度数为(　　)。
　A. 2 个　　B. 3 个　　C. 4 个　　D. 5 个
19. 精基准是用下列哪一种表面作为定位基准的(　　)。
　A. 已加工过的表面　　B. 未加工的表面
　C. 精度最高的表面　　D. 表面粗糙度值最低的表面
20. 夹紧力的方向应尽可能和切削力、工件自身的重力(　　)。
　A. 平行　　B. 同向　　C. 相反　　D. 垂直

二、问答题

1. 什么叫生产过程、工艺过程、工艺规程？
2. 什么是工序、工步、工位和走刀？
3. 生产类型分哪几种类型？各有何特点？
4. 工艺规程制订的原则、方法是什么？包括哪些内容？
5. 合理选择毛坯应考虑哪几方面的因素？
6. 设计毛坯时，如何恰当地确定各表面的加工余量？
7. 试述设计基准、定位基准、工序基准的概念，并举例说明。
8. 何谓“六点定位原理”？“不完全定位”和“过定位”是否均不能采用？为什么？
9. 什么是零件的结构工艺性？举例说明零件的结构工艺性对零件制造有何影响。
10. 什么叫工序集中、工序分散？什么情况下采用工序集中或工序分散？
11. 常见的工件定位方式有哪些？对定位元件有什么基本要求？
12. 为什么说夹紧不等于定位？
13. 夹紧装置由哪几个部分组成？
14. 对夹紧装置有哪些基本要求？
15. 什么是加工余量、工序余量和总余量？加工余量和工序尺寸、公差之间有何关系？
16. 影响加工余量的因素有哪些？如何确定加工余量？
17. 什么叫工艺尺寸链？举例说明组成环、增环、减环和封闭环的概念。
18. 什么是时间定额？批量生产和大量生产时的时间定额分别怎样计算？
19. 什么是工艺成本？它由哪两类费用组成？单件工艺成本与年产量的关系如何？
20. 试判别如图 1－83、图 1－84、图 1－85 所示各尺寸链中哪些是增环？哪些是减环？

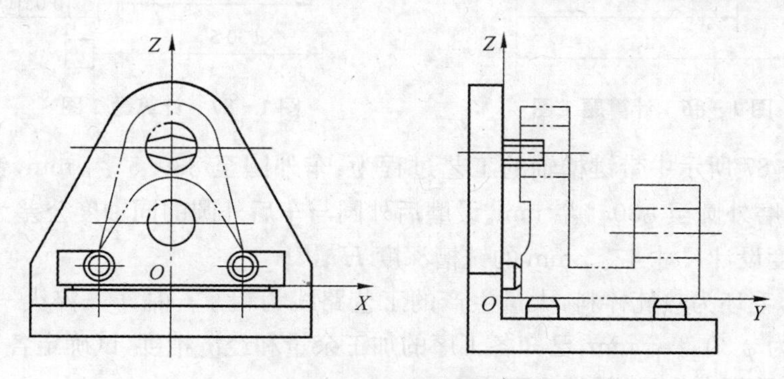

图 1－83　计算题 20 图

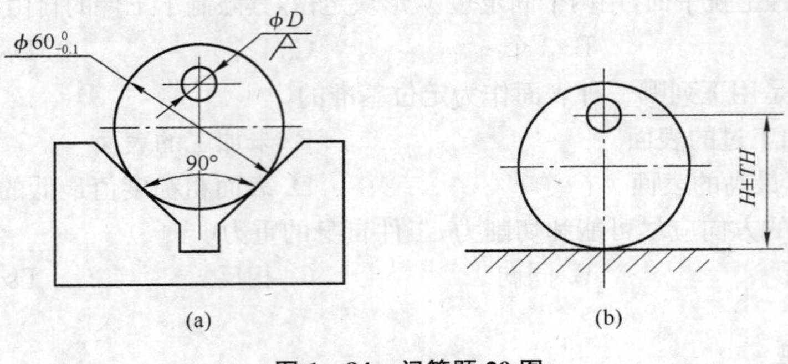

图 1-84 问答题 20 图

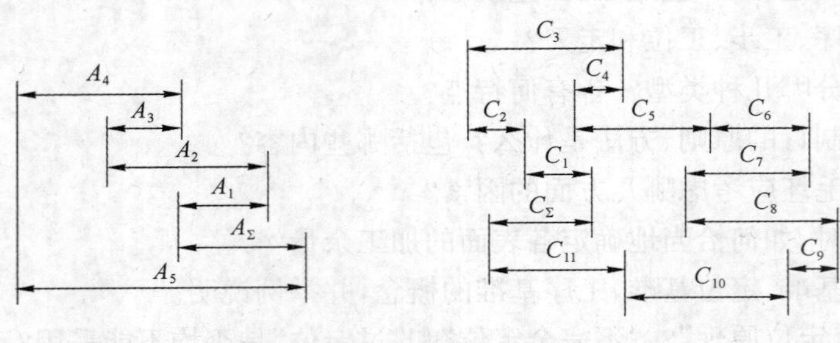

图 1-85 问答题 20 图

三、计算题

1. 如图 1-86 所示工件，$A_1=79_{-0.07}^{-0.02}$ mm，$A_2=60_{-0.04}^{0}$ mm，$A_3=20_{0}^{+0.19}$ mm。因 A_3 不便测量，试重新标出测量尺寸及其公差。

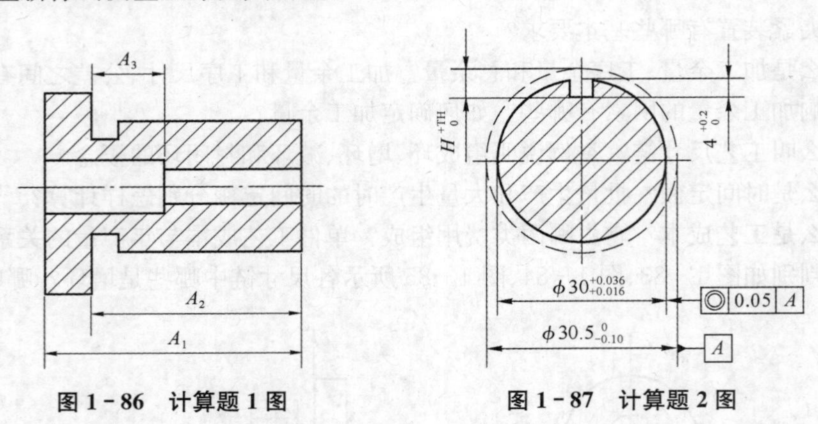

图 1-86 计算题 1 图　　图 1-87 计算题 2 图

2. 如图 1-87 所示中带键槽轴的工艺过程为：车外圆至 $\phi 30.5_{-0.1}^{0}$ mm，铣键槽深度为 H_{0}^{+TH}，热处理，磨外圆至 $\phi 30_{+0.016}^{+0.036}$ mm。设磨后外圆与车后外圆的同轴度公差为 $\phi 0.05$ mm，求保证键槽深度设计尺寸 $4_{0}^{+0.2}$ mm 的铣槽深度 H_{0}^{+TH}。

3. 一小轴，毛坯为热轧棒料，大量生产的工艺路线为粗车—精车—淬火—粗磨—精磨，外圆设计尺寸为 $\phi 30_{-0.013}^{0}$ mm，已知各工序的加工余量和经济精度，试确定各工序尺寸及其偏差、毛坯尺寸及粗车余量，并填入下表：

（mm）

工序名称	工序余量	经济精度	工序尺寸及偏差	工序名称	工序余量	经济精度	工序尺寸及偏差
精磨	0.1	0.013(IT6)		粗车	6	0.21(IT12)	
粗磨	0.4	0.033(IT8)		毛坯尺寸		±1.2	
精车	1.5	0.084(IT10)					

4. 如图 1－88 所示齿轮内孔插键槽，键槽深度是 $90.4^{+0.20}_{0}$ mm，有关工序尺寸和加工顺序是：

① 车内孔至 $\phi84.8^{+0.07}_{0}$ mm。

② 插键槽工序尺寸为 A。

③ 热处理。

④ 磨内孔至中 $\phi85^{+0.035}_{0}$ mm 并间接保证键槽深度尺寸 $\phi90.4^{+0.20}_{0}$ mm。

用尺寸链极值法试求基本尺寸 A 及其上下偏差。

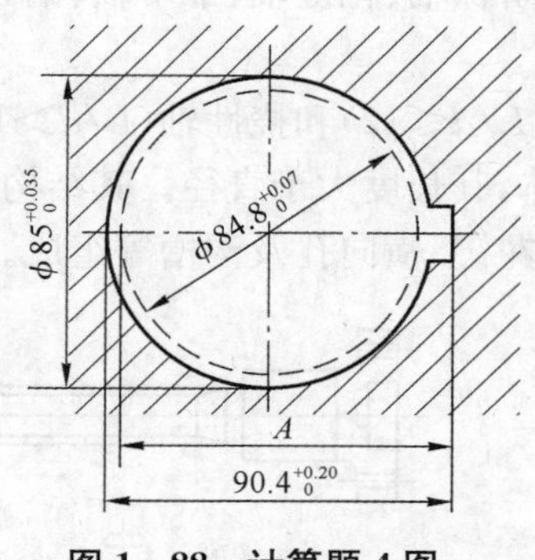

图 1－88　计算题 4 图

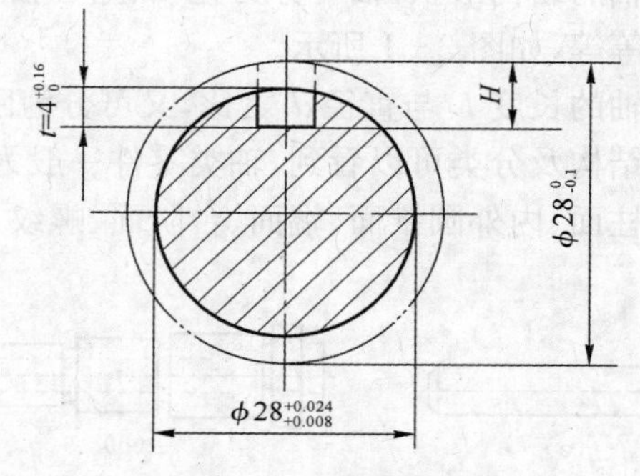

图 1－89　计算题 5 图

5. 如图 1－89 所示为齿轮轴截面图，要求保证轴径尺寸 $\phi28^{+0.024}_{+0.008}$ mm 和键槽深 t＝(40＋0.16)mm。其工艺过程为：

① 车外圆至($\phi28.50-0.10$)mm。

② 铣键槽槽深至尺寸 H。

③ 热处理。

④ 磨外圆至尺寸 $\phi28^{+0.024}_{+0.008}$ mm，同时保证键槽深 t＝(40＋0.16)mm。试求工序尺寸 H 及其极限偏差。

第二章　典型零件加工

第一节　轴类零件加工

一、概述

轴类零件是机械产品中的典型零件之一，它主要用于支承传动零件（齿轮、带轮等）、承受载荷、传递转矩以及保证装在轴上零件（如刀具等）的回转精度。

1. 轴类零件的结构特点

根据轴的结构形状，轴可分为光轴、空心轴、半轴、阶梯轴、花键轴、十字轴、偏心轴、曲轴和凸轮轴等等，如图 2-1 所示。

根据轴的长度 L 与直径 d 之比，又可分为刚性轴（$L/d \leqslant 12$）和挠性轴（$L/d > 12$）两种。

由上结构及分类可以看到，轴类零件一般为回转体，其长度大于直径。其结构要素通常由内外圆柱面、内外圆锥面、端面、台阶面、螺纹、键槽、花键、横向孔及沟槽等组成。

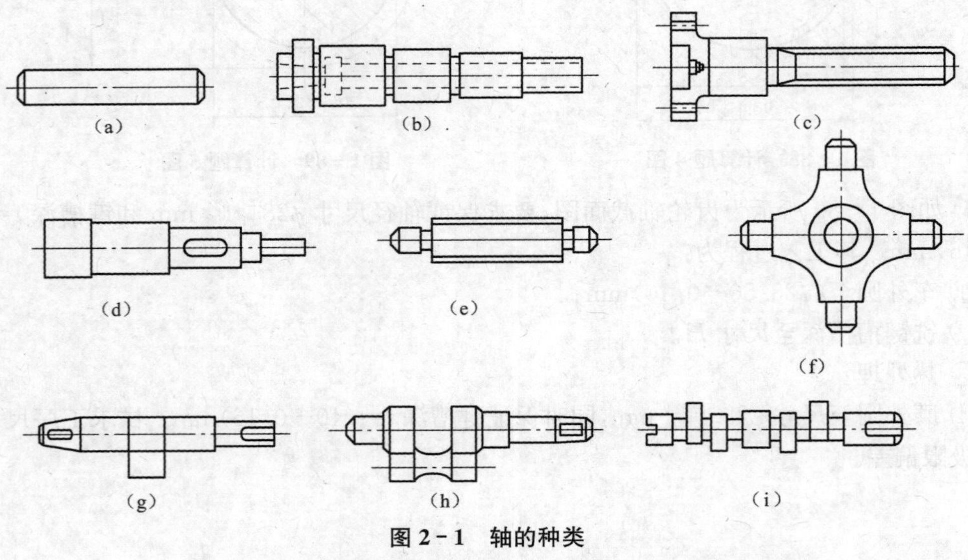

图 2-1　轴的种类

(a) 光轴；(b) 空心轴；(c) 半轴；(d) 阶梯轴；(e) 花键轴；
(f) 十字轴；(g) 偏心轴；(h)曲轴；(i) 凸轮轴

2. 轴类零件的技术要求

零件工作图作为生产和检验的主要技术文件，包含制造和检验的全部内容。为此，在编制轴类零件加工工艺时，必须详细分析轴的工作图样。

(1) 尺寸精度　轴类零件的尺寸精度是指直径尺寸精度和轴长尺寸精度。轴颈是轴类零件的主要表面，它影响轴的回转精度及工作状态。其直径精度应根据使用要求合理选择，通常确定为IT6～9，精密轴颈可达IT5。

(2) 几何形状精度　轴类零件一般依靠两个轴颈支承，轴颈同时也是轴的装配基准，所以轴颈的几何形状精度(圆度、圆柱度等)，一般应根据工艺要求限制在直径公差范围内。对几何形状要求较高的零件，可在零件图上另行规定其允许的公差。

(3) 位置精度　位置精度主要是指装配传动件的配合轴颈相对于装配轴承的支承轴颈的同轴度，通常是用配合轴颈对支承轴颈的径向圆跳动来表示的；根据使用要求，规定最高精度轴为0.001～0.005 mm，而一般精度轴为0.01～0.03 mm。

(4) 表面粗糙度　根据零件表面工作部位的不同，可有不同的表面粗糙度，例如普通机床主轴支承轴颈的表面粗糙度为Ra＝0.16～0.63 μm，配合轴颈的表面粗糙度为Ra＝0.63～2.5 μm，随着机器运转速度的增大和精密程度的提高，轴类零件表面粗糙度值要求也将越来越小。

3. 轴类零件的材料

合理选用材料，对提高轴类零件的强度和使用寿命有重要意义，同时，对轴的加工过程有极大的影响。

材料应满足零件所需的力学性能(包括材料强度、耐磨性和抗腐蚀性等)，并配以合适的热处理和表面处理方法(如发蓝处理、镀铬等)，以使零件达到良好的强度、刚度和所需的表面硬度。

一般轴类零件常用45钢，根据不同的工作条件采用不同的热处理规范(如正火、调质、淬火等)，以获得一定的强度、韧性和耐磨性。对中等精度而转速较高的轴类零件，可选用40Cr等合金钢。这类钢经调质和表面淬火处理后，具有较高的综合力学性能。精度较高的轴，同时还可用轴承钢GCr15和弹簧钢65Mn等材料，它们通过调质和表面淬火处理后，具有更高耐磨性和耐疲劳性能。对于高转速、重载荷等条件下工作的轴，可选用20CrMnTi、20Mn2B、20Cr等低碳合金钢或38CrMoAlA氮化钢。低碳合金钢经渗碳淬火处理后，具有很高的表面硬度、抗冲击韧性和心部强度，热处理变形却很小。

4. 轴类零件的毛坯

轴类零件的毛坯最常用的是圆棒料和锻料，只有某些大型的、结构复杂的轴才采用铸件。由于毛坯经过加热锻造后，能使金属内部纤维组织沿表面均匀分布，从而获得较高的抗拉、抗弯及抗扭强度。所以，除光轴、直径相差不大的阶梯轴可使用棒料外，比较重要的轴，大多采用锻件。

根据生产规模的大小决定毛坯的锻造方式。一般模锻件因需要昂贵的设备和专用锻模，成本高，故适用于大批量生产；而单件小批量生产时，一般宜采用自由锻件。

二、外圆表面的加工方法和方案

外圆表面是轴类零件的主要表面，外圆表面的加工方法主要是车削与磨削。

1. 外圆表面的车削加工

1) 外圆表面的车削加工类型

根据毛坯的制造精度和工件最终加工要求，外圆车削一般可分为粗车、半精车、精车、精细车，加工阶段的划分主要根据零件毛坯情况和加工要求来决定。

（1）粗车　中小型锻、铸件毛坯一般直接进行粗车。粗车主要切去毛坯大部分余量（一般车出阶梯轮廓），在工艺系统刚度容许的情况下，应选用较大的切削用量以提高生产效率。

（2）半精车　一般作为中等精度表面的最终加工工序，也可作为磨削和其他加工工序的预加工。对于精度较高的毛坯，可不经粗车，直接半精车。

（3）精车　外圆表面加工的最终加工工序和光整加工前的预加工。

（4）精细车　高精度、细粗糙度表面的最终加工工序。适用于有色金属零件的外圆表面加工，由于有色金属零件不宜磨削，所以可采用精细车代替磨削加工。

但是，精细车要求机床精度高，刚性好，传动平稳，能微量进给，无爬行现象。车削中采用金刚石或硬质合金刀具，刀具主偏角选大些（45°～90°），刀具的刀尖圆弧半径小于 0.1～1.0 mm，以减少工艺系统中弹性变形及振动。

2）车削方法的应用

（1）普通车削　适用于各种批量的轴类零件外圆加工。单件小批量常采用卧式车床完成车削加工；中批、大批生产则采用自动、半自动车床和专用车床等完成车削加工。

（2）数控车削　适用于单件小批和中批生产。近年来应用愈来愈为普遍，其主要优点为柔性好，更换加工零件时设备调整和准备时间短；加工时辅助时间少，可通过优化切削参数和适应控制等提高效率；加工质量好，专用工夹具少，相应生产准备成本低；机床操作技术要求低，不受操作工人的技能、视觉、精神、体力等因素的影响。

对于轴类零件，具有以下特征时适宜选用数控车削：结构或形状复杂，普通加工操作难度大，工时长，加工效率低的零件；加工精度一致性要求较高的零件；切削条件多变的零件，如零件由于形状特点需车槽，车孔，车螺纹等，加工中要多次改变切削用量；批量不大，但每批品种多变并有一定复杂程度的零件。

（3）车削加工中心　对于带有键槽，径向孔（含螺钉孔）、端面有分布的孔（含螺钉孔）系的轴类零件，如带法兰的轴，带键槽或方头的轴，还可以在车削中心上加工，除了进行普通的数控车削外，零件上的各种槽、孔（含螺钉孔）、面等加工表面也一并能加工完毕。工序高度集中，其加工效率较普通数控车削更高，加工精度也更为稳定可靠。

3）细长轴的车削

轴的长径比（长度与直径之比）大于 20 的轴称为细长轴。细长轴由于长径比大，刚性差，在切削过程中极易产生变形和振动；且加工中连续切削时间长，刀具磨损大，不易获得良好的加工精度和表面质量。

车削细长轴不论对刀具、机床精度、辅助工具的精度、切削用量的选择以及工艺安排、具体操作技能都有较高的要求。为了保证细长轴的加工质量，通常在车削细长轴时采取必要的措施：

（1）改进工件的装夹方法　在车削细长轴时，工件一般均采用一头用卡爪夹紧，另一头用顶尖固定的装夹方法。卡爪夹紧时，在卡盘的卡爪下面垫入直径约为 4 mm 的钢丝，使工件与卡爪之间保持为线接触，避免工件夹紧时形成弯曲力矩，被卡爪夹坏。尾座顶尖采用弹性活络顶尖，使工件在受热变形伸长时，顶尖能轴向伸缩，以补偿工件的变形，减小工件的弯曲变形，如图 2－2 所示。

（2）采用跟刀架　细长轴因其刚性较差，使用三爪支承的跟刀架车削细长轴能大大提高工件刚性，防止工件弯曲和抵消加工时径向分力的影响，减少振动和工件变形。在使用跟刀

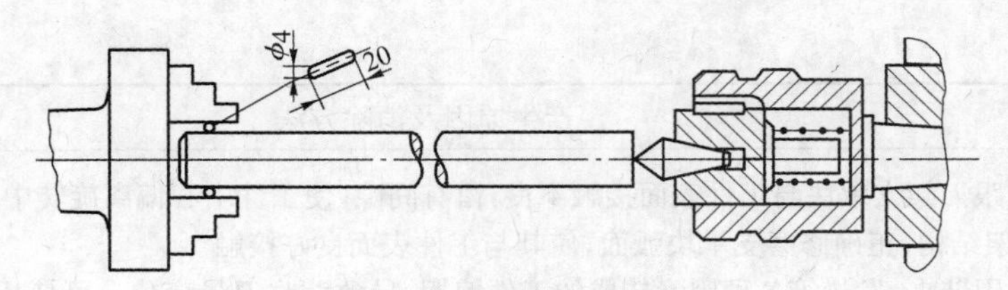

图 2-2　细长轴的装夹

架时，必须注意位置的调整，保证跟刀架的支承与工件表面保持良好的接触，跟刀架中心高与机床顶尖中心须保持一致，同时，跟刀架的支承爪在加工中易磨损，应及时进行合理调整。

（3）采用反向进给车削　车削细长轴时，可改变走刀方向，使中滑板由车头向尾座移动。如图 2-3 所示，反向进给车削时刀具施加于工件上的轴向力朝向尾座，工件已加工部位受轴向拉伸，轴向变形则可由尾座弹性顶尖来补偿，减少了工件弯曲变形。

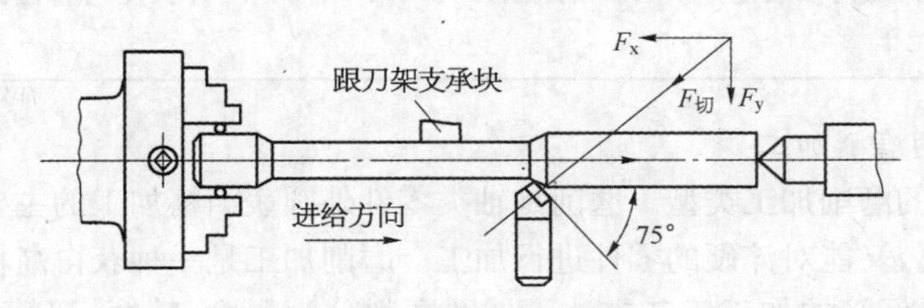

图 2-3　反向走刀车削法

（4）选择合理的车刀几何形状和角度　车刀的几何形状和角度，决定了车削时切削力的方向和切削热的大小。车削细长轴时，车刀在不影响刀具强度的情况下，为减少切削力和切削热，应选择较大前角，一般取前角的大小为 $\gamma_0=15°\sim30°$；尽量增大主偏角，减小背向力，一般主偏角取 80°～93°；同时车刀前面应开有断屑槽，以便较好地断屑；刃倾角选择 1°30′～3°为好，能使切屑流向待加工表面，并使卷屑效果良好。刀刃表面粗糙度要求 Ra 值在0.4 μm 以下，并应保持锋利。此外细长轴加工完毕后的安放、运输等也须防止其变形，生产中常采用悬挂（吊挂）处理。车削细长轴工件的缺陷和产生原因如表 2-1 所示。

表 2-1　车削细长轴工件的缺陷和产生原因

工作缺陷	产生原因及消除方法
弯曲	① 坯料自重和本身弯曲。应校直和热处理 ② 工件装夹不良。尾座顶尖与工件中心孔顶得过紧 ③ 刀具几何参数和切削用量选择不当，造成切削力过大。可减小背吃刀量，增加进给次数 ④ 切削时产生热变形。应采用切削液 ⑤ 刀尖与支承块间距离过大。应不超过 2 mm 为宜
竹节形	① 在调整和修磨跟刀架支承块后，接刀不良，使第二次与第一次进给的径向尺寸不一致，引起工件全长上出现与支承宽度一致的周期性直径变化。在车削中轻度出现竹节形时，可调整上侧支承块的压紧力，也可调节中滑板手柄，改变背吃刀量或减小车床床鞍和中滑板间的间隙 ② 跟刀架外侧支承块调整过紧，易在工件中段出现周期几天直径变化。应调整支承块，使支承块与工件保持良好接触

（续表）

工作缺陷	产生原因及消除方法
多边形	① 跟刀架支承块与工件表面接触不良，留有间隙，使工件中心偏离旋转中心。应合理选用跟刀架结构，正确修磨支承块弧面，使其与工件表面良好接触 ② 因装夹、发热等各种因素造成的工件偏摆，导致背吃刀量变化。可使用托架，并改善托架与工件的接触状态
锥度	① 尾座顶尖与主轴中心线对床身导轨不平行 ② 刀具磨损。可采用零度后角，磨出刀尖圆弧半径
表面粗糙度值过大	① 车削的振动 ② 跟刀架支承块材料选择不当，与工件接触和摩擦不良 ③ 刀具几何参数选择不当。可磨出刀尖圆弧半径，当工件长度与直径比较大时可采用宽刃低速光车

2. 外圆表面的磨削加工

1）外圆表面的磨削加工类型　磨削是轴类零件外圆表面精加工的主要方法，既能加工未淬硬的黑色金属，又能对淬硬的零件进行加工。磨削加工是一种获得高精度、小粗糙度的最有效、最通用、最经济的加工工艺方法。外圆磨削分为粗磨、精磨、超精密磨削和镜面磨削。其能达到的精度等级和表面粗糙度分别为：

（1）粗磨　经粗磨后工件可达到 IT8～IT9 级精度，表面粗糙度 Ra 值为 1.0～1.2 μm。

（2）精磨　加工后工件可达 IT6～IT8 级精度，表面粗糙度 Ra 值为 0.63～1.25 μm。

（3）超精密磨削　加工后工件可达 IT5～IT6 级精度，表面粗糙度 Ra 值为 0.16～0.63 μm。

（4）镜面磨削　经加工后工件加工精度仍为 IT5～IT6 级，但表面粗糙度 Ra 值为 0.01 μm。

2）外圆表面磨削的常用方法

根据磨削时定位方式的不同，外圆磨削可分为中心磨削和无心磨削两种类型。轴类零件的外圆表面一般在外圆磨床上磨削加工，有时连同台阶端面和外圆一起加工。无台阶、无键槽工件的外圆则可在无心磨床上进行磨削加工。

（1）中心磨削　在外圆磨床上进行回转类零件外圆表面磨削的方式称为中心磨削。中心磨削一般由中心孔定位，在外圆磨床或万能外圆磨床上加工。磨削后工件尺寸精度可达 IT6～IT8，表面粗糙度 Ra0.8～0.1 μm。按进给方式不同分为纵向进给磨削法和横向进给磨削法。

① 纵向进给磨削法（纵向磨法）。如图 2-4 所示，砂轮高速旋转，工件装在前后顶尖

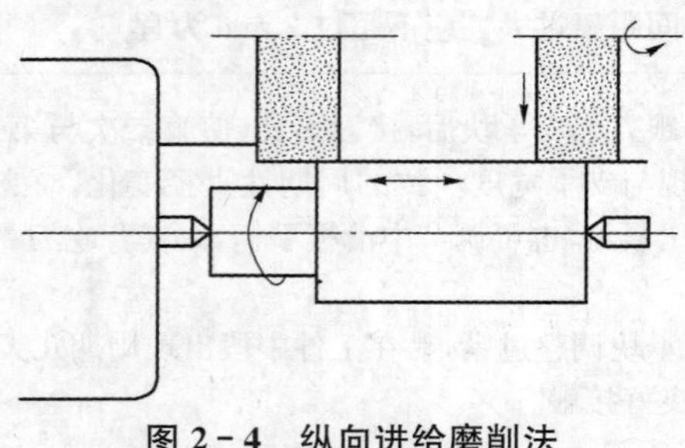

图 2-4　纵向进给磨削法

上，工件旋转并和工作台一起纵向往复运动，每一个纵向行程终了时，砂轮作一次横向进给，直到全部磨完为止。

② 横向进给磨削法(切入磨法)。如图 2-5 所示，切入磨削因无纵向进给运动，要求砂轮宽度必须大于工件磨削部位的宽度，当工件旋转时，砂轮以慢速作连续的横向进给运动。其生产率高，适用于大批量生产，也能进行成形磨削。但横向磨削力较大，磨削温度高，要求机床、工件有足够的刚度，故适合磨削短而粗，刚性好的工件；加工精度低于纵向磨法。

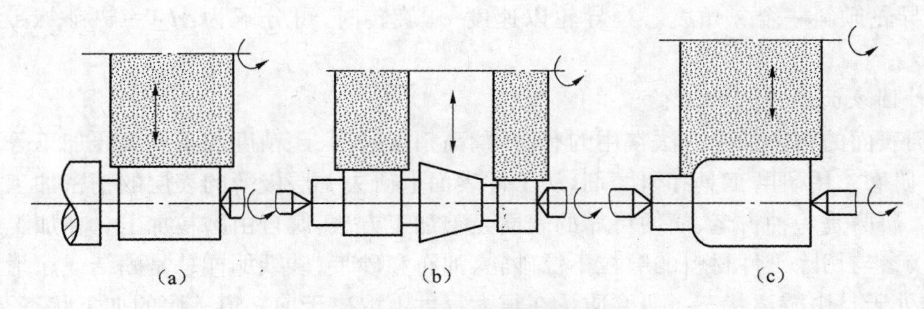

图 2-5　横向进给磨削法

(2) 无心磨削　无心磨削是一种工件不定中心的磨削方法，它是一种高生产率的精加工方法，在磨削过程中以被磨削的外圆本身作为定位基准。目前无心磨削的方式主要有：贯穿法和切入法。如图 2-6 所示为外圆贯穿磨法的原理。工件处于砂轮和导轮之间，下面用支承板支承。砂轮轴线水平放置，导轮轴线倾斜一个不大的 λ 角。这样导轮的圆周速度 $v_{导}$ 可以分解为带动工件旋转的 $v_{工}$ 和使工件轴向进给的分量 $v_{纵}$。

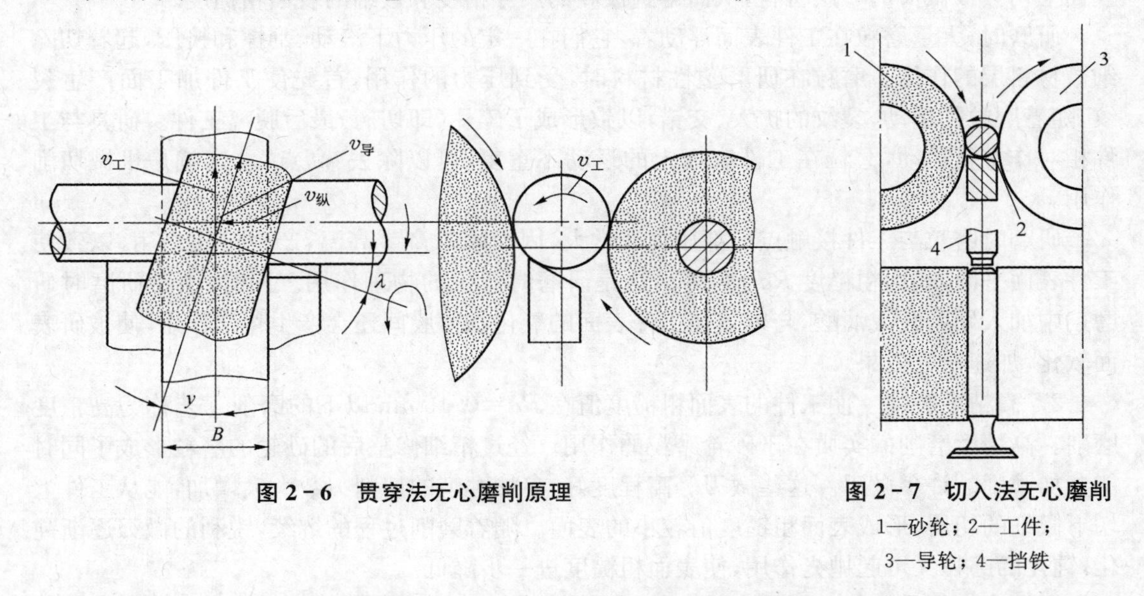

图 2-6　贯穿法无心磨削原理

图 2-7　切入法无心磨削

1—砂轮；2—工件；
3—导轮；4—挡铁

如图 2-7 所示为切入磨削法的原理，导轮 3 带动工件 2 旋转并压向砂轮 1，加工时导轮及支承板一起向砂轮作横向进给。磨削结束后，导轮后退，取下工件。导轮的轴线与砂轮的轴线平行或相交成很小的角度(0.5°～1°)，此角度大小能使工件与挡铁 4(限制工件轴向位置)很好地贴住即可。

无心磨削时，必须满足下列条件：

① 由于导轮倾斜了一个 λ 角度，为了保证切削平稳，导轮与工件必须保持线接触，为此导轮表面应修整成双曲线回转体形状。

② 导轮材料的摩擦因数应大于砂轮材料的摩擦因数；砂轮与导轮同向旋转，且砂轮的速度应大于导轮的速度；支承板的倾斜方向应有助于工件紧贴在导轮上。

③ 为了保证工件的圆度要求，工件中心应高出砂轮和导轮中心连线。高出数值 H 与工件直径有关。当工件直径 $d_{工}=8\sim30$ mm 时，$H\approx d_{工}/3$；$d_{工}=30\sim70$ mm 时，$H\approx d_{工}/4$。

④ 导轮倾斜一个 λ 角度。当导轮以速度 $v_{导}$ 旋转时，可分解为：$d_{工}=v_{导}\times\cos\lambda$；$d_{纵}=v_{导}\times\sin\lambda$。

3. 外圆表面的精密加工

外圆表面的精密加工方法常用的有研磨、高精度磨削、超精度加工和滚压加工等。

1）研磨　用研磨工具和研磨剂，从工件表面上研去一层极薄的表层的精密加工方法称为研磨。研磨是一种古老、简便可靠的表面光整加工方法，属自由磨粒加工。在加工过程中那些直接参与切除工件材料的磨粒不像砂轮、油石和砂带、砂纸那样总是固结或涂附在磨具上，而是处于自由游离状态。研磨质量在很大程度上取决于前一道工序的加工状态，经研磨的表面，尺寸和几何形状精度可达 1～3 μm，表面粗糙度 Ra 值为 0.16～0.01 μm。若研具精度足够高，其尺寸和几何形状精度可达 0.3～0.1 μm，表面粗糙度 Ra 值可小于 0.04～0.01 μm。

研磨是通过研具在一定的压力下与加工面作复杂的相对运动而完成的。研具和工件之间的磨粒与研磨剂在相对运动中，分别起机械切削作用和物理、化学作用，使磨粒能从工件表面上切去极微薄的一层材料，从而得到极高的尺寸精度和极细的表面粗糙度。

研磨时，大量磨粒在工件表面浮动着，它们在一定的压力下滚动、刮擦和挤压，起着切除细微材料层的作用。磨粒在研磨塑性材料时，受到压力的作用，首先使工件加工面产生裂纹，随着磨粒的运动，裂纹的扩大、交错，以致形成了碎片（即切屑）最后脱离工件。研具与工件相对作重复运动，磨粒在工件表面上的运动不重复，可以除去“高点”。这就是机械切削作用。

研磨时磨粒与工件接触点局部压力非常大，因而瞬时产生高温，产生挤压作用，以致使工件表面平滑，表面粗糙度 Ra 值下降，这是研磨时产生的物理作用。同时，由于研磨时研磨剂中加入硬脂酸或油酸，与覆盖在工件表面的氧化物薄膜间还会产生化学作用，使被研表面软化，加速研磨效果。

2）高精度磨削　使工件的表面粗糙度值在 $Ra=0.16$ μm 以下的磨削工艺称为高精度磨削。高精度磨削的实质在于砂轮磨粒的作用。经过精细修整后的砂轮的磨粒形成了同时能参加磨削的许多微刃。这些微刃等高程度好，参加磨削的切削刃数大大增加，能从工件上切下微细的切屑，形成表面粗糙度值较小的表面。随着磨削过程的继续，锐利的微刃逐渐钝化，钝化的磨粒又可起抛光作用，使表面粗糙度进一步降低。

高精度磨削是近年发展起来的一种新的精密加工工艺，具有生产率高、应用范围广、能修整前道工序残留的几何形状误差并得到很高的尺寸精度和小表面粗糙度值等优点。高精度磨削按加工工艺可分为精密磨削（$Ra=0.16\sim0.06$ μm）、超精密磨削（$Ra=0.04\sim0.02$ μm）和镜面磨削（$Ra<0.01$ μm）三种类型。

3）超精加工　超精加工是用细粒度的油石对工件施加很小的压力，油石作往复振动和慢速沿工件轴向运动，以实现微量磨削的一种光整加工方法。

如图 2-8a 所示为其加工原理图。加工中有三种运动：工件低速回转运动 1；磨头轴向进给运动 2；磨头高速往复振动 3。如果暂不考虑磨头轴向进给运动，磨粒在工件表面上走过的轨迹是正弦曲线，如图 2-8b 所示。超精加工的切削过程与磨削、研磨不同，只能切去工件表面的凸峰，当工件表面磨平后，切削作用能自动停止。超精加工大致有四个阶段：

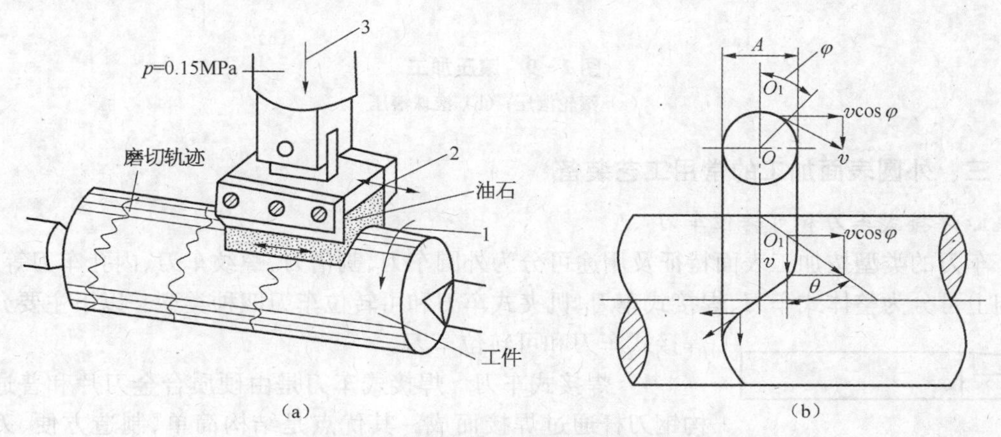

图 2-8　超精加工的运动及加工轨迹

(a) 超精加工的运动；(b) 超精加工的轨迹

1—工件低速回转运动；2—磨头轴向进给运动；3—磨头高速往复振动

(1) 强烈切削阶段　开始时，由于工件表面粗糙，少数凸峰与油石接触，单位面积压力很大，破坏了油膜，故切削作用强烈。

(2) 正常切削阶段　当少数凸峰磨平后，接触面积增加，单位面积压力降低，致使切削作用减弱，进入正常切削阶段。

(3) 微弱切削阶段　随着接触面积进一步增大，单位面积压力更小，切削作用微弱，且细小的切屑形成氧化物而嵌入油石的空隙中，因而油石产生光滑表面，具有摩擦抛光作用。

(4) 自动停止切削阶段　工件磨平，单位面积上的压力很小，工件与油石之间形成液体摩擦油膜，不再接触，切削作用停止。

经超精加工后的工件表面粗糙度值 Ra=0.08～0.01 μm。然而由于加工余量较小（小于 0.01 mm），因而只能去除工件表面的凸峰，对加工精度的提高不显著。

4）滚压加工　滚压是冷压加工方法之一，属无屑加工。滚压加工是用滚压工具对金属材质的工件施加压力，使其产生塑性变形，从而降低工件表面粗糙度，强化表面性能的加工方法。

如图 2-9 所示为外圆表面滚压加工的示意图。外圆表面的滚压加工一般可用各种相应的滚压工具，例如滚压轮（图 2-9a）、滚珠（图 2-9b）等在普通卧式车床上对加工表面在常温下进行强行滚压，使工件金属表面层产生塑性变形，修正工件表面的微观几何形状，减小加工表面粗糙度值，提高工件的耐磨性、耐蚀性和疲劳强度。例如，经滚压后的外圆表面粗糙度 Ra 值可达 0.4～0.25 μm，硬化层深度 0.2～0.05 μm，硬度提高5%～20%。

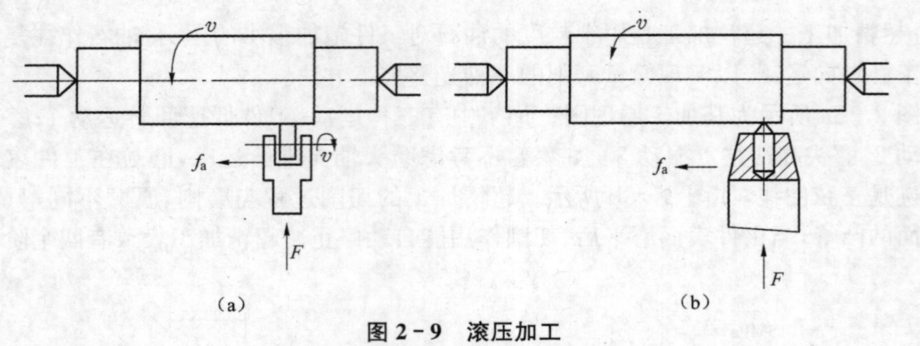

图 2-9 滚压加工

(a) 滚轮滚压；(b) 滚珠滚压

三、外圆表面加工的常用工艺装备

1. *焊接式车刀和可转位车刀*

车刀的类型按加工表面特征及用途可分为外圆车刀、割槽刀、螺纹车刀、内孔车刀等；从结构上可分为整体式车刀、焊接式车刀、机夹式车刀和可转位车刀四种类型。以下主要介绍焊接式车刀和可转位车刀。

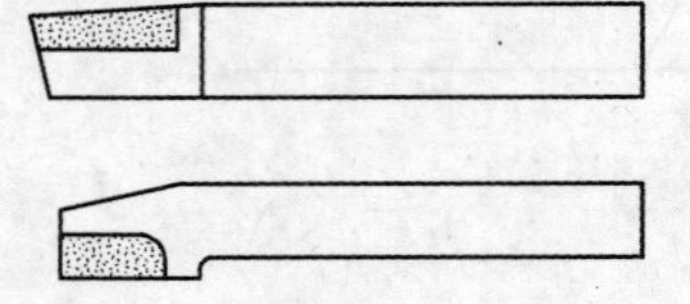

图 2-10 焊接式车刀

1）焊接式车刀 焊接式车刀是由硬质合金刀片和普通结构钢刀杆通过焊接而成。其优点是结构简单、制造方便、刀具刚性好、使用灵活，故应用较为广泛。如图 2-10 所示为焊接式车刀。

焊接式车刀的硬质合金刀片的形状和尺寸有统一的标准规定，设计和使用时，应根据其不同用途，选用合适的硬质合金刀片牌号和刀片形状。表 2-2 为

表 2-2 硬质合金焊接式车刀刀片示例

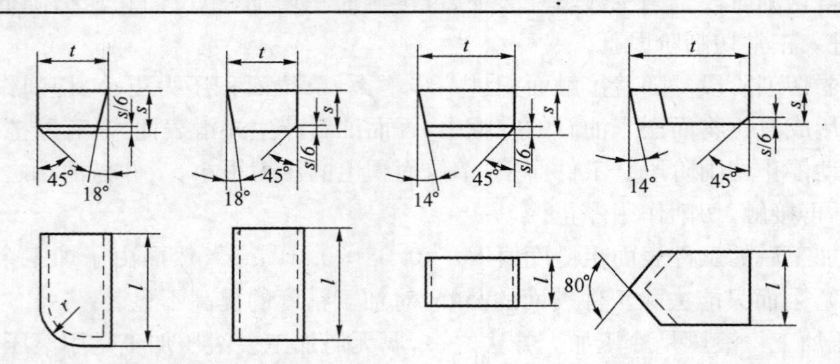

型号	基本尺寸(mm)				主 要 用 途
	l	*t*	*s*	*r*	
A20	20	12	7	7	直头外圆车刀、端面车刀、车孔刀左切
B20	20	12	7	7	
C20	20	12	7		K_r<90°外圆车刀、镗孔刀、宽刃光刀、切断刀、车槽刀
D8	8.5	16	8		
E12	12	20	6		精车刀、螺纹车刀

硬质合金焊接式刀片示例。焊接式车刀刀片分为A、B、C、D、E五类。刀片型号由一个字母和一个或两个数字组成。字母表示刀片形状，数字代表刀片主要尺寸。

2）可转位车刀　可转位车刀是用机械夹固的方式将可转位刀片固定在刀槽中而组成的车刀，当刀片上一条切削刃磨钝后，松开夹紧机构，将刀片转过一个角度，调换一个新的刀刃，夹紧后即可继续进行切削。

(1) 可转位车刀刀片　用10个代号表示，任何一个型号必须用前七位代号。不管是否有第8或第9位代号，第10位代号必须用短划线"—"与前面代号隔开，如

$$\underline{T}\ \underline{N}\ \underline{U}\ \underline{M}\ \underline{16}\ \underline{04}\ \underline{08}\ \underline{-A_2}$$

刀片代号含义：

号位1表示刀片形状。其中正三角形刀片(T)和正方形刀片(S)为最常用，而菱形刀片(V、D)适用于仿形和数控加工。

号位2表示刀片后角。后角0°(N)使用最广。

号位3表示刀片精度。刀片精度共分11级，其中U为普通级，M为中等级，使用较多。

号位4表示刀片结构。常见的有带孔和不带孔的，主要与采用的夹紧机构有关。

号位5、6、7表示切削刃长度、刀片厚度、刀尖圆弧半径。

号位8表示刃口形式。如F表示锐刃等，无特殊要求可省略。

号位9表示切削方向。R表示右切刀片，L表示左切刀片，N表示左右均可。

号位10表示断屑槽宽。表2-3为常用可转位车刀刀片断屑槽槽型特点及适用场合。

表2-3　常用可转位车刀刀片断屑槽槽型特点及适用场合

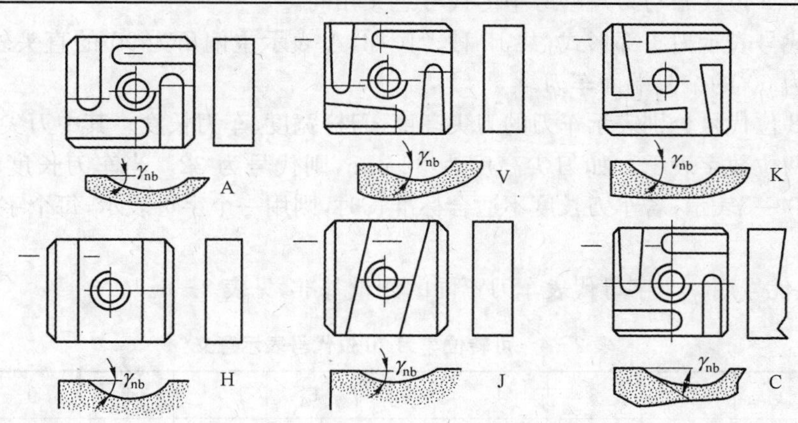

名　称	槽型代号	刀片角度			特点及适用场合
		γ_{nb}	α_{nb}	λ_{sb}	
直　槽	A	20°	0°	0°	槽宽前后相等。用于切削量变化不大的圆车削和镗孔
外斜槽	Y				槽宽前后窄；切削易折断。宜用于中等背吃刀量
内斜槽	K				槽前窄后宽；断削范围宽。用于半精和粗加工
直通槽	H				适用范围广。用于45°弯头车刀，进行大量切削量的切削
外斜通槽	J				具有Y、H型特点。断屑效果好
正刃倾角型	C				加大刃倾角，背向力小。用于系统刚性差的情况

(2) 可转位车刀定位夹紧机构　可转位车刀的定位夹紧机构的结构种类很多。如图2-11a所示的杠杆式夹紧机构，定位面为底面及两侧面，夹紧元件为杠杆和螺杆，主要特点是定位精确，夹紧行程大，夹紧可靠，拆卸方便等，适用于有中孔的刀片。又如图2-11b所示上压式夹紧机构，定位面为底面及侧面，夹紧元件为压板和螺钉，主要特点是结构简单、可靠，卸装容易，元件外露，排屑受阻，适用于无中孔的刀片。

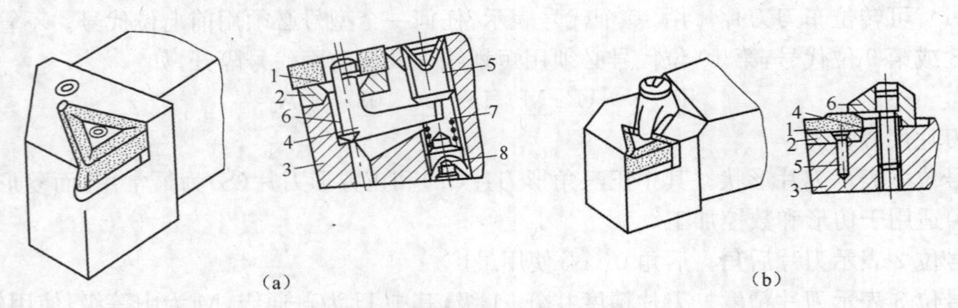

图2-11　可转位车刀定位夹紧机构

(a) 杠杆式；(b) 上压式

1—刀片；2—刀垫；3—刀杆；4—杠杆；5—压紧螺钉；6—压板；7—弹簧；8—调节螺钉

(3) 可转位车刀型号表示规则　可转位车刀型号共有10个代号，分别表示车刀的各项特性，如表2-4所示。

第1位代号表示刀片夹紧方式，如表2-5所示。

第2、4、5、9位代号与刀片型号中的代号意义相同。

第3位代号表示刀头部形式，共19种。例如，A表示主偏角为90°的直头外圆车刀；*W*表示主偏角为60°的偏头端面车刀。

第6、7、8位代号分别表示车刀的刀尖高度、刀杆宽度、车刀长度。其中刀尖高度和刀杆宽度分别用两位数字表示。如刀尖高度为32 mm，则代号为32。当车刀长度为标准长度时，第8位用"一"表示；若车刀长度不适合标准长时，则用一个字母表示，每个字母代表不同长度。

第10位代号用一个字母代表车刀不同的测量基准，见表2-6。

表2-4　可转位车刀10位代号表示意义

代号位数	1	2	3	4	5	6	7	8	9	10
特性	夹紧方式	刀片形状	刀头形式	刀片后角	切削方向	车刀刀尖高度	刀杆宽度	车刀长度	刀片边长	精密刀杆测量基准

表2-5　刀片夹紧方式代号

代号	刀片夹紧方式
C	装无孔刀片，利用压板从刀片上方将刀片夹紧。如上压式
M	装圆孔刀片，从刀片上方并利用刀片孔将刀片夹紧。如楔块式
P	装圆孔刀片，利用刀片孔将刀片夹紧。如杠杆式、偏心式
S	装沉孔刀片，用螺钉直接穿过刀片孔将刀片夹紧。如压孔式

表 2-6　精密级车刀的测量基准

代号	Q	F	B
测量基准	外侧面和后端面	内侧面和后端面	内、外侧面和后端面
图示	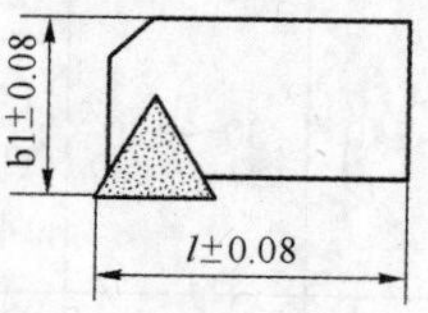 b1±0.08 l±0.08	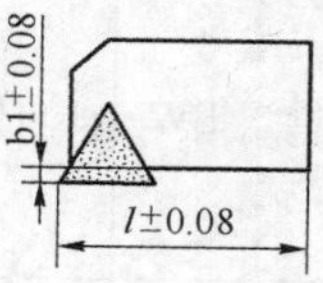 b1±0.08 l±0.08	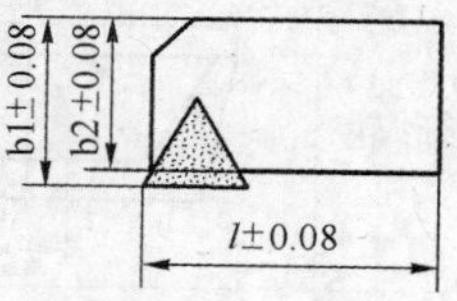 b1±0.08 b2±0.08 l±0.08

例如车刀代号 C T C N R 32 25 M 16 Q，其含义为：夹紧方式为上压式、刀片形状为三角形、主偏角为 90°的偏头外圆车刀、刀片法向后角为 0°、右切车刀、刀尖高度 32 mm、刀杆宽度 25 mm、车刀长度 150 mm、刀片边长 16 mm、以刀杆外侧面和后端面为测量基准。

2. *砂轮*

(1) 砂轮的形状、尺寸及代号　为了适应在不同类型的磨床上各种形状和尺寸工件的需要，砂轮有许多形状和尺寸。常用砂轮的形状、尺寸及基本用途如表 2-7 所示。

砂轮基本特性参数一般印在砂轮的端面上，举例如下：

PSA	400	X 100	X127	A	60	L	5	B	25
形状	外径	厚度	孔径	磨料	粒度	硬度	组织	结合剂	最高工作线速度(m/s)

表 2-7　常用砂轮的形状、代号、尺寸及主要用途

砂轮种类	断面形状	形状代号	主要尺寸			主要用途
			D	d	H	
平行砂轮	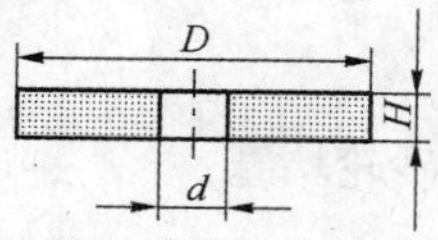 D, H, d	P	3～90 100～1 100	1～20 20～350	2～63 6～500	磨外圆、内孔、无心磨，周磨平面及刃磨刀口
薄片砂轮	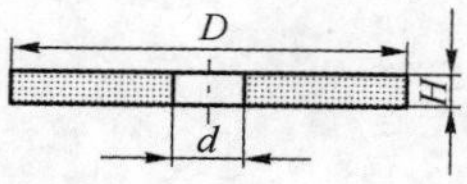 D, H, d	PB	50～400	6～127	0.2～5	切断、磨槽
双面凹砂轮	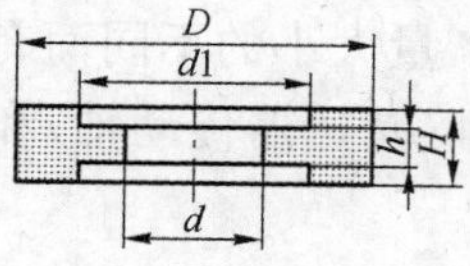 D, $d1$, h, H, d	PSA	200～900	75～305	50～400	磨外圆、无心磨的砂轮和导轮，刃磨车刀后面
双斜边一号砂轮	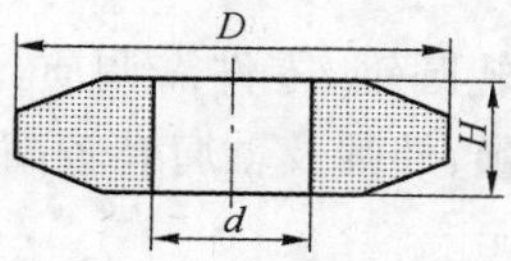 D, H, d	PSX_1	125～500	20～305	3～23	磨齿轮与螺纹
筒形砂轮	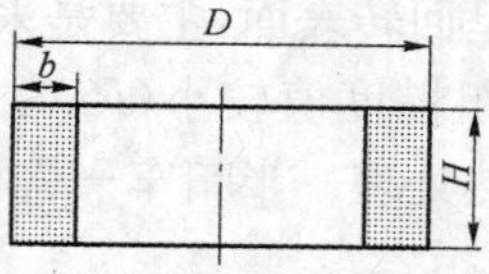 D, b, H	N	250～600	b= 25～100	75～150	端磨平面

（续表）

砂轮种类	断面形状	形状代号	主要尺寸			主要用途
			D	d	H	
碗形砂轮		BW	100～300	20～140	30～150	端磨平面刃磨刀具后面
碟形一号砂轮		D_1	75 100～300	13 20～400	8 10～35	刃磨刀具前面

（2）砂轮的选择　选择砂轮应符合工作条件、工件材料，加工要求等各种因素，以保证磨削质量。

① 磨削钢等韧性材料选择刚玉类磨料；磨削铸铁、硬质合金等脆性材料选择碳化硅类磨料。

② 粗磨时选择粗粒度，精磨时选择细粒度。

③ 薄片砂轮应选择橡胶或树脂结合剂。

④ 工件材料硬度高，应选择软砂轮，工件材料硬度低应选择硬砂轮。

⑤ 磨削接触面积大应选择软砂轮。因此内圆磨削和端面磨削的砂轮硬度比外圆磨削的砂轮硬度要低。

⑥ 精磨和成形磨时砂轮硬度应高一些。

⑦ 砂轮粒度细时，砂轮硬度应低一些。

⑧ 磨有色金属等软材料，应选软的且疏松的砂轮，以免砂轮堵塞。

⑨ 成形磨削、精密磨削时应取组织较紧密的砂轮。

⑩ 工件磨削面积较大时，应选组织疏松的砂轮。

四、典型轴类零件加工的工艺分析

轴类零件的加工工艺因其用途、结构形状、技术要求、产量大小的不同而有差异。而轴的加工工艺分析，是生产中最常遇到的问题。下面以阶梯轴（减速器传动轴）和带轮轴为例进行加工工艺分析。

1. 阶梯轴加工工艺分析

加工减速箱传动轴，要求为小批量生产，材料为 45 热轧圆钢，零件需调质，且该轴为没有中心通孔的多阶梯轴。根据该零件加工设计要求，其轴颈、外圆及轴肩有较高的尺寸精度和形状位置精度，并有较小的表面粗糙度值。

1）确定主要表面加工方法和加工方案　传动轴大多是回转表面，主要是采用车削和外圆磨削。由于该轴主要表面的公差等级较高（1T6），表面粗糙度值较小（$Ra0.8\ \mu m$），最终加工应采用磨削。所以此阶梯轴加工路线设定为“粗车—热处理—半精车—铣槽—精磨”的加工方案。表 2 - 8 为该轴加工工艺过程。

表 2-8　传动轴加工工艺过程

工序号	工种	工序内容	加工简图	设备
1	下料	ϕ60×265		
2	车	三爪卡盘夹持工件，车端面见平，钻中心孔，用尾架顶尖顶住，粗车三个台阶，直径、长度均留余量2 mm	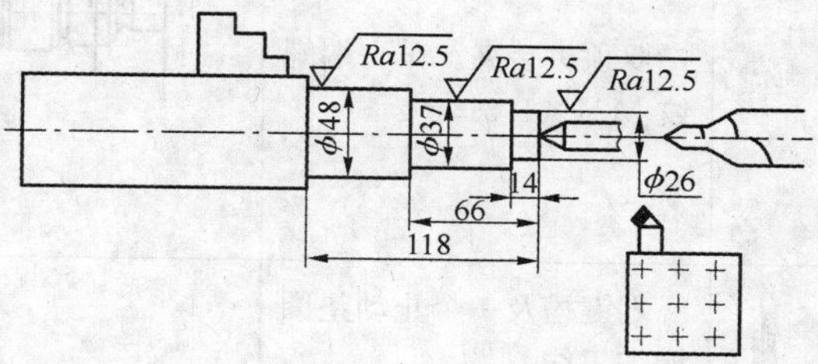 Ra12.5; Ra12.5; Ra12.5; ϕ48; ϕ37; ϕ26; 14; 66; 118	车床
		调头，三爪卡盘夹持工件另一端，车端面总长保持 259 mm，钻中心孔，用尾架顶尖顶住，粗车另外四个台阶，直径、长度均留余量 2 mm	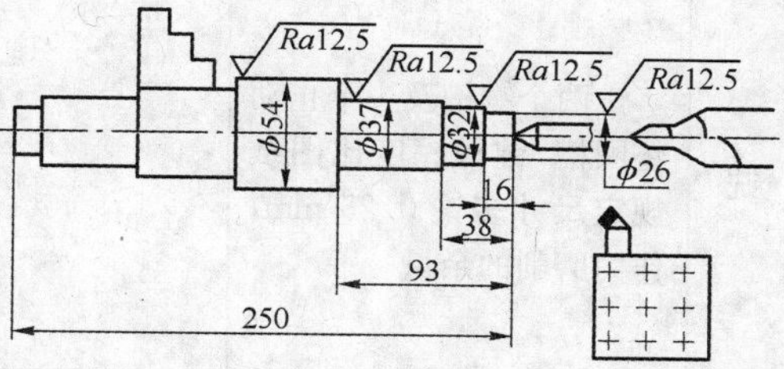 Ra12.5; Ra12.5; Ra12.5; Ra12.5; ϕ54; ϕ37; ϕ32; ϕ26; 16; 38; 93; 250	
3	热	调质处理 24～38HRC		
4	钳	修研两端中心孔	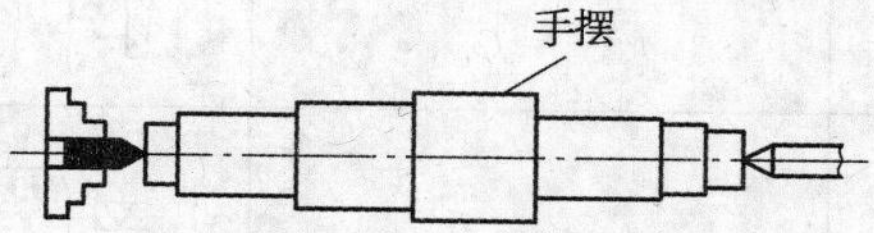 手摆	车床
5	车	双顶尖装夹。半精车三个台阶，螺纹大径车到 ϕ24，其余两个台阶直径上留余量 0.5 mm，车槽三个，倒角三个	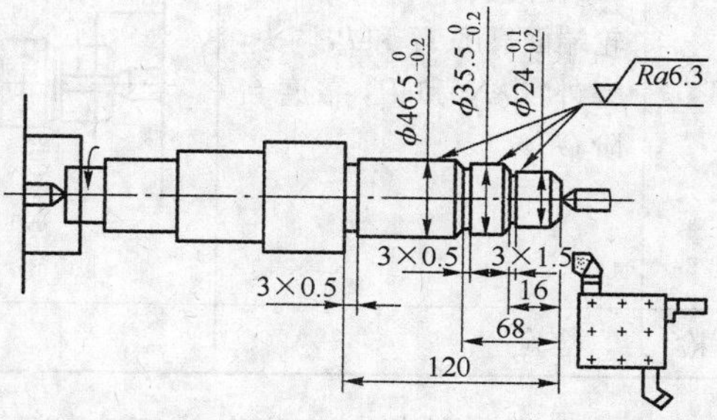 $\phi 46.5_{-0.2}^{0}$; $\phi 35.5_{-0.2}^{0}$; $\phi 24_{-0.2}^{-0.1}$; Ra6.3; 3×0.5; 3×1.5; 3×0.5; 16; 68; 120	车床
		调头，双顶尖装夹。半精车余下的五个台阶，ϕ44 及 ϕ52 台阶车到图纸规定的尺寸，螺纹大径车到 ϕ24，其余两个台阶上留余量 0.5 mm，车槽三个，倒角四个	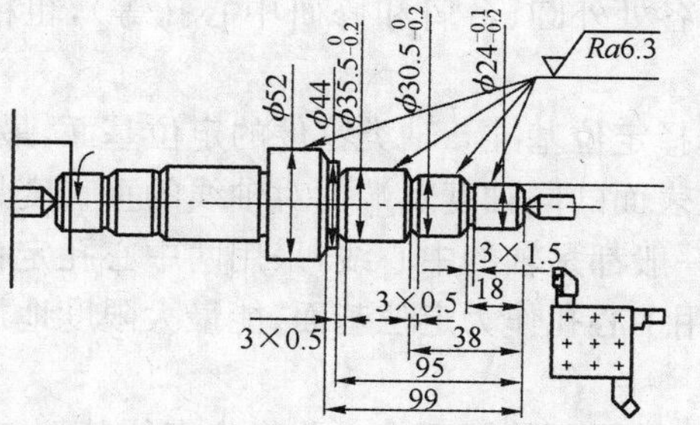 ϕ52; ϕ44; $\phi 35.5_{-0.2}^{0}$; $\phi 30.5_{-0.2}^{0}$; $\phi 24_{-0.2}^{-0.1}$; Ra6.3; 3×1.5; 18; 3×0.5; 3×0.5; 38; 95; 99	

（续表）

工序号	工种	工序内容	加 工 简 图	设备
6	车	双顶尖装夹。车一端螺纹 M24×1.5—6 g	M24×1.5—6g; Ra3.2	车床
7	钳	划键槽及一个止动垫圈槽加工线		
8	铣	铣两个键槽及一个止动垫圈槽，键槽深度比图纸规定尺寸多铣 0.25 mm，作为磨削的余量		铣床
9	钳	修研两端中心孔	手摆	车床
10	磨	磨外圆 Q 和 M，并用砂轮端面靠磨 H 和 I，调头，磨外圆 N 和 P，靠磨台阶 G	Ra0.8; N; P; G; I; H; M; Q; ϕ35±0.008; ϕ46±0.008; ϕ35±0.008; ϕ30±0.065	外圆磨床
11	检	检验		

2）划分加工阶段　该轴加工划分为三个加工阶段，即粗车（粗车外圆、钻中心孔），半精车（半精车各处外圆、台肩和修研中心孔等），粗精磨各处外圆。各加工阶段大致以热处理为界。

3）选择定位基准　轴类零件的定位基面，最常用的是两中心孔。因为轴类零件各外圆表面、螺纹表面的同轴度及端面对轴线的垂直度是相互位置精度的主要项目，而这些表面的设计基准一般都是轴的中心线，采用两中心孔定位就能符合基准重合原则。而且由于多数工序都采用中心孔作为定位基面，能最大限度地加工出多个外圆和端面，这也符合基准统一原则。

但下列情况不能用两中心孔作为定位基面：

(1) 粗加工外圆时 为提高工件刚度，则采用轴外圆表面为定位基面，或以外圆和中心孔同作定位基面，即一夹一顶。

(2) 当轴为通孔零件时 在加工过程中，作为定位基面的中心孔因钻出通孔而消失。为了在通孔加工后还能用中心孔作为定位基面，工艺上常采用三种方法。

① 当中心通孔直径较小时，可直接在孔口倒出宽度不大于 2 mm 的 60°内锥面来代替中心孔。

② 当轴有圆柱孔时，可采用图 2-12a 所示的锥堵，取 1∶500 锥度；当轴孔锥度较小时，取锥堵锥度与工件两端定位孔锥度相同。

③ 当轴通孔的锥度较大时，可采用带锥堵的心轴，简称锥堵心轴，如图 2-12b 所示。使用锥堵或锥堵心轴时应注意，一般中途不得更换或拆卸，直到精加工完各处加工面，不再使用中心孔时方能拆卸。

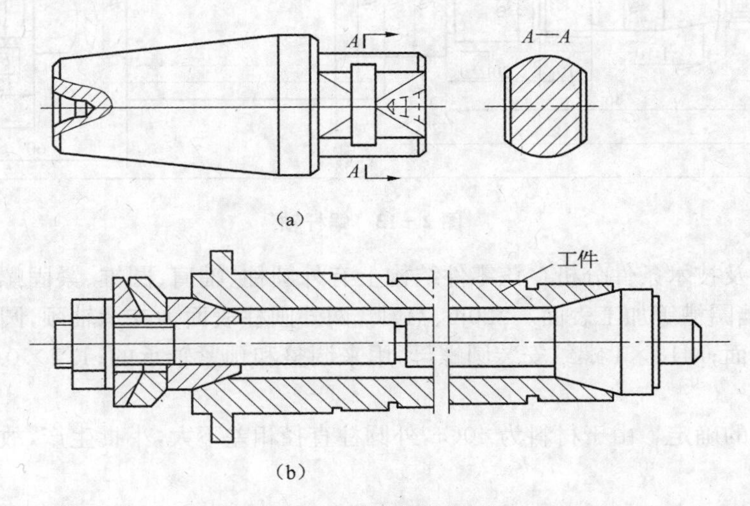

图 2-12 锥堵与锥堵心轴

(a) 锥堵；(b) 锥堵心轴

4) 热处理工序的安排 该轴需进行调质处理。它应放在粗加工后，半精加工前进行。如采用锻件毛坯，必须首先安排退火或正火处理。该轴毛坯为热轧钢，可不必进行正火处理。

5) 加工顺序安排 除了应遵循加工顺序安排的一般原则，如先粗后精、先主后次等，还应注意：

① 外圆表面加工顺序应为，先加工大直径外圆，然后再加工小直径外圆，以免一开始就降低了工件的刚度。

② 轴上的花键、键槽等表面的加工应在外圆精车或粗磨之后，精磨外圆之前。轴上矩形花键的加工，通常采用铣削和磨削加工，产量大时常用花键滚刀在花键铣床上加工。以外径定心的花键轴，通常只磨削外径键侧，而内径铣出后不必进行磨削，但如经过淬火而使花键扭曲变形过大时，也要对侧面进行磨削加工。以内径定心的花键，其内径和键侧均需进行磨削加工。

③ 轴上的螺纹一般有较高的精度，如安排在局部淬火之前进行加工，则淬火后产生的

变形会影响螺纹的精度。因此螺纹加工宜安排在工件局部淬火之后进行。

2. 蜗杆轴加工工艺过程分析

如图 2-13 所示为一蜗杆轴零件简图。该轴材料为 40Cr，已经调质处理，蜗杆螺纹部分淬火，为小批量生产。

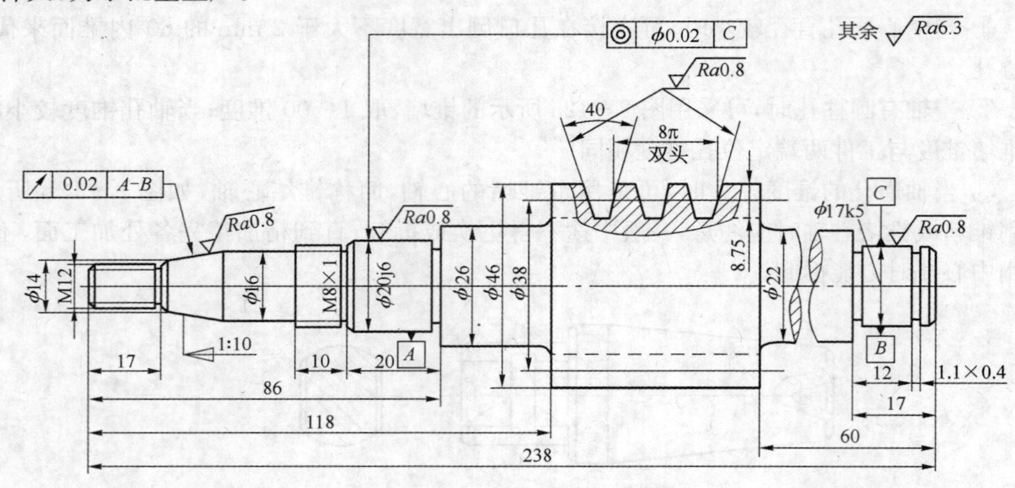

图 2-13 蜗杆轴

(1) 结构及技术条件分析　该零件结构上有外圆柱、轴肩、圆锥、紧固螺纹、梯形螺纹、退刀槽、弹性挡圈槽等加工表面。ϕ20j6、ϕ17k5 两外圆柱表面为支承轴颈，圆锥表面为与离合器配合的表面；M18×1 螺纹安装圆螺母，用来调整和预紧轴承的；1.1×0.4 为弹性挡圈安装槽。

(2) 毛坯的确定　由于材料为 40Cr，外圆柱直径相差不大，小批生产，故采用热轧圆钢料较为方便。

(3) 确定加工表面加工方案、拟定工艺路线　由于蜗杆轴为回转表面，故以车削加工为主。按照基本加工方案的选择原则，ϕ20j6 和 ϕ17k5 两轴承安装位置表面的加工方案应为：粗车—半精车—磨削；1∶10 锥面的加工方案应为：粗车—半精车—磨削；梯形螺纹表面加工方案为：粗车—半精车—磨削。由于上述几个主要表面的加工方案均为粗车—半精车—磨削，故以此为主，其他各次要表面的加工方案穿插在相应的加工阶段，合理地安排热处理，协调各表面的加工顺序，因此拟定出的工艺路线为：毛坯—基准加工—粗车各外圆—调质处理—修研基准—精车各外圆及螺纹—梯形螺纹淬火—修研基准—磨削各外圆及梯形螺纹—检验。

(4) 加工工艺过程的制定　表 2-9 所示为此蜗杆轴的加工工艺过程，在拟定工艺路线时，应注意以下几个问题：

① 调质处理安排在粗加工之后。

② 以主要表面的加工方案为主，对于次要加工表面，如精度要求不高的外圆表面、退刀槽、越程槽、倒角、紧固螺纹等的加工，一般应在半精加工阶段完成后。

③ 根据基准先行的原则，在各阶段加工外圆之前都要对基准面进行加工和修研。因此，在下料后应首先选择加工定位基面中心孔，为粗车外圆加工出基准。磨削外圆前再次修研中心孔，目的是使磨削加工有较高的定位精度，进而提高外圆的磨削精度。

④ 选择定位基准和确定装夹方式。该轴的工作螺纹及装配面对轴线 A—B 均有圆跳

动的要求，因此，应将蜗杆轴的轴线作为定位基准。根据该零件的结构特点及精度要求，选择用两顶尖装夹为宜。

表 2-9　蜗杆轴工艺过程

工序号	工种	工　序　内　容	设备
1	下料	ϕ52×245	
2	粗车	三爪自定心卡盘装夹工件，车端面，钻中心孔。用尾座顶尖顶住，粗车三个台阶，直径、长度均留余量 2 mm	车床
		调头，三爪自定心卡盘装夹工件加一端，车端面总长保证 238 mm，钻中心孔。用尾座顶尖顶住，粗车另外三个台阶，直径、长度均留余量 2 mm	
3	热处理	调质处理项式 220～249HBS	
4	钳	修研两端中心顶尖孔	车床
5	半精车	双顶尖装夹。半精车三个退刀槽，两个倒角，五个外圆柱面和一个锥面，两个螺纹大径分别为 $\phi 12^{-0.08}_{-0.05}$ mm，$\phi 18^{-0.10}_{-0.20}$ mm，ϕ26 mm、ϕ16 mm 到尺寸；支承轴颈及锥面处留 0.5 mm 加工余量	车床
		调头，双顶尖装夹。半精车两个圆柱台阶，车 ϕ22 mm 到图纸规定的尺寸，支承轴颈留 0.5 mm 加工余量，车两个退刀槽，一个倒角	
6	精车	双顶尖装夹。精车蜗杆螺纹留加工余量 0.1 mm，精车两段螺纹 M12—6 g 和 M18×1—6 g	车床
7	热处理	蜗杆螺纹表面淬火 45～55HRC	
8	钳	修研两端中心孔	车床
9	磨	双顶尖装夹，磨两轴颈及锥面	磨床
10	磨	双顶尖装夹，磨蜗杆螺纹	磨床
11	检	检验	

第二节　套类零件加工

一、概述

1. 套筒类零件的功用与结构特点

套筒类零件是机械中常见的一种零件，它的应用范围很广。如支承旋转轴的各种形式的滑动轴承、夹具上引导刀具的导向套、内燃机气缸套、液压系统中的液压缸、电液伺服阀上的套阀以及一般用途的套筒，如图 2-14 所示。由于其功用不同，套筒类零件的结构和尺寸有着很大的差别，但其结构上仍有共同点，即：零件的主要表面为同轴度要求较高的内外圆表面；零件壁的厚度较薄且易变形；零件长度一般大于直径等。

各类套筒虽然其结构和尺寸有很大的差异但还是有一定的共同特性，具体表现如下：

① 外圆直径一般小于其长度，通常长径比小于 5。

② 内孔与外圆直径相差较小，易变形。

③ 内外圆回转面之间的同轴度要求较高，公差值小。

④ 大多数套筒类零件结构相对比较简单。

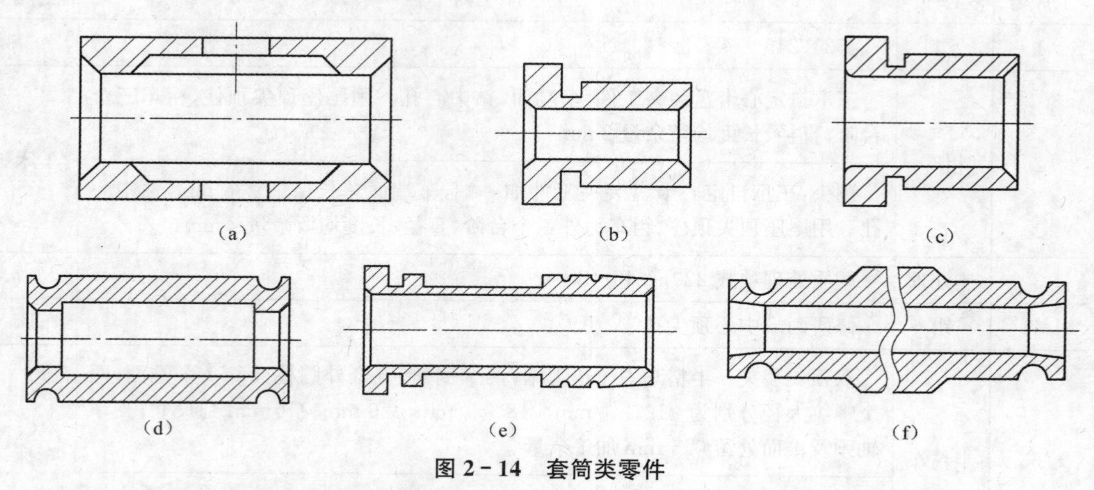

图 2-14　套筒类零件

(a) 滑动轴承；(b) 滑动轴承；(c) 钻套；(d) 轴承衬套；(e) 气缸套；(f) 液压缸

2. 套筒类零件的技术要求

套筒类零件的外圆表面多以过盈或过渡配合与机架或箱体孔配合起支承作用，内孔主要起导向作用或支承作用，常与传动轴、主轴、活塞、滑阀等相配合，有些套的端面或凸缘端面有定位或承受载荷的作用。套筒类零件的主要表面是孔和外圆，其主要技术要求综述如下：

(1) 孔的技术要求　孔是套筒类零件起支承或导向作用的最主要表面，通常与运动的轴、刀具或活塞相配合。孔的直径尺寸公差等级一般为 IT7～IT6，气缸和液压缸由于与其配合的活塞上有密封圈，要求较低，通常取 IT9。孔的形状精度，应控制在孔径公差以内，一些精密套筒控制在孔径公差的 1/2～1/3，甚至更严。对于长的套筒，除了圆度要求以外，还应注意孔的圆柱度。为了保证零件的功用和提高其耐磨性，孔的表面粗糙度值为 $Ra1.6$～$0.16\mu m$，要求高的精密套筒可达 $Ra0.04\ \mu m$。

(2) 外圆表面的技术要求　外圆是套筒类零件的支承面，常以过盈配合或过渡配合与箱体或机架上的孔相连接。外径尺寸公差等级通常取 IT6～IT7，其形状精度控制在外径公差以内，表面粗糙度值为 $Ra3.2$～$0.63\ \mu m$。

(3) 孔与外圆的同轴度要求　内、外圆表面之间的同轴度应根据加工与装配要求而定，当孔的最终加工是将套筒装入箱体或机架后进行时，套筒内外圆间的同轴度要求较低；若最终加工是在装配前完成的，则同轴度要求较高，一般为 $\phi0.01$～0.06 mm。

(4) 孔轴线与端面的垂直度要求　套筒的端面(包括凸缘端面)若在工作中承受载荷，或在装配和加工时作为定位基准，则端面与孔轴线垂直度要求较高，一般为 0.01～0.05 mm。

3. 套筒类零件的材料与毛坯

套筒类零件一般用钢、铸铁、青铜或黄铜制成。有些滑动轴承采用双金属结构，以离心铸造法在钢或铸铁内壁上浇注巴氏合金等轴承合金材料，既可节省贵重的有色金属，又能提高轴承的寿命。

套筒零件毛坯的选择与其材料、结构、尺寸及生产批量有关；孔径小的套筒，一般选择热轧或冷拉棒料，也可采用实心铸件；孔径较大的套筒，常选择无缝钢管或带孔的铸件、锻件；大量生产时，可采用冷挤压和粉末冶金等先进的毛坯制造工艺，既提高生产率，又节约材料。

二、内孔表面加工方法和方案

1. 内孔表面加工方法

内孔表面加工方法较多，常用的有钻孔、扩孔、铰孔、镗孔、车孔、磨孔、拉孔和孔的精密加工等方法。各种加工方法及精度如表 2-10 所示。其中钻孔、扩孔和镗孔作为孔的粗加工与半精加工（镗孔也可作精加工），而铰孔、磨孔、拉孔和孔的精密加工是孔的精加工方法。本节主要介绍常用孔的加工方法。

表 2-10　孔的加工方法和加工精度

加工方法	加工范围及应用	加工精度(IT)	表面粗糙度值 Ra(μm)
钻　孔	ϕ15 mm 以上 ϕ15 mm 以下	11～13 10～12	20～80 5～80
扩　孔	粗扩 一次扩孔（铸孔或冲孔） 精扩	12～13 11～13 9～11	5～20 10～40 1.25～10
铰　孔	半精铰 精铰 手铰	8～9 6～7 5	1.25～10 0.32～5 0.08～1.25
拉　孔	粗拉 一次拉孔（铸孔或冲孔） 精拉	9～10 10～11 7～9	0.25～10 0.32～5 0.08～1.25
推　孔	半精推 精推	6～8 6	0.32～1.25 0.08～0.32
镗　孔	粗镗 半精镗 精镗（浮动镗） 金刚镗	12～13 10～11 7～9 5～7	5～20 2.5～10 0.63～5 0.16～1.25
磨　孔	粗磨 半精磨 精磨 精密磨	9～11 9～10 7～8 6～7	1.25～10 0.32～1.25 0.08～0.63 0.04～0.32
珩　磨	粗珩 精珩	5～7 5	0.16～1.25 0.04～0.32
研　磨	粗研 精研 精密研	5～6 5 5	0.16～0.63 0.04～0.32 0.008～0.08
挤　压	滚珠、滚柱扩孔器、挤压头	6～8	0.01～1.25

2.孔加工方案的选择

以上介绍了孔的常用加工方法、原理以及可达到的精度和表面粗糙度。但要达到孔表面的设计要求,一般只用一种加工方法是达不到的,而是往往要由几种加工方法顺序组合,即选用合理的加工方案。套筒类零件的外圆表面加工方法根据精度要求可选择车削和磨削。内孔表面的加工则比较复杂,要考虑其结构特点、孔径大小、长径比大小、加工精度和表面粗糙度以及生产规模、材料的热处理要求和生产条件等因素。

例如"钻—扩—铰"和"钻—扩—拉"两种加工方案能达到的技术要求基本相同,但后一种的加工方案在大批量生产中采用较为合理。再如"粗镗(扩)—半精镗(精扩)—精镗(铰)"和"粗镗(扩)—半精镗—磨孔"两种加工方案达到的技术要求也基本相同,但如果内孔表面经淬火后只能用磨孔方案,而材料为有色金属时以采用精镗(铰)方案为宜,如未经淬硬的工件则两种方案均能采用,这时可根据生产现场设备等情况来决定加工方案。又如在大批量生产则可选择"钻—(扩)—拉—珩磨"的方案,如孔径较小则可选择"钻—(扩)—粗铰—精铰—珩磨"的方案,如孔径较大时则可选择"粗镗—半精镗—精镗—珩磨"的加工方案。

1) 孔加工方案确定的原则　为了保证孔的加工要求,在制定孔的加工方案时,应遵循以下基本原则:

① 孔径较小时(如 30～50 mm 以下),大多采用钻扩铰方案。批量大的生产,则可采用钻孔后拉孔的加工方案,其精度稳定,生产率高。

② 孔径较大时,大多采用钻孔后镗孔或直接镗孔的方案。缸筒类零件的孔在精镗后通常还要进行珩磨或滚压加工。

③ 淬硬套筒零件,多采用磨孔方案,可获得较高的精度和较细的表面粗糙度。对于精密套筒,相应增加孔的光整加工,如高精度磨削、珩磨、研磨、抛光等加工方法。

2) 常用孔表面的典型加工方案　根据孔加工方案的基本原则,可归纳出孔加工四条基本典型方案。

(1) 钻—粗拉—精拉　对于大批量生产中的中孔一般可选用这条加工路线。加工质量稳定,生产率高。特别是带有键槽的内孔,用拉削更为方便。若毛坯上的孔没有被铸出或锻出时,则要有钻孔工序,如果是中孔(ϕ30～ϕ50 mm),有时毛坯上铸出或锻出,这时则需要粗镗后再粗拉孔。对模锻的孔,因精度较好也可以直接粗拉。

(2) 钻—扩—铰—手铰　主要用于小孔和中孔。孔径超过 ϕ50 mm 时则用镗孔。手铰是用手工铰孔。加工时铰刀以被加工表面本身定位,主要提高孔的形状精度、尺寸精度和降低表面粗糙度值,是成批生产中加工精密孔的有效方法之一。

(3) 钻或粗镗—半精镗—精镗—金刚镗　对于毛坯未铸出或锻出孔时,先要钻孔。已有孔时,可直接粗镗孔。对于大孔,可采用浮动镗刀块镗削;有色金属的小孔则可以采用金刚镗(一般此路线常用于箱体的孔系加工)。

(4) 钻或粗镗—粗磨—半精磨—精磨—研磨、珩磨　这条路线主要用于淬硬零件或精度要求高、表面粗糙度值小的内孔表面加工。

三、典型套筒类零件加工的工艺分析

1.套筒类零件的结构特点及工艺分析

套筒类零件的加工工艺根据其功用、结构形状、材料和热处理以及尺寸大小的不同而异。就其结构形状来划分，大体可以分为短套筒和长套筒两大类。它们在加工中，其装夹方法和加工方法都有很大的差别，本节以长套筒零件中的液压缸为例，介绍加工工艺规程制定的特点。

液压缸的材料一般有铸铁和无缝钢管两种。如图 2－15 所示为用无缝钢管材料的液压缸。

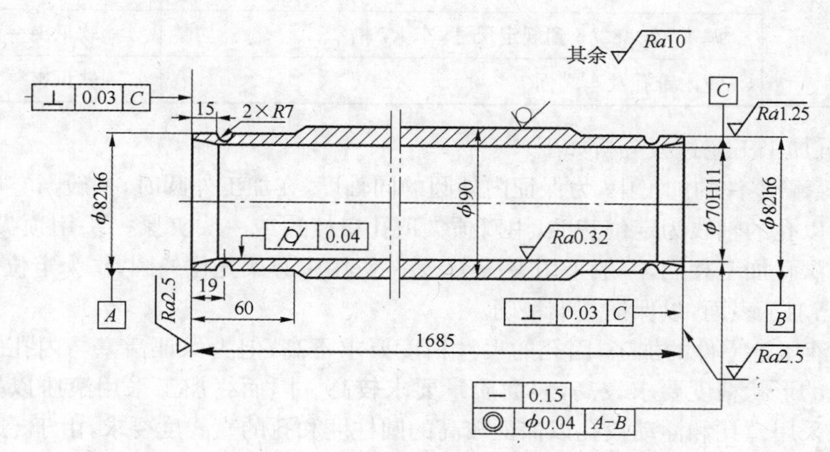

图 2－15　液压缸

为了保证活塞在液压缸内移动顺利，其技术要求包括对该液压缸内孔的圆柱度要求；对内孔轴线的直线度要求；内孔轴线与两端面间的垂直度要求；内孔轴线对两端支承外圆（ϕ82 h6）的轴线同轴度要求等。除此之外还特别要求：内孔必须光洁无纵向刻痕。若为铸铁材料时，则要求其组织紧密，不得有砂眼、针孔及疏松。必要时用泵检测。表 2－11 所示为液压缸的加工工艺过程。

表 2－11　液压缸加工工艺过程

序号	工艺名称	工序内容	定位及夹紧
1	配料	无缝钢管切断	
2	车	车 ϕ82 mm 部分外圆到 ϕ88 mm，并车 M88×1.5 mm 螺纹（工艺用）	一夹一大头顶
		车端面及倒角	一夹一托（ϕ88 mm 处）
		调头车 ϕ82 mm 部分外圆到 ϕ84 mm	一夹一大头顶
		车端面及倒角，预留 1 mm 加工余量，取总长 1 686 mm	一夹一托（ϕ88 mm 处）
3	深孔推镗	半精镗孔到 ϕ69 mm	一紧固一托（M88×1.5 mm 端用螺纹固定在夹具上，另一端用中心架）
		精推镗孔到 ϕ69.85 mm	
		精铰（浮动镗）孔到 $\phi70\pm0.02$ mm，表面粗糙度值 Ra2.5 μm	
4	滚压孔	用滚压头滚压孔到 $\phi70^{+0.20}_{0}$ mm，表面粗糙度值 Ra 0.32 μm	一紧固一托

（续表）

序号	工艺名称	工序内容	定位及夹紧
5	车	车除工艺螺纹，车 ϕ82h6 到尺寸，车 $R7$ 槽	一软爪夹一定位顶
		镗内锥孔及车端面	一软爪夹一托（百分表找正）
		调头，车 $\phi 82h6$ 到规定尺寸，车 $R7$ 槽	一软爪夹一定位顶
		镗内锥孔及车端面	一软爪夹一定位顶

液压缸加工工艺过程分析如下：

① 长套筒零件的加工中，为保证内外圆的同轴度，在加工外圆时，一般与空心主轴的安装相似，即以孔的轴线为定位基准，用双顶尖顶孔口棱边或一头夹紧一头用顶尖顶孔口；加工孔时，与深孔加工相同，一般采用夹一头，另一头用中心架托住外圆，作为定位基准的外圆表面应为已加工表面，以保证基准精确。

② 该液压缸零件的加工，因孔的尺寸精度要求不高，但为保证活塞与内孔的相对运动顺利，对孔的形状精度要求较高，表面质量要求较高。因而终加工采用滚压以提高表面质量，精加工采用镗孔和浮动铰孔以保证较高的圆柱度和孔的直线度要求，由于毛坯采用无缝钢管，毛坯精度高，加工余量小， 内孔加工时，可直接进行半精镗。

③ 该液压缸壁薄，采用径向夹紧易变形。但由于轴向长度大，加工时需要两端支承，因此经常要装夹外圆表面。为使外圆受力均匀，先在一端外圆表面上加工出工艺螺纹，使下面的工序都能有工艺螺纹夹紧外圆，当终加工完孔后，再车去工艺螺纹达到外圆要求的尺寸。

2. 套筒类零件加工中的主要工艺问题

一般套筒类零件在机械加工中的主要工艺问题是保证内外圆的相互位置精度（即保证内、外圆表面的同轴度以及轴线与端面的垂直度要求）和防止变形。

1）保证相互位置精度　要保证内外圆表面间的同轴度以及轴线与端面的垂直度要求，通常可采用下列工艺方案：

① 在一次安装中加工内外圆表面与端面。这种工艺方案由于消除了安装误差对加工精度的影响，因而能保证较高的相互位置精度。该工艺方案工序比较集中，一般用于零件结构允许在一次安装中，加工出全部有位置精度要求的表面场合。

② 先加工孔，然后以孔为定位基准加工外圆表面。当以孔为基准加工套筒的外圆时，常用刚度较好的小锥度心轴安装工件。小锥度心轴结构简单，易于制造，心轴用两顶尖安装，其安装误差很小。用这种方法常加工短套筒类零件，可保证较高的位置精度。如中、小型的套、带轮、齿轮等零件，一般均采用这种方法。

③ 先加工外圆，然后以外圆为基准加工内孔。采用这种方法时，工件装夹迅速可靠，但夹具相对复杂，如要获得较高的位置精度，必须采用定心精度高的夹具。如弹簧膜片卡盘、经过修磨的三爪自定主卡盘及软件包爪等夹具。较长的套筒一般多采用这种加工方案。

④ 孔精加工常采用拉孔、滚压孔等工艺方案，这样可以提高生产效率，同时可以解决镗孔和磨孔时因镗杆、砂轮杆刚性差而引起的加工误差。

2）防止变形的方法　薄壁套筒在加工过程中，往往由于夹紧力、切削力和切削热的影响而引起变形,致使加工精度降低。防止薄壁套筒的变形,可以采取以下措施。

(1) 减小夹紧力对变形的影响　在实际加工中,要减小夹紧力对变形的影响,工艺上常采用以下措施:

① 夹紧力不宜集中于工件的某一部分,应使其分布在较大的面积上,以使工件单位面积上所受的压力较小,从而减小其变形。例如工件外圆用卡盘夹紧时,可以采用软卡爪,用来增加卡爪的宽度和长度;或用开缝套筒装夹薄壁工件,由于开缝套筒与工件接触面大,夹紧力均匀分布在工件外圆上,不易产生变形。当薄壁套筒以孔为定位基准时,宜采用涨开式心轴。

② 采用轴向夹紧工件的夹具。对于薄壁套筒类零件,由于轴向刚性比径向刚性好,用卡爪径向夹紧时工件变形大,若沿轴向施加夹紧力,变形就会小得多。如图 2-16 所示,由于工件靠螺母端面沿轴向夹紧,故其夹紧力产生的径向变形极小。

③ 在工件上做出加强刚性的辅助凸边以提高其径向刚度,减小夹紧变形,加工时采用特殊结构的卡爪夹紧,如图 2-17 所示。当加工结束时,将凸边切去。

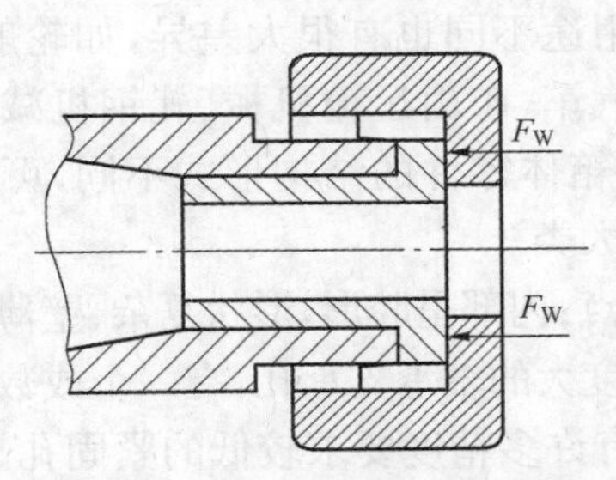

图 2-16　轴向夹紧薄壁工件原理

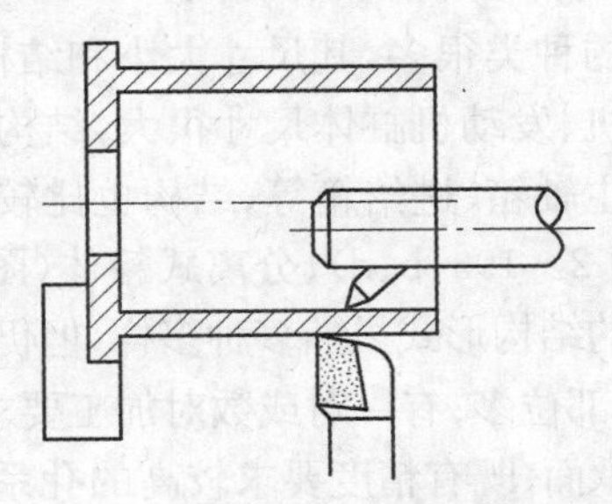
图 2-17　辅助凸边夹紧原理

(2) 减少切削力对变形的影响

① 减小径向力,通常可借助增大刀具的主偏角来达到。

② 内外表面同时加工,使径向切削力相互抵消,如图 2-17 所示。

③ 粗、精加工分开进行,使粗加工时产生的变形能在精加工中得到纠正。

(3) 减少热变形引起的误差　工件在加工过程中受切削热后要膨胀变形,从而影响工件的加工精度。为了减少热变形对加工精度的影响,应在粗、精加工之间留有充分冷却的时间,并在加工时注入足够的切削液。另外,为减小热处理对工件变形的影响,热处理工序应放在粗、精加工之间进行,以便使热处理引起的变形在精加工中予以纠正。

第三节　箱体类零件加工

一、概述

箱体类零件是机械或机器部件的基础零件。如分离式减速箱,如图 2-18 所示,它将减速器中的轴、套、齿轮等有关零件组装成一个整体,使它们之间保持正确的相互位置,并按照一定的传动关系协调地传递运动或动力。因此,箱体的加工质量将直接影响机器或部件的精度、性能和使用寿命。

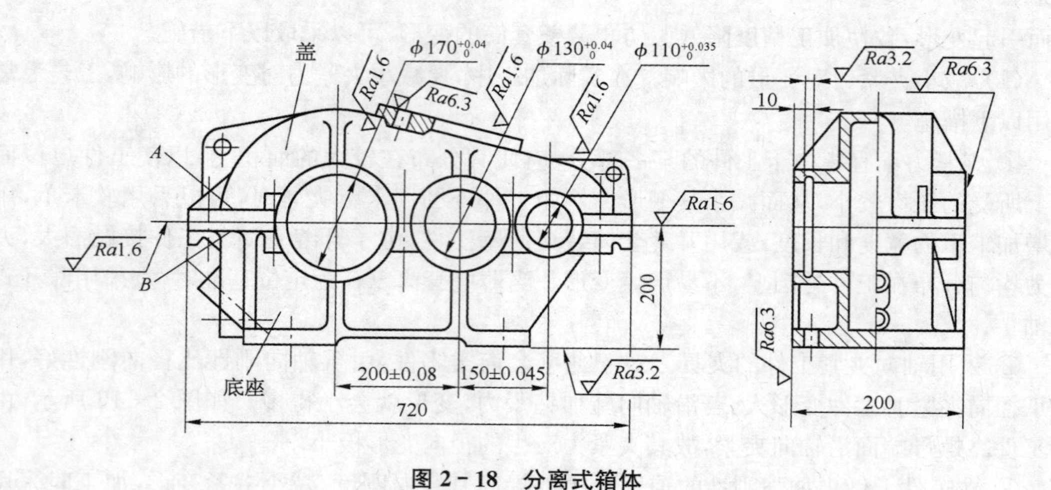

图 2-18 分离式箱体

1. 箱体类零件的结构特点

箱体的种类很多，其尺寸大小和结构形式按其用途不同也有很大差异，如轮船、内燃机车的内燃机、发动机缸体尺寸很大，结构相当复杂；汽车、矿山运输机械、轧钢机减速器及各种机床的主轴箱、进给箱等，结构也比较复杂。根据箱体零件的结构形式不同，可分为整体式箱体(图 2-19a、b、d)、分离式箱体(图 2-19c)两大类。

箱体的结构形式虽然多种多样，但仍有共同的特点：内部呈腔形，形状复杂、壁薄且壁厚不均匀，加工部位多；有一对或数对加工要求高、加工难度大的轴承支承孔，有一个或数个基准面和一些支承面；既有精度要求较高的孔系和平面，也有许多精度要求较低的紧固孔。因此，一般中型机床制造厂用于箱体类零件的机械加工劳动量占整个产品加工量的15%～20%。

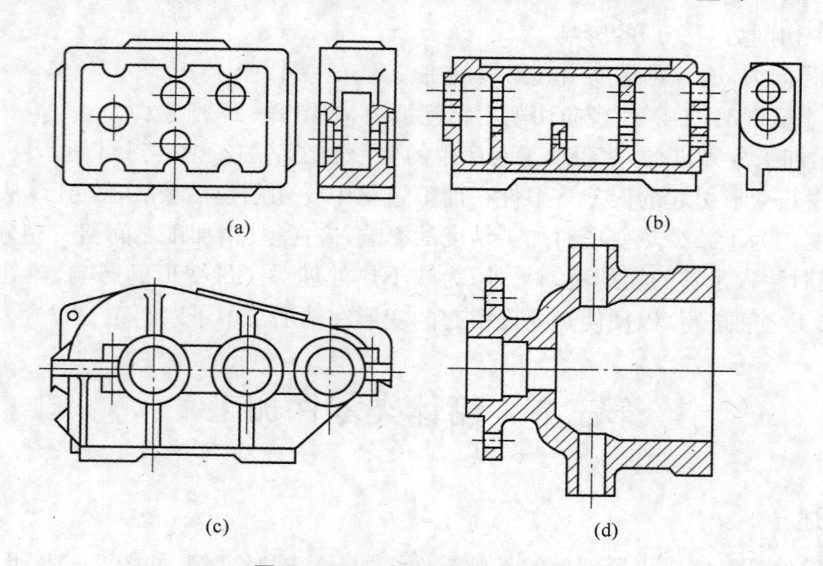

图 2-19 几种箱体的结构简图

(a) 组合机床主轴箱；(b) 车床进给箱；(c) 分离式减速箱；(d) 泵壳

2. 箱体零件的主要技术要求

箱体类零件中以机床主轴箱的精度要求最高。以某车床主轴箱为例，箱体零件的技术要求主要可归纳如下：

（1）主要平面的形状精度和表面粗糙度　箱体的主要平面是装配基准，并且往往是加工时的定位基准，所以，应有较高的平面度和较小的表面粗糙度值，否则，直接影响箱体加工时的定位精度，影响箱体与机座总装时的接触刚度和相互位置精度。

一般箱体主要平面的平面度在 0.1～0.03 mm，表面粗糙度 Ra2.5～0.63 μm，各主要平面对装配基准面垂直度为 0.1/300。

（2）孔的尺寸精度、几何形状精度和表面粗糙度　箱体上的轴承支承孔本身的尺寸精度、形状精度和表面粗糙度都要求较高，否则，将影响轴承与箱体孔的配合精度，使轴的回转精度下降，也易使传动件（如齿轮）产生振动和噪声。一般机床主轴箱的主轴支承孔的尺寸精度为 IT6，圆度、圆柱度公差不超过孔径公差的一半，表面粗糙度值为 Ra0.63～0.32 μm。其余支承孔尺寸精度为 IT7～IT6，表面粗糙度值为 Ra2.5～0.63 μm。

（3）主要孔和平面相互位置精度　同一轴线的孔应有一定的同轴度要求，各支承孔之间也应有一定的孔距尺寸精度及平行度要求，否则，不仅装配有困难，而且会使轴的运转情况恶化，温度升高，轴承磨损加剧，齿轮啮合精度下降，引起振动和噪声，影响齿轮寿命。支承孔之间的孔距公差为 0.12～0.05 mm，平行度公差应小于孔距公差，一般在全长取 0.1～0.04 mm。同一轴线上孔的同轴度公差一般为 0.04～0.01 mm。支承孔与主要平面的平行度公差为 0.1～0.05 mm。主要平面间及主要平面对支承孔之间垂直度公差为 0.1～0.04 mm。

3. 箱体的材料及毛坯

箱体材料一般选用 HT200～400 的各种牌号的灰铸铁，而最常用的为 HT200。灰铸铁不仅成本低，而且具有较好的耐磨性、可铸性、可切削性和阻尼特性。在单件生产或某些简易机床的箱体，为了缩短生产周期和降低成本，可采用钢材焊接结构。此外，精度要求较高的坐标镗床主轴箱则选用耐磨铸铁。负荷大的主轴箱也可采用铸钢件。

毛坯的加工余量与生产批量、毛坯尺寸、结构、精度和铸造方法等因素有关。有关数据可查有关资料及根据具体情况决定。

毛坯铸造时，应防止砂眼和气孔的产生。为了减少毛坯制造时产生残余应力，应使箱体壁厚尽量均匀，箱体浇铸后应安排时效或退火工序。

二、箱体类零件加工的工艺分析

1. 主要表面加工方法的选择

箱体的主要表面有平面和轴承支承孔。对于中、小件，一般在牛头刨床或普通铣床上进行。对于大件，一般在龙门刨床或龙门铣床上进行。刨削的刀具结构简单，机床成本低，调整方便，但生产率低；在大批、大量生产时，多采用铣削；当生产批量大且精度又较高时可采用磨削。单件小批生产精度较高的平面时，除一些高精度的箱体仍需手工刮研外，一般采用宽刃精刨。当生产批量较大或为保证平面间的相互位置精度，可采用组合铣削和组合磨削。

箱体支承孔的加工，对于直径小于 ϕ50 mm 的孔，一般不铸出，可采用钻—扩（或半精镗）—铰（或精镗）的方案。对于已铸出的孔，可采用粗镗—半精镗—精镗（用浮动镗刀片）的方案。由于主轴轴承孔精度和表面质量要求比其余轴孔高，所以，在精镗后，还要用浮动镗刀片进行精细镗。对于箱体上的高精度孔，最后精加工工序也可采用珩磨、滚压等工艺方法。

2. 拟定工艺过程的原则

(1) 先面后孔的加工顺序 箱体主要是由平面和孔组成，这也是它的主要表面。先加工平面，后加工孔，是箱体加工的一般规律。因为主要平面是箱体往机器上的装配基准，先加工主要平面后加工支承孔，使定位基准与设计基准和装配基准重合，从而消除因基准不重合而引起的误差。另外，先以孔为粗基准加工平面，再以平面为精基准加工孔，这样，可为孔的加工提供稳定可靠的定位基准，并且加工平面时切去了铸件的硬皮和凹凸不平，对后序孔的加工有利，可减少钻头引偏和崩刃现象，对刀调整也比较方便。

(2) 粗精加工分阶段进行 粗、精加工分开的原则：对于刚性差、批量较大、要求精度较高的箱体，一般要粗、精加工分开进行，即在主要平面和各支承孔的粗加工之后再进行主要平面和各支承孔的精加工。这样，可以消除由粗加工所造成的内应力、切削力、切削热、夹紧力对加工精度的影响，并且有利于合理地选用设备等。

粗、精加工分开进行，会使机床，夹具的数量及工件安装次数增加，而使成本提高，所以对单件、小批生产、精度要求不高的箱体，常常将粗、精加工合并在一道工序进行，但必须采取相应措施，以减少加工过程中的变形。例如粗加工后松开工件，让工件充分冷却，然后用较小的夹紧力、以较小的切削用量，多次走刀进行精加工。

(3) 合理地安排热处理工序 为了消除铸造后铸件中的内应力，在毛坯铸造后安排一次人工时效处理，有时甚至在半精加工之后还要安排一次时效处理，以便消除残留的铸造内应力和切削加工时产生的内应力。对于特别精密的箱体，在机械加工过程中还应安排较长时间的自然时效(如坐标镗床主轴箱箱体)。箱体人工时效的方法，除加热保温外，也可采用振动时效。

3. 定位基准的选择

在选择粗基准时，通常应满足以下几点要求：

① 在保证各加工面均有余量的前提下，应使重要孔的加工余量均匀，孔壁的厚薄尽量均匀，其余部位均有适当的壁厚。

② 装入箱体内的回转零件(如齿轮、轴套等)应与箱壁有足够的间隙。

③ 注意保持箱体必要的外形尺寸。此外，还应保证定位稳定，夹紧可靠。

三、分离式减速箱体加工工艺过程及其分析

一般减速箱，为了制造与装配的方便，常做成可分离的。

1. 分离式箱体的主要技术要求

① 对合面对底座的平行度误差不超过 0.5/1 000。

② 对合面的表面粗糙度值小于 $Ra1.6\ \mu m$，两对合面的接合间隙不超过 0.03 mm。

③ 轴承支承孔必须在对合面上，误差不超过±0.2 mm。

④ 轴承支承孔的尺寸公差为 H7，表面粗糙度值小于 $Ra1.6\ \mu m$，圆柱度误差不超过孔径公差之半，孔距精度误差为±0.05～0.08 mm。

2. 分离式箱体的工艺特点

分离式箱体的加工工艺过程如表 2-12、表 2-13、表 2-14 所示。

表 2-12　箱盖的工艺过程

序号	工序内容	定位基准	序号	工序内容	定位基准
10	铸造		60	磨对合面	顶面
20	时效		70	钻结合面联接孔	对合面、凸缘轮廓
30	涂底漆		80	钻顶面螺纹底孔、攻螺纹	对合面二孔
40	粗刨对合面	凸缘面	90	检验	
50	刨顶面	对合面			

表 2-13　底座的工艺过程

序　号	工　序　内　容	定位基准
10	铸造	
20	时效	
30	涂底漆	
40	粗刨对合面	凸缘面
50	刨底面	对合面
60	钻底面 4 孔、锪沉孔、铰 2 个工艺孔	对合面、端面、侧面
70	钻侧面测油孔、放油孔、螺纹底孔、锪沉孔、攻螺纹	底面及两孔
80	磨对合面	底面
90	检验	

表 2-14　箱体合装后的工艺过程

序号	工　序　内　容	定位基准
10	将盖与底座对准合笼夹紧、配钻、铰二定位销孔，打入锥销，根据盖配钻底座，结合面的连接孔，锪沉孔	
20	拆开盖与底座，修毛刺、重新装配箱体，打入锥销，拧紧螺栓	
30	铣两端面	底面及两孔
40	粗镗轴承支承孔，割孔内槽	底面及两孔
50	精镗轴承支承孔，割孔内槽	底面及两孔
60	去毛刺、清洗、打标记	
70	检验	

由表可见，分离式箱体虽然遵循一般箱体的加工原则，但是由于结构上的可分离性，因而在工艺路线的拟订和定位基准的选择方面均有一些特点。

3. 加工路线

分离式箱体工艺路线与整体式箱体工艺路线的主要区别在于：整个加工过程分为两个大的阶段。第一阶段先对箱盖和底座分别进行加工，主要完成对合面及其他平面，紧固孔和定位孔的加工，为箱体的合装作准备；第二阶段在合装好的箱体上加工孔及其端面。在两个阶段之间安排钳工工序，将箱盖和底座合装成箱体，并用两销定位，使其保持一定的位置关系，以保证轴承孔的加工精度和拆装后的重复精度。

4. 定位基准

（1） 粗基准的选择　分离式箱体最先加工的是箱盖和箱座的对合面。分离式箱体一般不能以轴承孔的毛坯面作为粗基准，而是以凸缘不加工面为粗基准，即箱盖以凸缘面，底座以凸缘面为粗基准。这样可以保证对合面凸缘厚薄均匀，减少箱体合装时对合面的变形。

（2） 精基准的选择　分离式箱体的对合面与底面（装配基面）有一定的尺寸精度和相互位置精度要求；轴承孔轴线应在对合面上，与底面也有一定的尺寸精度和相互位置精度要求。为了保证以上几项要求，加工底座的对合面时，应以底面为精基准，使对合面加工时的定位基准与设计基准重合；箱体合装后加工轴承孔时，仍以底面为主要定位基准，并与底面上的两定位孔组成典型的"一面两孔"定位方式。这样，轴承孔的加工，其定位基准既符合"基准统一"原则，也符合"基准重合"原则，有利于保证轴承孔轴线与对合面的重合度及与装配基面的尺寸精度和平行度。

四、箱体孔系加工及常用工艺装备

箱体上一系列有相互位置精度要求的孔的组合称为孔系。孔系可分为平行孔系、同轴孔系、交叉孔系，如图 2 - 20 所示。

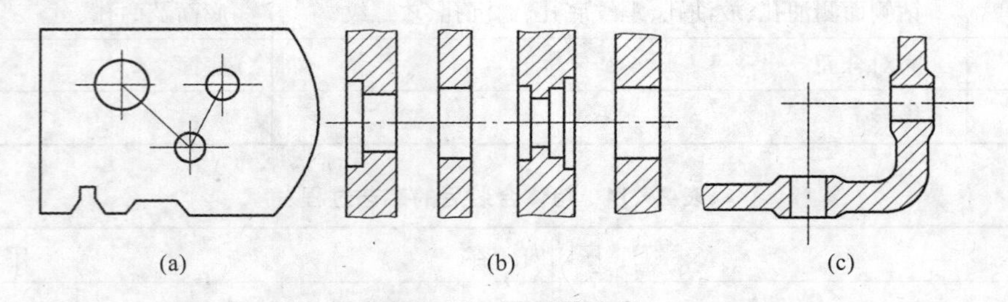

图 2 - 20　孔系的分类

(a) 平行孔系；(b) 同轴孔系；(c) 交叉孔系

孔系加工不仅孔本身的精度要求较高，而且孔距精度和相互位置精度的要求也高，因此是箱体加工的关键。孔系的加工方法根据箱体批量不同和孔系精度要求的不同而不同，现分别予以讨论。

1. 平行孔系的加工

平行孔系的主要技术要求是各平行孔中心线之间及中心线与基准面之间的距离尺寸精度和相互位置精度。生产中常采用以下几种方法。

1） 找正法　找正法是在通用机床上，借助辅助工具来找正要加工孔的正确位置的加工方法。这种方法加工效率低，一般只适用于单件小批生产。根据找正方法的不同。找正法又可分为以下几种：

（1） 划线找正法　加工前按照零件图在毛坯上划出各孔的位置轮廓线，然后按划线一一进行加工。划线和找正时间较长，生产率低，而且加工出来的孔距精度也低，一般在±0.5 mm 左右。为提高划线找正的精度，往往结合试切法进行。即先按划线找正镗出一孔，再按线将主轴调至第二孔中心，试镗出一个比图样要小的孔，若不符合图样要求，则根据测量结果更新调整主轴的位置，再进行试镗、测量、调整，如此反复几次，直至达到要求的孔距尺寸。此法虽比单纯的按线找正所得到的孔距精度高，但孔距精度仍然较低，且操作的难度较大，生产效率低，适用于单件小批生产。

(2) 心轴和量块找正法　镗第一排孔时将心轴插入主轴孔内(或直接利用镗床主轴)，然后根据孔和定位基准的距离组合一定尺寸的量块来校正主轴位置，如图 2-21 所示。校正时用塞尺测定量块与心轴之间的间隙，以避免量块与心轴直接接触而损伤量块。镗第二排孔时，分别在机床主轴和加工孔中插入心轴，采用同样的方法来校正主轴线的位置，以保证孔心距的精度。这种找正法的孔心距精度可达±0.3 mm。

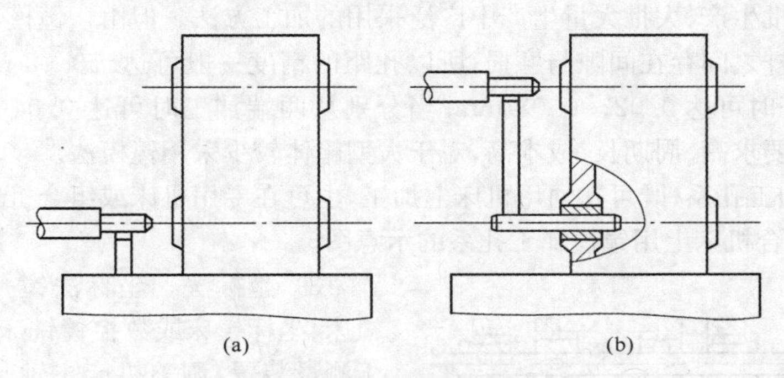

图 2-21　心轴和量块找正法

(3) 样板找正法　用 10～20 mm 厚的钢板制造样板，装在垂直于各孔的端面上(或固定于机床工作台上)，如图 2-22 所示。样板上的孔距精度较箱体孔系的孔距精度高(一般为±0.1～±0.3 mm)，样板上的孔径较工件孔径大，以便于镗杆通过。样板上孔径尺寸精度要求不高，但要有较高的形状精度和较小的表面粗糙度。当样板准确地装到工件上后，在机床主轴上装一千分表，按样板找正机床主轴，找正后，即换上镗刀加工。此法加工孔系不易出差错，找正方便，孔距精度可达±0.05 mm。这种样板成本低，仅为镗模成本的 1/7～1/9，单件小批的大型箱体加工常用此法。

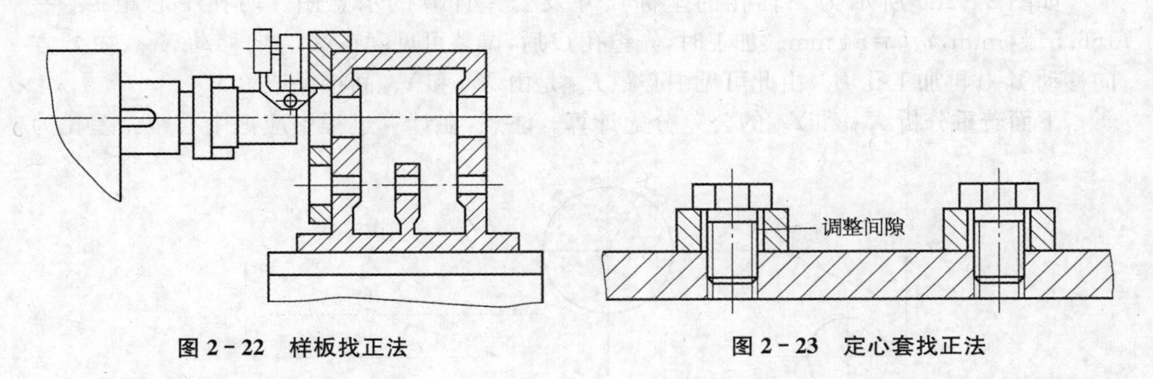

图 2-22　样板找正法　　**图 2-23　定心套找正法**

(4) 定心套找正法　如图 2-23 所示，先在工件上划线，再按线攻螺钉孔，然后装上形状精度高而表面粗糙度小的定心套，定心套与螺钉间有较大间隙，然后按图样要求的孔心距公差的 1/3～1/5 调整全部定心套的位置，并拧紧螺钉。复查后即可上机床，按定心套找正镗床主轴位置，卸下定心套，镗出一孔。每加工一个孔找正一次，直至孔系加工完毕。此法工装简单，可重复使用，特别适宜于单件生产下的大型箱体和缺乏坐标镗床条件下加工钻模板上的孔系。

2）镗模法　镗模法即利用镗模夹具加工孔系。镗孔时，工件装夹在镗模上，镗杆被支承在镗模的导套里，增加了系统刚性。这样，镗刀便通过模板上的孔将工件上相应的孔加工出来，机床精度对孔系加工精度影响很小，孔距精度主要取决于镗模的制造精度，因而可以在精度较低的机床上加工出精度较高的孔系。当用两个或两个以上的支承来引导镗杆时，镗杆与机床主轴必须浮动联接。

镗模法加工孔系时镗杆刚度大大提高，定位夹紧迅速，节省了调整、找正的辅助时间，生产效率高，是中批生产、大批大量生产中广泛采用的加工方法。但由于镗模自身存在的制造误差，导套与镗杆之间存在间隙与磨损，所以孔距的精度一般可达±0.05 mm，同轴度和平行度从一端加工时可达 0.02～0.03 mm；当分别从两端加工时可达 0.04～0.05 mm。此外，镗模的制造要求高、周期长、成本高，对于大型箱体较少采用镗模法。

用镗模法加工孔系，既可在通用机床上加工，也可在专用机床或组合机床上加工。如图 2-24 所示为组合机床上用镗模加工孔系的示意图。

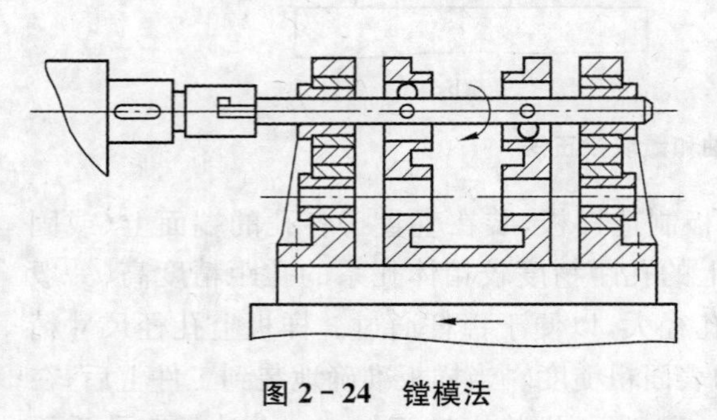

图 2-24　镗模法

3）坐标法　坐标法镗孔是在普通卧式镗床、坐标镗床或数控镗铣床等设备上，借助于测量装置，调整机床主轴与工件间在水平和垂直方向的相对位置，来保证孔距精度的一种镗孔方法。

在箱体的设计图样上，因孔与孔间有齿轮啮合关系，对孔距尺寸有严格的公差要求，采用坐标法镗孔之前，必须把各孔距尺寸及公差借助三角几何关系及工艺尺寸链规律换算成以主轴孔中心为原点的相互垂直的坐标尺寸及公差。目前许多工厂编制了主轴箱传动轴坐标计算程序，用微机很快即可完成该项工作。

如图 2-25a 所示为二轴孔的坐标尺寸及公差计算的示意图。两孔中心距 $L_{OB}=166.5^{+0.3}_{+0.2}$ mm，$Y_{OB}=54$ mm。加工时，先镗孔 O 后，调整可见度在 X 方向移动 X_{OB}、在 Y 方向移动 Y_{OB}，再加工孔 B。由此可见中心距 L_{OB} 是由 X_{OB} 和 Y_{OB} 间接保证的。

下面着重分析 X_{OB} 和 Y_{OB} 的公差分配计算。注意，在计算过程中应把中心距公差化为

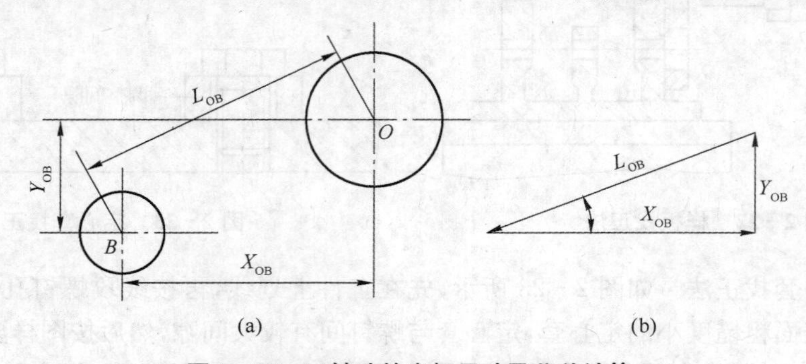

图 2-25　二轴孔的坐标尺寸及公差计算

对称偏差，即

$$L_{OB}=166.5^{+0.3}_{+0.2}\ \mathrm{mm}=166.75\pm0.05\ \mathrm{mm}$$

$$\sin\alpha=\frac{Y_{OB}}{L_{OB}}=\frac{54}{166.75}=0.3238$$

$$\alpha=18°53'43''$$

$$X_{OB}=L_{OB}\cdot\cos\alpha=157.764\ \mathrm{mm}$$

在确定两坐标尺寸公差时，要利用平面尺寸链的解算方法。现介绍一种简便的计算方法，如图 2-25b 所示：

$$L_{OB}^2=X_{OB}^2+Y_{OB}^2$$

对上式取全微分并以增量代替各个微分时，可得到下列关系：

$$2L_{OB}\Delta L_{OB}=2X_{OB}\Delta X_{OB}+2Y_{OB}\Delta Y_{OB}$$

采用等公差法并以公差值代替增量，即令 $\Delta X_{OB}=\Delta Y_{OB}=\varepsilon$，则

$$\varepsilon=\frac{L_{OB}\cdot\Delta L_{OB}}{X_{OB}+Y_{OB}}$$

上式是图 2-25b 所示尺寸链公差计算的一般式。

将本例数据代入，可得 $\varepsilon=0.041$ mm，则

$$X_{OB}=154.764\pm0.041\ \mathrm{mm},Y_{OB}=54\pm0.041\ \mathrm{mm}$$

由以上计算可知：在加工孔 O 以后，只要调整机床在 X 方向移动 $X_{OB}=154.764\pm0.041$ mm，在 Y 方向移动 $Y_{OB}=54\pm0.041$ mm，再加工孔 B，就可以间接保证两孔中心距 $L_{OB}=166.5^{+0.3}_{+0.2}$ mm。

在箱体类零件上还有三根轴之间保持一定的相互位置要求的情况。如图 2-26 所示，其中 $L_{OA}=129.49^{+0.27}_{+0.17}$ mm，$L_{AB}=125^{+0.27}_{+0.17}$ mm，$L_{OB}=166.5^{+0.30}_{+0.20}$ mm，$Y_{OB}=54$ mm。加工时，镗完孔 O 以后，调整机床在 X 方向移动 X_{OA}，在 Y 方向移动 Y_{OA}，再加工孔 A；然后用同样的方法调整机床，再加工孔 B。由此可见孔 A 和孔 B 的中心距是由两次加工间接保证的。

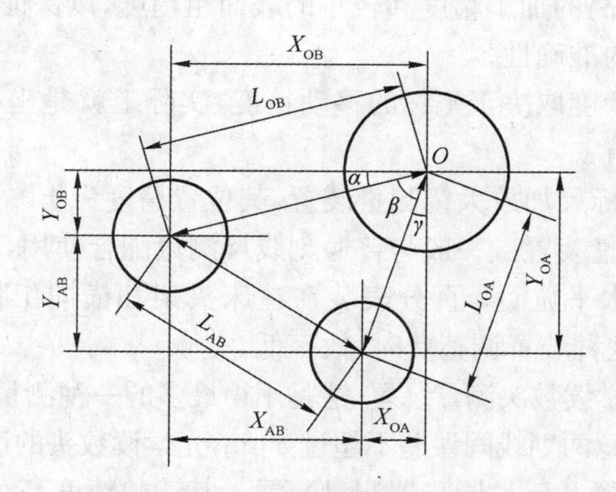

图 2-26　三轴孔的孔心距与坐标尺寸

在加工过程中应先确定两组坐标，即(X_{OA}，Y_{OA})和(X_{OB}，Y_{OB})及其公差。

由图 2-26 通过数学计算可得

$$X_{OA}=50.918,Y_{OA}=119.298\ \mathrm{mm}$$

$$X_{OB}=157.76,\ Y_{OB}=54\ \text{mm}$$

在确定坐标公差时，为计算方便，可分解为几个简单的尺寸链来研究，如图 2－27 所示。首先由图 2－27a 求出为满足中心距 L_{AB}公差而确定的 X_{AB}、Y_{AB}的公差。

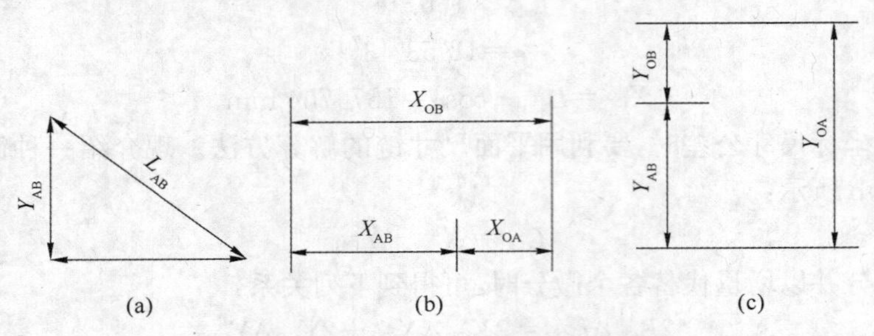

图 2－27　三轴坐标尺寸链的分解

由 $\varepsilon=\dfrac{L_{OB}\cdot\Delta L_{OB}}{X_{OB}+Y_{OB}}$得

$$\varepsilon=\frac{L_{AB}\cdot\Delta L_{AB}}{X_{AB}+Y_{AB}}=\pm0.036\ \text{mm}$$

则

$$X_{AB}=X_{OB}-X_{OA}=(106.846\pm0.036)\text{mm}$$

$$Y_{AB}=Y_{OB}-Y_{OA}=(65.298\pm0.036)\text{mm}$$

但 X_{AB}、Y_{AB}是间接得到保证的，由图 2－27b、c 两尺寸链采用等公差法，即可求出孔 A、B 的坐标尺寸及公差如下：

$$X_{OA}=(50.918\pm0.018)\text{mm}\quad Y_{OA}=(129.298\pm0.018)\text{mm}$$

$$X_{OB}=(54\pm0.018)\text{mm}\quad Y_{OB}=(157.76\pm0.018)\text{mm}$$

为保证按坐标法加工孔系时的孔距精度，在选择原始孔和考虑镗孔顺序时，要把有孔距精度要求的两孔的加工顺序紧紧地连在一起，以减少坐标尺寸累积误差对孔距精度的影响；同时应尽量避免因主轴箱和工作台的多次往返移动而由间隙造成对定位精度的影响。此外，选择的原始孔应有较高的加工精度和较小的表面粗糙度，以保证加工过程中检验镗床主轴相对于坐标原点位置的准确性。

坐标法镗孔的孔距精度取决于坐标的移动精度，实际上就是坐标测量装置的精度。坐标测量装置的主要形式有：

① 普通刻线尺与游标尺加放大镜测量装置，其位置精度为±0.1～±0.3 mm。

② 百分表与块规测量装置。一般与普通刻线尺测量配合使用，在普通镗床用百分表和块规来调整主轴垂直和水平位置，百分表装在镗床头架和横向工作台上。位置精度可达±0.02～±0.04 mm。这种装置调整费时，效率低。

③ 经济刻度尺与光学读数头测量装置，这是用得最多的一种测量装置。该装置操作方便，精度较高，经济刻度尺任意两划线间误差不超过 5 μm，光学读数头的读数精度为 0.01 mm。

④ 光栅数字显示装置和感垃同步器测量装置。其读数精度高，为 0.0025～0.01 mm。

2. 同轴孔系的加工

成批生产中，一般采用镗模加工孔系，其同轴度由镗模保证。单件小批生产，其同轴度用以下几种方法来保证。

(1) 利用已加工孔作支承导向　当箱体前壁上的孔加工好后，在孔内装一导向套，支承和引导镗杆加工后壁上的孔，以保证两孔的同轴度要求。此法适于加工箱壁较近的孔。

（2）利用镗床后立柱上的导向套支承镗杆　这种镗杆两端支承的方法，刚性好，但调整麻烦，镗杆要长，比较笨重，仅适用于大型箱体的加工。

（3）采用调头镗　当箱体箱壁相距较远时，可采用调头镗，如图 2-28 所示。工件在一次装夹下，镗好一端孔后，将镗床工作台回转 180°，调整工作台位置，使已加工孔与镗床主轴同轴，然后再加工孔。

当箱体上有一较长并与所镗孔轴线有平行度要求的平面时，镗孔前应先用装在镗杆上的百分表对此平面进行校正，使其与镗杆轴线平行。如图 2-28a，校正后加工孔 A，孔加工后，再将工作台回转 180°，并用装在镗杆上的百分表沿此平面重新校正，如图 2-28b，然后再加工 B 孔，就可保证 A、B 孔同轴。若箱体上无长的加工好的工艺基面，也可用平行长铁置于工作台上，使其表面与要加工的孔轴线平行后固定。调整方法同上，也可达到两孔同轴的目的。

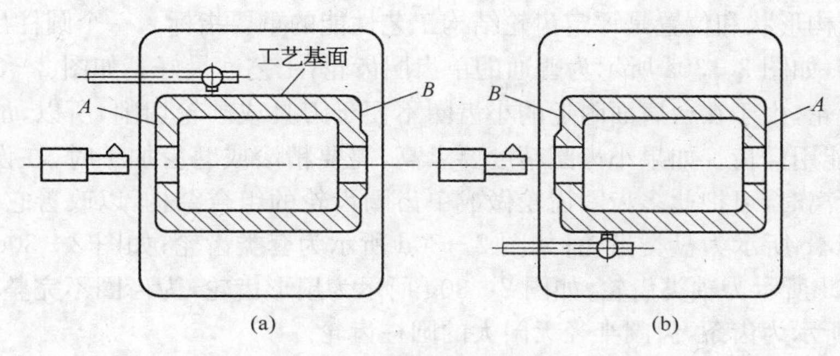

图 2-28　调头镗对工件的校正

3. 交叉孔系的加工

加工交叉孔系的主要技术要求是控制有关孔的垂直度误差。在普通镗床上主要靠机床工作台上的 90°对准装置，因为它是挡块装置，结构简单，故对准精度低。

当有些镗床工作台 90°对准装置精度很低时，可用心棒与百分表找正来提高其定位精度，即在加工好的孔中插入心棒，工作台转位 90°，摇工作台用百分表找正，如图 2-29 所示。

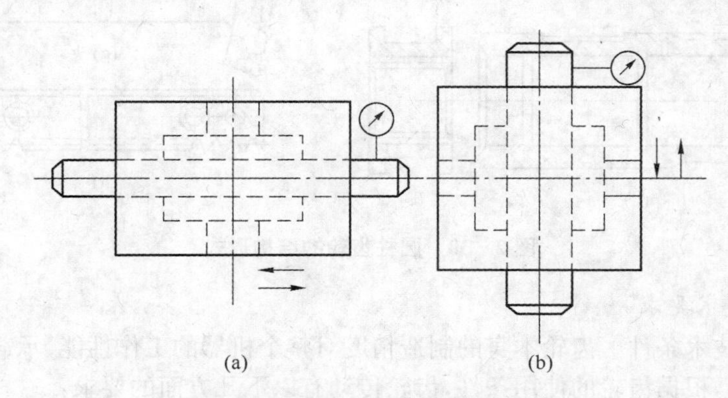

图 2-29　找正法加工交叉孔系

第四节　齿轮类零件加工

一、概述

渐开线圆柱齿轮广泛地应用在各种机床、汽车、飞机、船舶及精密仪器等行业中，生产上需用齿轮数量很大，品种也很繁多。随着科学技术的发展，对齿轮的传动精度和圆周速度等方面的要求越来越高，因此，齿轮加工在机械制造业中占有重要的地位。

1. 齿轮的功用与结构特点

齿轮的功用是传递一定速比的运动和动力。齿轮因其在机器中的功用不同而结构各异，但总可以把它们看成是齿圈和轮体两个部分构成。在机器中，常见的圆柱齿轮有以下几类，如图 2－30 所示。

齿圈的结构形状和位置是评定齿轮结构工艺性能的重要指标。一个圆柱齿轮可以有一个或几个齿圈，如图 2－30a 所示为普通的单齿圈齿轮，工艺性最好。如图 2－30b、c 所示为双联或三联齿轮，由于在台肩面附近的小齿圈不便于刀具或砂轮切削，所以，加工方法受到限制，一般只能用插齿。如果小齿圈精度要求高，需要精滚或磨齿加工时，在设计上又不允许加大轴向距离时，可把此多齿圈齿轮做成单齿圈齿轮的组合结构，以改善它的工艺性能。如图 2－30a、b、c 所示为盘类齿轮；如图 2－30d 所示为套类齿轮；如图 2－30e 所示为内齿轮；如图 2－30f 所示为轴类齿轮；如图 2－30g 所示为扇形齿轮，为齿圈不完整的圆柱齿轮；如图 2－30h 所示为齿条，齿圈半径无限大的圆柱齿轮。

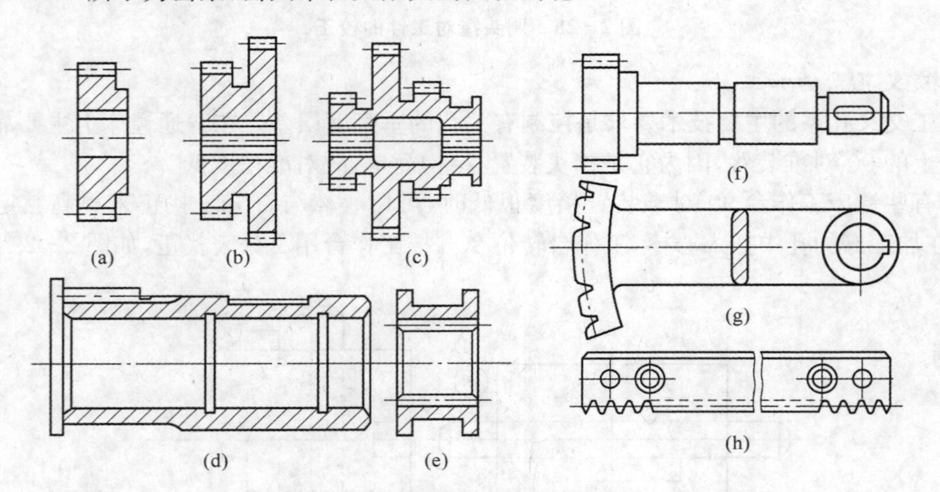

图 2－30　圆柱齿轮的结构形式

2. 齿轮的技术要求

1）齿轮的技术条件　齿轮本身的制造精度对整个机器的工作性能、承载能力及使用寿命都有很大关系，根据齿轮的使用条件，齿轮传动有以下几方面的要求：

（1）运动传递准确　即主动轮转过一个角度时，从动轮应按给定的传动比转过相应角度。

（2）工作平稳　要求齿轮传动平稳，无冲击，振动和噪声小，因此，必须限制齿轮转动时瞬时传动比，也就是要限制较小范围内的转角误差。

(3) 接触良好　齿轮载荷主要由齿面承受，两齿轮配合时，接触面积的大小对齿轮的使用寿命影响很大。因此齿轮在传递动力时，不致因接触不均匀而使接触应力过大，引起齿面过早磨损，就要求齿轮工作时齿面接触均匀，并保证有一定的接触面积和要求的接触位置。

(4) 齿侧间隙适当　一对相互配合的齿轮，其非工作面必须留有一定的间隙，即为齿侧间隙，其作用是存储润滑油，减少磨损。同时还可以补偿由于温度、弹性变形以及齿轮制造和装配所引起的间隙减少，防止卡死。但是齿侧间隙也不能过大，对于要求正反转的分度齿轮，侧隙过大就会产生过大的空程，使分度精度降低。应当根据齿轮副的工作条件，来确定合理的侧隙。

齿轮制造精度和齿侧间隙应根据齿轮的用途和制造条件而定。对于分度传递用齿轮主要要求齿轮的运动精度较高；对于高速动力传动齿轮，对齿轮平稳性精度要求较高；对于重载低速传动齿轮，要求齿面有较高接触精度，以致齿轮不会过早磨损；对于换向传动和读数机构用的齿轮应严格控制齿侧间隙，必要时可以消除齿侧间隙。

根据齿轮传动的工作条件对精度的不同要求，我国GB/T 10095.1—2001 规定，对齿轮和齿轮副规定了 12 个精度等级，其中 1 级精度最高，12 级精度最低。按齿轮各项加工误差对传动性能的影响，将其划分为Ⅰ、Ⅱ、Ⅲ三个公差组(如表 2 - 15 所列)。第Ⅰ组主要控制齿轮在一回转内回转角误差；第Ⅱ组主要控制齿轮在一个周节角范围内转角误差；第Ⅲ组主要控制齿轮齿向线接触痕迹。

表 2 - 15　齿轮公差组(GB/T 10095.1—2001)

公差组	公差与极限偏差项目	误差特性	对传动性能的主要影响
Ⅰ	F_i'、F_p、F_{pk}、F_i''、F_r、F_w	以齿轮一转为周期的误差	传动运动的准确性
Ⅱ	F_i'、F_i''、F_f、$\pm F_{pt}$、$\pm F_{pb}$、$F_{f\beta}$	在齿轮一周内，多次周期地重复出现的误差	传动的平稳性、噪声和振动
Ⅲ	F_β、F_b、$\pm F_{px}$	齿向线的误差	载荷分布的均匀性

2) 齿坯的技术条件　齿坯的技术条件包括对定位基面的技术要求，对齿顶外圆的要求和对齿坯支承端面的要求。齿坯的内孔和端面是加工齿轮时的定位基准和测量基准，在装配中它是装配基准，所以它的尺寸精度、形状精度及位置精度要求较高。定位基面的形状误差和尺寸误差将引起安装间隙，造成齿轮几何偏心。表面粗糙度要求达不到时，经过加工过程中定位和测量的反复使用容易引起磨损，将影响定位基面的精度。不同精度等级的齿轮的定位基面要求不同，如表 2 - 16 所列。

齿轮的外圆对齿轮传动没有什么影响，但是如果以齿顶外圆作为切齿的校正基准时，齿顶圆的径向圆跳动将影响加工后的齿圈径向圆跳动，因此必须限制齿轮顶圆的径向跳动。

切齿时，若需要端面支承，则应对端面与定位孔的垂直度、端面的平直度及两端面的平行度有一定的要求。由于齿坯定位支承面圆跳动会引起安装的歪斜，从而导致产生齿向误差。因此，端面圆跳动公差 E_r 一般取齿向公差 δB_x 的一半。此外，考虑到齿向公差与齿圈

宽度有关，而端面圆跳动量与支承端面直径 D 有关，因此取为

$$E_r = \frac{D}{2B}\delta B_x$$

表 2-16　对定位基面的要求

基准类型		齿轮精度等级			
		5	6	7	8
定位孔	精度	H6,K6	H6,K6 或 H7,K7	H7,K7	H8
	Ra	0.8	1.6	1.6(3.2)	3.2
定位轴颈	精度	h4,k4	h5,k5	h6,k6	h7
	Ra	0.8	1.6	1.6(3.2)	3.2
中心孔和 60°锥体	*Ra*	0.4	0.8	1.6	3.2

注：1. 定位基面的形状误差不大于尺寸公差的一半。

2. 当齿轮精度为组合精度时(如 8-7-7)，则按运动精度(如 8 级)选取。

3. 齿轮的材料、热处理和毛坯

1) 齿轮材料　一般有锻钢、铸钢、铸铁、塑料等。齿轮材料的选择是按使用时的工作条件选用合适的材料，齿轮材料的选择对齿轮的加工性能和使用寿命有直接的影响。机械强度、硬度等综合力学性能较好的材料如 18CrMnTi 用于低速重载场合；齿面硬度高、防疲劳点蚀如 38CrMoAlA 氮化钢用于高速重载场合；韧性好的材料如 18CrMnTi 用于有冲击载荷的场合；不淬火钢，铸铁，夹布塑料，尼龙非传力齿轮；中碳钢(45)，低中碳合金钢(20Cr，40Cr，20CrMnTi)用于一般齿轮中。一般机械中常用的齿轮材料如表 2-17 所列。

表 2-17　常用的齿轮材料

材料	热处理	HBW	HRC	δ_H(MPa)	δ_B(MPa)
45	正　火	162～217		430～460	125～135
	调　质	217～255		460～490	135～145
35SiMn	调　质	217～269		540～590	160～175
	表面淬火		45～55	770～890	180
20Cr	渗碳淬火、回火		56～62	1 040～1 100	190
40Cr	调　质	241～286		560～610	170～180
	表面淬火		48～55	810～890	180
20CrMnTi	渗碳淬火、回火		56～62	1 040～1 100	190
ZG35	正　火	143～197		220～290	63～70
ZG45	正　火	116～217		240～310	65～73
ZG55		169～225		260～330	68～75

2) 齿轮热处理　齿轮热处理包括齿坯热处理和轮齿热处理。

(1) 齿坯热处理　钢料齿坯最常用的热处理是正火和调质。正火是将齿坯加热到相变临界点以上 30～50℃，保温后从炉中取出，在空气中冷却。正火一般安排在铸造或锻造之后、切削加工之前。

对于采用棒料的齿坯，正火或调质一般安排在粗车之后，这样可以消除粗车形成的内应力。采用 38CrMoAlA 材料的齿坯调质处理后还要进行稳定化回火，将齿坯加热到 600～620℃，保温 2～4 h。其作用是为氮化作好金相组织准备。

(2) 轮齿的热处理　齿面热处理安排在齿形加工完毕后，为提高齿面的硬度和耐磨性，常用热处理方法有高频淬火，渗碳、氮化。高频淬火是将齿轮置于高频交变磁场中，由于感应电流的集肤效应，齿部表面在几秒到几十秒钟内很快将提高到淬火温度，立即喷水冷却，形成了比普通淬火稍高的硬度的表层，并保持了心部的强度与韧性。另外，由于加热时间较短，也减少了加热表面的氧化和脱碳。

渗碳是将齿轮放在渗碳介质中在高温下保温，使碳原子渗入低碳钢的表面层，使表层增碳，因此齿轮表面具有高硬度和耐磨性，心部仍保持一定的强度和较高的韧性。

氮化是将齿轮置于氨中并加热，使活性氮原子渗入轮齿表面层，形成硬度很高(>60 HRC)的氮化物薄层。由于加热温度低，并且不需要另外淬火，因此变形很小。氮化层还具有抗腐蚀性能，所以氮化齿轮不需要进行镀锌、发蓝等防腐蚀的化学处理。

在齿轮生产中，热处理质量对齿轮加工精度和表面粗糙度有很大影响。往往因热处理质量不稳定，引起齿轮定位基面及齿面变形过大或表面粗糙度太大而大批报废，成为齿轮生产中的关键问题。

3) 齿轮毛坯的制造　齿轮的毛坯形式有棒料、铸件、锻件。棒料用于尺寸较小、结构简单并且对强度要求低的齿轮；锻件一般用于强度要求高、还要耐磨、耐冲击的齿轮，锻造后要进行正火处理，消除锻造应力，改善晶粒组织和切削性能；铸件用于直径大于 400～600 mm 的齿轮，对铸钢件一般也要正火处理。为了减少机械加工量，小尺寸形状复杂的齿轮毛坯通常采用精密铸造或压铸方法制造。

4. 齿坯加工

齿形加工前的齿轮加工称为齿坯加工，在齿轮的整个加工过程中占有重要的位置。齿轮的内孔、端面或外圆常作为齿形加工的定位、测量和装配的基准，其加工精度对整个齿轮的加工和传动精度有着重要的影响。

1) 齿坯加工精度　齿坯加工中，主要要求保证的是基准孔(或轴颈)的尺寸精度和形状精度、基准端面相对于基准孔(或轴颈)的位置精度。不同精度的孔(或轴颈)的齿坯公差以及表面粗糙度等要求分别如表 2-18、表 2-19 和表 2-20 所列。

表 2-18　齿坯公差

齿轮精度等级①		4	5	6	7	8	9	10
孔	尺寸公差 形状公差	IT4	IT5	IT6	IT7		IT8	
轴	尺寸公差 形状公差	IT4	IT5		IT6		IT7	
顶圆直径②		IT7		IT8			IT9	

① 当三个公差组的精度等级不同时，按最高精度等级确定公差值。

② 当顶圆不作为测量齿厚基准时，尺寸公差按 IT11 给定，但应小于 0.1 mm。

表 2-19　齿轮基准面径向和端面圆跳动公差　(μm)

分度圆直径(mm)		精度等级				
大于	到	1 和 2	3 和 4	5 和 6	7 和 8	9 和 12
—	125	2.8	7	11	18	28
125	400	3.6	9	14	22	36
400	800	5.0	12	20	32	50
800	1 600	7.0	18	28	45	71

表 2-20　齿坯基准面的表面粗糙度参数 *Ra*　(μm)

精度等级	3	4	5	6	7	8	9	10
基准孔	≤0.2	≤0.2	0.4～0.2	≤0.8	1.6～0.8	≤1.6	≤3.2	≤3.2
基准轴颈	≤0.1	0.2～0.1	≤0.2	≤0.4	≤0.8	≤1.6	≤1.6	≤1.6
基准端面	0.2～0.1	0.4～0.2	0.6～0.4	0.6～0.3	1.6～0.8	3.2～1.6	≤3.2	≤3.2

2）齿坯加工方案　对于轴类和套类齿轮的齿坯，不论其生产批量大小，都应以中心孔作为齿坯加工、齿形加工和校验的基准。其加工过程一般和轴套类基本相同。

对于盘齿类零件，如何解决孔、端面、轮齿内外圆表面的几何精度，对保证齿形加工精度具有重大影响。

（1）单件小批生产的齿坯加工　一般齿坯的孔、端面及外圆的粗、精加工都在通用车床上经两次装夹完成，但必须注意将孔和基准端面的精加工在一次装夹内完成，以保证位置精度。

（2）成批生产的齿坯加工　成批生产齿坯时，经常采用“车—拉—车”的工艺方案：

① 以齿坯外圆或轮毂定位，粗车外圆、端面和内孔。

② 以端面定位拉孔。

③ 以孔定位车外圆及端面等。

（3）大批量生产的齿坯加工　大批量生产，应采用高生产率的机床和高效专用夹具加工。在加工中等尺寸齿轮齿坯时，均多采用“钻—拉—多刀车”的工艺方案：

① 以毛坯外圆及端面定位进行钻孔或扩孔。

② 拉孔。

③ 以孔定位在多刀半自动车床上粗、精车外圆、端面、车槽及倒角等。

二、圆柱齿轮齿形加工方法和方案

1. 圆柱齿轮齿形加工方法

一个齿轮的加工过程是由若干工序组成的，齿轮的加工精度主要取决于齿形的加工。齿形加工方法有很多，按在加工中有无切屑，可分为切屑加工和无切屑加工。无切屑加工包括热轧齿轮、冷轧齿轮、精锻、粉末冶金等新工艺。无切屑加工具有生产率高，材料消耗少、成本低等特点，但因其加工精度低，工艺不稳定，特别是生产小批量时难以采用，有待进一步改进。齿轮的有切屑加工，目前仍是以齿面加工为主的方法。按加工原理有两种加工方法，即成形法和展成法。齿形加工方法的选择,主要取决于齿轮所需要的精度,生产批量以及工厂现有设备条件。常见的齿形加工方法如表 2-21 所列。

表 2-21 常见的齿形加工方法

齿形加工方法		刀具	机床	加工精度及适用范围
仿形法	成形铣齿	模数铣刀	铣床	加工精度及生产效率均较低,一般精度为 9 级以下
展成法	滚齿	齿轮滚刀	滚齿机	通常加工 6~10 级精度齿轮,最高能达 4 级,生产率较高,通用性大,常用于加工直齿、斜齿的外啮合圆柱齿轮
	插齿	插齿刀	插齿机	通常加工 7~9 级精度齿轮,最高能达 6 级,生产率较高,通用性大,常用于加工直齿、斜齿的外啮合圆柱齿轮
	剃齿	剃齿刀	剃齿机	能加工 5~7 级精度齿轮,生产率高,主要用于滚齿预加工后,淬火前的精加工
	珩齿	珩磨轮	珩齿机或剃齿机	能加工 6~7 级精度齿轮,多用于剃齿和高频淬火后,齿形精加工
	磨齿	砂轮	磨齿机	能加工 3~7 级精度齿轮,生产率较低,加工成本高,多用于齿形淬硬后精密加工

2. 齿轮加工方案选择

齿轮加工方案的选择,主要取决于齿轮的精度等级、表面粗糙度、生产批量和热处理方法等。下面提出齿轮加工方案选择时的几条原则。

① 对于 8 级及 8 级以下精度、需调质齿轮,可用铣齿、滚齿或插齿直接达到加工精度要求。

② 对于 8 级及 8 级以下精度的需淬火的齿轮,需在淬火前将精度提高一级,其加工方案可采用:滚(插)齿—齿端加工—齿面淬硬—修正内孔。

③ 对于 6~7 级精度的不淬硬齿轮,其齿轮加工方案:滚齿—剃齿。

④ 对于 6~7 级精度的淬硬齿轮,其齿形加工一般有两种方案:

小批生产,齿坯粗、精加工—滚(插)齿—齿端加工—热处理(淬火回火或渗碳淬火)—修正内孔—磨齿;成批加工,齿坯粗、精加工—滚(插)齿—齿端加工—剃齿—热处理(表面淬火)—修正内孔—珩齿。

⑤ 对于 5 级及 5 级精度以上的齿轮都应采用磨齿的方法。

⑥ 对于大批量生产,用滚(插)齿—冷挤齿的加工方案,可稳定的获得 7 级精度齿轮。

三、典型齿轮零件加工工艺分析

圆柱齿轮加工工艺过程常因齿轮的结构形状、精度等级、生产批量及生产条件不同而采用不同的工艺方案。一般加工一个齿轮大致要经过如下几个阶段:毛坯热处理、齿坯加工、齿形加工、齿端加工、齿面热处理、精基准修正及齿形精加工等。概括起来为齿坯加工、齿形加工、热处理和齿形精加工等四个主要步骤。下面列出两个精度要求不同的齿轮典型工艺过程供分析比较。

1. 普通精度齿轮加工工艺分析

1) 工艺过程分析

(1) 零件图样分析　如图 2－31 所示。

① 齿轮材料为 40Cr。

② 齿轮精度等级为 7－6－6 级。

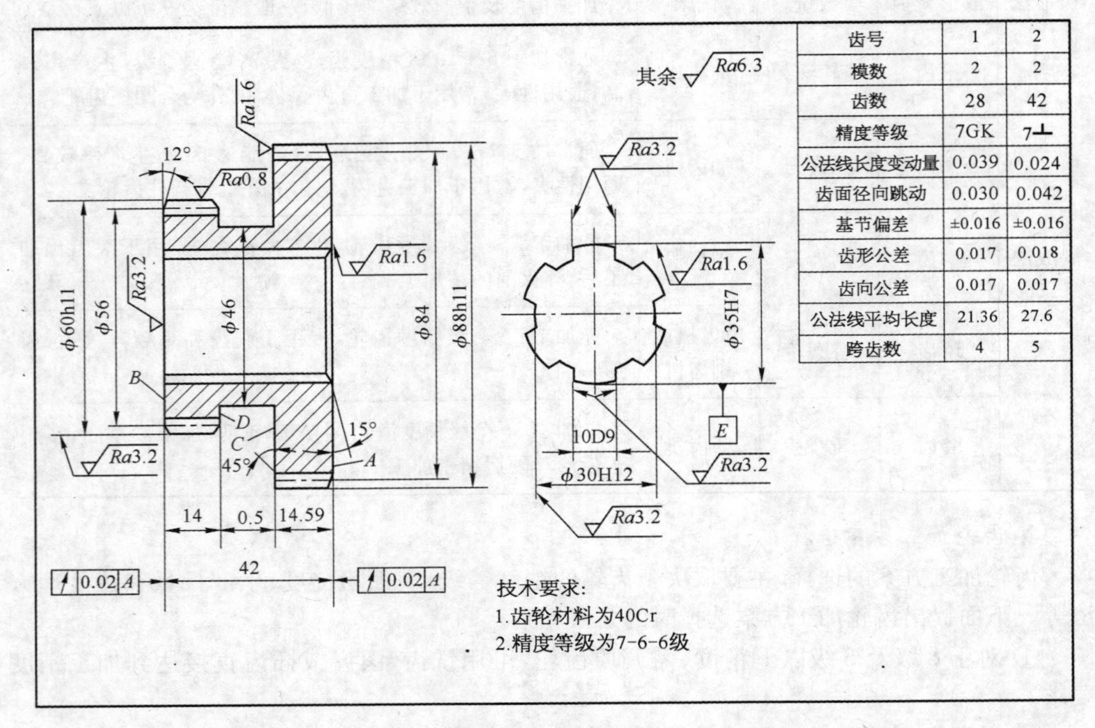

齿号	1	2
模数	2	2
齿数	28	42
精度等级	7GK	7⊥
公法线长度变动量	0.039	0.024
齿面径向跳动	0.030	0.042
基节偏差	±0.016	±0.016
齿形公差	0.017	0.018
齿向公差	0.017	0.017
公法线平均长度	21.36	27.6
跨齿数	4	5

图 2－31　双联齿轮

(2) 齿轮加工工艺过程卡　如表 2－22 所示。

表 2－22　双联齿轮加工工艺过程卡

工序号	工序名称	工 序 内 容	定位基准
1	锻造	毛坯锻造	
2	热处理	正火	
3	车	粗车外圆及端面，留余量 1.5～2 mm，钻镗花键底孔至尺寸 ϕ30H12	外圆及端面
4	拉	拉花键孔	ϕ30H12 孔及 *A* 面
5	钳	钳工去毛刺	
6	车	上芯轴，精车外圆，端面及槽至要求	花键孔及 *A* 面
7	检验	检验	
8	滚齿	滚齿(z=42)，留剃余量 0.07～0.10 mm	花键孔及 *B* 面

（续表）

工序号	工序名称	工　序　内　容	定位基准
9	插齿	插齿($z=28$)，留剃余量 0.0,4～0.06 mm	花键孔及 A 面
10	倒角	倒角(Ⅰ、Ⅱ齿 12°牙角)	花键孔及端面
11	钳	钳工去毛刺	
12	剃齿	剃齿($z=42$)，公法线长度至尺寸上限	花键孔及 A 面
13	剃齿	剃齿($z=28$)，采用螺旋角度为 5°的剃齿刀，剃齿后公法线长度至尺寸上限	花键孔及 A 面
14	热处理	齿部高频淬火:G52	
15	推孔	推孔	
16	珩齿	珩齿	花键孔及 A 面
17	检验	总检入库	

齿坯加工阶段主要为加工齿形基准并完成齿形以外的次要表面加工。

齿形加工是保证齿轮加工精度的关键阶段，其加工方法的选择，对齿轮的加工顺序并无影响，主要取决于加工精度要求。

加工的第一阶段为齿坯最初进入机械加工的阶段。这个阶段主要是为下一阶段加工齿形准备精基准，使齿的内孔和端面的精度基本达到规定的技术要求。因为齿轮的传动精度主要决定于齿形精度和齿距分布均匀性，而这与切齿时采用的定位基准(孔和端面)的精度有着直接的关系。

加工的第二阶段为齿形的加工。需要淬硬的齿轮，必须在这个阶段中加工出能满足齿形的最后精加工所要求的齿形精度，这个阶段的加工是保证齿轮加工精度的关键阶段，应予以特别注意。不需要淬火的齿轮，一般来说这个阶段也就是齿轮的最后加工阶段，经过这个阶段就应该加工出完全符合图样要求的齿轮。

加工的第三阶段是热处理阶段。使齿面达到规定的硬度要求。

加工的最后阶段是齿形的精加工阶段。这个阶段的目的，是修正齿轮经过淬火后所引起的齿形变形，进一步提高齿形精度和降低表面粗糙度，使能够达到最终的精度要求。这个阶段中主要应对定位基准面(孔和端面)进行修整，以修整过的基准面定位进行齿形精加工，能够使定位准确可靠，余量分布比较均匀，以便能达到精加工的目的。

2) 定位基准的选择与加工　定位基准的精度对齿形加工精度有直接的影响。齿轮加工时的定位基准应尽可能与装配基准、测量基准相一致，避免由于基准不重合而产生的误差，要符合“基准重合”原则。而且在整个齿轮加工过程中(如滚、剃、珩等)也尽量采用相同的定位基准。连轴齿轮的齿坯、齿形加工与一般轴类零件加工相似，对于小直径轴类齿轮的齿形加工一般选择两端中心孔或锥体作为定位基准；大直径轴类齿轮多选择齿轮轴颈，并以一个较大的断面作为支承；带孔齿轮，则以孔定位和一个端面支承；盘套类齿轮的齿形加工常采用两种定位基准。

(1) 内孔和端面定位　选择既是设计基准又是测量和装配基准的内孔作为定位基准，既符合“基准重合”原则，又能使齿形加工等工序基准统一，只要严格控制内孔精度，在专用心轴上定位时不需要找正。故生产率高,广泛用于成批生产中。

(2) 外圆和端面定位　以齿坯的外圆和端面作为定位基准,齿坯内孔在通用心轴上安装,用找正外圆来决定孔中心位置,端面作轴向定位基准,故要求齿坯外圆对内孔的径向跳动要小。因找正效率低,一般用于单件、小批生产。

3) 齿端加工　齿轮的齿端加工有倒圆、倒尖、倒棱和去毛刺等。倒圆、倒尖后的齿轮,沿轴向滑动时容易进入啮合。倒棱可去除齿端的锐边,这些锐边经渗碳淬火后很脆,在齿轮传动中易崩裂。

为了使变速箱中变速齿轮沿轴向滑移时,能迅速顺利进入另一齿轮的齿槽并与之啮合,需要将齿轮的端部倒圆、倒尖。加工时,铣刀为棱形锥体形状,在高速旋转同时作上下往复运动,工件作旋转运动,工件转过一齿,铣刀往复一次,在相对运动过程中完成齿端倒圆。

齿端加工必须安排在齿轮淬火之前,通常多在滚(插)齿之后。

2. 高精度齿轮加工工艺特点

1) 高精度齿轮加工工艺过程

(1) 零件图样分析　如图 2-32 所示。

① 齿轮材料为 40Cr。

② 齿轮精度等级为 6-5-5 级。

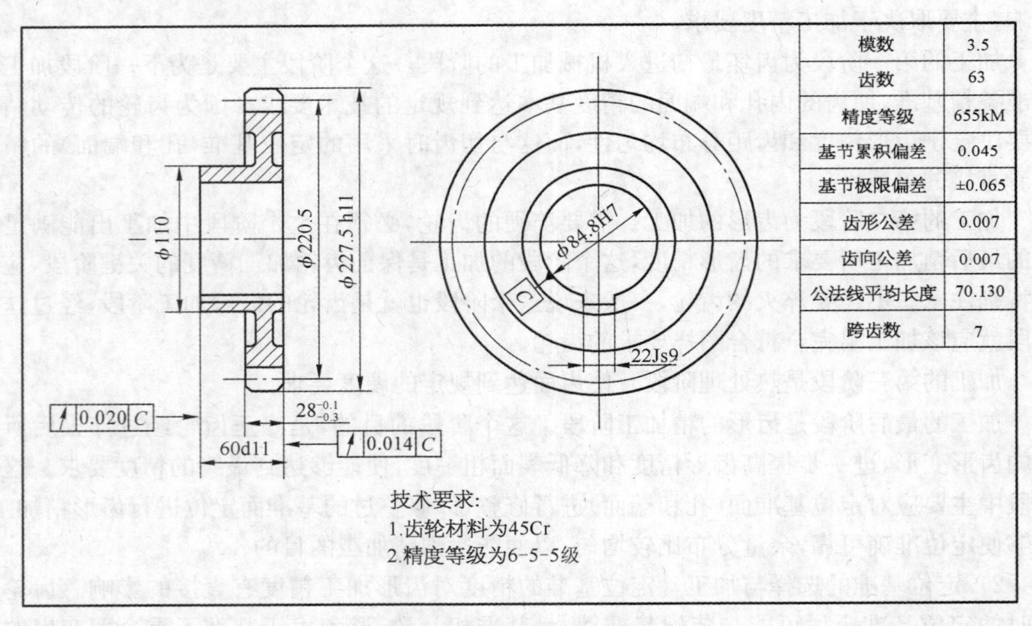

模数	3.5
齿数	63
精度等级	655kM
基节累积偏差	0.045
基节极限偏差	±0.065
齿形公差	0.007
齿向公差	0.007
公法线平均长度	70.130
跨齿数	7

图 2-32　高精度齿轮

(2) 齿轮加工工艺过程卡　如表 2-23 所示。

2) 高精度齿轮加工工艺特点

(1) 定位基准的精度要求较高　作为定位基准的内孔其尺寸精度标注为 ϕ85H5,基准端面的表面粗糙度较小,为 Ra1.6 μm,它对基准孔的跳动为 0.014 mm,这几项均比一般精度的齿轮要求为高,所以,在齿坯加工中,除了要注意控制端面与内孔的垂直度外,还需留一定的余量进行精加工。

表 2-23　高精度齿轮加工工艺过程

序号	工序名称	工序内容	机床	夹具	定位基准
	锻造	毛坯锻造			
	热处理	正火			
1	车	粗车各部分，留余量 1.5～2 mm	C616		外圆及端面
2	车	精车各部分，内孔至 ϕ84.8H7，总长留加工余量 0.2 mm，其余至尺寸			外圆及端面
3	检验	检验			
4	滚齿	滚齿（齿厚留磨加工余量 0.10～0.15 mm）	Y38	滚齿心轴	内孔及 A 面
5	倒角	倒角	倒角机		内孔及 A 面
6	钳	钳工去毛刺			
7	热处理	齿部高频淬火：G52			
8	插削	插键槽	插床		内孔（找正用）和 A 面
9	磨	磨内孔至 ϕ85H5	平面磨床		分圆和 A 面（找正用）
10	磨	靠磨大端 A 面			内孔
11	磨	平面磨 B 面至总长度尺寸			A 面
12	磨	磨齿	Y7150	磨齿心轴	内孔及 A 面
13	检验	总检入库			

（2）齿形精度要求高　为了满足齿形精度要求，其加工方案选择磨齿方案，即滚（插）齿—齿端加工—高频淬火—修正基准—磨齿。磨齿精度可达 4 级，但生产率低。

复习思考题

一、选择题

1. 外圆磨床磨削外圆时，机床的主运动是（　　）。
   A. 工件的旋转运动　　B. 砂轮的旋转运动
   C. 工件的纵向往复运动　　D. 砂轮横向进给运动
2. 下列加工方法中，适合有色金属外圆精加工的方法有（　　）。
   A. 磨削　　B. 金刚车　　C. 珩磨　　D. 金刚镗
3. 磨削加工时，粗磨时应选用磨粒粒度号（　　）的砂轮。
   A. 较大　　B. 较小　　C. 不确定　　D. 任意取
4. 下列车床中，适合于加工径向尺寸大而轴向尺寸相对较小且形状比较复杂的大型或重型零件的为（　　）。
   A. 卧式车床　　B. 立式车床　　C. 马鞍车床　　D. 转塔车床

5. 机床主轴加工时，当毛坯加工余量较大时，正确的工艺顺序安排为(　　)。

A. 粗车外圆，调质处理，半精车外圆，精车外圆，钻深孔

B. 粗车外圆，调质处理，半精车外圆，钻深孔，精车外圆

C. 调质处理，粗车外圆，钻深孔，半精车外圆，精车外圆

D. 调质处理，粗车外圆，半精车外圆，钻深孔，精车外圆

6. 主轴上的次要表面键槽的加工，一般安排在(　　)。

A. 外圆精车，粗磨之后或半精磨外圆之前　B. 精磨外圆之后

C. 半精车外圆之前　D. 任何阶段都可以

7. 某些大型的结构复杂的轴，其毛坯一般选用(　　)。

A. 铸件　B. 锻件　C. 冷拉棒料　D. 热扎棒料

8. 若钻孔需要分两次进行，一般孔径应大于(　　)。

A. 10 mm　B. 20 mm　C. 30 mm　D. 40 mm

9. 加工大中型工件的多个孔时，应选用的机床是(　　)。

A. 卧式车床　B. 台式钻床　C. 立式钻床　D. 摇臂钻床

10. 铰刀的直径愈小，则选用每分钟转速(　　)。

A. 愈高　B. 愈低　C. 值一样　D. 呈周期性递减

11. 钻套与工件间的排屑间隙 h 值(　　)。

A. 越大越好　B. 越小越好

C. 可取任意值　D. 一般为钻套内孔孔径的 1/3～1

12. 加工箱体类零件时常选用一面两孔作定位基准，这种方法一般符合(　　)。

A. 基准重合原则　B. 基准统一原则　C. 互为基准原则　D. 自为基准原则

13. 箱体上哪种基本孔的工艺性最好(　　)。

A. 盲孔　B. 通孔　C. 阶梯孔　D. 交叉孔

14. 箱体零件的材料一般选用(　　)。

A. 各种牌号的灰铸铁　B. 45 钢

C. 40Cr　D. 65Mn

15. 无支承镗模加工工件上的孔时，被加工孔的位置精度由(　　)保证。

A. 机床精度　B. 刀具精度　C. 镗套的位置精度　D. 三者皆有影响

16. 铣削加工时，当大批大量加工大中型或重型工件时宜选用(　　)。

A. 升降台铣床　B. 无升降台铣床　C 龙门铣床　D. 万能工具铣床

17. 下列加工方法中，能加工淬硬齿轮的为(　　)。

A. 珩轮珩齿　B. 指状铣刀铣齿　C. 盘状铣刀铣齿　D. 滚齿刀滚齿

18. 当齿轮要求强度高，耐磨和耐冲击时，其毛坯常选用(　　)。

A. 铸件　B. 棒料　C. 焊接件　D. 锻件

二、问答题

1. 试述轴类零件的主要功用。其结构特点和技术要求有哪些？

2. 研磨、高精度磨削和超精磨削各有什么特点？轴类零件的精密加工有什么共同特征？

3. 采用哪些方法可以防止细长轴加工时发生变形？

4. 试按加工工艺卡要求编制如图 2－33 所示的花键轴的工艺规程。材料为 40Cr，大批生产。

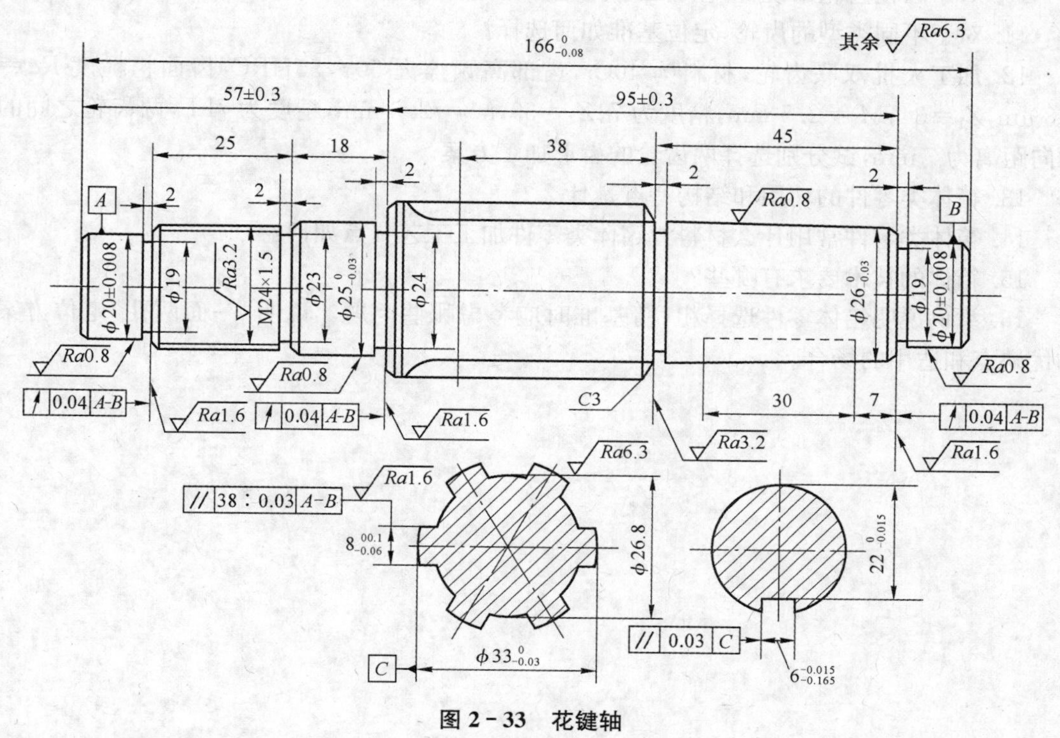

图 2－33　花键轴

5. 套类零件的毛坯常选用哪些材料？毛坯的选择有什么特点？

6. 保证套筒零件位置精度的方法有哪几种？试举例说明各种方法的特点及适应条件。

7. 加工薄壁套筒零件时，工艺上采取哪些措施防止受力变形？

8. 试编制如图 2－34 所示套筒零件的加工工艺过程，生产类型：中批生产；材料：HT200。

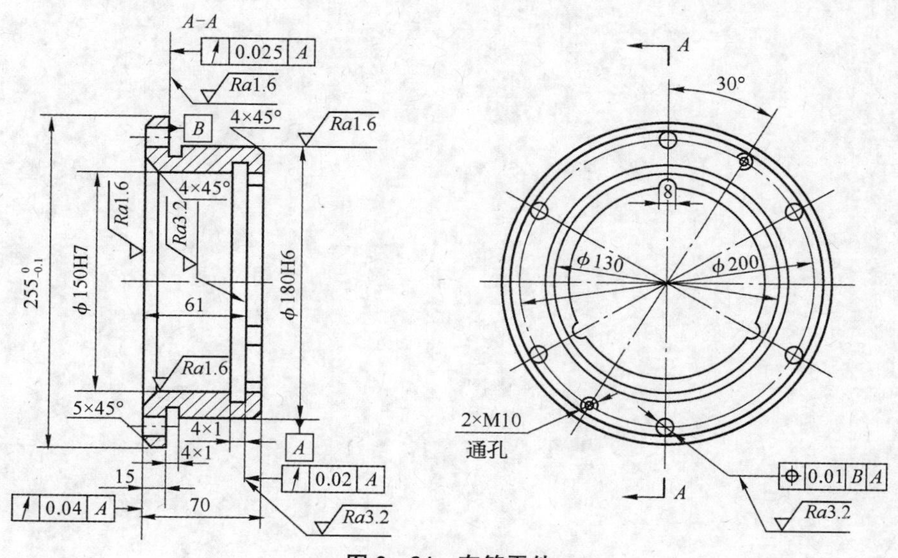

图 2－34　套筒零件

9. 对于不同精度的圆柱齿轮，其齿形加工方案应如何选择？

10. 对于圆柱齿轮来说，齿坯加工方案是如何选择的？

11. 对于不同类型的齿轮，定位基准如何选择？

12. 加工大批双联齿轮，材料为 40Cr，齿部高频淬火 50～55HRC，齿面粗糙度 $Ra=0.8\ \mu m$，$Z_1=34$，$M_1=2.5$ mm，精度为 7，$Z_2=39$，$M_2=2.5$ mm，精度为 7FL，两齿轮之间的轴向距离为 7 mm，试分别选择两齿轮的齿形加工方案。

13. 箱体类零件的功用和结构特点是什么？

14. 箱体类零件常用什么材料？箱体类零件加工工艺要点如何？

15. 箱体的技术要求有哪些？

16. 举例说明箱体零件选择粗、精基准时应考虑哪些问题？说明“一面两孔”定位方案的优缺点和适用的场合。

第三章　机床常用夹具

第一节　机床夹具概述

一、机床夹具在机械加工中的作用

对工件进行机械加工时，为了保证加工要求，首先要使工件相对于刀具及机床有正确的位置，并使这个位置在加工过程中不因外力的影响而变动。为此，在进行机械加工前，先要将工件夹好。

工件的装夹方法有两种：一种是工件直接装夹在机床的工作台或花盘上；另一种是工件装夹在夹具上。

采用第一种方法装夹工件时，一般要先按图样要求在工件表面划线，划出加工表面的尺寸和位置，装夹时用划针或百分表找正后再夹紧。这种方法无需专用装备，但效率低，一般用于单件和小批生产。批量较大时，大多用夹具装夹工件。

用夹具装夹工件的优点：

(1) 能稳定地保证工件的加工精度　用夹具装夹工件时，工件相对于刀具及机床的位置精度由夹具保证，不受工人技术水平的影响，使一批工件的加工精度趋于一致。

(2) 能提高劳动生产率　使用夹具装夹工件方便、快速，工件不需要划线找正，可显著地减少辅助工时，提高劳动生产率；工件在夹具中装夹后提高了工件的刚性，因此可加大切削用量，提高劳动生产率；可使用多件、多工位装夹工件的夹具，并可采用高效夹紧机构，进一步提高劳动生产率。

(3) 能扩大机床的使用范围　在通用机床上采用专用夹具可以扩大机床的工艺范围，充分发挥机床的潜力，达到一机多用的目的。例如，使用专用夹具可以在普通车床上很方便地加工小型壳体类工件。甚至在车床上拉出油槽，减少了昂贵的专用机床，降低了成本。这对中小型工厂尤其重要。

(4) 改善操作者的劳动条件　由于气动、液压、电磁等动力源在夹具中的应用，一方面减轻了工人的劳动强度；另一方面也保证了夹紧工件的可靠性，并能实现机床的互锁，避免事故，保证了操作者和机床设备的安全。

(5) 降低成本　在批量生产中使用夹具后，由于劳动生产率的提高、使用技术等级较低的工人以及废品率下降等原因，明显地降低了生产成本。夹具制造成本分摊在一批工件上，每个工件增加的成本是极少的，远远小于由于提高劳动生产率而降低的成本。工件批量愈大，使用夹具所取得的经济效益就愈显著。

二、夹具的分类

1. 按夹具的通用特性分类

根据夹具在不同生产类型中的通用特性，机床夹具可分为通用夹具、专用夹具、可调夹具、组合夹具和自动线夹具等五大类。

(1) 通用夹具　通用夹具是指结构、尺寸已规格化，而且具有一定通用性的夹具，如三爪自动定心卡盘、四爪单动卡盘、台虎钳、万能分度头、顶尖、中心架和电子吸盘等。这类夹具适应性强，可用来装夹一定形状和尺寸范围内的各种工件。这类夹具已商品化，且成为机床附件。其缺点是夹具的加工精度不高，生产率也较低，且较难装夹形状复杂的工件，故一般适用于单件小批量生产中。

(2) 专用夹具　这类夹具是指专为零件的某一道工序的加工专门设计和制造的。在产品相对稳定、批量较大的生产中，常用各种专用夹具，可获得较高的生产率和加工精度。专用夹具的设计周期较长、投资较大，本章主要论述这类夹具的设计。

除大批量生产之外，中小批量生产中也需要采用一些专用夹具，但在结构设计时要进行具体的技术经济分析。

(3) 可调夹具　可调夹具是针对通用夹具和专用夹具的缺陷而发展起来的一类新型夹具。对不同类型和尺寸的工件，只需调整或更换原来夹具上的个别定位元件和夹紧元件便可使用。它一般又可分为通用可调夹具和成组夹具两种。前者的通用范围比通用夹具更大；后者则是一种专用可调夹具，它按成组原理设计并能加工一族相似的工件，故在多品种，中、小批量生产中使用有较好的经济效果。

(4) 组合夹具　组合夹具是一种模块化的夹具。标准的模块元件具有较高精度和耐磨性，可组装成各种夹具。夹具用毕可拆卸，清洗后留待组装新的夹具。由于使用组合夹具可缩短生产准备周期，元件能重复多次使用，并具有减少专用夹具数量等优点，因此组合夹具在单件，中、小批多品种生产和数控加工中，是一种较经济的夹具。组合夹具也已商品化。

(5) 自动线夹具　自动线夹具一般分为两种：一种为固定式夹具，它与专用夹具相似；另一种为随行夹具，使用中夹具随着工件一起运动，并将工件沿着自动线从一个工位移至下一个工位进行加工。

2. 按夹具使用的机床分类

夹具按使用机床可分为车床夹具、铣床夹具、钻床夹具、镗床夹具、齿轮机床夹具、数控机床夹具、自动机床夹具、自动线随行以及其他机床夹具等。

设计专用夹具时，机床的类别、组别、型别和主要参数均已确定。它们不同点是机床的切削成形运动不同，故夹具与机床的连接方式不同。它们的加工精度要求也各不相同。

3. 按夹紧的动力源分类

夹具按夹紧的动力源可分为手动夹具、气动夹具、液压夹具、气液增力夹具、电磁夹具、真空夹具、离心力夹具等。

三、机床夹具的组成

机床夹具的结构虽然繁多，但它们的组成均可概括为以下几个部分(以图 3-1 所示零件，钻后盖上的 ϕ10 mm 孔，其钻夹具如图 3-2 所示)。

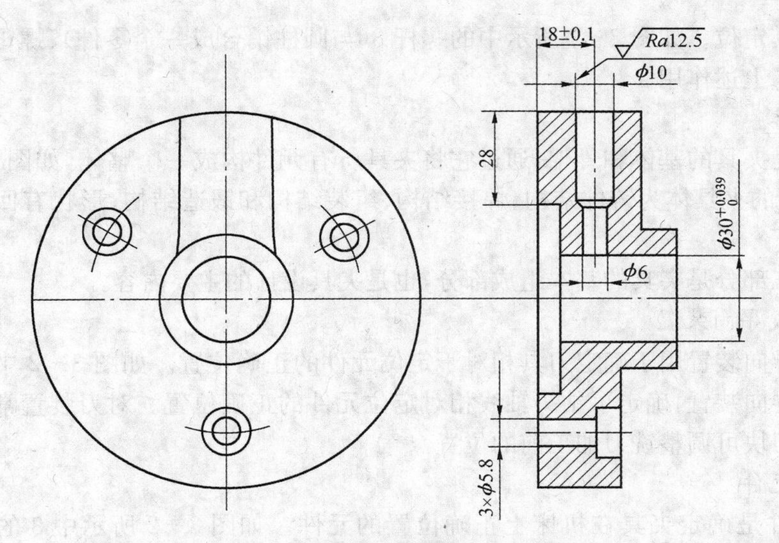

图 3－1　后盖零件钻径向孔的工序图

1. 定位元件

通常，当工件定位基准面的形状确定后，定位元件的结构也就基本确定了。如图 3－2 所示中圆柱销 5、菱形销 9 和支承板 4 都是定位元件，通过它们使工件在夹具中占据正确的位置。

2. 夹紧装置

工件在夹具中定位后，在加工前必须将工件夹紧，以确保工件在加工过程中不因受外力

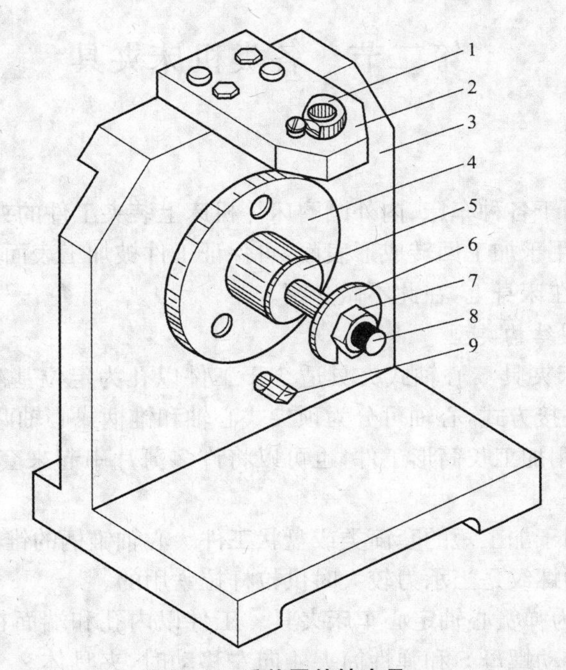

图 3－2　后盖零件钻夹具

1—钻套；2—钻模板；3—夹具体；4—支承板；5—圆柱销；
6—开口垫圈；7—螺母；8—螺杆；9—菱形销

作用而破坏其定位。如图 3-2 所示中的螺杆 8(与圆柱销合成一个零件)、螺母 7 和开口垫圈 6 就起到了上述作用。

3. 夹具体

夹具体是夹具的基体和骨架,通过它将夹具所有元件构成一个整体,如图 3-2 中的夹具体 3。常用的夹具体为铸件结构、焊接结构、组装结构和锻造结构,形状有回转体和底座形等。

以上这三部分是夹具的基本组成部分,也是夹具设计的主要内容。

4. 对刀或导向装置

对刀或导向装置用于确定刀具相对于定位元件的正确位置。如图 3-2 中钻套 1 和钻模板 2 组成导向装置,确定了钻头轴线相对定位元件的正确位置。对刀装置常见于铣床夹具中。用对刀块可调整铣刀加工前的位置。

5. 连接元件

连接元件是确定夹具在机床上正确位置的元件。如图 3-2 所示中 3 的底面为安装基面,保证了钻套 1 的轴线垂直于钻床工作台以及圆柱销 5 的轴线平行于钻床工作台。因此,夹具体可兼作连接元件。车床夹具上的过渡盘、铣床夹具上的定位键都是连接元件。

6. 其他装置或元件

根据加工需要,有些夹具分别采用分度装置、靠模装置、上下料装置、顶出器和平衡块等。这些元件或装置也需要专门设计。

第二节　各类机床夹具

一、车床夹具

车床夹具包括用于各种车床、内外圆磨床等机床上装夹工件的夹具,这类夹具大部分是安装在机床主轴上,用于加工回转成形表面,可保证工件被加工表面对其定位基准的位置精度,但有小部分安装在床身上,在此不做介绍。

1. 车床夹具典型结构类型

(1) 心轴类车床夹具　心轴式夹具适合于工件以孔为定位基准的车削或磨削等工序中。按照机床主轴联接方式,心轴可分为顶尖式心轴和锥柄式心轴两类。

顶尖式心轴,适用加工长筒形工件,也可以将许多薄片串起来套在圆柱心轴上,再用螺母夹紧。

锥柄式心轴仅用于加工短的套筒类或盘状工件。心轴锥柄的锥度应和机床主轴锥孔锥度一致。锥柄尾部的螺纹是当承力较大时供拉杆拉紧用的。

如图 3-3 所示为弹簧心轴定心车床夹具。工件以内孔和端面在弹性筒夹 4、定位套 3 上定位。当拉杆 1 带动螺母 5 和弹性筒夹 4 向左移动时,夹具体 2 上的锥面迫使轴向开槽的弹性筒夹 4 径向胀大,从而使工件定心并夹紧。加工结束后,拉杆带动筒夹向右移动,筒夹收缩复原,便可装卸工件。

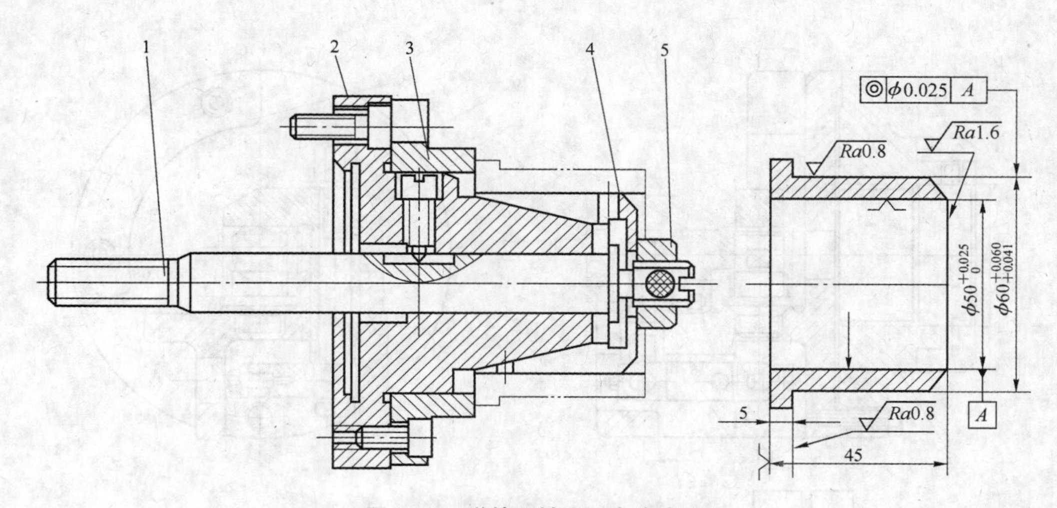

图 3-3　弹簧心轴定心车床夹具

1—拉杆；2—夹具体；3—定位套；4—弹性筒夹；5—螺母

(2) 角铁式车床夹具　角铁式车床夹具的结构特点是具有类似角铁的夹具体。在角铁式车床夹具上加工的工件形状较复杂。它常用于壳体、支座、接头等类零件上圆柱面及端面。当被加工工件的主要定位基准是平面，被加工面的轴线对主要定位基准平面保持一定的位置关系(平行或成一定的角度)时，相应地夹具上的平面定位件设置在与车床主轴轴线相平行或成一定角度的位置上。

如图 3-4 所示为横拉杆接头工序图。工件孔 $\phi34^{+0.05}_{0}$ mm、M36 mm×1.5 mm－6H 及两端面，均已加工过。本工序的加工内容和要求是：钻螺纹底孔、车出左螺纹 M24 mm×1.5 mm－6H；其轴线与 $\phi34^{+0.05}_{0}$ 孔的轴线应垂直相交，并距端面 A 的尺寸为 27 ±0.26 mm。孔壁厚均匀。

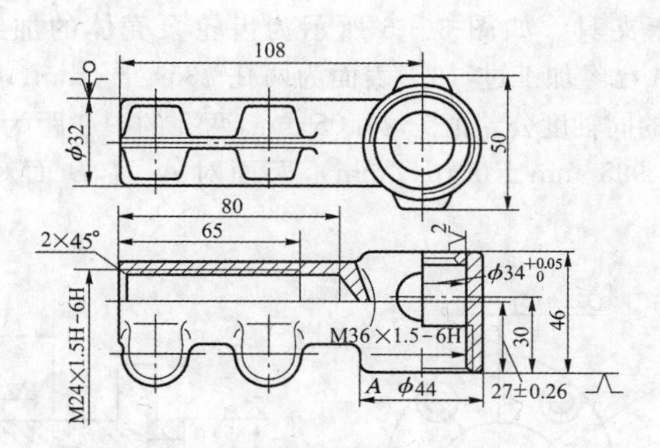

图 3-4　横拉杆接头工序图

如图 3-5 所示为本道工序的角铁式车床夹具。工件以 $\phi34^{+0.05}_{0}$ 孔和端面定位，限制了工件的五个自由度。当拧紧带肩螺母 9 时，钩形压板 8 将工件压紧在定位销 7 的台肩上，同时拉杆 6 向上作轴向移动，并通过联接块 3 带动杠杆 5 绕销钉 4 作顺时针转动，于是将楔块 11 拉下，通过两个摆动压块 12 同时将工件定心夹紧，实现工件的正确装夹。

(3) 花盘式车床夹具　对形状复杂的工件，在加工一个或几个与基准平面垂直孔时，

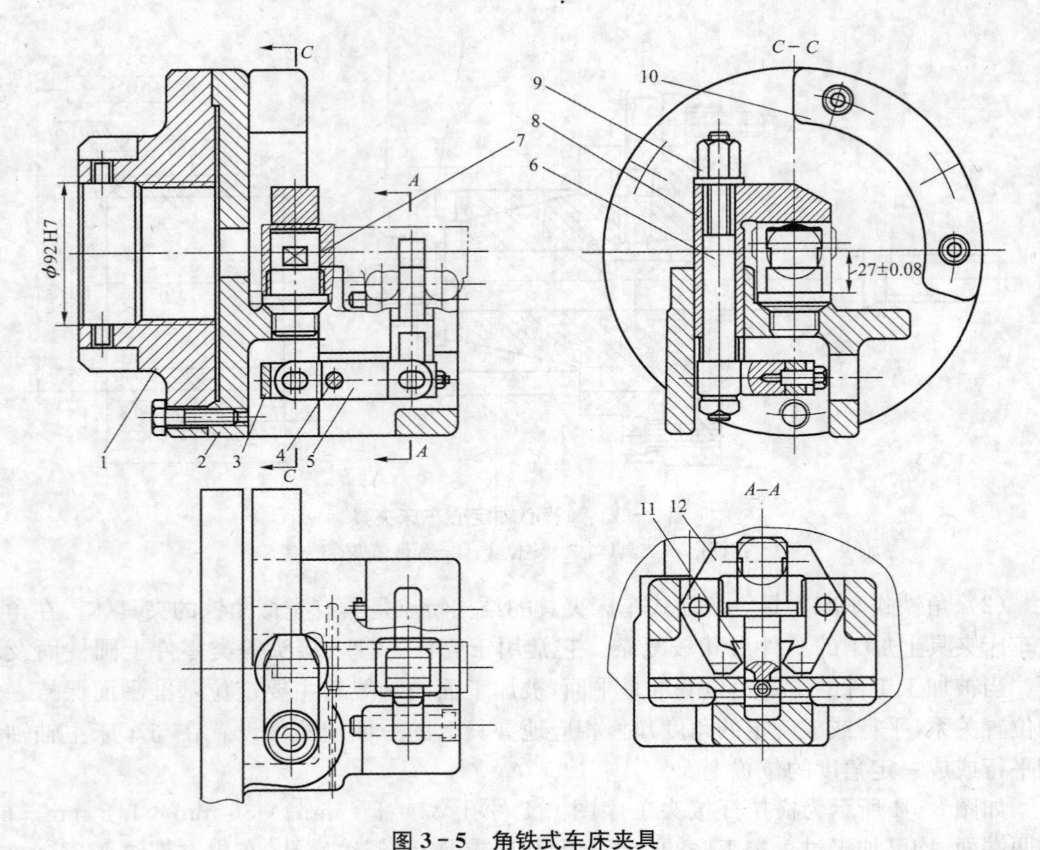

图 3 - 5 角铁式车床夹具

1—过渡盘；2—夹具体；3—联接块；4—销钉；5—杠杆；6—拉杆；7—定位销；
8—钩形压板；9—带肩螺母；10—平衡块；11—楔块；12—摆动压块

就可采用花盘式车床夹具。如图 3 - 6 所示为齿轮泵壳体的加工工序图。工件外圆 $\phi70_{-0.02}^{\ 0}$ mm 及端面 A 已经加工过，加工表面为两孔 $\phi35_{\ 0}^{+0.027}$ mm、端面 T 和孔的底面 B。孔 C 对 $\phi70_{-0.02}^{\ 0}$ mm 的同轴度公差值为 $\phi0.05$ mm，两孔的中心距为$30_{-0.02}^{+0.01}$ mm（如改用对称偏差表示，即为 29.995 mm±0.015 mm），T 面对 A 面，B 面对 T 面的平行度公差为0.02 mm。

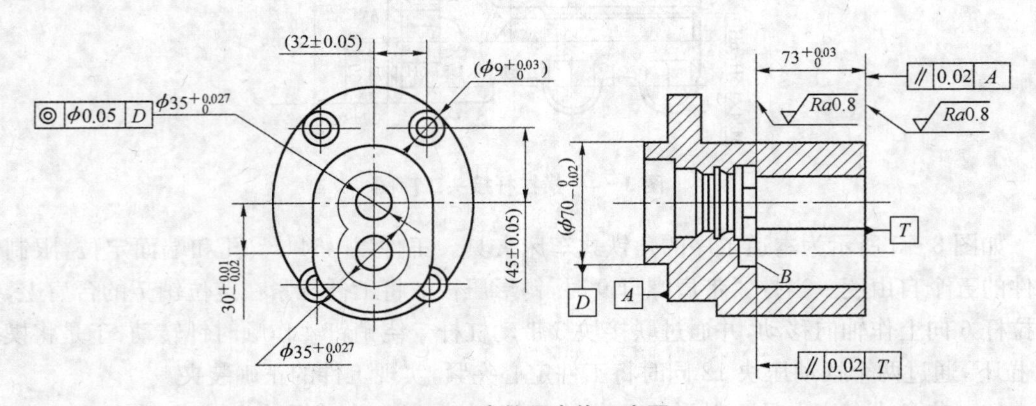

图 3 - 6 齿轮泵壳体工序图

如图 3 - 7 为车齿轮泵壳体两孔的花盘式车床夹具。工件以端面 A、外圆 $\phi70_{-0.02}^{\ 0}$ mm 及小孔 $\phi9_{0}^{+0.003}$ mm 为定位基准，在转盘 2 的 N 面，圆孔 $\phi70_{+0.003}^{+0.012}$ mm 和削边销 4 上定位，用两副螺旋压板 5 夹紧。转盘 2 则由两副螺旋压板 6 压紧在夹具体 1 上。当加工好其中的 $\phi35_{0}^{+0.027}$ mm 孔后，拔出对定销 3 并松开两副螺旋压板 6，将转盘连同工件一起回转 180°，对定销在弹簧力作用下插入夹具体上另一分度孔中，再夹紧转盘即可加工第二孔。

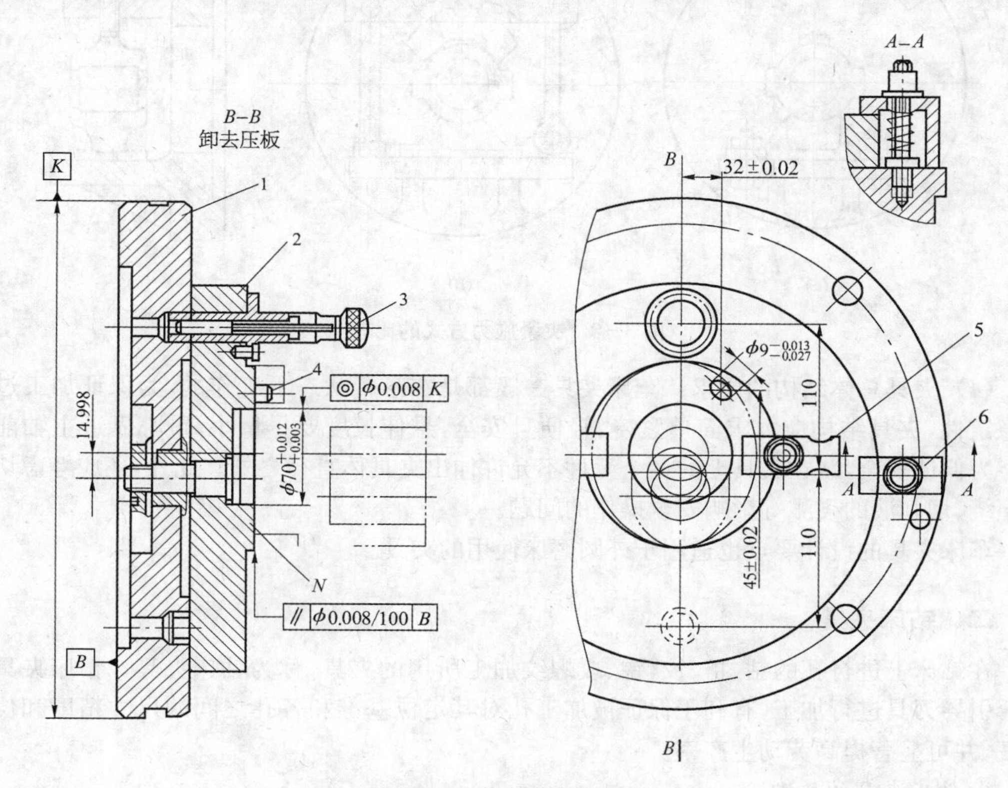

图 3 - 7　花盘式车床夹具

1—夹具体；2—转盘；3—对定销；4—削边销；5、6—螺旋压板

2. 车床夹具的设计要点

(1) 安装基面的设计　为了使车床夹具在机床主轴上安装正确，除了在过渡盘上用止口孔定位以外，常常在车床夹具上设置找正孔、校正基圆或其他测量元件，以保证车床夹具精确地安装到机床主轴回转中心上。

(2) 夹具配重的设计要求　加工时，因工件随夹具一起转动，其重心如不在回转中心上将产生离心力，且离心力随转速的增高而急剧增大。使加工过程产生振动，对零件的加工精度、表面质量以及车床主轴轴承都会有较大的影响。所以车床夹具要注意各装置之间的布局，必要时设计配重块加以平衡。

(3) 夹紧装置的设计要求　由于车床夹具在加工过程中要受到离心力、重力和切削力的作用，其合力的大小与方向是变化的。所以夹紧装置要有足够的夹紧力和良好的自锁性，以保证夹紧时安全可靠。但夹紧力不能过大，且要求受力布局合理，不破坏工件的定位精度。采用图 3 - 5 所示的在车床上镗轴承座孔的角铁式车床夹具，如图 3 - 8a 施力方式是正确的。如图 3-8b 所示虽结构比较复杂，但从总体上看更趋合理。如图 3-8c 所示尽管结构简单，但夹紧力会引起角铁悬伸部分及工件的变形破坏了工件的定位精度。故不合理。

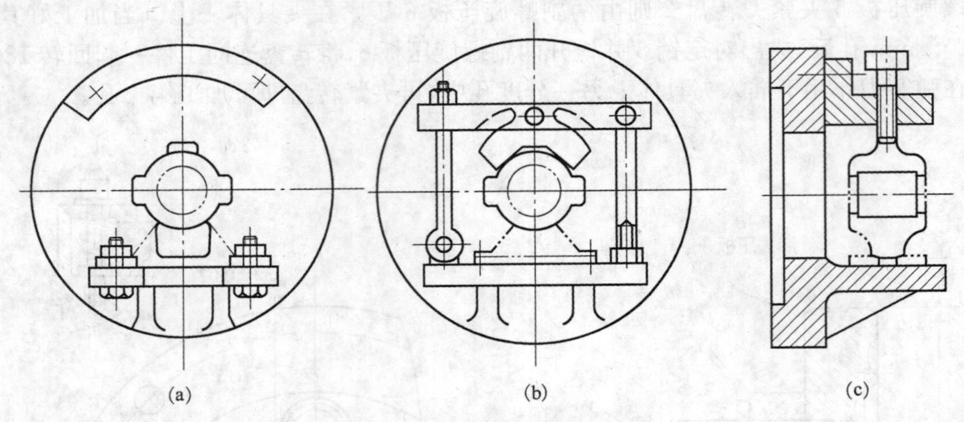

图 3-8　夹紧施力方式的比较

(4) 夹具总体结构的要求　车床夹具一般都是在悬臂状态下工作的，为保证加工过程的稳定性，夹具结构应力求简单紧凑、轻便且安全，悬伸长度要尽量小，重心靠近主轴前支承。为保证安全，装在夹具上的各个元件不允许伸出夹具体直径之外。此外，还应考虑切屑的缠绕、切削液的飞溅等影响安全操作的问题。

车床夹具的设计要点也适用于外圆磨床使用的夹具。

二、钻床夹具

在钻床上进行孔的钻、扩、铰、锪、攻螺纹加工所用的夹具，称为钻床夹具。钻床夹具用钻套引导刀具进行加工，有利于保证被加工孔对其定位基准和各孔之间的尺寸精度和位置精度，并可显著提高劳动生产率。

1. 钻床夹具的类型

钻床上进行孔加工时所用的夹具称钻床夹具，也称钻模。钻模的类型很多，有固定式、回转式、移动式、翻转式、盖板式和滑柱式等。

(1) 固定式钻模　固定式钻模，在使用的过程中，钻模在机床上位置是固定不动的。这类钻模加工精度较高，主要用于立式钻床上加工直径较大的单孔，或在摇臂钻床上加工平行孔系。

如图 3-9a 所示是零件加工孔的工序图，ϕ68H7 孔与两端面已经加工完。本工序需加工 ϕ12H8 孔，要求孔中心至 N 面为 15 ±0.1 mm；与 ϕ68H7 孔轴线的垂直度公差为 0.05 mm，对称度公差为 0.1 mm。据此，采用了如图 3-9b 所示的固定式钻模来加工工件。加工时选定工件以端面 N 和 ϕ68H7 内圆表面为定位基面，分别在定位法兰 4、ϕ68h6 短外圆柱面和端面 N' 上定位，限制了工件 5 个自由度。工件安装后扳动手柄 8 借助圆偏心凸轮 9 的作用，通过拉杆 3 与转动开口垫圈 2 夹紧工件。反方向搬动手柄 8，拉杆 3 在弹簧 10 的作用下松开工件。

(2) 回转式钻模　加工同一圆周上的平行孔系、同一截面内径向孔系或同一直线上的等距孔系时，钻模应设置分度装置。带有回转式分度装置的钻模称为回转式钻模。

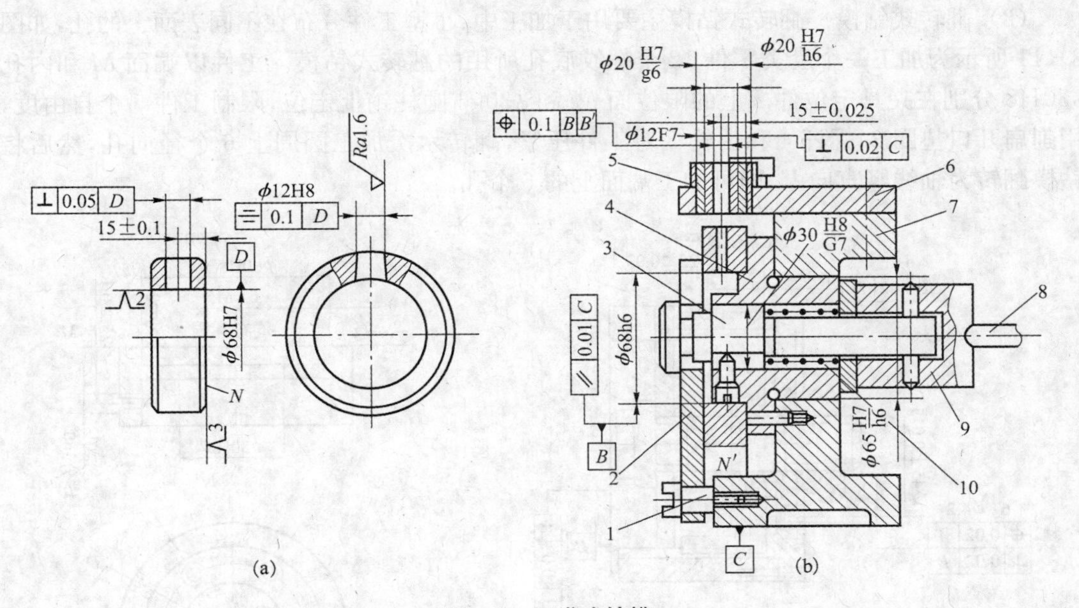

图 3-9　固定式钻模

1—螺钉；2—转动开口垫圈；3—拉杆；4—定位法兰；5—快换钻套；
6—钻模板；7—夹具体；8—手柄；9—圆偏心凸轮；10—弹簧

如图 3-10 所示为一卧轴回转式钻模的结构，用来加工工件上三个径向均布孔。在转盘 6 的圆周上有三个径向均布的钻套孔，其端面上有三个对应的分度锥孔。钻孔前，对定销 2 在弹簧力的作用下插入分度锥孔中，反转手柄 5，螺套 4 通过锁紧螺母使转盘 6 锁紧在夹具体上。钻孔后，正转手柄 5 将转盘松开，同时螺套 4 上的端面凸轮将对定销拔出，进行分度，直至对定销重新插入第二个锥孔，然后锁紧进行第二个孔的加工。

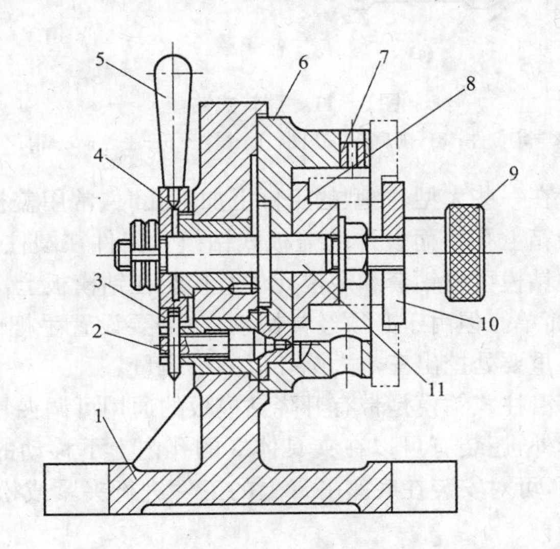

图 3-10　回转式钻模

1—夹具体；2—对定销；3—横销；4—螺套；5—手柄；6—转盘；
7—钻套；8—定位件；9—滚花螺母；10—开口垫圈；11—转轴

(3) 翻转式钻模　翻转式钻模主要用于加工中、小型工件分布在不同表面上的孔，如图3-11所示为加工一个套类零件12个螺纹底孔所用的翻转式钻模。工件以端面M和内孔ϕ30H8分别在夹具定位件2上的限位面M'和ϕ30g6圆柱销上定位，限制工件5个自由度，用削扁开口垫圈3、螺杆4和手轮5对工件压紧，翻转六次加工圆周上6个径向孔，然后将钻模翻转为轴线竖直向上，即可加工端面上的6个孔。

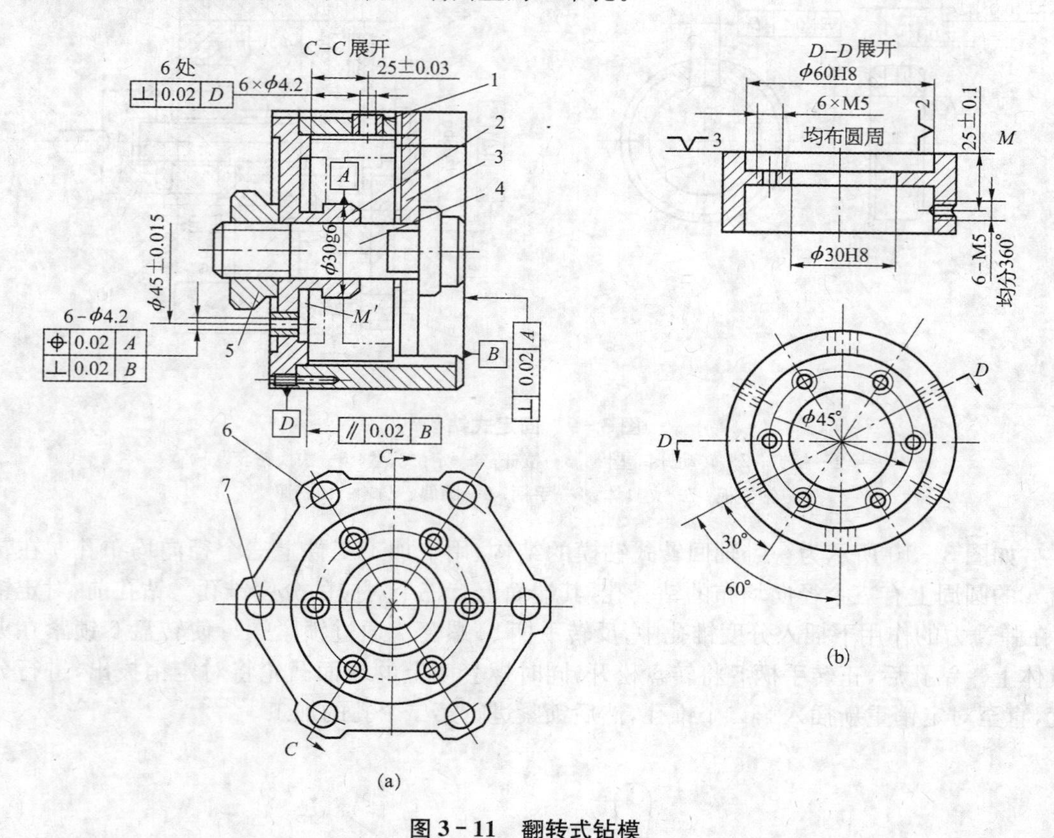

图3-11　翻转式钻模

1—夹具体；2—定位件；3—削扁开口垫圈；4—螺杆；5—手轮；6—销；7—沉头螺钉

(4) 盖板式钻模　在一些大型、中型的工件上加工孔时，常用盖板式钻模。如图3-12所示是为加工车床滑板箱上孔系而设计的盖板式钻模。工件在圆柱销2、削边销3和三个支承钉4上定位。这类钻模可将钻套和定位元件直接装在钻模板上，无需夹具体，有时也无需夹紧装置，所以结构简单。但由于必须经常搬动，故需要设置手把或吊耳，并尽可能减轻质量。如图中所示在不重要处挖出三个大圆孔以减小质量。

(5) 滑柱式钻模　滑柱式钻模是带有升降钻模板的通用可调夹具，如图3-13所示，钻模板4上除可安装钻套外，还装有可以在夹具体3的孔内上下移动的滑柱2及齿条滑柱2借助于齿条的上下移动，可对安装在底座平台上的工件进行夹紧或松开。钻模板上下移动的动力有手动和气动两种。

为保证工件的加工与装卸，当钻模板夹紧工件或升至一定高度后能自锁。如图3-13所示右下角为圆锥锁紧机构的工作原理。齿轮轴5的左端制成螺旋齿，与滑柱上的螺旋齿条相啮合，其螺旋角为45°。轴的右端制成双向锥体，锥度为1:5，与夹具体3及套环7上的

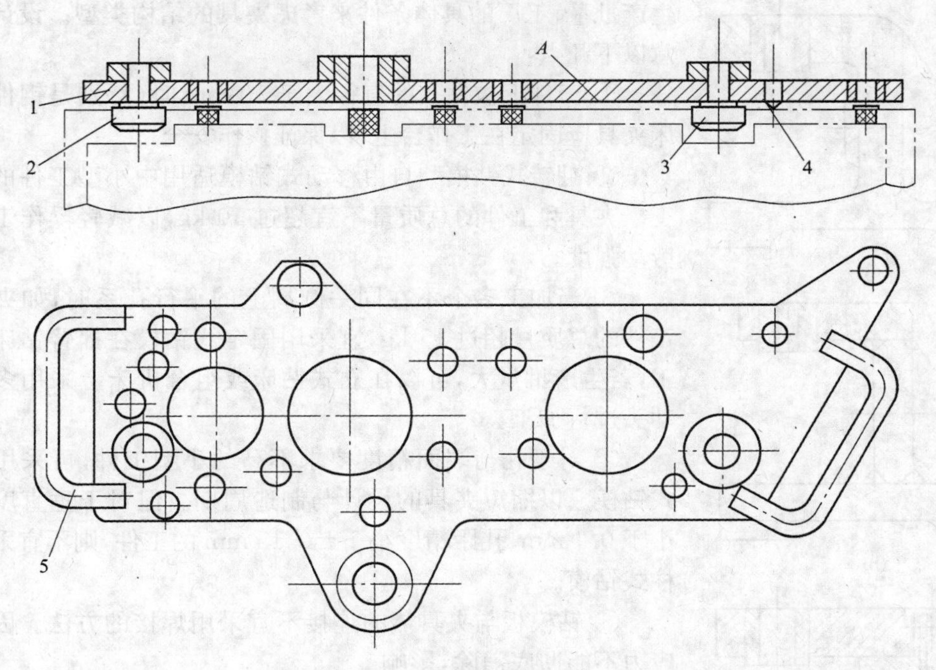

图 3-12　盖板式钻模

1—盖板；2—圆柱销；3—削边销；4—支承钉；5—手把

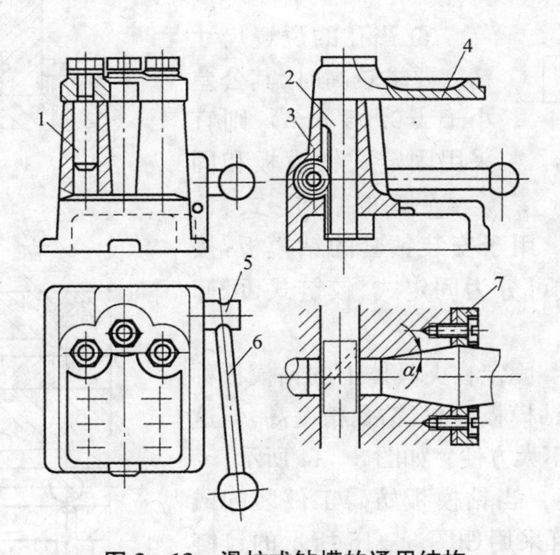

图 3-13　滑柱式钻模的通用结构

1—滑柱；2—齿条滑柱；3—夹具体；4—钻模板；5—齿轮轴；6—手柄；7—套环

锥孔相配合。当钻模板下降夹紧工件时，在齿轮轴上产生轴向分力使锥体楔紧在夹具体的锥孔中实现自锁。当加工完毕，钻模板上升到一定高度，轴向分力使另一段锥体楔紧在套环 7 的锥孔中，将钻模板锁紧，以免钻模板因本身自重而下降。

2. 钻床夹具设计要点

1）钻模类型的选择　在设计钻模时，需根据工件的尺寸、形状、质量和加工要求，以及

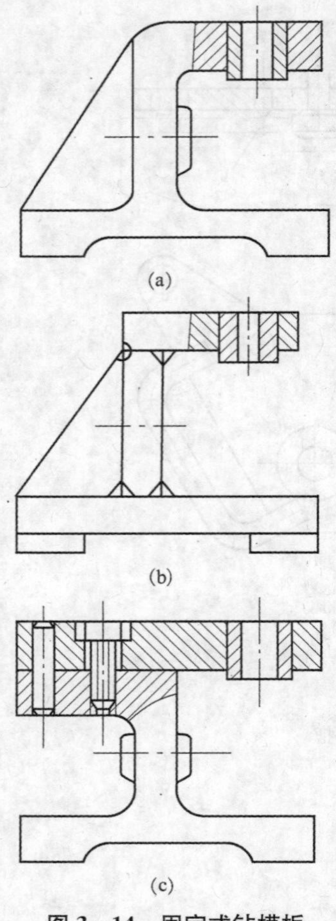

图 3-14　固定式钻模板

生产批量、工厂的具体条件来考虑夹具的结构类型。设计时注意以下几点：

① 工件上被钻孔的直径大于 10 mm 时(特别是钢件)，钻床夹具应固定在工作台上，以保证操作安全。

② 翻转式钻模和自由移动式钻模适用中小型工件的孔加工。夹具和工件的总质量不宜超过 10 kg，以减轻操作工人的劳动强度。

③ 当加工多个不在同一圆周上的平行孔系时，如夹具和工件的总质量超过 15 kg，宜采用固定式钻模在摇臂钻床上加工，若生产批量大，可以在立式钻床或组合机床上采用多轴传动头进行加工。

④ 对于孔与端面精度要求不高的小型工件，可采用滑柱式钻模。以缩短夹具的设计与制造周期。但对于垂直度公差小于 0.1 mm、孔距精度小于±0.15 mm 的工件，则不宜采用滑柱式钻模。

⑤ 钻模板与夹具体的连接不宜采用焊接的方法。因焊接应力不能彻底消除，影响夹具制造精度的长期保持性。

⑥ 当孔的位置尺寸精度要求较高时(其公差小于±0.05 mm)，则宜采用固定式钻模板和固定式钻套的结构形式。

2) 钻模板的结构　用于安装钻套的钻模板，按其与夹具体连接的方式可分为固定式、铰链式、可卸式等。

(1) 固定式钻模板　固定在夹具体上的钻模板称为固定式钻模板。这种钻模板简单，钻孔精度高，但这种结构对某些工件装卸不太方便。如图 3-14 所示。

(2) 铰链式钻模板　当钻模板妨碍工件装卸或钻孔后需要攻螺纹时，可采用如图 3-15 所示的铰链式钻模板。铰链销 1 与钻模板 5 的销孔采用 G7/h6 配合，与铰链座 3 的销孔采用 N7/h6 配合，钻模板 5 与铰链座 3 之间采用 H8/g7 配合。钻套导向孔与夹具安装面的垂直度，可通过调整两个支承钉 4 的高度加以保证。加工时，钻模板 5 由菱形螺母 6 锁紧。由于铰链销孔间存在配合间隙，用此类钻模板加工的精度比固定式钻模板低。

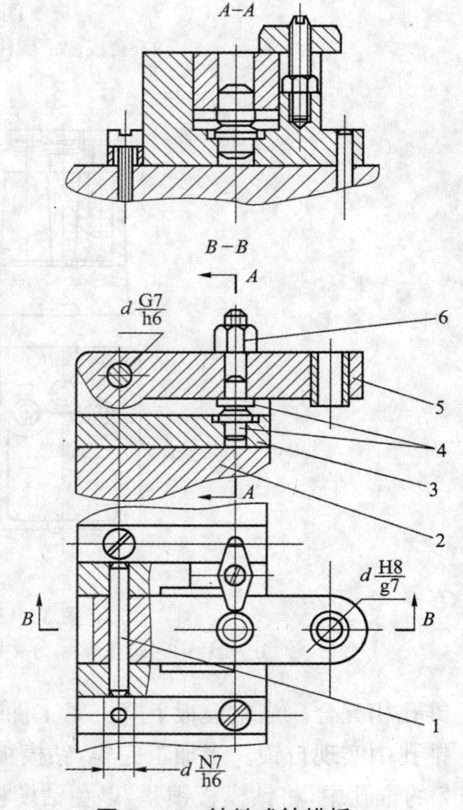

图 3-15　铰链式钻模板

1—铰链销；2—夹具体；3—铰链座；4—支承钉；5—钻模板；6—菱形螺母

（3）可卸式钻模板　工件在夹具中每装卸一次，钻模板也要装卸一次。使用这类钻模板时，装卸钻模板较费力，钻套的位置精度较低，一般多用于其他类型钻模板不便于装夹工件时采用。如图 3－16 所示。

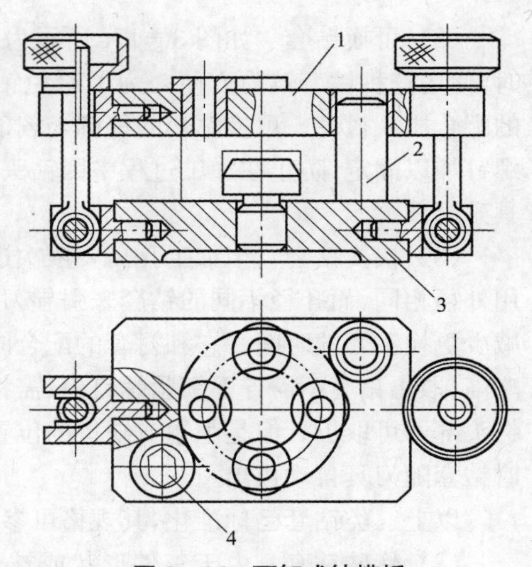

图 3－16　可卸式钻模板

1—钻模板；2—圆柱销；
3—夹具体（支架）；4—刨边销

3）钻套的选择和设计　钻套装配在钻模板或夹具体上，钻套的作用是确定被加工工件上孔的位置，引导钻头、扩孔钻或铰刀，并防止其在加工过程中发生偏斜。按钻套的结构和使用情况，可分为四种类型。

（1）固定钻套　图 3－17a、b 所示是固定钻套的两种型式。钻套外圆以 H7/n6 或 H7/r6 配合直接压入钻模板或夹具体的孔中，如果在使用过程中不需更换钻套，采用固定钻套较为经济，钻孔的位置也较高。适用于单一钻孔工序和小批生产。

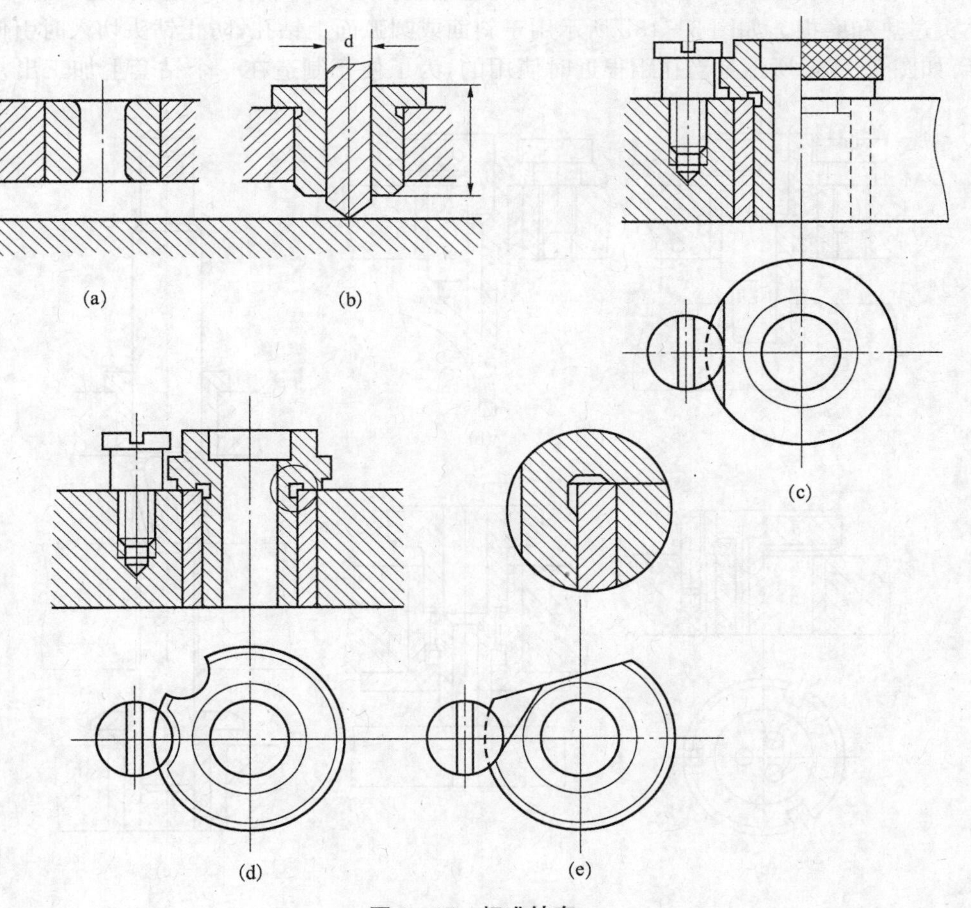

图 3－17　标准钻套

（2）可换钻套　如图 3-17c 所示为可换钻套。当生产量较大，需要更换磨损后的钻套时，使用这种钻套较为方便。为了避免钻模板的磨损，在可换钻套与钻模板之间按 H7/r6 的配合压入衬套。可换钻套的外圆与衬套的内孔一般采用 H7/g6 或 H7/h6 的配合，并用螺钉加以固定，防止在加工过程中因钻头与钻套内孔的摩擦使钻套发生转动，或退刀时随刀具升起。

（3）快换钻套　当加工孔需要依次进行钻、扩、铰时，由于刀具的直径逐渐增大，需要使用外径相同，而孔径不同的钻套来引导刀具。这时使用如图 3-17d、e 所示的快换钻套可以减少更换钻套的时间。它和衬套的配合同于可换钻套，但其锁紧螺钉的突肩比钻套上凹面略高，取出钻套不需拧下锁紧螺钉，只需将钻套转过一定的角度，使半圆缺口或削边正对螺钉头部即可取出。但是削边或缺口的位置应考虑刀具与孔壁间摩擦力矩的方向，以免退刀时钻套随刀具自动拔出。

以上三类钻套已标准化，其规格可参阅有关夹具手册。

（4）特殊钻套　由于工件形状或被加工孔位置的特殊性，需要设计特殊结构的钻套。如图 3-18 所示为几种特殊钻套的结构。

当钻模板或夹具体不能靠近加工表面时，使用图 3-18a 所示的加长钻套，使其下端与工件加工表面有较短的距离。扩大钻套孔的上端是为了减少引导部分的长度，减少因摩擦使钻头过热和磨损。如图 3-18b 所示用于斜面或圆弧面上钻孔，防止钻头切入时引偏甚至折断；如图 3-18c 所示是当孔距很近时使用的，为了便于制造在一个钻套上加工出几个近

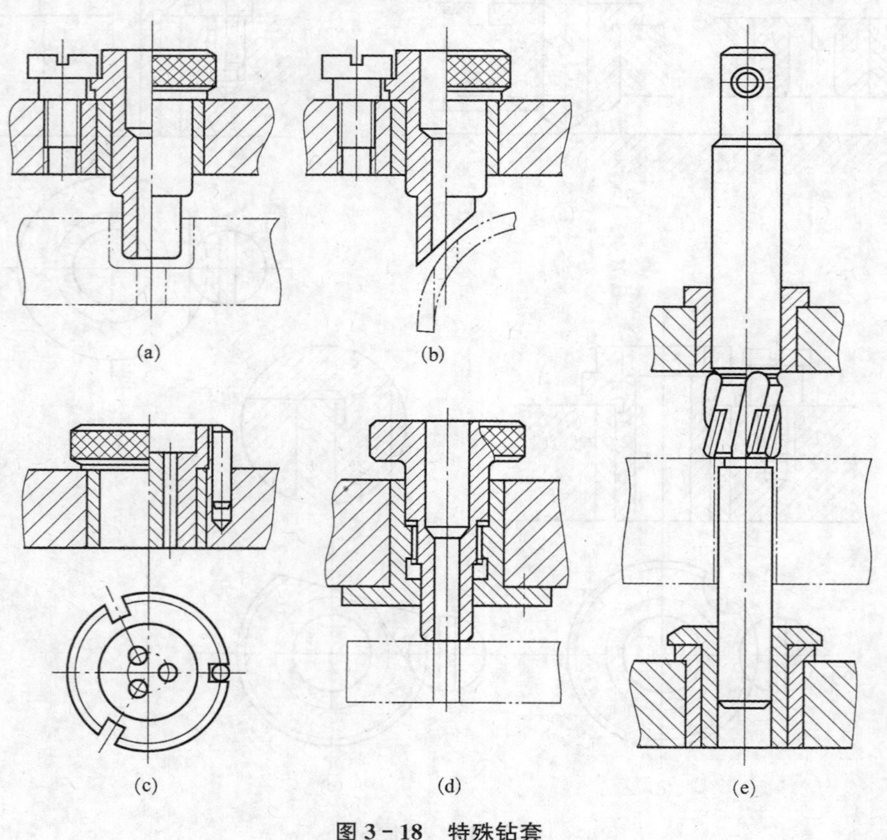

图 3-18　特殊钻套

距离的孔；如图 3-18d 所示是需借助钻套作为辅助性夹紧时使用；如图 3-18e 所示为使用上下钻套引导刀具的情况。当加工孔较长或与定位基准有较严的平行度、垂直度要求时，只在上面设置一个钻套 2，很难保证孔的位置精度。对于安置在下方的钻套 4 要注意防止切屑落入刀杆与钻套之间，为此，刀杆与钻套选用较紧的配合（H7/h6）。

三、铣床夹具

铣床夹具主要用于加工零件上的平面、键槽、缺口及成形表面等。由于铣削加工的切削力较大，又是断续切削，加工中易引起振动，因此要求铣床夹具的受力元件要有足够的强度。夹紧力应足够大，且有较好的自锁性。此外，铣床夹具一般通过对刀装置确定刀具与工件的相对位置，其夹具体底面大多设有定向键，通过定向键与铣床工作台 T 形槽的配合来确定夹具在机床上的方位。夹具安装后用螺栓紧固在铣床的工作台上。

1. 铣床夹具的分类

1）直线进给的铣床夹具　在铣床夹具中，这类夹具用得最多，一般根据工件质量和结构及生产批量，将夹具设计成装夹单件、多件串联或多件并联的结构。铣床夹具也可采用分度等形式。

2）圆周进给的铣床夹具　圆周进给铣削方式在不停车的情况下装卸工件，因此生产率高，适用于大批量生产。

3）靠模铣床夹具　带有靠模装置的铣床夹具，用于专用或通用铣床上加工各种成形面。靠模夹具的作用是使主进给运动和由靠模获得的辅助运动合成加工所需要的仿形运动。按照主进给运动的运动方式，靠模铣床夹具可分为直线进给和圆周进给两种。

（1）直线进给靠模铣床夹具　如图 3-19a 所示为直线进给靠模铣床夹具示意图。靠模板 2 和工件 4 分别装在夹具上，滚柱滑座 6 和铣刀滑座 5 连成一体，它们的轴线距离 k 保持不变。滑座 5、6 在强力弹簧或重锤拉力作用下沿导轨滑动，使滚柱始终压在靠模板上。当工作台作纵向进给时，滑座即获得一横向辅助运动，使铣刀仿照靠模板的曲线轨迹在工件上铣出所需的成形表面。此种加工方法一般在靠模铣床上进行。

（2）圆周进给靠模铣床夹具　如图 3-19b 所示为装在普通立式铣床上的圆周进给靠模夹具。靠模板 2 和工件 4 装在回转台 7 上，转台由蜗杆蜗轮带动作等速圆周运动。在强力弹簧的作用下，滑座 8 带动工件沿导轨相对于刀具作辅助运动，从而加工出与靠模外形相仿的成形面。

设计圆周进给靠模铣床夹具时，通常将滚柱和铣刀布置在工件回转轴线的同一侧，相隔一固定距离 k。这样便可将靠模板的尺寸设计得大些，使靠模的轮廓曲线变得更平滑，滚柱的尺寸也可以加大，以增强刚度，从而提高加工精度。如图 3-19 所示的俯视图反映了滚柱和铣刀的相对运动轨迹，即反映了工件成形面的轮廓和靠模板轮廓的关系。由此可得靠模板轮廓曲线的绘制过程如下：

① 画出工件成形面的准确外形。

② 从工件的加工轮廓面或回转中心作均分的平行线或辐射线。

③ 在平行线或辐射线上以铣刀半径 r 作与工件外形轮廓相切的圆，得铣刀中心的运动轨迹。

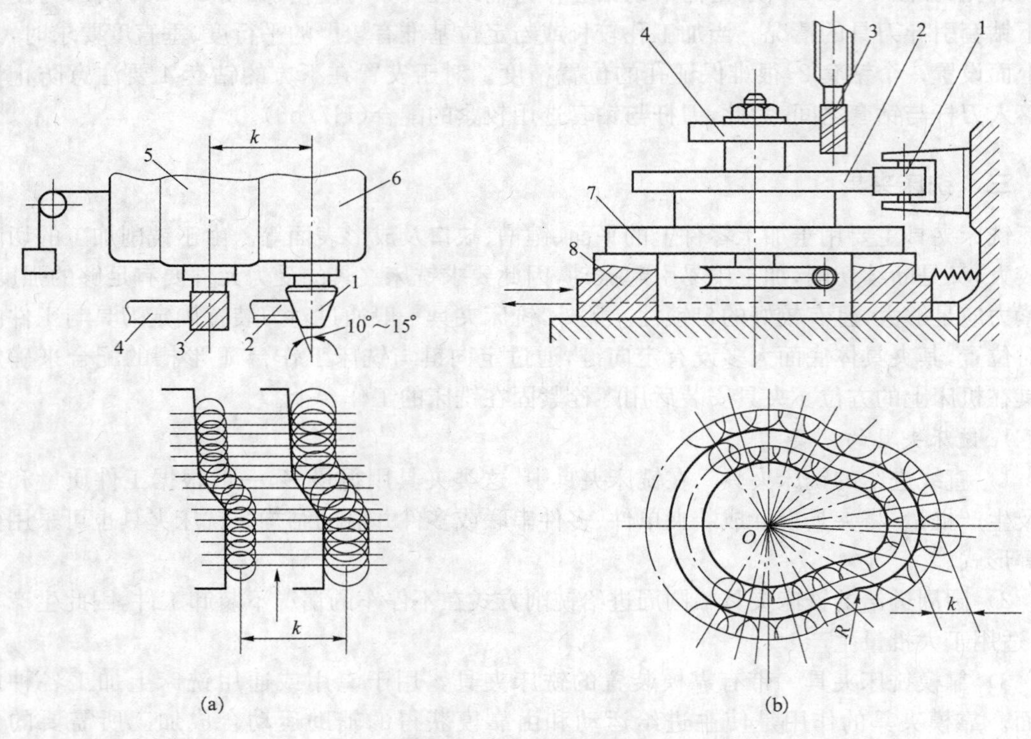

图 3-19　铣削靠模夹具

1—滚柱；2—靠模板；3—铣刀；4—工件；5—铣刀滑座；6—滚柱滑座；7—回转台；8—滑座

④ 从铣刀中心沿各平行线或辐射线截取长度等于 k 的线段，得到滚柱中心的运动轨迹，然后以滚柱半径 R 作圆弧，再作这些圆弧的包络线，即得靠模板的轮廓曲线。

铣刀的半径应等于或小于工件轮廓的最小曲率半径，滚柱直径应等于或略大于铣刀直径。为防止滚柱和靠模板磨损后及铣刀刃磨后影响工件的轮廓尺寸，可将靠模和滚柱做成10°～15°的斜角，以便调整。

靠模和滚柱间的接触压力很大，需要有很高的耐磨性。因此常用 T8A、T10A 钢制造或 20 钢、20Cr 钢渗碳淬硬至 58～62 HRC。

2. 铣床夹具的设计要点

定向键和对刀装置是铣床夹具的特殊元件。

(1) 定向键　定向键安装在夹具底面的纵向槽中，一般使用两个，其距离尽可能布置得远些，小型夹具也可使用一个断面为矩形的长键。通过定向键与铣床工作台 T 形槽的配合，使夹具上元件的工作表面对于工作台的送进方向具有正确的相互位置。定向键可承受铣削时所产生的扭转力矩，可减轻夹紧夹具的螺栓的负荷，加强夹具在加工过程中的稳固性。因此，在铣削平面时，夹具上也装有定向键。定向键的断面有矩形和圆柱形两种，常用的为矩形。如图 3-20 所示。

定向精度要求高的夹具和重型夹具，不宜采用定向键，而是在夹具体上加工出一窄长平面作为找正基面，来校正夹具的安装位置。

(2) 对刀装置　对刀装置由对刀块和塞尺组成，用以确定夹具和刀具的相对位置。对

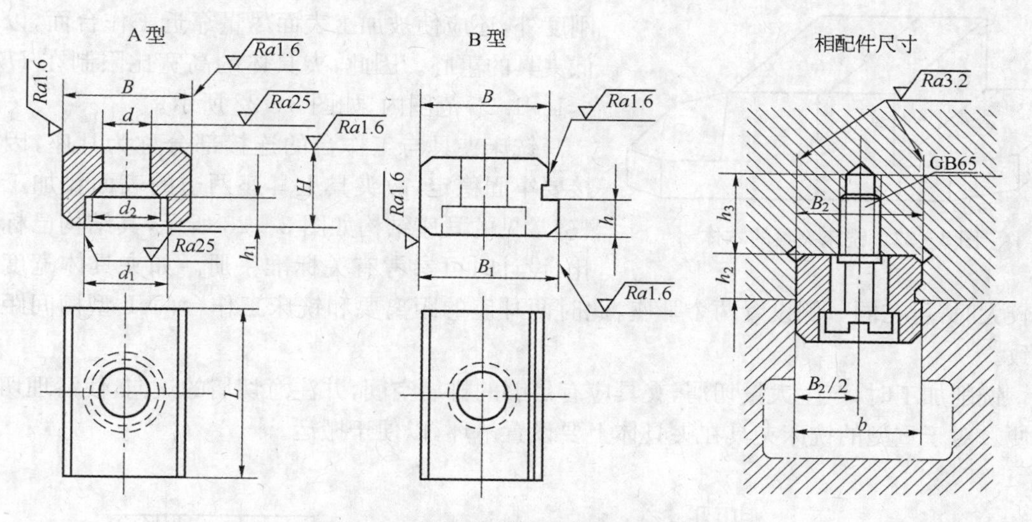

图 3-20　定向键(GB/T 2206—91)

刀装置的形式根据加工表面的情况而定，如图 3-21 所示为几种常见的对刀块：如图 3-21a 所示为圆形对刀块，用于加工平面；如图 3-21b 所示为方形对刀块，用于调整组合铣刀的位置；如图 3-21c 所示为直角对刀块，用于加工两相互垂直面或铣槽时的对刀；如图 3-21d 所示为侧装对刀块，亦用于加工两相互垂直面或铣槽时的对刀。这些标准对刀块的结构参数均可从有关手册中查取。对刀调整工作通过塞尺(平面型或圆柱型)进行，这样可以避免损坏刀具和对刀块的工作表面。塞尺的厚度或直径一般为 3～5 mm，按国家标准 h6 的公差制造，在夹具总图上应注明塞尺的尺寸。

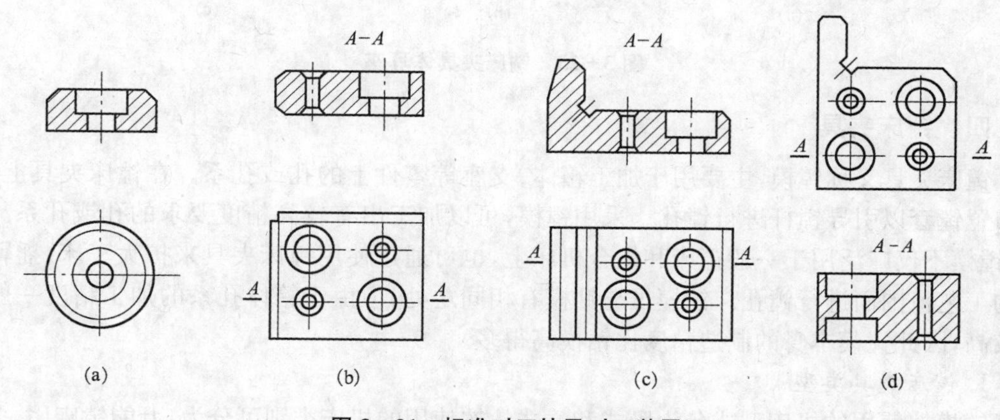

图 3-21　标准对刀块及对刀装置

(a) 圆形对刀块(GB/T 2240—91)；(b) 方形对刀块(GB/T 2241—91)；
(c) 直角对刀块(GB/T 2242—91)；(d) 侧装对刀块(GB/T 2243—91)

采用标准对刀块和塞尺进行对刀调整时，加工精度不超过 IT8 级公差。当对刀调整要求较高或不便于设置对刀块时，可以采用试切法；标准件对刀法；或用百分表来校正定位元件相对于刀具的位置，而不设置对刀装置。

(3) 夹具体　为提高铣床夹具在机床上安装的稳固性，除要求夹具体有足够的强度和

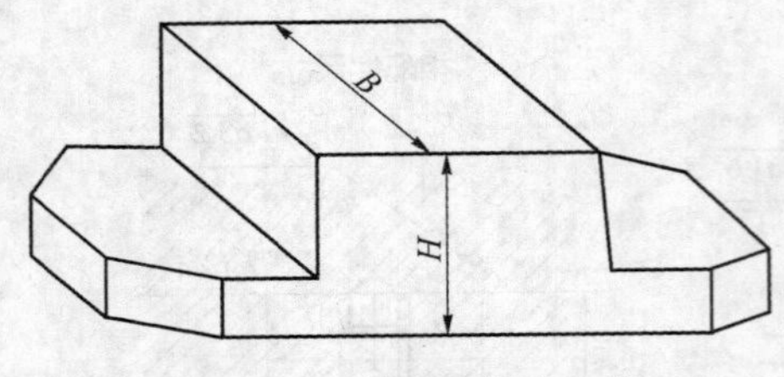

图 3-22　铣床夹具的本体

刚度外，还应使被加工表面尽量靠近工作台面，以降低夹具的重心。因此，夹具体的高宽比限制在 $H/B \leqslant 1 \sim 1.25$ 范围内，如图 3-22 所示。

铣床夹具与工作台的连接部分称为耳座，因连接要牢固稳定，故夹具上耳座两边的表面要加工平整，常见的耳座结构如图 3-23 所示，其结构已标准化，设计时可参考有关标准手册。如夹具体宽度尺寸较大时，可在同一侧设置两个耳座，此时两耳座的距离要和铣床工作台两 T 型槽间距离一致。

铣削加工时，产生大量切屑，夹具应有足够的排屑空间，并注意切屑的流向，使清理切屑方便。对于重型的铣床夹具在夹具体上要设置吊环，以便于搬运。

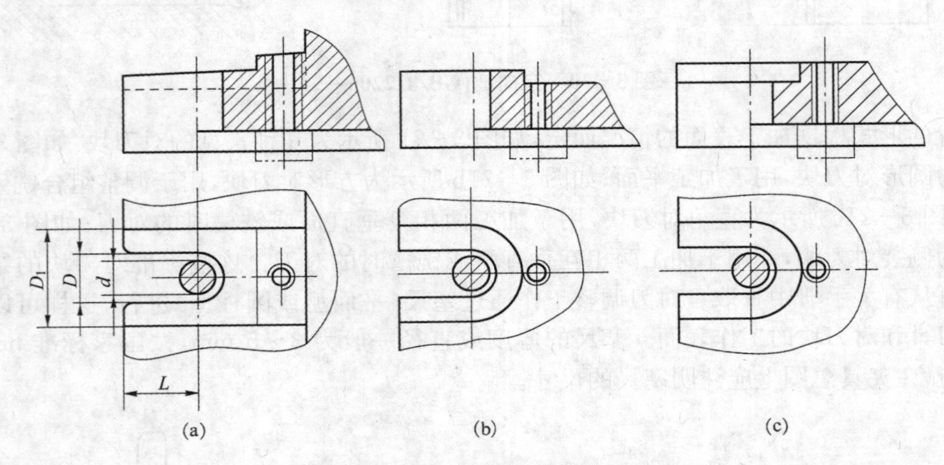

图 3-23　铣床夹具体耳座

四、镗床夹具

镗床夹具又称镗模，主要用于加工箱体、支座等零件上的孔或孔系。在镗床夹具上，通常布置镗套以引导镗杆进行镗孔。采用镗模，可以加工出有较高精度要求的孔或孔系。因此，镗模不仅广泛用于一般镗床和组合机床上，也可通过使用镗床夹具来扩大车床、摇臂钻床的工艺范围而进行镗孔。镗模虽与钻模有相同之处，但由于箱体孔系的加工精度一般要求较高，因此镗模本身的制造精度比钻模高得多。

1. 镗床夹具类型

镗模按使用的机床型式分为卧式和立式。按使用的机床类别可分为：万能镗床用、多轴组合机床用、精密机床用和通用机床用等类。镗模按镗套布置的位置又可分为以下几种型式：

(1) 单支承引导　镗杆在镗模中只有一个位于刀具前面或后面的镗套引导。这时，镗杆与机床主轴采用刚性连接，即镗杆插入机床主轴的莫氏钻孔中，并使镗套中心线与主轴轴线重合。采用这种布置方式，机床主轴回转精度会影响工件镗孔的精度。因此适用于小孔和短孔的加工。而且当镗套的位置布置的不同时，适用性也有所差异。

如图 3-24a 所示，镗套布置在刀具前面，即单支承前引导。这种方式便于观察和测量，特别适用于锪平面或攻丝的工序。缺点是切屑易带入镗套中，刀具切入与退出的行程较长。多应用在 $D>60$ mm，$L<D$ 的场合。

如图 3-24b 所示为单支承后引导，适用于 D 小于 60 mm 通孔或盲孔。工件的装卸比较方便。设计此种镗模时，应注意以下两个问题。

① 在孔距精度高和孔的长度 $L<D$ 时，刀具导向部分直径 d 可大于所加工孔的直径 D，如图 3-24b 所示。这样，刀杆刚性好、加工精度高、刀具的更换也较方便。

② 在加工 $L>(1\sim1.25)D$ 的长孔时，镗杆直径 d 应小于加工孔的直径 D，以便缩短距离 h 和镗杆的悬伸长度 L，保证镗杆有一定的刚性，减少加工中的振动，提高加工精度，如图 3-24c 所示。

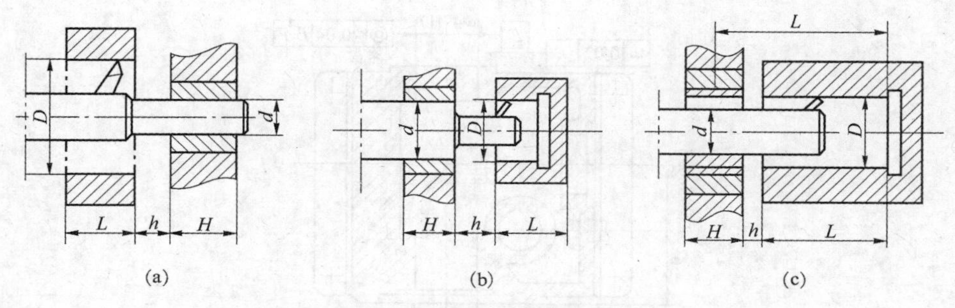

图 3-24　单导向镗孔示意图

如图 3-24 中的尺寸 h 为镗套端面至工件的距离，其值大小应根据更换刀具、工件的装卸、尺寸的测量及方便于排屑来考虑，但又不宜过长。否则，刀具悬伸尺寸 L 增大。在卧式镗床上镗孔时其值取 20～80 mm 或 $h=(0.5\sim1)D$。在立式镗床上镗孔时与钻模情况类似，可以参考钻模设计中 h 的取值，镗套长度一般取 $H=(2\sim3)d$；或按刀具悬伸量选取，即 $H\geqslant h+L$。

(2) 双支承引导

① 双面单支承引导。如图 3-25 所示为双面单支承(即前后单支承引导)，两个镗套分别布置在工件的前方与后方。主要用于加工孔径较大，镗孔长度 $L/D>1.5$ 的孔；或一组同轴孔系，且孔距精度或同轴度精度要求较高的孔。

如图 3-25 所示为一减速箱箱体镗孔工序简图。现选定用卧式镗床进行加工，所设计的镗床夹具如图 3-25 所示。该零件为一典型的箱体类型，需加工成互为 90°的两组孔系，分别为 ϕ47H7、ϕ80H7 同轴孔和两端都为 ϕ47H7 的孔系。两组孔系之间位置精度较高，且与其他有关表面之间的位置精度要求也很高。根据上述分析，选工件耳座上表面 M 为主要定位基准、以 ϕ30H7 为第二定位基准，以 N 面作为限制一个自由度的基准，共限制了 6 个自由度，满足零件要求。为了保证工件的精度要求，采用前后双引导的镗模结构，以加强镗杆刚性。镗套为滑动式，以求结构简单且有较好的系统刚性。镗模支架和底座也都设计成箱式结构，使之具有较理想的刚性。

② 双支承单引导。单面双支承(两支承布置在刀具的一侧)适用于不能使用前后支承的条件。既有上述支承方法的优点，又避免了该种支承的缺点，如图 3-26 所示。由于镗杆为悬臂梁，故镗杆伸长的距离 L 一般不大于镗杆直径的 5 倍，以免镗杆悬伸过长。保证镗杆的导引长度 $H>(1.25\sim1.5)L$，则可有利于增强镗杆的刚性和轴向移动的平稳性。

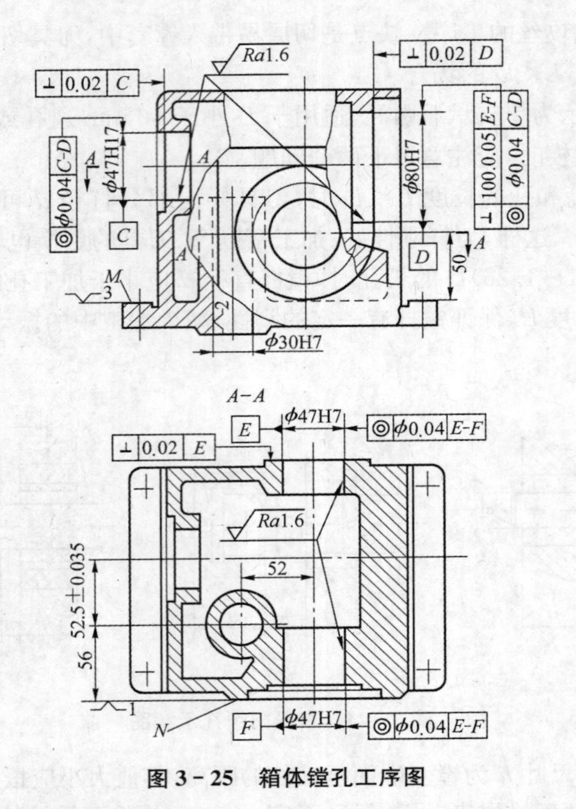

图 3-25　箱体镗孔工序图

③ 双面双支承引导。双面双支承在工件两侧都设有两个导向支承，如图 3-27 所示。这种导向方式适用于专用联动镗床或精度要求高而需两面镗孔的场合。大批量生产中应用较广。

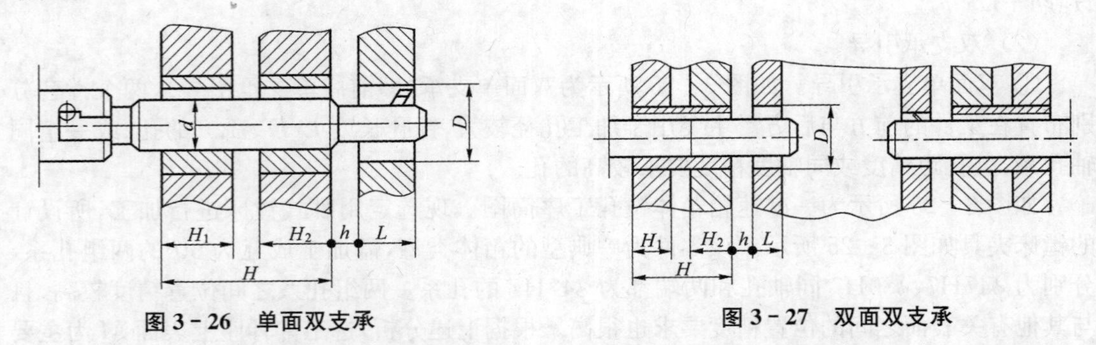

图 3-26　单面双支承　　　　图 3-27　双面双支承

(3) 无支承镗模　如图 3-28 所示为镗发动机活塞销孔用金刚镗床夹具。工件在卡爪中以定位销 9 上端面预定位，以活塞销孔和装于镗杆上的定位销 10 准确定位。夹紧时，通过油缸活塞 1、滑柱 2、塑料 3 使薄壁套 4 的薄壁部分产生弹性变形，由卡爪 8 夹紧工件。更换卡爪 8 可加工不同外径的活塞。塞环 5 可防止工件变形，保护塞规 6 为不装工件时放入。

2. 镗床夹具的设计要点

1) 镗套　镗套的结构和精度直接影响到被加工孔的加工精度和表面粗糙度。设计时需根据工件的不同加工要求和加工条件选用。根据运动形式不同，镗套的结构形式一般分为两类。

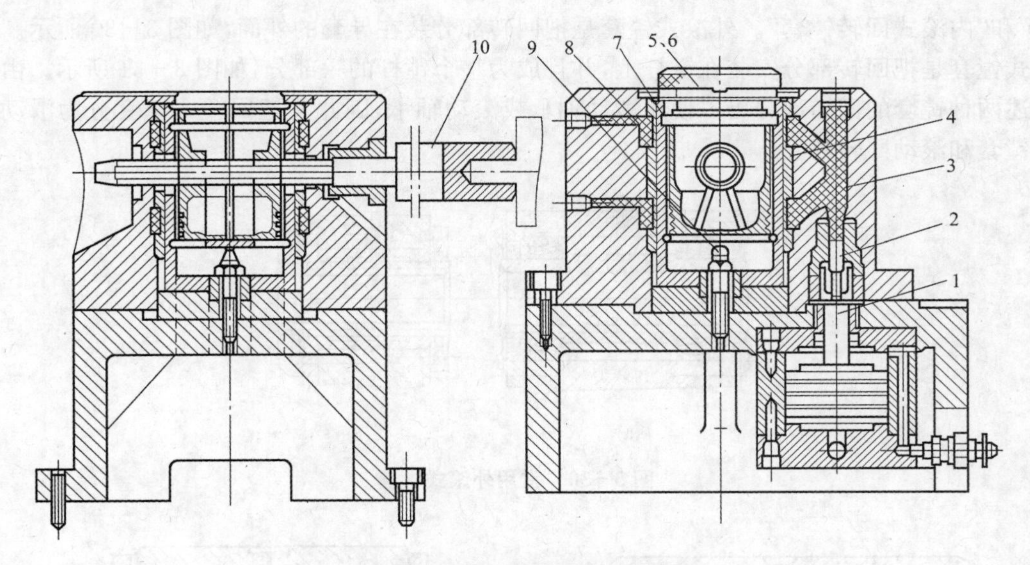

图 3-28　金刚镗活塞销孔夹具

1—活塞；2—滑柱；3—塑料；4—薄壁套；5—塞环；6—保护塞规；
7—衬套；8—卡爪；9—定位销；10—定位销

(1) 固定镗套　如图 3-29 所示，这种镗套与钻模中的钻套相似，它固定在镗模的导向支架上，不能随镗杆一起转动。它具有尺寸小、结构简单、中心位置准确的优点，应用于一般的扩孔与镗孔的场合。如图 3-29 所示的 A、B 型镗套现已标准化，其中 B 型内孔中开有油槽，且设计选用压配式压注油杯，以便能在加工过程中进行润滑，从而降低磨损和提高切削速度。

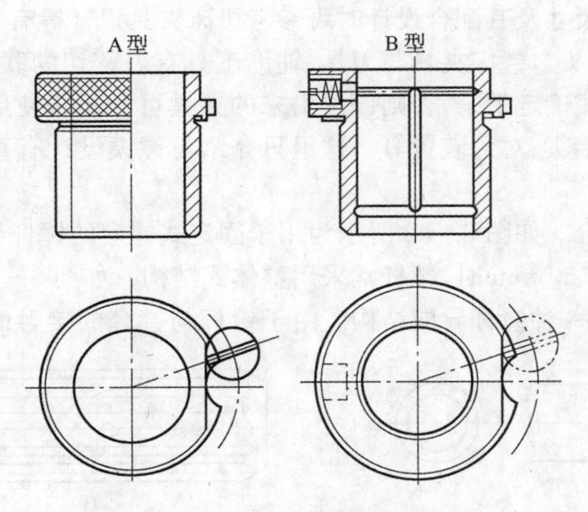

图 3-29　固定镗套

(2) 回转镗套　当采用高速镗削，或镗杆较大、线速度超过 0.3 m/s 时，一般采用回转式镗套。这种镗套的特点是刀杆本身在镗套内只有相对移动而无相对转动。因而，这种镗套与刀杆之间的磨损很小，避免了镗套与镗杆之间因摩擦发热而产生“卡死”的现象，但对回转部分的润滑要得到充分的保证。根据回转部分安装的位置不同，可分为“外滚式回转镗套"和"内滚式回转镗套"。外滚式镗套是把回转部分装在导套的外面，如图 3-30 所示。内滚式镗套是把回转部分安装在键杆上，并且成为整个镗杆的一部分，如图 3-31 所示。由于上述两种镗套的回转部分可以使用滑动轴承或滚动轴承，因此又把回转式镗套分为滑动回转镗套和滚动回转镗套。

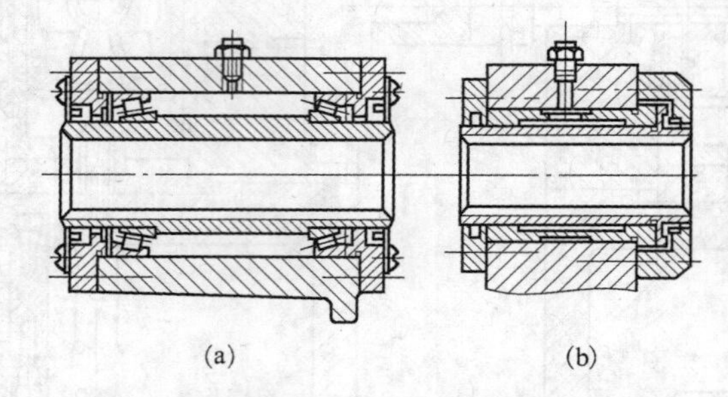

图 3-30 常用外滚式镗套

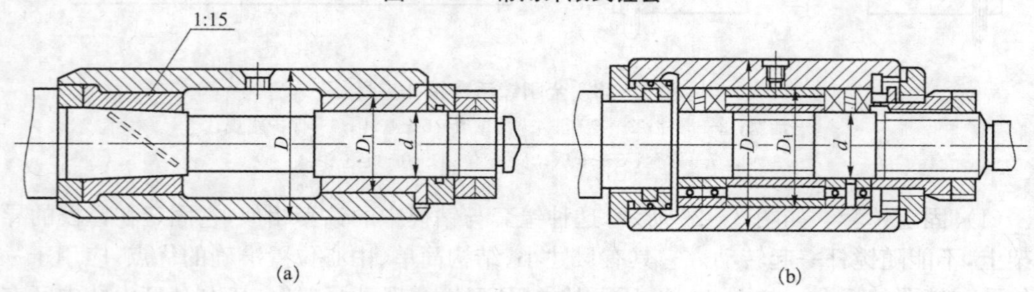

图 3-31 常用内滚式镗套

镗套与镗杆以及与衬套的配合必须选择恰当。过紧时，容易磨损或咬死；过松时，则不能保证精度。镗套的尺寸及其配合设计时可参考机床夹具设计等有关手册。

2）镗杆与浮动接头 镗床夹具与刀具、辅助工具有着密切的联系，设计前应先把刀具和辅助工具的结构型式确定下来，否则设计出来的夹具可能无法使用。镗床使用的辅助工具很多，如镗杆、镗杆接头、对刀装置等。这里只介绍与镗模设计有直接关系的镗杆以及浮动接头的常用结构。

（1）镗杆导引部分 如图 3-32 所示为用于固定式镗套的镗杆导向部分的结构。当镗杆导向部分的直径 $d<50$ mm 时，镗杆常采用整体式结构。如图 3-32a 所示为开有油沟的圆柱导向，是最简单的一种镗杆导向结构。由于镗杆与镗套的接触面积大，润滑不好，在加

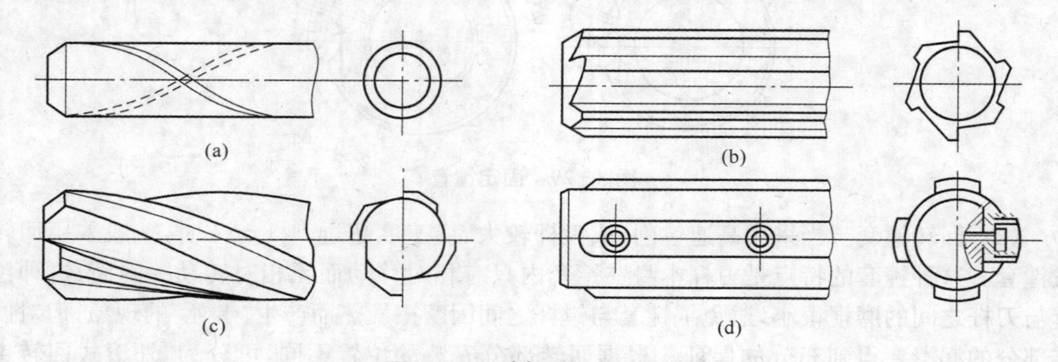

图 3-32 镗杆导向部分结构

工时难以避免切屑进入导向部分，所以这种镗杆的导向易产生“卡死”现象。如图 3－32b、c 所示为开有较深直槽和螺旋槽的导向结构。这种结构可大大减少镗杆与镗套的接触面积，沟槽内有一定的存屑空间，可减少“卡死”现象，但其刚度降低。当直径 $d>50$ mm 时，常采用如图 3－32d 所示的镶条式结构。镶条应采用摩擦系数小和耐磨的材料，如铜或钢。镶条磨损后，可在底部加垫片，重新修磨使用。这种导向结构的摩擦面积小，容屑量大，不易“卡死”。

如图 3－33 所示为用于外滚式回转镗套的镗杆引进结构。如图 3－33a 所示为在镗杆前端设置平键，键下装有压缩弹簧，键的前部有斜面，适用于开有键槽的镗套。无论镗杆以何位置进入导套，平键均能自动进入键槽，带动镗套回转。如图 3－33b 所示镗杆上开有键槽，其头部做成螺旋引导结构，其螺旋角应小于 45°，以便于镗杆引进后使键顺利地进入槽内。

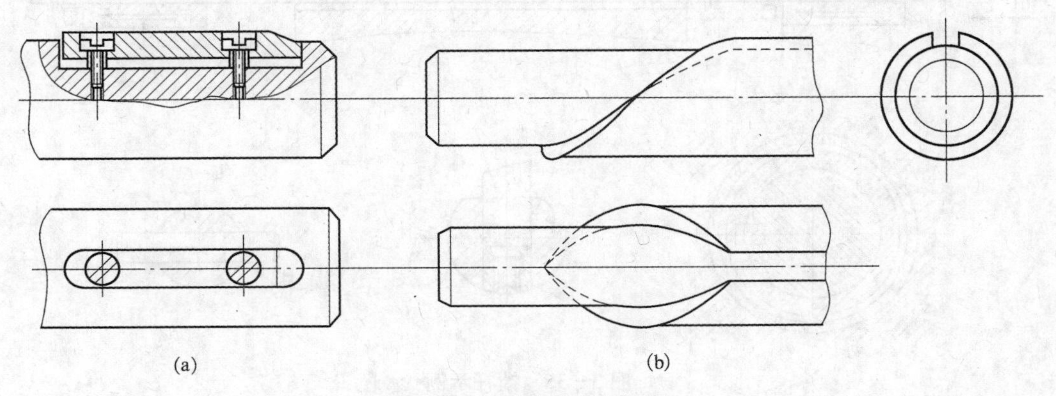

图 3－33　镗杆的引进结构

(2) 浮动接头　采用双支承镗模镗孔时，镗杆与机床主轴采用浮动连接。如图 3－34 所示为常用的浮动接头结构。镗杆 1 上的拨动销 4 插入接头体 2 的槽中，镗杆与接头体间留有浮动间隙，接头体的锥柄安装在主轴锥孔中。主轴的回转可通过接头体、拨动销传给镗杆。

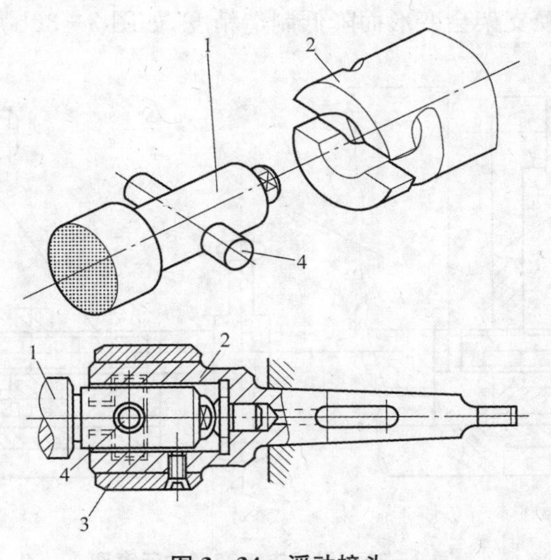

图 3－34　浮动接头

1—镗杆；2—接头体；3—外套；4—拨动销

如图 3－35 所示为镗杆示例，镗杆 2 支承在前后两个镗套 1 中，镗杆上开有键槽，通过键 3 带动镗套回转。镗刀 8 是在镗杆安装之后装上的，通过螺钉 5 可调整其伸出长度，以保证孔径的尺寸精度。工件上的孔镗好后，再装上刮刀 4，刮削孔的端面，保证端面与孔轴线垂直。

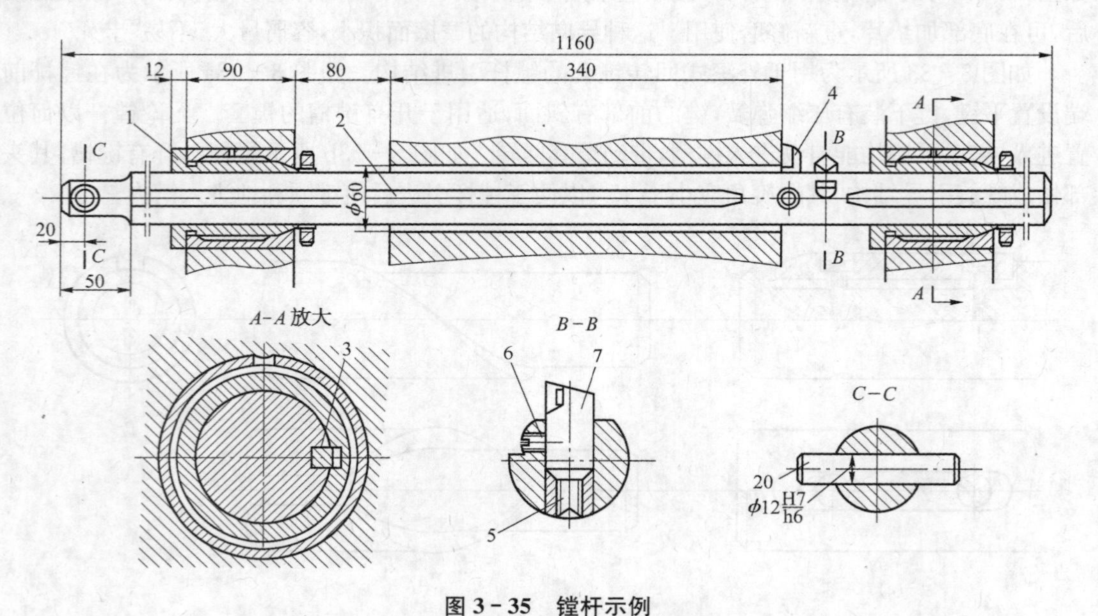

图 3－35　镗杆示例

1—镗套；2—镗杆；3—键；4—刮刀；5—螺钉；6—锁紧螺钉；7—镗刀

3）镗模支架与底座　镗模支架的结构常采用箱体形式，它比筋板结构形式刚性好。设计时应选取适当的壁厚，合理地布置加强肋。通常采用十字加强肋。镗模支架位置调整好后，用螺钉紧固在底座上并以销钉定位。要尽量避免采用焊接结构，以免焊接应力造成精度降低。设计工件的夹紧机构时，要避免镗模支架上承受夹紧反力。如图 3－36a 所示的方案是错误的，因受力后镗模支架会变形而降低制造精度，如图 3－36b 所示的方案是正确的。

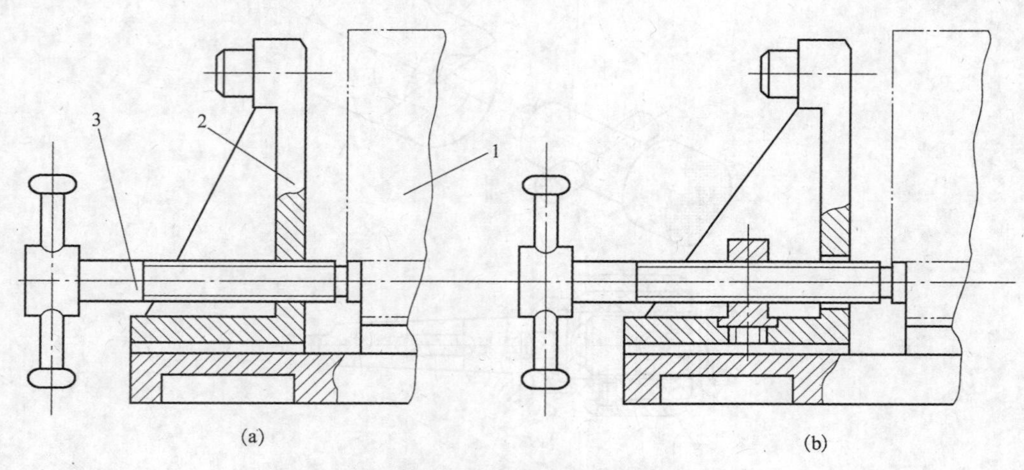

图 3－36　引起支架变形的示意图

1—工件；2—支架；3—夹紧机构

镗模底座是装配各种装置和元件的基础件，因其受力复杂，所以要有足够的刚性。图 3－37 所示镗模底座的上平面供安装其他元件的基面应凸出 3～5 mm。经加工刮研后，可使其他元件安装时能与其紧密的接触。为了找正镗模底座在机床上的位置以及其上安装的其他元件的相对位置，常在镗模底座的侧面设计一窄长的找正基准面，其平面度公差为 0.05 mm，与安装基准的垂直度公差为 0.01 mm。

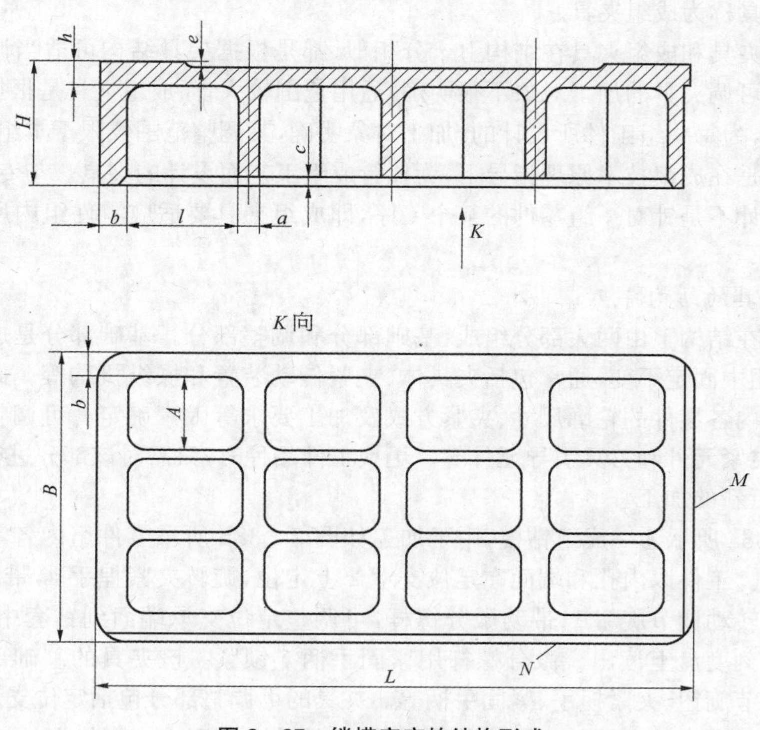

图 3－37　镗模底座的结构形式

镗模底座因其体积较大，所以应设计有便于起吊与搬运的耳座。

镗模支架与底座多为铸铁件，一般为 HT30～40。镗模支架与底座应分开制造，这样有利于时效处理及装配时的调整。两者应有足够的强度和刚度，以及保持尺寸精度的稳定性。

第三节　现代机床夹具

随着科学技术的迅猛发展，各种机械产品不仅需求量迅速增多，而且要求质量好，品种多，加之市场竞争日趋激烈，从而促进产品更新换代的周期越来越短。因此，多品种、小批量生产在生产类型中占了很大的比重。但专用夹具是为某个零件某道工序而专门设计制造的，生产周期长，成本高，产品一旦更新换代，原来夹具只能闲置，造成积压浪费。为了满足现代机械制造工业生产特点，这就要求机床夹具向着标准化、组合化、精密化、高效自动化方向发展。

一、成组夹具

在多品种、小批量生产中，由于每种产品的持续生产周期短，夹具更换比较频繁。为了减少夹具设计和制造的劳动量，缩短生产技术准备时间，要求一个夹具不仅能用于一种工件，而且能适应结构形状相似的若干种类工件的加工，即对于不同尺寸或种类的工件，只需要调整或更换个别定位元件或夹紧元件即可使用。这种夹具称为通用可调夹具，它既具有通用夹具通用性的优点，又有专用夹具效率高的长处。在成组加工工艺中，同类型的零件采用相似的加工工艺，在这种情况下就可以采用有继承性的通用可调夹具。用于成组工艺中的通用可调夹具称为成组夹具。

通用可调夹具和成组夹具在结构上十分相似，都是根据夹具结构可适当调整的原理设计的。但通用可调夹具的加工对象不很明确，通用范围较大；而成组夹具是根据工件按成组工艺所分的组，为每一组工件所设计的，加工对象明确，其调整范围仅限于本组内的工件。

成组夹具是在成组技术原理指导下，为执行成组工艺而设计的夹具。与专用夹具相比，成组夹具的设计不是针对一组零件的某个工序，即成组夹具要适应零件组内所有零件在某一工序的加工。

1. 成组夹具的结构特点

成组夹具在结构上由两大部分组成：基础部分和调整部分。基础部分是成组夹具的通用部分，在使用中固定不变，通常包括夹具体、夹紧传动装置和操纵机构等。此部分结构主要依据零件组内各零件的轮廓尺寸、夹紧方式及加工要求等因素确定。可调整部分通常包括定位元件、夹紧元件和刀具引导元件等。更换工件品种时，只需对该部分进行调整或更换元件，即可进行新的加工。

如图 3－38a 所示为一成组钻模，用于加工如图 3－38b 所示零件组内各零件上垂直相交的两径向孔。工件以内孔和端面在定位支承 2 上定位，旋转夹紧捏手 4，带动锥头滑柱 3 将工件夹紧。转动调节旋钮 1，带动微分螺杆，可调整定位支承端面到钻套中心的距离 C，此值可直接从刻度盘上读出。微分螺杆用紧固手柄 6 锁紧。该夹具的基础部分包括夹具体、钻模板、调节旋钮、夹紧捏手、紧固手柄等。夹具的可调整部分包括定位支承、滑柱、钻套等。更换定位支承 2 并调整其位置，可适应不同零件的定位要求。更换滑柱 3，可适应不同零件的夹紧要求。更换钻套 5 则可加工不同零件的孔。

2. 成组夹具的调整方式

成组夹具的调整方式可以分成四种形式，即更换式、调节式、综合式和组成式。

（1）更换式　采用更换夹具可调整部分元件的方法，来实现组内不同零件的定位、夹紧、对刀或导向。采用这种方法的优点是适用范围广、使用方法可靠，而且易于获得较高的精度。缺点是夹具所需更换元件数量较多，会使夹具制造费用增加，并给保管工作带来不便。此法多用于夹具上精度要求较高的定位和导向元件。

（2）调节式　借助于改变夹具上可调元件位置的方法来实现组内不同零件的装夹和导向。如图 3－38 中所示的钻模中，位置尺寸 C 就是通过调节螺钉来保证的。采用调节方法所需元件数量少，制造成本低，但调整需要花费一定时间，且夹具精度受调整精度影响。此外，活动的调整元件有时会降低夹具刚度。此法多用于加工精度要求不高和切削力较小的场合。

（3）综合式　在实际中应用较多的是上述两种方法的综合，即同一套成组夹具中，即采用更换元件的方法，又采用调节的方法。如图 3－38 中的成组钻模就是综合式的成组夹具。

（4）组合式　将一组零件的有关定位或导向元件同时组合在一个夹具体上，以适应不

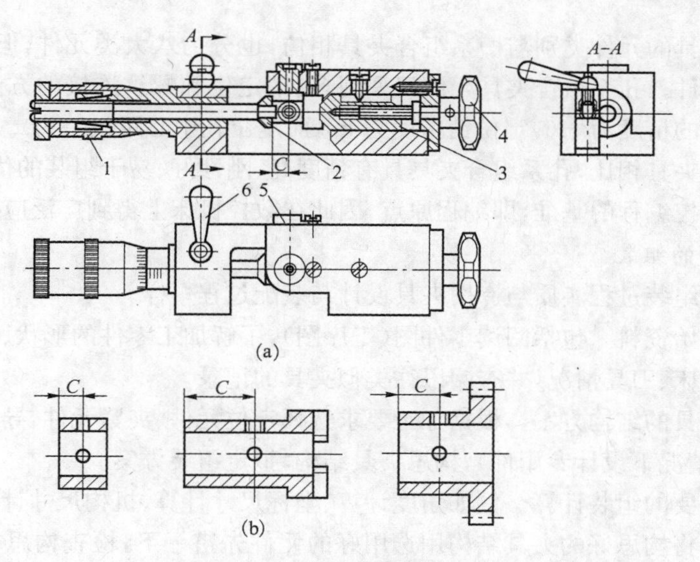

图 3-38　成组钻模

1—调节旋钮；2—定位支承；3—滑柱；4—夹紧捏手；5—钻套；6—紧固手柄

同零件的加工需要。一个零件加工只使用其中的一套元件，占据一个相应的位置。

二、组合夹具

1. 组合夹具的特点

组合夹具是一种根据被加工工件的工艺要求，利用一套标准化的元件组合而成的夹具。夹具使用完毕后，元件可以方便地拆开、清洗后存放，待再次组装时使用。因此，组合夹具有以下优点：

① 灵活多变，万能性强，根据需要可组装成多种不同用途的夹具。

② 可大大缩短生产准备周期。组装一套中等复杂程度的组合夹具只需几个小时，这是制造专用夹具所无法相比的。

③ 可减少专用夹具设计、制造工作量，并可减少材料消耗。

④ 可减少专用夹具库存面积，改善夹具管理工作。

由于上述优点，组合夹具在单件、小批量生产及新产品试制中得到广泛的应用。组合夹具的不足是，与专用夹具相比，往往体积较大，显得笨重。此外，为了组装各种夹具，需要一定数量的组合夹具元件储备，即一次投资较大。为此，可在各地区建立组装站，以解决中小企业无力建立组装室的问题。

2. 组合夹具的类型

目前使用的组合夹具有两种基本类型，即槽系组合夹具和孔系组合夹具。槽系组合夹具元件间靠键和槽（键槽，T 型槽）定位；孔系组合夹具则通过孔与销来实现元件间的定位。

一套组装好的槽系组合钻模可以把它归成八大类：基础件、支承件、定位件、导向件、压紧件、紧固件、合件和其他件。各类元件的名称基本上体现了各类元件的功能，但在组装时又可灵活的交替使用。合件是由若干元件所组成的独立部件，在组装时不能拆散。合件按功能又可分为定位合件、导向合件、分度合件等。

孔系组合夹具的元件类别与槽系组合夹具相仿，也分为八大类元件，但没有导向元件，而是增加了辅助件。孔系组合夹具元件间采用孔、销定位和螺纹连接的方法。孔系组合夹具元件上定位孔的精度为 H6，定位销精度为 k5，而定位孔中心距误差为±0.01 mm。

与槽系组合夹具相比，孔系组合夹具具有精度高、刚性好、易于组装的优点，特别是它可以方便地提供数控编程的基准，即编程原点，因此在数控机床上得到广泛应用。

3. 组合夹具的组装

组合夹具的组装过程实质与专用夹具设计与装配过程一样。

(1) 熟悉原始资料　包括阅读零件图(工序图)，了解加工零件的形状、尺寸、公差、技术要求及所用的机床、刀具情况，并查阅以往类似夹具的记录。

(2) 构思夹具的结构方案　根据加工要求选择定位元件、夹紧元件、导向元件及基础元件等(包括特殊情况下设计专用件)，构思夹具结构，拟定组装方案。

(3) 进行必要的组装计算　例如角度计算、坐标尺寸计算、机构尺寸计算等。

(4) 试装　将构思好的夹具结构用选用好的元件先搭一下，检查构思方案是否正确可行，如不妥可以进行修改。

(5) 组装　按一定顺序(一般由上到下、由里到外)将确定好的各元件连接起来，并同时进行测量和调整，最后将元件固定下来。

(6) 检查　对组装好的夹具进行全面检查，必要时进行试加工，以确保组装的夹具满足加工要求。

4. 组合夹具的精度和刚度

组合夹具是由标准元件拼装起来，它的精度和刚度受以下因素影响。

首先，组合夹具的最终精度大都通过调整和选择装配来达到，因而可避免误差累积的问题。经过精心的组装和调整，组合夹具的组装精度完全可以达到专用夹具所能达到的精度。经验表明，在正常情况下，使用组合夹具进行加工所能保证的工件的位置精度如表 3-1 所示。

表 3-1　使用组合夹具可加工达到的精度

夹具	加工精度内容	误差值(mm)
钻夹具	钻、铰两孔中心距	±0.05
	钻、铰两孔平行度(垂直度)	0.05/100
	被加工孔与定位面的垂直度	0.05/100
镗夹具	两孔中心距	±0.02
	两孔平行度(或垂直度)	0.01/100
	同轴孔的同轴度	0.01/100
车夹具	加工面与定位面的距离	±0.03
	加工面与定位面的平行度或垂直度	0.03/100
铣、刨夹具	加工面与定位面平行度或垂直度	0.04/100
	斜面角度	±2′

大量实验表明，组合夹具的刚度主要决定于组合夹具元件本身的刚度，而与所用元件的数量关系不大。对钻模板、支承与基础板组合结构所作的静刚度实验表明，夹具主要元件（基础板、支承、钻模板）变形占总变形量的75%～95%（该值取决于钻模板悬伸长度、支承高度等），而钻模板与支承件、支承件与基础板结合部的变形（包括定位键与T形槽的切向变形）只占总变形量的5%～25%。这说明若不考虑组合夹具元件因开有T形槽等而使其本身刚度下降的因素，则拼装结构刚度与整体结构刚度相差不多。若考虑组合夹具元件本身刚度不足，则组合夹具与同样体积的专用夹具相比刚度要差一些。

在需要保证组合夹具刚度时，可在组装上采取措施，以提高其刚度。例如，采用增加直角支承的方法增加钻模板组装结构的刚度。

我国组合夹具的组装工人在长期组装实践中提出了“六点组装法”。这是一种提高组合夹具刚度和保证组合夹具使用精度的行之有效的办法。所谓“六点组装法”就是运用六点定位原理，在组装过程中通过装键或元件组合的方法使夹具元件在与工件加工精度有关的方向上的自由度得到完全的限制，而不是仅仅依靠螺栓紧固来确定其位置。如图3-39a所示的为用一般方法组装成的角度结构，如图3-39b所示是用六点组装法组装成的角度结构。在图3-39b中规定的角度值是通过选配元件尺寸而获得的，在尺寸A、B确定的条件下（A、B尺寸由元件有关尺寸确定），通过计算求出尺寸H的数值，按该尺寸选配长方形支承2，即可获得所需的角度。至于方形支承9、12在水平方向上的位置，也由A值所确定。为使其准确定位，增加了方形支承15（其尺寸H_1也可通过计算求出），并采用伸长板11将件1、9、12和15紧固在一起。实践表明，用上述两种不同的角度结构所构成的铣床夹具在工作一段时间以后，如图3-39a所示结构的角度值发生了变化，而如图3-39b所示结构的角度值始终没有变化，精度比较高。

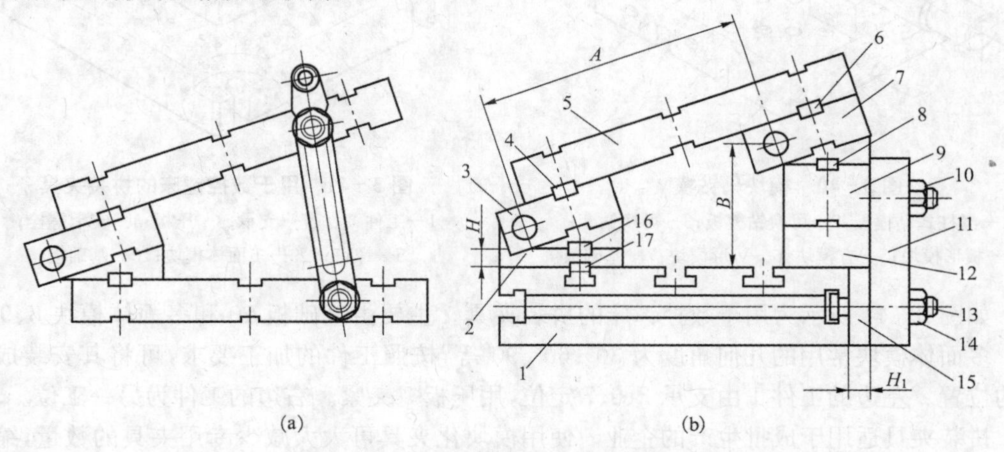

图3-39　组合夹具两种角度结构的比较

1—方形基础板；2—长方形支承；3、7—折合板；4、6、8、16、17—平键；5—简式方基础板；9、12、15—方形支承；10、14—螺母；11—伸长板；13—螺杆

三、拼装夹具

1. 拼装夹具的特点

拼装夹具是一种模块化夹具，主要用于数控加工中，有时在普通机床上也可以用拼装夹

具。模块化夹具是一种柔性化的夹具，通常由基础件和其他模块元件组成。

所谓模块化是指将同一功能的单元，设计成具有不同用途或性能的，且可以相互交换使用的模块，以满足加工需要的一种方法。同一功能单元中的模块，是一组具有同一功能和相同连接要素的元件，也包括能增加夹具功能的小单元。

拼装夹具与组合夹具之间有许多共同点，它们都具有方形、矩形和圆形基础件，在基础件表面有网络孔系。两种夹具的不同点是组合夹具的万能性好，标准化程度高；而拼装夹具则为非标准的，一般是为本企业产品工件的加工需要而设计的。产品品种不同或加工方式不同的企业，所使用的模块结构会有较大差别。

2. 拼装夹具的典型结构

如图 3-40 所示为一种模块化钻模，主要由基础板 7、滑柱式钻模板 1 和模块 4、5、6 等组成。基础板 7 上有网络系孔 c 和螺孔 d，在其平面 e 和侧面 a、b 上可拼装模块元件。图中所配置的 V 形模块 6 和板形模块 4 的作用是使工件定位。按照被加工孔的位置要求用方形模块 5 可调整模块 4 的轴向位置。可换钻套 3 和可换钻模板 2 按工件的加工需要加以更换调整。

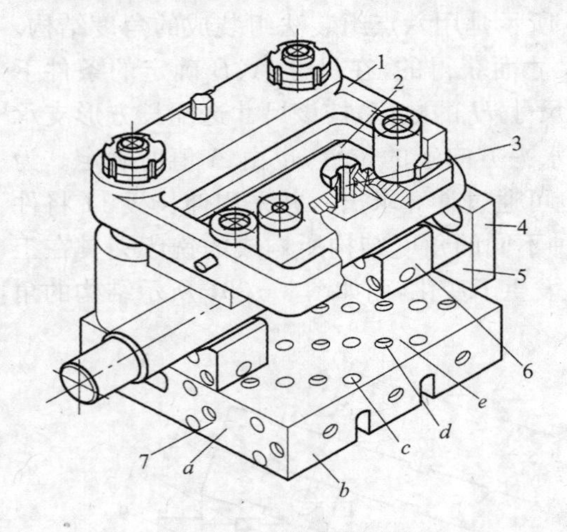

图 3-40　模块化钻模

1—滑柱式钻模板；2—可换钻模板；3—可换钻套；4—板形模块；5—方模块；6—V 形模块；7—基础板

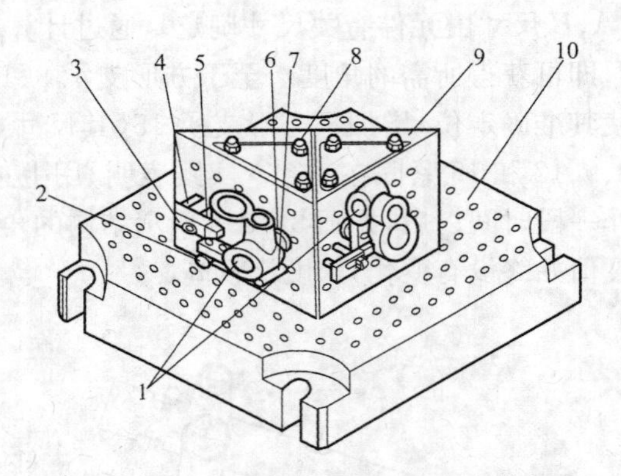

图 3-41　用于数控镗床的拼装夹具

1—工件；2、6、7—支承；3—压板；4—支承螺栓；5—螺钉；8、9—多面体模块；10—基础板

如图 3-41 所示为用于数控镗床的拼装夹具。主要由基础板 10 和多面体模块 8、9 组成。多面体模块常用的几何角度为 30°、60°、90°等，按照工件的加工要求，可将其安装成不同的位置。左边的工件 1 由支承 2、6、7 定位，用压板 3 夹紧。右边的工件为另一工位。

拼装夹具适用于成批生产的企业。使用模块化夹具可大大减少专用夹具的数量，缩短生产周期，提高企业的经济效益。模块化夹具的设计依赖于对本企业产品结构和加工工艺的深入分析研究，如对产品加工工艺进行典型化分析等。在此基础上，合理确定模块的基本单元，以建立完整的模块功能系统。模块化元件应有较高的强度、刚度和耐磨性，常用 20CrMnTi、40Cr 等材料制造。

四、随行夹具

随行夹具是在自动生产线上或柔性制造系统中使用的一种移动式夹具。工件安装在随行夹具上，随行夹具载着工件由运输装置运送到各台机床上，并由机床夹具对随行夹具进行定位和夹紧。

1. 工件在随行夹具上的安装

工件在随行夹具上的定位与在一般夹具上的定位完全一样。工件在随行夹具上的夹紧则应考虑到随行夹具在运输、提升、翻转排屑和清洗等过程中由于振动而可能引起的松动，应采用能够自锁的夹紧机构，其中螺纹夹紧机构用得最多。此外，考虑到随行夹具在运输过程中的安全和便于自动化操作，随行夹具的夹紧机构一般均采用机动扳手操作，而没有手柄、杠杆等伸出的手动操作元件。

2. 随行夹具的运输及在机床夹具上的安装

随行夹具在机床上的定位大都采用一面两销定位方式，其优点是：

① 基准统一，有利于保证工件上被加工表面相互之间的位置精度。

② 敞开性好，工件在随行夹具上一次安装有可能同时加工五个面，可实现工序的高度集中。

③ 可防止切屑落入随行夹具的定位基面中。

为了便于随行夹具在传送带或其他传送装置上的运输，在随行夹具底板的底面上还需做出运输基面。

五、数控机床夹具

1. 数控机床定位与夹紧方案的确定

数控机床工件定位与夹紧方案的确定除了应遵循有关定位基准的选择原则与有关工件夹紧的基本要求以外，还应注意以下几点。

① 力求设计基准、工艺基准和编程原点统一，以减少基准不重合误差和数控编程中的计算工作量。

② 设法减少装夹次数，尽可能做到一次定位装夹以后能加工出工件上全部或大部分待加工表面，减少装夹误差，提高加工表面之间的相互位置精度，充分发挥数控机床的效率。

③ 避免采用占机人工调整式方案，以免占机时间太多，影响加工效率。

2. 数控机床典型夹具简介

1）数控车床夹具　数控车床主要是用于加工工件的外圆柱面、圆锥面、回转成形面、螺纹及端面等。上述各表面都是绕机床主轴的旋转轴心而形成的，根据这一加工特点和夹具在车床上安装的位置，将车床夹具分成两种基本类型：一类是安装在主轴上的夹具，这类夹具和车床主轴相连接并带动工件随主轴一起旋转，除了可以使用普通车床上的各种卡盘(三爪、四爪)、顶尖等通用夹具或其他机床附件外，往往根据加工需要设计出各种心轴或其他专用夹具；另一类是安装在滑板或床身上的夹具，对于某些形状不规则和尺寸较大的工件，常常把夹具安装在车床的滑板上，刀具则安装在车床主轴上作旋转运动，夹具作进给运动。

2）数控铣床夹具　数控铣床可以加工形状复杂的零件，数控铣床上的工件装夹方法跟普通铣床一样，所使用的夹具往往并不复杂，只要求简单的定位、夹紧机构就可以了。但要将加工部位敞开，不能因装夹工件而影响进给和切削加工。选择夹具时，应注意减少装夹次数，尽量做到在一次安装中能把零件在该铣床上所有要加工的表面都加工出来。具体夹具这里不做详解。

3）加工中心夹具的选择

（1）夹具选择的原则与方法　加工中心夹具的选择和使用，主要有以下几个方面。

① 根据加工中心机床特点和加工需要，目前常用的夹具类型和专用夹具、组合夹具、可调夹具、成组夹具以及工件统一基准定位装夹系统，在选择时要统一考虑各种因素，选择较经济、较合理的夹具形式。一般夹具的选择顺序是：在单件生产中尽可能采用通用夹具；批量生产中优先考虑组合夹具，其次考虑可调夹具，最后考虑成组夹具和专用夹具；当装夹精度要求很高时，可配置工件统一基准定位装夹系统。

② 加工中心的高柔性要求其夹具比普通机床夹具结构更紧凑、简单，夹紧动作更迅速、准确，尽量减少辅助时间，操作更方便、省力、安全，而且要保证足够的刚性，能灵活多变。因此常采用气动、液压夹紧装置。

③ 为保证工件在本次定位装夹中所有需要完成的待加工表面充分暴露在外，夹具尽量要敞开，夹紧元件的空间位置能低则低，必须给刀具运动轨迹留有空间。夹具不能和各工步刀具轨迹发生运动干涉。当箱体外部没有合适的夹紧位置时，可以利用内部空间来安排夹紧装置。

④ 考虑机床主轴与工作台面之间的最小距离和刀具的装夹长度，夹具在机床工作台上的安装位置应确保在主轴的行程范围内能使工件的加工内容全部完成。

⑤ 自动换刀和交换工作台时不能与夹具或工件发生干涉。

⑥ 有些时候，夹具上的定位块是安装工件时使用的，在加工过程中，为满足前后左右各个工位的加工，防止干涉，工件夹紧后即可拆除。对此要考虑拆除定位元件后，工件定位精度的保持问题。

⑦ 尽量不要在加工中途更换夹紧点，若必须更换夹紧点时，要特别注意不能因更换夹紧点而破坏定位精度，必要时应在工艺文件中注明。

（2）确定零件在机床工作台上的最佳位置　在卧式加工中心上加工零件时，工作台要带着工件旋转，进行多工位加工，就要考虑零件（包括夹具）在机床工作台上的最佳位置。该位置是在技术准备过程中根据机床行程，考虑各种干涉情况，优化匹配各部位刀具长度而确定的。如果考虑不周，将会造成机床超程，需要更换刀具，重新试切，影响加工精度和加工效率，也增加了出现废品的可能性。加工中心具有的自动换刀的功能决定了其最大的弱点是刀具悬臂式加工，在加工过程中不能设置镗模、支架等。因此，在进行多工位零件的加工时，应综合计算各工位的各加工表面到机床主轴端面的距离以选择最佳的刀具长度，提高工艺系统的刚度，从而保证加工精度。

总之，根据数控加工的特点对夹具提出了以下两个基本要求：一是保证夹具的坐标方向相对固定；二是要能协调零件与机床坐标系的尺寸。

复习思考题

一、选择题

1. 铣床上用的平口钳属于（　）。

A. 通用夹具　　B. 专用夹具　　C. 组合夹具　　D. 成组夹具

2. 工件以平面定位时，所用的定位元件可采用(　　)。

A. V形块　　B. 螺栓　　C. 削边销　　D. 支承钉

3. 机床夹具按(　　)分类，可分为通用夹具、专用夹具、组合夹具等。

A. 使用机床类型　　B. 驱动夹具工作的动力源

C. 夹紧方式　　D. 应用范围及专门化程度

4. 工件装夹时，绝对不能采用(　　)。

A. 完全定位　　B. 不完全定位　　C. 过定位　　D. 欠定位

5. 不是铣床上采用的通用夹具有(　　)。

A. 分度头　　B. V型铁及压板　　C. 四爪单动卡盘　　D. 平口虎钳

二、问答题

1. 钻模板的结构有哪几种类型？各有什么特点？
2. 钻套分哪几种？各用于什么场合？
3. 车床夹具与机床主轴的连接形式一般有哪几种？
4. 车床夹具为什么要平衡？可以采用何种方式进行平衡？
5. 设计车床夹具时应注意哪些问题？
6. 铣床夹具的定向键和对刀块各有何作用？
7. 铣床夹具确定刀具与夹具之间的相互位置的方法有哪几种？
8. 设计铣床夹具时应注意哪些问题？
9. 镗床夹具的支承形式有哪几种？各用在何种场合？
10. 镗床夹具的镗套有几种类型？各有何特点？
11. 设计镗刀杆时应注意什么问题？
12. 使用成组夹具时，若工件品种更换应对哪部分进行调整？
13. 组合夹具组装的一般步骤是什么？
14. 随行夹具的运输和安装多数采用什么方式？应注意什么问题？
15. 数控车床夹具和数控铣床夹具大多采用什么结构？

第四章 专用夹具的设计方法

第一节 专用夹具设计的基本要求

夹具设计一般是在零件的机械加工工艺过程制订之后按照某一工序的具体要求进行的。制订工艺过程，应充分考虑夹具实现的可能性，而设计夹具时，如确有必要也可以对工艺过程提出修改意见。夹具的设计质量的高低，应以能否稳定地保证工件的加工质量、生产效率高、成本低、排屑方便、操作安全、省力和制造、维修容易等为其衡量指标。

夹具设计的基本要求：

① 所设计的专用夹具，应当既能保证工序的加工精度又能保证工序的生产节拍。特别对于大批量生产中使用的夹具，应设法缩短加工的基本时间和辅助时间。

② 夹具的操作要方便、省力和安全。若有条件，尽可能采用气动、液压以及其他机械化自动化的夹紧机构，以减轻劳动强度。同时，为保证操作安全，必要时可设计和配备安全防护装置。

③ 能保证夹具一定的使用寿命和较低的制造成本。夹具的复杂程度应与工件的生产批量相适应，在大批量生产中应采用气动、液压等高效夹紧机构；而小批量生产中，则宜采用较简单的夹具结构。

④ 要适当提高夹具元件的通用化和标准化程度。选用标准化元件，特别应选用商品化的标准元件，以缩短夹具的制造周期，降低夹具成本。

⑤ 应具有良好的结构工艺性，以便于夹具的制造和维修。

以上要求有时是相互矛盾的，故应在全面考虑的基础上，处理好主要矛盾，使之达到较好的效果。例如钻模设计中，通常侧重于生产率的要求；镗模等精加工的夹具，则侧重于加工精度的要求。

第二节 专用夹具设计的规范化程序

一、研究原始资料、分析设计任务

工艺人员在编制零件的工艺规程时，提出了相应的夹具设计任务书，其中对定位基准、夹紧方案及有关要求作了说明。夹具设计人员根据任务书进行夹具的结构设计。为了使所设计的夹具能够满足上述基本要求，设计前要认真收集和研究下列资料。

1. 生产纲领

工件的生产纲领对于工艺规程的制订及专用夹具的设计都有着十分重要的影响。夹具结构的合理性及经济性与生产纲领有着密切的关系。大批量生产多采用气动或其他机动夹具，自动化程度高，同时夹紧的工件数量多，结构也比较复杂。单件小批生产时，宜采用结构简单、成本低廉的手动夹具，以及通用夹具或组合夹具，以便尽快投入使用。

2. 零件图及工序图

零件图是夹具设计的重要资料之一，它给出了工件在尺寸、位置等方面的精度要求。工序图则给出了所用夹具加工工件的工序尺寸、工序基准、已加工表面、待加工表面、工序精度要求等，它是设计夹具的主要依据。

3. 零件工艺规程

了解零件的工艺规程主要是指了解该工序所使用的机床、刀具、加工余量、切削用量、工步安排、工时定额、同时安装的工件数目等。关于机床、刀具方面应了解机床主要技术参数、规格、机床与夹具连接部分的结构与尺寸，刀具的主要结构尺寸、制造精度等。

4. 夹具结构及标准

收集有关夹具零部件标准(国标、厂标等)、典型夹具结构图册。了解制造、使用本夹具的情况以及国内外同类型夹具的资料。结合本厂实际，吸收先进经验，尽量采用国家标准。

二、拟定夹具的结构方案，绘制夹具草图

确定夹具的结构方案时，主要解决如下问题：

① 根据六点定位规则确定工件的定位方式，并设计相应的定位装置。

② 确定刀具的引导方法，并设计引导元件或对刀装置。

③ 确定工件的夹紧方式和设计夹紧装置。

④ 确定其他元件或装置的结构形式，如定向键、分度装置等。

⑤ 考虑各种装置、元件的布局，确定夹具体和总体结构。

对夹具的总体结构，最好考虑几个方案，画出草图，分析比较各方案。

三、绘制夹具总图

绘制夹具总图时应根据国家制图标准，绘图比例应尽量取 1∶1，以便使图形有良好的直观性。如果工件尺寸大，夹具总图可按 1∶2 或 1∶5 的比例绘制；零件尺寸过小，总图可按 2∶1 或 5∶1的比例绘制。总图中视图的布置也应符合国家制图标准，在清楚表达夹具内部结构及各装置、元件位置关系的情况下，视图的数目应尽量少。

绘制总图时，主视图应取操作者实际工作时的位置，以便于夹具装配及使用时参考。将工件看作“透明体”。所画工件轮廓线用双点画线表示，与夹具的任何线条不相干涉。

绘制总图的顺序是：

① 先用双点画线绘出工件的轮廓外形和主要表面，围绕工件的几个视图依次绘出定位元件、对刀元件、夹紧机构以及其他元件、装置，最后绘制出夹具体及连接件，把夹具的各组成元件、装置连成一体。

② 夹具总图上应画出零件明细表和标题栏，写明夹具名称及零件明细表上所规定的内容。

四、确定并标注有关尺寸、配合和技术条件

1. 应标注的尺寸

在夹具总图上应标注的尺寸及配合有下列五类。

(1) 工件与定位元件的联系尺寸　指工件以孔在心轴或定位销上定位时与上述定位元件间的配合尺寸及公差等级。

(2) 夹具与刀具的联系尺寸　用来确定夹具上对刀、引导元件位置的尺寸。对于铣、刨夹具而言是对刀元件与定位元件的位置尺寸；对于钻、镗夹具来说，是指钻(镗)套与定位元件间的位置尺寸，钻(镗)套之间的位置尺寸，以及钻(镗)套与刀具导向部分的配合尺寸。

(3) 夹具与机床的联系尺寸　用于确定夹具在机床上正确位置的尺寸。对于车、磨床夹具，主要是指夹具与主轴端的连接尺寸；对于铣、刨夹具则是指夹具上的定向键与机床工作台上的T形槽的配合尺寸。标注尺寸时，还常以夹具上的定位元件作为位置尺寸的基准。

(4) 夹具内部的配合尺寸　它们与工件、机床、刀具无关，主要是为了保证夹具装配后能满足规定的使用要求。

(5) 夹具的外廓尺寸　一般指夹具最大外形轮廓尺寸。当夹具上有可动部分时，应包括可动部分处于极限位置时所占的空间尺寸。例如，夹具体上有超出夹具体外的移动、旋转部分时，应注出最大旋转半径；有升降部分时，应注出最高及最低位置。标出夹具最大外形轮廓尺寸，以便能够发现夹具是否会与机床、刀具发生干涉。

上述尺寸公差的确定可分两种情况处理：夹具上定位元件之间，对刀、引导元件之间的尺寸公差，直接对工件上相应的尺寸发生影响，因而应根据工件相应尺寸的公差确定，一般取工件相应尺寸公差的1/3～1/5。定位元件与夹具体的配合尺寸公差，夹紧装置各组成零件间的配合尺寸公差等，应根据其功用和装配要求，按一般公差与配合原则决定。

2. 应标注的技术条件

在夹具装配图上应标注的技术条件(位置精度要求)有如下几方面。

① 定位元件之间或定位元件与夹具体底面间的位置要求，其作用是保证加工面与定位基面间的位置精度。

② 定位元件与连接元件(或找正基面)间的位置要求。

③ 对刀元件与连接元件(或找正基面)间的位置要求。

④ 定位元件与引导元件的位置要求。

上述技术条件是保证工件相应的加工要求所必需的，其数值应取工件相应技术要求所规定数值的1/3～1/5。对于直接影响工件加工精度的配合尺寸，在确定了配合性质后，应尽量选用优先配合。

工件的加工尺寸未注公差时，工件公差 δ_g 视为IT12～IT14，夹具上的相应尺寸公差按IT9～IT11标注；工件上的位置要求未注公差时，工件位置公差 δ_g 视为IT9～IT11，夹具上相应位置公差按IT7～IT9标注；工件上加工角度要求未注公差时，工件角度公差 δ_g 视为 $\pm30'$～$\pm10'$，夹具上相应角度公差按 $\pm10'$～$\pm3'$标注。

五、夹具体的设计

1. 夹具体的基本要求

夹具体是整个夹具的基体和骨架。在夹具体上要安装组成该夹具所需要的各种元件、机构、装置等；而且还要考虑便于装卸工件及在机床上的固定。因此，夹具体的形状和尺寸，主要取决于夹具上各组成件分布情况，工件的形状、尺寸及加工性质等。

对于夹具体的设计提出以下一些基本要求：

(1) 应有足够的强度和刚度　以保证加工过程在在夹紧力、切削力等外力作用下，不致产生不允许的变形和振动。为此，夹具体应具有足够的壁厚，在刚度不足处可设置一些加强肋，一般加强肋厚度为壁厚的 0.7～0.9 倍，肋的高度不大于壁厚的 5 倍。近年来有些工厂采用框形结构的夹具体，可进一步提高强度及刚度，而重量却能减轻。

(2) 力求结构简单和装卸工件方便　要防止无法制造和难以装卸的现象发生。在保证强度和刚度的前提下，尽可能体积小，重量轻，特别对手动、移动或翻转夹具，要求夹具总重量不超过 10 kg，以便于操作。

(3) 要有良好的结构工艺性和使用性　以便于制造、装配和使用。夹具体上有三部分表面是影响夹具装配后精度的关键，即夹具体的安装基面(与机床连接的表面)；安装定位元件的表面；安装对刀或导向装置的表面。而其中往往以夹具体的安装基面作为加工其他表面的定位基准，因此在考虑夹具体结构时，应便于达到这些表面的加工与要求。对于夹具体上供安装各元件的表面，一般应铸出 3～5 mm 凸台，以减少加工面积。夹具体上不加工的毛面与工件表面之间应保证有一定的空隙，以免安装时产生干涉，空隙大小可按以下经验数据选取：

夹具体是毛面，工件也是毛面时，取 8～15 mm；

夹具体是毛面，而工件是光面时，取 4～10 mm。

(4) 尺寸要稳定　即夹具体经制造加工后，应防止其日久变形。为此，对于铸造夹具体，要进行时效处理；对于焊接夹具体，则要进行退火处理。铸造夹具体的壁厚变化要和缓、均匀，以免产生过大内应力。

(5) 排除切屑要方便　为了防止加工中切屑聚积在定位元件工作表面上或其他装置中，而影响工件的正确定位和夹具的正常工作，因此在设计夹具体时，要考虑切屑的排除问题。当加工所产生的切屑不多时，可适当加大定位元件工作表面与夹具体之间的距离或增设容屑沟，以增加容屑空间；如图 4-1 所示。对加工时产生大量切屑的夹具，则最好能在夹具体上设置排屑缺口，如图 4-2 所示，以便将切屑自动排至夹具体外。

(6) 在机床上安装要稳定、可靠、安全　对于固定在机床上的夹具，应尽量使其重心降低；对于不固定在机床上的夹具，则夹具的重心和切削力作用点，应落在夹具体在机床上的

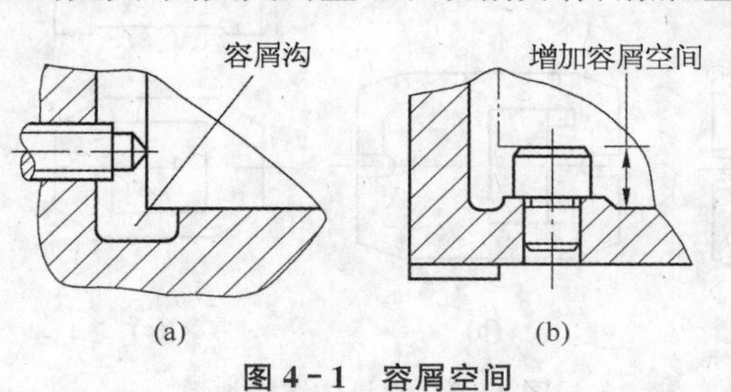

图 4-1　容屑空间

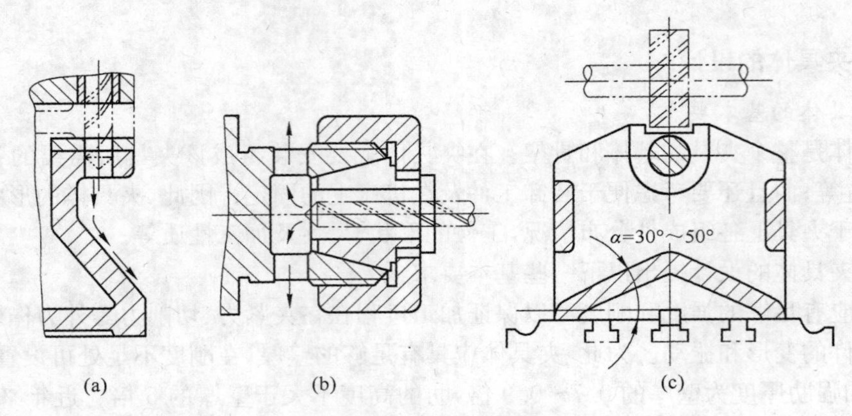

图 4-2 各种排屑结构

支承面范围内，夹具越高则支承面积应越大。为了使接触面稳定、可靠，夹具体底面中部一般应挖空。对于旋转类的夹具体，要求尽量无凸出部分或装上安全罩。对于在加工中要翻转或移动的夹具体，通常要在夹具体上设置手柄或手扶部位以便于操作。对于大型夹具，为考虑便于吊运，在夹具体上应设置吊环螺栓或起重孔。

2. 夹具体的毛坯制造方法

在选择夹具体的毛坯制造方法时，应以下面因素作为考虑依据，即工艺性，结构合理性，制造周期，经济性，标准化可能性以及工厂的具体条件等。生产中常用的夹具体毛坯制造方法有以下四种

(1) 铸造夹具体　如图 4-3a 所示，这是常用的一种方法。其优点是工艺性好，可以铸出各种复杂的外形，且抗压强度、刚度和抗振性都较好。但生产周期长，为消除内应力，铸件需经时效处理，故成本较高。

铸造夹具体的材料大多采用 HT15－33 或 HT20－40 灰铸铁；当要求强度高时，也可采用铸钢件；要求重量轻时，在条件允许下也可采用铸铝件。

(2) 焊接夹具体　如图 4-3b 所示，这类夹具体与铸造夹具体相比，其优点是易于制造，生产周期短，成本低(一般比铸造夹具体的成本低 30%～35%)，由于采用钢板、型材等焊接而成，故其重量也较轻。缺点是焊接过程中产生的热变形和残余应力对精度影响较大，

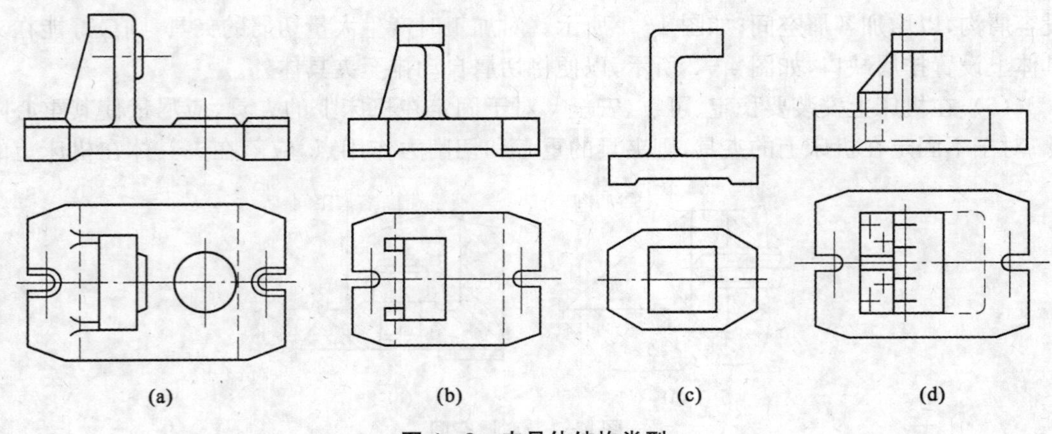

图 4-3 夹具体结构类型

故焊接后需经退火处理，此外焊接夹具体较难获得复杂的外形。

为适应当前产品更新换代快，工艺装备制造要求快的特点，应提倡和充分利用焊接夹具体。

(3) 锻造夹具体　如图 4-3c 所示。这类夹具体只适用于形状简单，尺寸不大的场合，一般情况下较少使用。

(4) 装配夹具体　如图 4-3d 所示。这是很有发展前途的一种制造方法。即选用标准毛坯件或标准零件组装成所需夹具体结构，这样不仅可大为缩短夹具体的制造周期，而且可组织专门工厂进行专业成批生产，有利于提高经济效益，进一步降低成本。当然要推广这种方法，必须实现夹具的结构标准化和系列化。如图 4-4 所示为几种比较典型的夹具标准毛坯件或可组装成夹具体的标准零件。

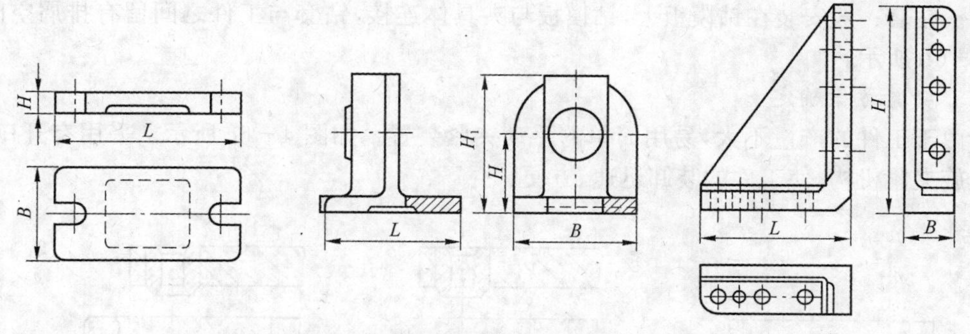

图 4-4　夹具体标准毛坯件及零件

第三节　夹具设计实例

图 4-5 所示为轴套类零件，本工序任务是在该零件上加工一直径为 $\phi5$ mm 的径向孔。应满足如下要求 $\phi5$ mm 孔轴线到端面 B 的距离 20±0.1；$\phi5$ mm 孔轴线对 ϕ20H7 孔轴线的对称度为 0.15 mm。工件材料为 Q235A 钢，产量 N=500 件，需设计钻 $\phi5$ mm 的钻夹具。

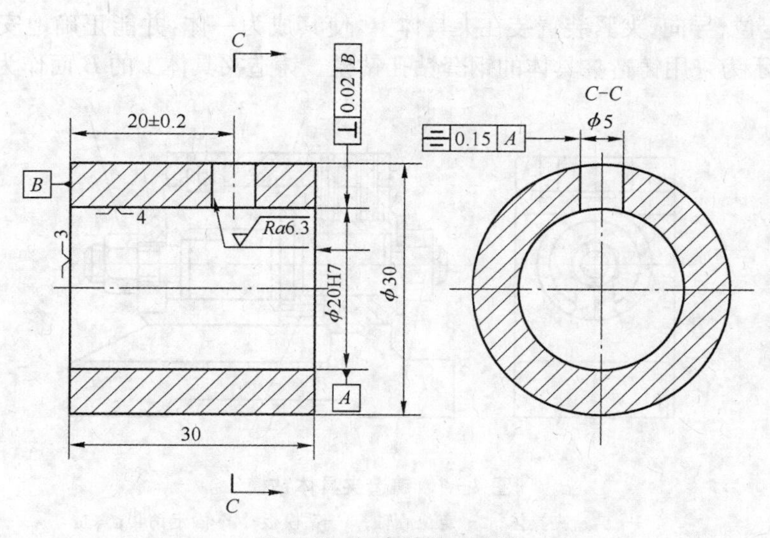

图 4-5　钢套钻孔工序图

一、确定方案

1. 定位方案确定

按基准重合原则选择 ϕ20H7 孔轴线和 B 面作为定位基准，定位方案如图 4-6a 所示。定位心轴的台阶端面限制工件三个自由度，心轴 ϕ20g6 限制四个自由度，属过定位。因两个定位面是已加工面，垂直度较高，允许过定位。心轴的右上端铣平，用来让刀和避免钻孔后的毛刺妨碍工件装卸。

2. 刀具导向方案确定

为能迅速、准确地确定刀具与夹具的相对位置，钻夹具上都应设置引导刀具的元件——钻套。钻套一般安装在钻模板上，钻模板与夹具体连接，钻套与工件之间留有排屑空间，如图 4-6b 所示。

3. 夹紧方案确定

由于工件的产量不大，易用简单的手动夹紧装置。如图 4-6c 所示。采用有开口垫圈的螺旋夹紧机构，使工件的装卸迅速、方便。

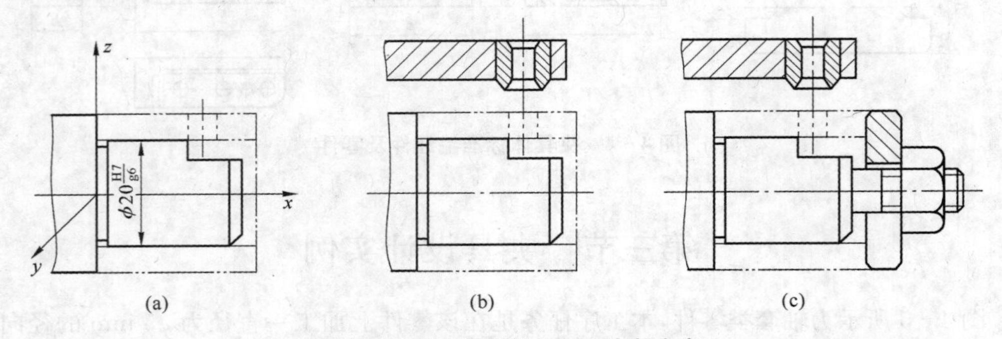

图 4-6　钢套的定位、导向、夹紧方案

二、夹具体的设计

夹具的定位、导向、夹紧装置装在夹具体上，使其成为一体，并能正确地安装在机床上。如图 4-7 所示为采用铸造夹具体的钢套钻孔钻模。铸造夹具体 1 的 B 面作为安装基面，定

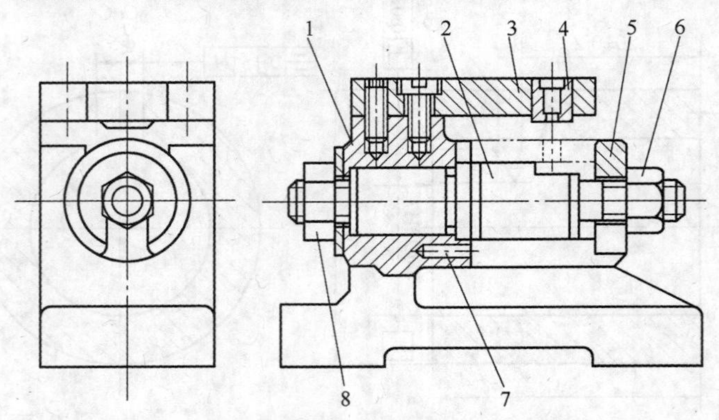

图 4-7　铸造夹具体钻模

1—铸造夹具体；2—定位心轴；3—钻模板；4—固定钻套；
5—开口垫圈；6—夹紧螺母；7—防转销钉；8—夹紧螺母

位心轴2与夹具体1采用过渡配合，用夹紧螺母8把其夹紧在夹具体上，用防转销钉7保证定位心轴缺口朝上，钻模板3与夹具体1用两个螺钉、两个销钉连接。夹具装配时，待钻模板位置调整准确后，再拧紧螺钉，然后配钻，钻铰销钉孔，打入销钉定位。此方案结构紧凑，安装稳定，具有较好的抗压强度和抗振性，但生产周期长，成本略高。

如图4-8所示为采用型材夹具体的钻模。夹具体由盘1及套2组成，它是由棒料、管料等型材加工装配而成的。定位心轴安装在盘1上，套2下部B面作为安装基面，上部兼作钻模板。套2与盘1采用过渡配合，并用三个螺钉7紧固，用修磨调整垫圈11的方法保证钻套的正确位置。此方案取材容易，制造周期短，成本较低，且钻模刚度好，质量轻。

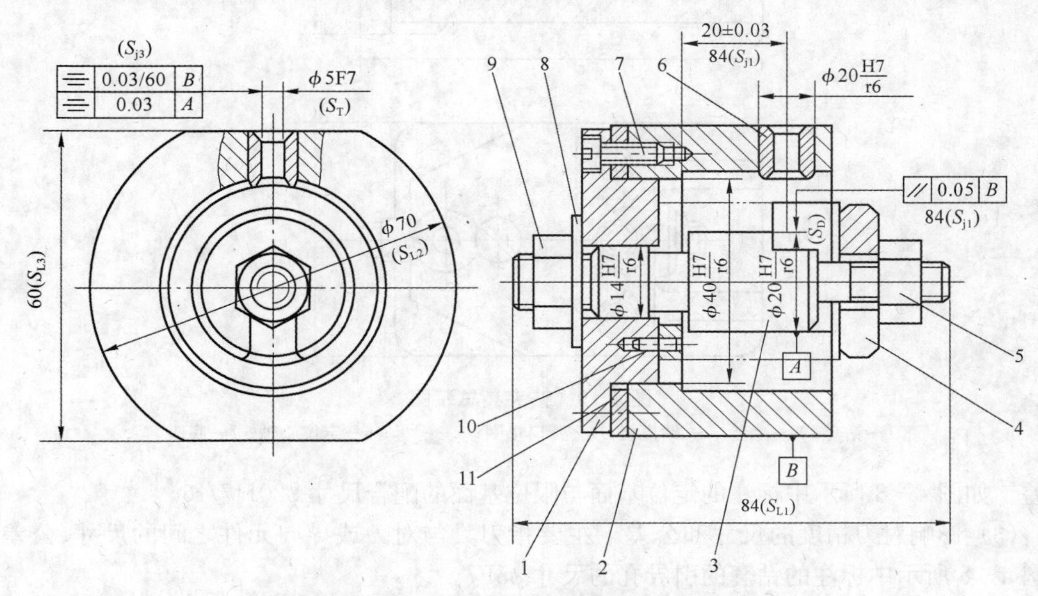

图4-8　型材夹具体钻模

1—盘；2—套；3—定位心轴；4—开口垫圈；5—夹紧螺母；6—固定钻套；7—螺钉；8—垫圈；9—锁紧螺母；10—防转销钉；11—调整垫圈

除了上述两种夹具体外，还有焊接夹具体和锻造夹具体。焊接夹具体由钢板、型材焊接而成。这种夹具体制造方便、生产周期短、成本低、质量轻(壁厚比铸造夹具体厚)，但其热应力大、易变形、需要经退火处理，才能保证尺寸稳定性。锻造夹具体只能在要求夹具体强度高、刚度大、形状简单、尺寸不大的场合。相对来说，铸造夹具体和型材夹具体的优点较多，故生产中较多采用。

三、绘制夹具装配图

在上述方案确定基础上绘制夹具草图，征求各方面意见，在方案正式确定基础上，即可绘制夹具总装配图，如图4-9所示。

四、夹具总图上尺寸、公差和技术要求的标注

(1) 最大轮廓尺寸　如图4-8所示中84 mm、ϕ70 mm、ϕ60 mm。

(2) 影响定位精度的尺寸和公差　主要指工件与定位元件以及定位元件之间的尺寸、

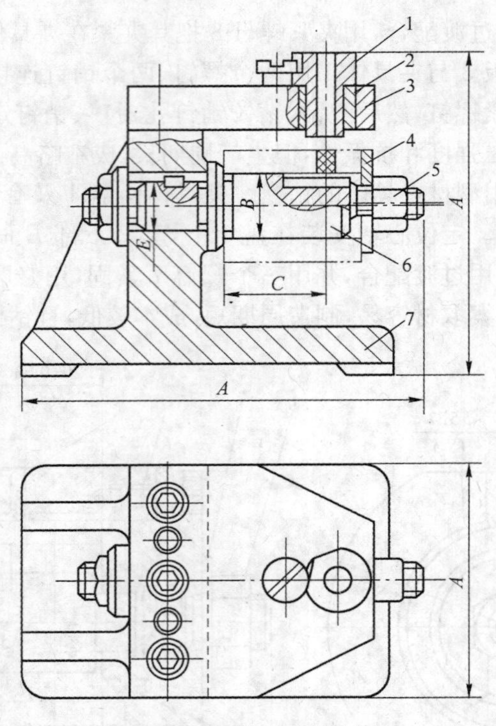

图 4-9　钻夹具总装图

1—钻套；2—衬套；3—钻模板；4—开口垫圈；5—螺母；6—定位心轴；7—底座

公差。如图 4-8 所示中标注的定位基面与限位基面的配合尺寸 ϕ20H7/r6。

(3) 影响对刀精度的尺寸和公差　主要指刀具与对刀或导向元件之间的尺寸、公差。如图 4-8 所示中标注的钻套的引导孔的尺寸 ϕ5F7。

(4) 影响夹具在机床上安装精度的尺寸和公差　主要指夹具安装基面与机床相应配合表面之间的尺寸、公差,定位元件、对刀元件、安装基面三者之间的位置尺寸和公差。如图 4-8 所示中标注的钻套轴线与定位元件端面之间的尺寸(20±0.03)mm,钻套轴线相对于定位心轴的对称度 0.03 mm,钻套轴线相对于安装基面 B 的垂直度 0.03/60,定位心轴相对于安装基面 B 的平行度 0.05 mm。

(5) 其他重要尺寸和公差　一般为机械设计中应标注的尺寸、公差。如图 4-8 所示中标注的 ϕ14H7/r6、ϕ40H7/r6、ϕ10H7/r6。

(6) 夹具总图上应标注的技术要求　夹具总图上无法用符号标注而又必须说明的问题,可作为技术要求用文字写在总图的空白处。例如,几个支承钉采用装配后再修磨达到总高;活动 V 形块应能灵活移动;夹具装饰漆颜色;夹具使用时的操作顺序等。如图 4-8 所示中应标注:装配时修磨调整垫圈 11,保证尺寸(20±0.03)mm。

(7) 夹具总图上公差值的确定　夹具总图上标注公差值的原则是:在满足工件加工精度的夹具公差的前提下,尽量降低夹具的制造精度。

直接影响工件加工精度的夹具公差 δ_g,通常取为

$$\delta_g=\left(\frac{1}{2}\sim\frac{1}{5}\right)\delta$$

式中　δ_g——夹具总图上的尺寸公差或位置公差；

δ——与 δ_g 相应的工件尺寸公差或位置公差。

图 4-8 中的(20±0.03)mm，即为(20±0.1)mm 公差的 1/3 左右。

工件的加工尺寸未注公差时，工件公差 δ 视为 IT12～IT14，夹具上的相应尺寸公差按 IT9～IT11 标注；工件的位置要求未注公差时，工件公差 δ 视为 IT9～IT11，夹具上的相应位置公差按 IT7～IT9 标注。

复习思考题

一、选择题

1. 夹具设计时，不是主要考虑的因素是(　　)。

A. 保证加工精度　　B. 操作方便　　C. 使用寿命长　　D. 好看

2. 绘制夹具总图的顺序是(　　)。

A. 轮廓外形→主要表面→定位元件→对刀元件→夹紧机构→夹具体及连接件

B. 轮廓外形→主要表面→夹紧机构→定位元件→对刀元件→夹具体及连接件

C. 夹紧机构→轮廓外形→主要表面→定位元件→对刀元件→夹具体及连接件

D. 夹具体及连接件→轮廓外形→夹紧机构→主要表面→定位元件→对刀元件

二、问答题

1. 夹具设计有哪些要求？
2. 在夹具方案设计时，要考虑哪些主要问题？
3. 试述夹具设计步骤。
4. 夹具总图上应标注哪些尺寸和位置公差？

第五章 机械加工精度

零件的加工质量是由加工精度和表面质量两方面所决定的。本章的任务是讨论零件的机械加工精度问题。研究加工精度的目的，就是弄清各种原始误差对加工精度影响的规律，掌握控制加工误差的方法，以获得预期的加工精度，并能找出进一步提高加工精度的途径。

第一节 概 述

一、加工精度与加工误差

加工精度是指零件加工后的实际几何参数（尺寸、几何形状和各表面间的相互位置）与理想几何参数的符合程度。符合程度愈高，加工精度就愈高；符合程度愈低，则加工精度愈低。零件的加工精度包括尺寸精度、形状精度和相互位置精度。

加工误差是指零件加工后的实际几何参数（尺寸、几何形状和各表面间的相互位置）与理想几何参数的偏离程度。加工误差愈小，则加工精度愈高，反之亦然。所以说，加工误差的大小反映了加工精度的高低，而生产中加工精度的高低，是用加工误差的大小表示的。实际加工中采用任何加工方法所得到的实际几何参数都不会与理想几何参数完全相同。生产实践中，在保证机器工作性能的前提下，零件存在一定的加工误差是允许的，而且只要这些误差在规定的范围内，就认为是保证了加工精度。加工精度和加工误差是从两个不同的角度来评定加工零件的几何参数的，加工精度的低和高就是通过加工误差的大和小来表示的。研究加工精度的目的，就是要弄清各种原始误差对加工精度的影响规律，掌握控制加工误差的方法，从而找出减少加工误差、提高加工精度的途径。

二、加工经济精度

由于在加工过程中有很多因素影响加工精度，所以同一种加工方法在不同的工作条件下所能达到的精度是不同的。任何一种加工方法，只要精心操作，细心调整，并选用合适的切削参数进行加工，都能使加工精度得到较大的提高，但这样做会降低生产率，增加加工成本，是不经济的。

加工误差与加工成本总是成反比关系。用同一种加工方法，如欲获得较高的精度（即加工误差较小），成本就会提高。但对某种加工方法，当加工误差较小时，即使很细心操作，很精心地调整，精度提高却很少甚至不能提高，然而成本却会提高很多；相反，对某种加工方法，即使工件精度要求很低，加工成本也不会无限制的降低，而必须耗费一定的最低成本。通常所说的加工经济精度是指在正常加工条件下（采用符合质量标准的设备、工艺装备和标准技术等级的工人，不延长加工时间）所能保证的加工精度。某种加工方法的加工经济精度一般指的是一个范围，在这个范围内都可以说是经济的。当然，加工方法的经济精度并不是固定不变的，随着工艺技术的发展，设备及工艺装备的改进，以及生产中科学管理水平的不断提高等，各种加工方法的加工经济精度等级范围亦将随之不断提高。

三、影响加工精度的因素即原始误差

机械加工中，机床、夹具、刀具和工件构成了一个相互联系的统一系统，此系统称之为工艺系统。由于工艺系统的各组成部分本身存在误差，同时加工中多方面的因素都会对工艺系统产生影响，从而造成各种各样的误差。这些误差都会引起工件的加工误差，因此把工艺系统的各种误差称为原始误差。这些误差，一部分与工艺系统本身的结构状态有关，一部分与切削过程有关。按照这些误差的性质可归纳为以下四个方面：

① 工艺系统的几何误差，包括加工方法的原理误差，机床的几何误差，夹具的制造误差，工件的装夹误差以及工艺系统磨损所引起的误差。

② 工艺系统受力变形所引起的误差。

③ 工艺系统热变形所引起的误差。

④ 工件的内应力引起的误差。

为清晰起见，可将加工过程中可能出现的种种原始误差归纳如下：

- 与工艺系统初始状态有关的误差
  - 原理误差
  - 工件装夹误差
  - 调整误差
  - 夹具误差
  - 刀具误差
  - 机床误差
    - 机床主轴回转误差
    - 机床导轨导向误差
    - 机床传动误差
- 与工艺过程有关的误差
  - 工艺系统受力变形
  - 工艺系统受热变形
  - 刀具磨损
  - 测量误差
  - 工件内应力引起的变形

四、加工精度的研究方法

研究机械加工精度的方法主要有单因素分析计算法和统计分析法。单因素分析计算法是在掌握各种原始误差对加工精度影响规律的基础上，分析工件加工中所出现的误差可能是哪一种或哪几种主要原始误差所引起的，并找出原始误差与加工误差之间的影响关系，通过估算来确定工件加工误差的大小，再通过试验测试来加以验证。统计分析法是对具体加工条件下得到的几何参数进行实际测量。然后运用数理统计学方法对这些测试数据进行分析处理，找出工件加工误差的规律和性质，进而控制加工质量。分析计算法主要是在对单项原始误差进行分析计算的基础上进行的。统计分析法则是对有关的原始误差进行综合分析的基础上进行的。在实际生产中上述两种方法常常结合起来应用，可先用统计分析法寻找

加工误差产生的规律，初步判断产生加工误差的可能原因，再运用分析计算法进行分析、试验，以便迅速有效地找出影响工件加工精度的主要原因。

第二节　工艺系统的几何误差

工艺系统的几何误差主要有加工原理误差，机床、刀具、夹具的制造误差和磨损以及机床、刀具、夹具和工件的安装调整误差等。

一、加工原理的误差

加工原理误差是指由于采用了近似的加工方法、近似的成形运动或近似的刀具轮廓进行加工所产生的误差。为了获得规定的加工表面，刀具和工件之间必须实现准确的成形运动，机械加工中称此为加工原理。理论上应采用理想的加工原理和完全准确的成形运动以获得精确的零件表面。但实践中，完全精确的加工原理常常很难实现，有时会造成加工效率很低；有时会使机床或刀具的结构极为复杂，有时由于结构环节多，造成机床传动中的误差增加，或使机床刚度和制造精度很难保证。因此，采用近似的加工原理以获得较高的加工精度是保证加工质量和提高生产率和经济性的有效工艺措施。

例如，齿轮滚齿加工用的滚刀就有两种原理误差，一是近似廓形原理误差，即由于制造上的困难，采用阿基米德基本蜗杆或法向直廓基本蜗杆代替渐开线基本蜗杆；二是由于滚刀刀刃数有限，所切出的齿形实际上是一个由微小折线组成的折线面，和理论上的光滑渐开线有差异，这些都会产生加工原理误差。又如用模数铣刀成形铣削齿轮，模数相同而齿数不同的齿轮，齿形参数是不同的。理论上，同一模数，不同齿数的齿轮就要用相应的齿形刀具加工。实际上，为精简刀具数量，常用一把模数铣刀加工某一齿数范围内的齿轮，即采用了近似的刀刃轮廓，同样产生了加工原理误差。

二、机床的几何误差

机械加工中刀具相对于工件的切削成形运动一般是通过机床完成的，因此工件的加工精度在很大程度上取决于机床的精度。

机床的切削成形运动主要有两大类，即主轴的回转运动和移动件的直线运动，因此，机床的制造误差对工件加工精度影响较大的主要有主轴的回转运动误差、导轨的直线运动误差以及传动链误差。

1. 机床主轴回转运动误差

1）主轴回转误差的概念及基本型式　机床主轴是用以装夹工件或刀具的基准，并将运动和动力传递给工件和刀具。因此主轴的回转误差，对工件的加工精度有直接影响。所谓主轴的回转误差是指主轴的实际回转轴线相对其理想回转轴线（一般用平均回转轴线来代替）的漂移或偏离量。

理论上，主轴回转时，其回转轴线的空间位置是固定不变的，即瞬时速度为零。而实际上，由于主轴部件在加工、装配过程中的各种误差和回转时的受力、受热等因素，使主轴在每一瞬时回转轴线的空间位置处于变动状态，造成轴线相对于平均回转轴线的漂移，也即产生了回转误差。

主轴的回转运动误差可分为三种基本型式：

（1）轴向窜动　主轴实际回转轴线沿平均回转轴线方向的轴向运动，如图 5－1a 所示。它主要影响端面形状和轴向尺寸精度。

（2）径向跳动　主轴实际回转轴线始终平行于平均回转轴线方向的径向运动，如图 5－1b 所示。

（3）角度摆动　瞬时回转轴线与平均回转轴线成一角度倾斜，交点位置固定不变的运动，如图 5－1c 所示。它主要影响工件的形状精度，车外圆时，会产生锥形；镗孔时，将使孔呈椭圆形。

主轴工作时，其回转运动误差常常是以上三种基本型式的合成运动造成的。

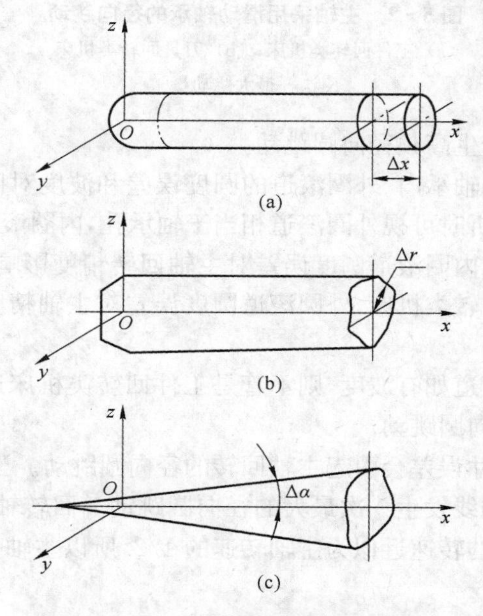

图 5－1　主轴回转误差的基本型式

（a）轴向窜动；（b）径向跳动；（c）角度摆动

2）主轴回转误差的影响因素　影响主轴回转精度的主要因素是主轴轴颈的同轴度误差、轴承的误差、轴承的间隙、与轴承配合零件的误差及主轴系统的径向不等刚度和热变形。

当主轴采用滑动轴承时，轴承误差主要是指主轴颈和轴承内孔的圆度误差和波度。对于工件回转类机床（如车床、磨床等），切削力的方向大体上是不变的，主轴在切削力的作用下，主轴颈以不同部位和轴承内孔的某一固定部位相接触。因此，影响主轴回转精度的，主要是主轴轴颈的圆度误差和波度误差，而轴承孔的形状误差影响较小。如果主轴颈是椭圆形的，那么，主轴每回转一转，主轴回转轴线就径向圆跳动两次，如图 5－2a 所示。主轴轴颈表面如有波度，主轴回转时将产生高频的径向圆跳动。对于刀具回转类机床（如镗床等），由于切削力方向随主轴的回转而回转，主轴颈在切削力作用下总是以其某一固定部位与轴承内表面的不同部位接触。因此，对主轴回转精度影响较大的是轴承孔的圆度误差。如果轴承孔是椭圆形的，则主轴每回转一转，就径向圆跳动一次，如图 5－2b 所示。轴承内孔表面

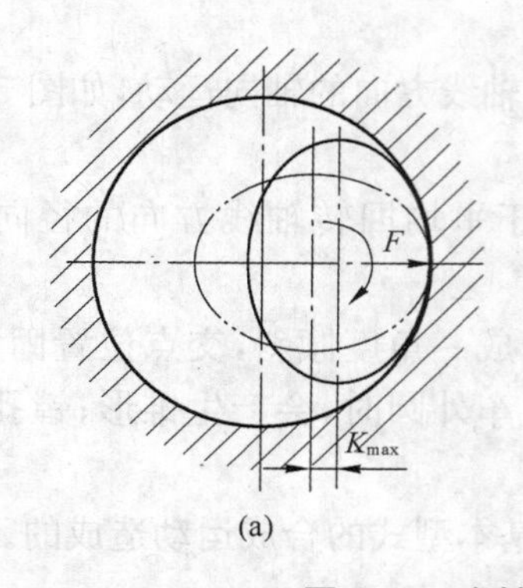

(a)

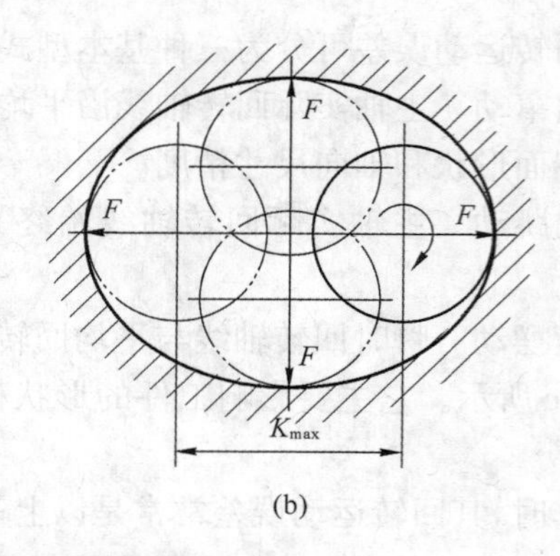

(b)

图 5-2　主轴采用滑动轴承的径向跳动

(a) 工件回转类机床；(b) 刀具回转类机床

K_{max}—最大跳动量

如有波度，同样会使主轴产生高频径向圆跳动。

主轴采用滚动轴承时，轴承内、外圈滚道的圆度误差和波度对回转精度的影响，与上述滑动轴承的情况相似。分析时可视外圈滚道相当于轴承孔，内圈滚道相当于轴颈。因此，对工件回转类机床，滚动轴承内圈滚道圆度误差对主轴回转精度影响较大，主轴每回转一转，径向圆跳动两次；对刀具回转类机床，外圆滚道圆度误差对主轴精度影响较大，主轴每回转一转，径向圆跳动一次。

滚动轴承的内、外圈滚道如有波度，则不管是工件回转类机床还是刀具回转类机床，主轴回转时都将产生高频径向圆跳动。

滚动轴承滚动体的尺寸误差会引起主轴回转的径向圆跳动。当最大的滚动体通过承载区一次，就会使主轴回转轴线发生一次最大的径向圆跳动。回转轴线的跳动周期与保持架的转速有关。由于保持架的转速近似为主轴转速的 1/2，所以主轴每回转两周，主轴轴线就径向圆跳动一次。

推力轴承滚道端面误差会造成主轴的端面圆跳动。滚锥、向心推力轴承的内外滚道的倾斜既会造成主轴的端面圆跳动，又会引起径向圆跳动和摆动。

主轴轴承的间隙过大，会使主轴工作时油膜厚度增大，刚度降低(油膜承载能力降低)，当工作条件变化时(载荷、转速等)，油楔厚度变化较大，主轴轴线的跳动量增大。

除轴承本身之外，与轴承相配的零件(主轴、箱体孔等)的精度和装配质量都对主轴回转精度产生影响。如主轴轴颈的尺寸和形状误差会使轴承内圈变形。主轴前后轴颈之间，箱体前后轴承孔之间的同轴度误差会使轴承内外圈滚道相对倾斜，引起主轴回转轴线的径向和轴向跳动。此外，轴承定位端面与轴线的垂直度误差、轴承端面之间的平行度误差等都会引起主轴回转轴线产生轴向窜动。

3) 提高主轴回转精度的措施　主轴回转精度是影响加工精度的重要因素之一。为了提高回转精度，主要可采取以下几方面措施：

① 提高主轴部件的精度。根据机床精度要求，选择相应的高精度轴承，并合理确定主轴颈、箱体主轴孔、调整螺母等零件的尺寸精度和形状精度。这样可以减少影响回转精度的原始误差。

② 使主轴回转精度不依赖于主轴部件。由于组成主轴部件的零件多，累积误差大、对

回转精度要求很高的主轴，用进一步提高零件精度的方法来满足要求就比较困难。因此可以考虑使主轴部件的定位功能和驱动功能分开的办法来提高回转精度。例如，磨外圆时，工件由死顶尖定位，主轴仅起驱动作用。由于用高精度的定位基准来满足回转精度要求，主轴部件的误差就不再产生影响；同时这种方法所用零件少，误差累积也少，所以能提高回转精度，但使用中须注意保持定位元件的精度。

③ 对滚动轴承进行预紧，以消除间隙。

④ 提高主轴箱体支承孔、主轴轴颈和与轴承相配合的零件有关表面的加工精度。

2. 机床导轨误差

机床导轨是机床中确定某些主要部件相对位置的基准，也是某些主要部件的运动基准，它的各项误差直接影响被加工工件的精度。在机床的精度标准中，直线导轨的导向精度一般包括导轨在水平面内的直线度、在垂直面内的直线度和前后导轨的平行度（扭曲）等几项主要内容。

机床安装得不正确、水平调整得不好，会使床身产生扭曲，破坏导轨原有的制造精度，特别是长床身机床，如龙门刨床、导轨磨床以及重型、刚性差的机床。机床安装时要有良好的基础，否则将因基础下沉而造成导轨弯曲变形。

导轨误差的另一个重要因素是导轨磨损。因机床在使用过程中，由于机床导轨磨损不均匀，使导轨产生直线度、扭曲度等误差，从而引起滑板在水平面和垂直面内发生位移。

导轨误差对加工精度产生的影响如下：

① 在水平面内，车床导轨的直线度误差或导轨对主轴轴线的平行度误差，会使被加工的工件产生鼓形或鞍形。如图 5 - 3a 所示导轨在水平方向的直线度误差；如图 5 - 3b 所示由于导轨的直线度误差使工件产生的鞍形误差。由图 5 - 3b 知，这个鞍形误差与车床导轨上的直线度误差完全一致，即机床导轨误差将直接反映到被加工的工件上。

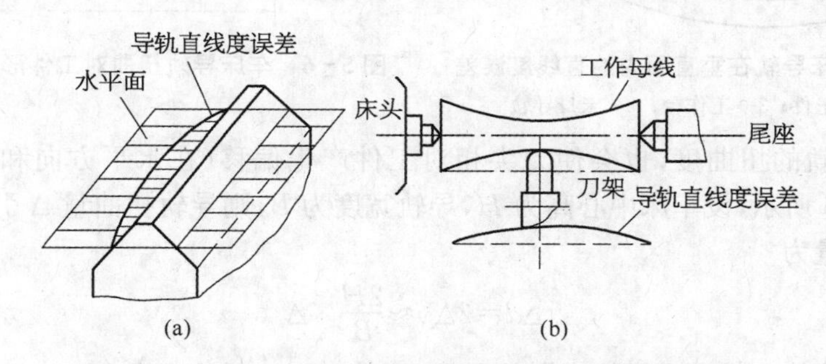

图 5 - 3　导轨在水平面内的直线度误差引起的加工误差

② 在垂直平面内车床导轨的直线度误差，也同样能使工件产生直径方向的误差，但是这个误差不大（处在误差非敏感方向）。因为当刀尖沿切线方向偏移 Δs 时（图 5 - 4），工件的半径由 R 增致 R'，其增加量为 ΔR。从图可知

$$R'=\sqrt{R^2+\Delta z^2}\approx R+\frac{\Delta z^2}{2R}$$

所以

$$\Delta R=R'-R=\frac{\Delta z^2}{2R}=\frac{\Delta z^2}{D} \tag{5-1}$$

由于 Δz 很小，Δz^2 就更小，而 D 比较大，所以式(5 - 1)中 ΔR 是很小的，可以说对零件的

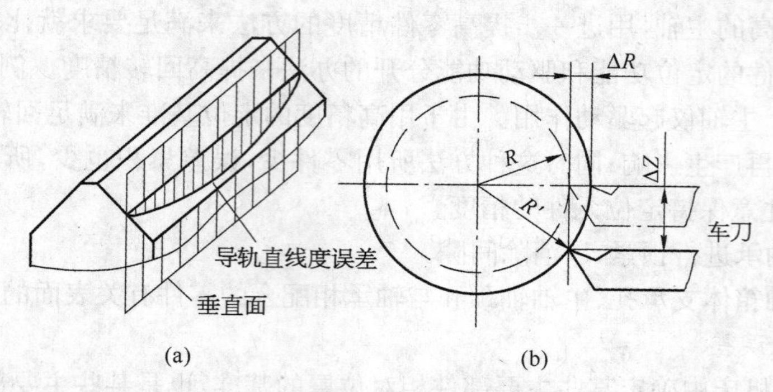

图 5-4　导轨在垂直面内的直线度误差

形状精度影响很小。但对平面磨床、龙门刨床及铣床等来说，导轨在垂直面的直线度误差会引起工件相对砂轮（刀具）的法向位移，其误差将直接反映到被加工零件上，形成形状误差（图 5-5）。

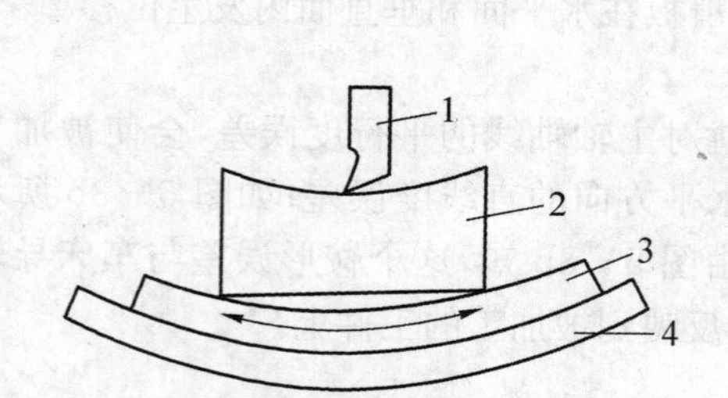

图 5-5　龙门刨床导轨在垂直面内的直线度误差

1—刨刀；2—工件；3—工作台；4—床身导轨

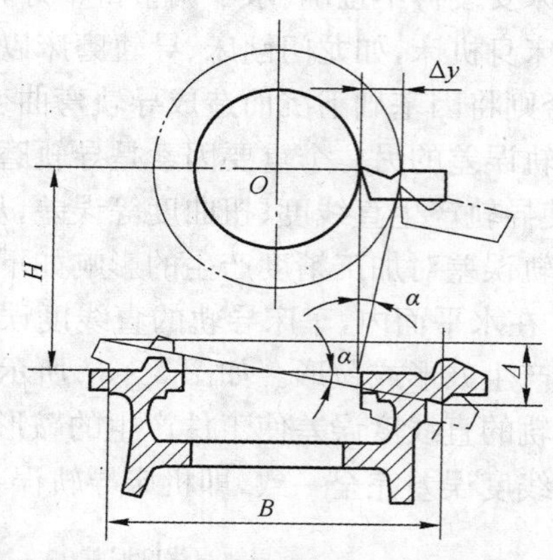

图 5-6　车床导轨扭曲对工件形状精度影响

③ 车床导轨的扭曲度，也会使刀尖相对工件产生偏移（在水平方向和垂直方向的位移）。如图 5-6 所示，设车床中心高为 H，导轨宽度为 B，则导轨扭曲量 Δ 引起的刀尖在工件径向的变化量为

$$\Delta d = 2\Delta y \approx \frac{2H}{B} \times \Delta$$

这一误差将使工件产生圆柱度误差。

3. 机床传动链误差

机床传动链误差是指内联传动链始末两端传动元件间相对运动的误差。传动链误差对圆柱表面和平面加工来说，一般不影响其加工精度，但对于工件和刀具运动有严格内联系的加工表面，如车螺纹、滚齿等加工方法，机床传动链误差则是影响加工精度的主要因素之一。

如图 5-7 所示为一台滚齿机的传动系统简图，被加工齿轮装夹在工作台上，它与蜗轮同轴回转。由于传动链中的各个传动元件不可能制造、安装绝对准确，每个传动元件的误差都将通过传动链影响被加工齿轮的加工精度。其工件转角为

$$\phi_g = \phi_d \times \frac{64}{16} \times \frac{23}{23} \times \frac{23}{23} \times \frac{46}{46} \times i_c \times i_f \times \frac{1}{96}$$

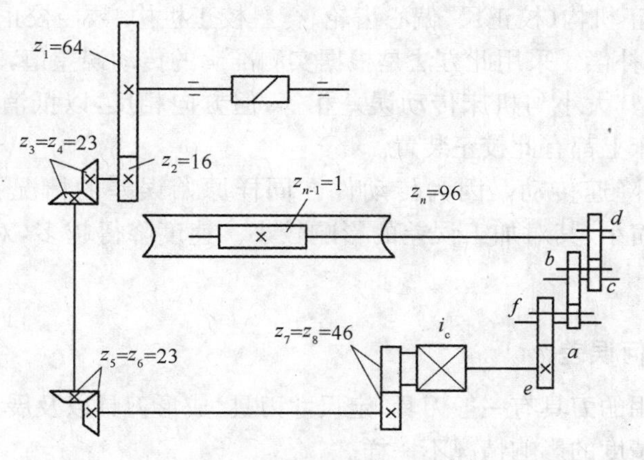

图 5-7　滚齿机传动链图

式中　ϕ_g——工件转角(工件处在传动链的末端);

ϕ_d——滚刀转角;

i_c——差动轮系的传动比,在滚切直齿时,$i_c=1$;

i_f——分度挂轮传动比。

传动链传动误差一般可用传动链末端元件的转角误差来衡量,但由于各传动件在传动链中所处的位置不同.它们对工件加上精度(即末端件的转角误差)的影响程度也是不同的。假设滚刀轴均匀旋转,若齿轮 z_1 有转角误差 $\Delta\phi_1$,而其他各传动件无误差,则传到末端件(亦即第 n 个传动元件)上所产生的转角误差为

$$\Delta\phi_{1n}=\Delta\phi_1\times\frac{64}{16}\times\frac{23}{23}\times\frac{46}{46}\times i_c\times i_f\times\frac{1}{96}=k_1\Delta\phi_1$$

式中,k_1 为 z_1 到末端件(序号 n 的传动件)的传动比。由于它反映了 z_1 的转角误差对末端元件传动精度的影响,故又称之为误差传递系数。

同理,若第 j 个传动元件有转角误差 $\Delta\phi_j$,则该转角误差通过相应的传动链传递到工作台上的转角误差为

$$\Delta\phi_{jn}=k_j\Delta\phi_j$$

式中　k_j——第 j 个传动件的误差传递系数。

由于所有的传动件都存在误差,因此,各传动件对工件精度影响的总和 $\Delta\phi_\Sigma$ 为各传动元件所引起末端元件转角误差的叠加为

$$\Delta\phi_\Sigma=\sum_{j=1}^{n}\Delta\phi_{jn}=\sum_{j=1}^{n}k_j\Delta\phi_j$$

从上式可知,为了减小传动误差,可采取以下措施:

① 提高传动元件,特别是末端件的制造精度和装配精度。如滚齿机工作台部件中作为末端传动件的分度蜗轮副的精度要比传动链中其他齿轮的精度高 1～2 级。

② 减少传动件数目,缩短传动链,使误差来源减少。

③ 消除传动链中齿轮的间隙。各传动副零件间存在的间隙,会使末端件的瞬时速度不均匀,速比不稳定,从而产生传动误差。例如数控机床的进给系统,在反向时传动链间的间隙会使运动滞后于指令脉冲,造成反向死区而影响传动精度。

④ 采用误差校正机构(校正尺、偏心齿轮、行星校正机构、数控校正装置、激光校正装置等)对传动误差进行补偿。采用此方法是根据实测准确的传动误差值,采用修正装置让机床作附加的微量位移,其大小与机床传动误差相等,但方向相反,以抵消传动链本身的误差。在精密螺纹加工机床上都有此校正装置。

⑤ 尽可能采用降速传动。因为传动件在同样原始误差的情况下,采用降速传动时 $k_j<1$,传动误差被缩小,其对加工误差的影响较小。速度降得越多,对加工误差的影响越小。

三、刀具的几何误差

机械加工中常用的刀具有一般刀具、定尺寸刀具、成形刀具以及展成法刀具。不同的刀具误差对工件加工精度的影响情况不一样。

① 一般刀具(如普通车刀、单刃镗刀和面铣刀、刨刀等)的制造误差对加工精度没有直接影响,但对于用调整法加工的工件,刀具的磨损对工件尺寸或形状精度有一定影响。这是因为加工表面的形状主要是由机床精度来保证,加工表面的尺寸主要由调整决定。

② 定尺寸刀具(如钻头、铰刀、圆孔拉刀、键槽铣刀等)的尺寸误差和形状误差直接影响被加工工件的尺寸精度和形状精度。这类刀具的安装和使用不当,也会影响加工精度。

③ 成形刀具(如成形车刀、成形铣刀、盘形齿轮铣刀、成形砂轮等)的误差主要影响被加工面的形状精度。

④ 展成法刀具(如齿轮滚刀、花键滚刀、插齿刀等)的刀刃形状必须是加工表面的共轭曲线,因此刀刃的几何形状误差会直接影响加工表面的形状精度。

任何刀具在切削过程中都不可避免地要产生磨损,并由此引起工件尺寸和形状的改变(即误差)。例如用成形刀具加工时,刀具刃口的不均匀磨损将直接复映在工件上,造成形状误差;在加工较大表面(一次走刀需较长时间)时,刀具的尺寸磨损会严重影响工件的形状精度;用调整法加工一批工件时,刀具的磨损会扩大工件尺寸的分散范围。

四、夹具的几何误差

夹具的作用是使工件相对于刀具和机床具有正确的位置,因此夹具的制造误差对工件的加工精度特别是位置精度有很大的影响。例如用镗模进行箱体的孔系加工时,箱体和镗杆的相对位置是由镗模来决定,机床主轴只起传递动力的作用,这时工件上各孔的位置精度就完全依靠夹具(镗模)来保证。

夹具误差包括制造误差、定位误差、夹紧误差、夹具安装误差、对刀误差等。这些误差主要与夹具的制造与装配精度有关。所以在夹具的设计制造以及安装时,凡影响零件加工精度的尺寸和几何公差应严格控制。

夹具的制造精度必须高于被加工零件的加工精度。精加工时(IT6—IT8),夹具主要尺寸的公差一般可规定为被加工零件相应尺寸公差的 1/2～1/3;粗加工时(IT11 以下),因工件尺寸公差较大,夹具的精度则可规定为零件相应尺寸公差的 1/5～1/10。

夹具在使用过程中,定位元件、导向元件等工作表面的磨损、碰伤,会影响工件的定位精度和加工表面的形状精度。例如镗模上镗套的磨损,使镗杆与镗套间的间隙增大并造成镗孔后的几何形状误差。因此夹具应定期检验、及时修复或更换磨损元件。

辅助工具，如各种卡头、心轴、刀夹等的制造误差和磨损，同样也会引起加工误差。

五、调整误差

零件加工中的每一个工序，为了获得被加工表面的形状、尺寸和位置精度，需要对机床、夹具和刀具进行这样或那样的调整。而任何调整不会绝对准确，总会带来一定的误差，这种原始误差称为调整误差。

当用试切法加工时，影响调整误差的主要因素是测量误差和进给系统精度。在低速微量进给中，进给系统常会出现"爬行"现象，其结果使刀具的实际进给量比刻度盘的数值要偏大或偏小些，造成加工误差。

在调整法加工中，当用定程机构调整时，调整精度取决于行程挡块、靠模及凸轮等机构的制造精度和刚度，以及与其配合使用的离合器、控制阀等的灵敏度。当用样件或样板调整时，调整精度取决于样件或样板的制造、安装和对刀精度。

第三节　工艺系统受力变形对加工精度的影响

一、基本概念

工艺系统在切削力、传动力、惯性力、夹紧力以及重力等外力作用下，会产生相应的弹性变形和塑性变形，从而破坏刀具和工件之间已调整好的正确位置关系，使工件产生几何形状误差和尺寸误差。

例如车削细长轴时，在切削力的作用下，工件因弹性变形而出现"让刀"现象。随着刀具的进给，在工件全长上切削时，背吃刀量会由大变小，然后由小变大，使工件加工后产生腰鼓形的圆柱度误差。又如在内圆磨床上以横向切入法磨孔时，由于内圆磨头主轴的弹性变形，工件孔会出现带锥度的圆柱度误差。所以说工艺系统的受力变形是一项重要的原始误差，它严重影响加工精度和表面质量。

工艺系统受力变形通常是弹性变形，一般来说，工艺系统反抗变形的能力越大，加工精度越高。我们用刚度的概念来表达工艺系统抵抗变形的能力。

在材料力学中，物体的静刚度 k 是指加到系统上的作用力 F 与由它所引起的在作用力方向上的变形量 y 的比值，即

$$k=\frac{F}{y} \tag{5-2}$$

式中　k——静刚度(N/mm)；

F——作用力(N)；

y——沿作用力 F 方向的变形(mm)。

在机械加工中，在各种外力作用下，工艺系统各部分将在各个受力方向产生相应的变形。工艺系统受力变形，主要研究误差敏感方向，即在通过刀尖的加工表面的法线方向的位移。因此，工艺系统的刚度 k_{xt} 可定义为：工件和刀具的法向切削分力 F_p 与在总切削力的作用下，它们在该方向上的相对位移 y_{xt} 的比值，即

$$k_{xt}=\frac{F_p}{y_{xt}}$$

这里的法向位移是在总切削力的作用下工艺系统综合变形的结果。即在 F_c、F_p、F_f 共同作用下的 x 方向的变形。因此，工艺系统的总变形方向（y_{xt}的方向）有可能出现与 F_p 的方向不一致的情况，当 y_{xt}与 F_p 方向相反时，即出现负刚度。负刚度现象对保证加工质量是不利的，如车外圆时，会造成车刀刀尖扎入工件表面，故应尽量避免。

二、工艺系统刚度及其对加工过程的影响

1. 工艺系统刚度的计算

工艺系统在切削力作用下，机床的有关部件、夹具、刀具和工件都有不同程度的变形，使刀具和工件在法线方向的相对位置发生变化，从而产生相应的加工误差。

工艺系统在某一处的法向总变形 y_{xt}是各个组成环节在同一处的法向变形的叠加，即

$$y_{xt}=y_{jc}+y_{jj}+y_{dj}+y_{gj} \tag{5-3}$$

当工艺系统某处受法向力 F_p，其刚度和工艺系统各部件的刚度为

$$k_{xt}=\frac{F_p}{y_{xt}},\ k_{jc}=\frac{F_p}{y_{jc}},\ k_{jj}=\frac{F_p}{y_{jj}},\ k_{dj}=\frac{F_p}{y_{dj}},\ k_{gj}=\frac{F_p}{y_{gj}}$$

式中 y_{xt}——工艺系统的总变形(mm)；

y_{jc}——机床的受力变形(mm)；

y_{jj}——夹具的受力变形(mm)；

y_{dj}——刀具的受力变形(mm)；

y_{gj}——工件的受力变形(mm)；

k_{xt}——工艺系统的总刚度(N/mm)；

k_{jc}——机床的刚度(N/mm)；

k_{jj}——夹具的刚度(N/mm)；

k_{dj}——刀具的刚度(N/mm)；

k_{gj}——工件的刚度(N/mm)。

代入式(5-3)得工艺系统刚度的一般式为

$$k_{xt}=\frac{1}{\frac{1}{k_{jc}}+\frac{1}{k_{jj}}+\frac{1}{k_{dj}}+\frac{1}{k_{gj}}} \tag{5-4}$$

此式表明，已知工艺系统各组成部分的刚度，即可求得工艺系统的总刚度。

在用刚度计算一般式求解某一系统刚度时，应针对具体情况进行分析。例如外圆车削时，车刀本身在切削力的作用下的变形对加工误差的影响很小，可略去不计，这时计算式中可省去刀具刚度一项。再如镗孔时，镗杆的受力变形严重地影响着加工精度，而工件（如箱体零件）的刚度一般较大，其受力变形很小，可忽略不计。

2. 切削力引起的工艺系统变形对加工精度的影响

在加工过程中，刀具相对于工件的位置是不断变化的。就是说，切削力的作用点位置或切削力的大小是在变化的。同时，工艺系统在各作用点位置上的刚度（或柔度）一般是不相同的。因此，工艺系统受力变形也随之变化，下面分别进行讨论。

1) 切削力作用点位置变化而引起的加工误差　现以在车床顶尖间车削光轴为例来说

明这个问题。如图 5－8a 所示，假定工件短而粗、同时车刀悬伸长度很短，即工件和刀具的刚度好，其受力变形比机床的变形小到可以忽略不计，也就是说，此时工艺系统的变形只考虑机床的变形。再假定工件的加工余量很均匀，并且随机床变形而造成的背吃刀量(切削深度)变化对切削力的影响也很小，即假定车刀切削过程中切削力保持不变。当车刀以径向力 F_p 进给到图 5－8a 所示的 x 位置，车床主轴箱受作用力 F_A，相应的变形 $y_{tj}=\overline{AA'}$；尾座受作用力 F_B，相应的变形 $y_{wz}=\overline{BB'}$；刀架受作用力 F_C，相应的变形 $y_{dj}=\overline{CC'}$。

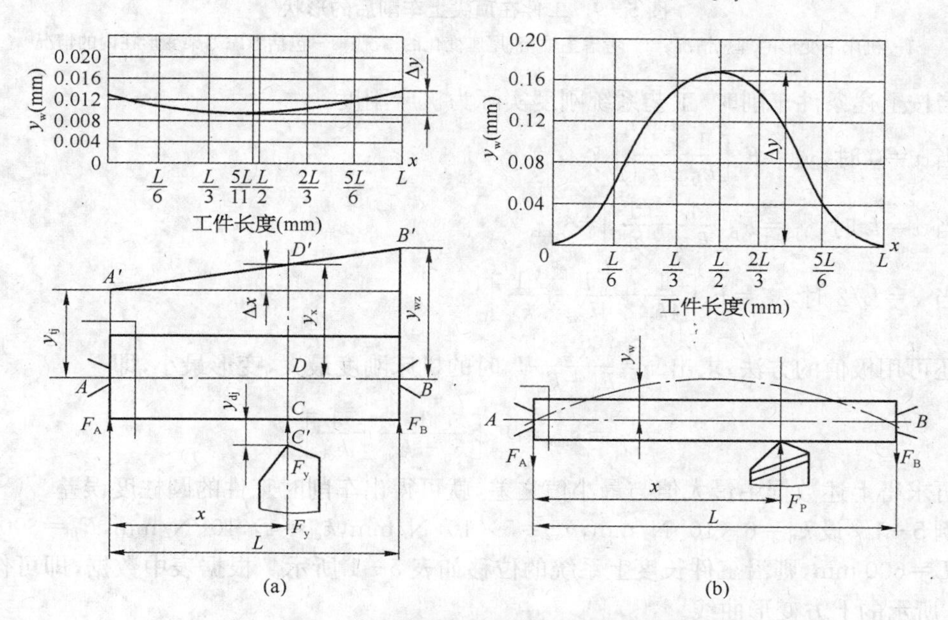

图 5－8　工艺系统变形随切削力位置变化而变化

(a) 短粗轴；(b) 细长轴

这时工件轴线 AB 位移到 $A'B'$，因而刀具切削点处工件轴线的位移 y_x 为

$$y_x=y_{tj}+\Delta_x=y_{tj}+(y_{wz}-y_{tj})\frac{x}{L}$$

考虑到刀架的变形 y_{dj} 与 y_x 的方向相反，所以机床的总变形 y_{jc} 为

$$y_{jc}=y_x+y_{dj} \tag{5-5}$$

由刚度的定义有

$$y_{tj}=\frac{F_A}{k_{tj}}=\frac{F_p}{k_{tj}}\left(\frac{L-x}{L}\right),\ y_{wz}=\frac{F_B}{k_{wz}}=\frac{F_p}{k_{wz}}\frac{x}{L},\ y_{dj}=\frac{F_p}{k_{dj}}$$

式中　k_{tj}、k_{wz}、k_{dj}——分别为主轴箱(头架)、尾座和刀架的刚度。

代入式(5—5)得机床总的变形为

$$y_{jc}=F_p\left[\frac{1}{k_{tj}}\left(\frac{L-x}{L}\right)^2+\frac{1}{k_{wz}}\left(\frac{x}{L}\right)^2+\frac{1}{k_{dj}}\right]=y_{jc}(x)$$

这说明工艺系统的变形是 x 的函数。随着车刀位置(即切削力位置)的变化，工艺系统的变形也是变化的。变形大的地方，从工件上切去较少的金属层；变形小的地方，切去较多的金属层，因此加工出来的工件呈两端粗、中间细的鞍形，其轴截面的形状如图 5－9 所示。

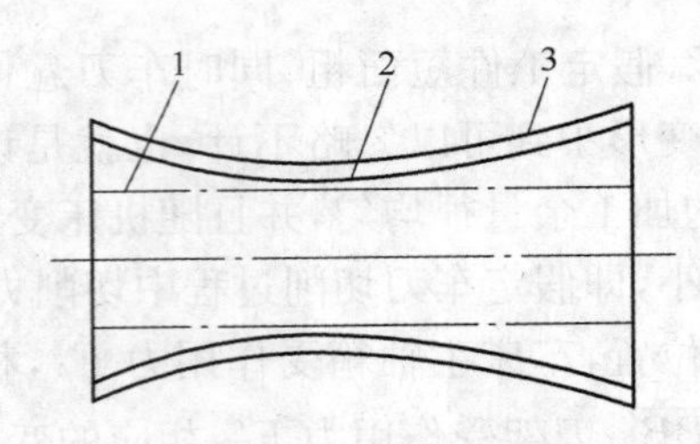

图 5-9　工件在顶尖上车削后的形状

1—机床不变形的理想情况；2—考虑主轴箱、尾座变化的情况；3—包括考虑刀架变形在内的情况

当按上述条件车削时，工艺系统刚度实际为机床刚度。

当 $x=0$ 时，$y_{jc}=F_p\left[\frac{1}{k_{tj}}+\frac{1}{k_{dj}}\right]$

当 $x=L$ 时，$y_{jc}=F_p\left[\frac{1}{k_{wz}}+\frac{1}{k_{dj}}\right]=y_{max}$

当 $x=L/2$ 时，$y_{jc}=F_p\left[\frac{1}{4k_{tj}}+\frac{1}{4k_{wz}}+\frac{1}{k_{dj}}\right]$

还可用极值的方法，求出 $x=\frac{k_{wz}}{k_{tj}+k_{wz}}L$ 时的机床刚度最大，变形最小，即

$$y_{jc}=y_{min}=F_p\left[\frac{1}{k_{tj}+k_{wz}}+\frac{1}{k_{dj}}\right]$$

再求得上述数据中最大值与最小值之差，就可得出车削时工件的圆柱度误差。

例 5-1　设 $k_{tj}=6\times10^4$ N/mm，$k_{wz}=5\times10^4$ N/mm，$k_{dj}=4\times10^4$ N/mm，$F_p=300$ N，工件长 $L=600$ mm，则沿工件长度上系统的位移如表 5-1 所示。根据表中数据，即可作如图 5-8a 所示的上方变形曲线。

表 5-1　沿工件长度的变形　(mm)

x	0 (主轴箱处)	$\frac{1}{6}L$	$\frac{1}{3}L$	$\frac{5}{11}L$	$\frac{1}{2}L$ (中点)	$\frac{2}{3}L$	$\frac{5}{6}L$	L (尾座处)
y_x	0.012 5	0.011 1	0.010 4	0.010 2	0.010 3	0.010 7	0.011 8	0.013 5

工件的圆柱度误差为(0.013 5－0.010 2)mm＝0.003 3 mm。

若在两顶尖间车削细长轴，如图 5-8b 所示。由于工件细长、刚度小，在切削力作用下，其变形大大超过机床、夹具和刀具所产生的变形。因此，机床、夹具和刀具的受力变形可略去不计，工艺系统的变形完全取决于工件的变形。加工中车刀处于图示位置时，工件的轴线产生弯曲变形。根据材料力学的计算公式，其切削点的变形量为

$$y_w=\frac{F_p}{3EL}\frac{(L-x)^2x^2}{L}$$

显然，当 $x=0$ 或 $x=L$ 时，$y_w=0$；当 $x=L/2$ 时，工件刚度最小，变形最大：$y_{wmax}=\frac{F_pL^3}{48EI}$，因此加工后的工件呈鼓形。

例 5-2　设 $F_p=300$ N，工件尺寸为 $\phi30$ mm×600 mm，$E=2\times105$ N/mm²，则沿工件长度上的变形如表 5-2 所示。根据表中数据。即可做出如图 4-8b 上方所示的变形曲线。

表 5-2　沿工件长度的变形　(mm)

x	0(主轴箱处)	$\frac{1}{6}L$	$\frac{1}{3}L$	$\frac{1}{2}L$(中点)	$\frac{2}{3}L$	$\frac{5}{6}L$	L(尾座处)
y_x	0	0.052	0.132	0.17	0.132	0.052	0

工件的圆柱度误差为(0.17－0)mm＝0.17 mm

工艺系统刚度随受力点位置变化而变化的例子很多，例如立式车床、龙门刨床、龙门铣床等的横梁及刀架，大型铣镗床滑枕内的轴等，其刚度均随刀架位置或滑枕伸出长度不同而变化，其分析方法基本上与上述例子相同。

2) 切削力大小变化而引起的加工误差(误差复映规律)　在切削加工中，由于被加工表面的几何形状误差使加工余量发生变化或工件材料的硬度不均匀等因素引起切削力变化，使工艺系统受力变形不一致，从而造成工件的加工误差。

以车削短轴为例，如图 5-10 所示。由于毛坯的圆度误差(例如椭圆)，车削时使切削深度在 a_{p1} 与 a_{p2} 之间变化。因此，切削分力 F_p 也随切削深度 a_p 的变化而变化。当切削深度为 a_{p1} 时产生的切削分力为 F_{p1}，引起的工艺系统变形为 y_1；当切削深度为 a_{p2} 时产生的切削分力为 F_{p2}，引起的工艺系统变形为 y_2。由于毛坯存在的圆度误差 $\Delta_m = a_{p1} - a_{p2}$，因而引起了工件产生圆度误差 $\Delta_w = y_1 - y_2$，且 Δ_m 越大，Δ_w 也就越大，这种现象称为加工过程中的误差复映现象。用工件误差 Δ_w 与毛坯误差 Δ_m 之比值来衡量误差复映的程度为

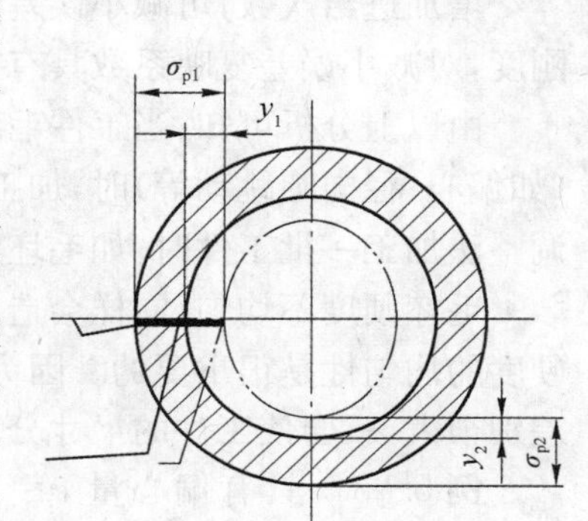

图 5-10　毛坯形状误差的复映

$$\varepsilon = \frac{\Delta_w}{\Delta_m} \tag{5-6}$$

ε 称为误差复映系数，$\varepsilon < 1$。

根据切削力的计算公式

$$F_p = C_{F_\sigma} a_p^{x_{F_\sigma}} f^{y_{F_\sigma}} v_c^{n_{F_\sigma}} K_{F_\sigma}$$

式中　C_{F_σ}、K_{F_σ}——与切削条件有关的系数；

f、a_p、v_c——分别为进给量、背吃刀量和切削速度；

x_{F_σ}、y_{F_σ}、n_{F_σ}——指数。

在一次走刀加工中，切削速度、进给量及其他切削条件设为不变，即

$$C_{F_\sigma} f^{y_{F_\sigma}} v_c^{n_{F_\sigma}} K_{F_\sigma} = C$$

C 为常数，在车削加工中，$x_{F_\sigma} \approx 1$，所以

$$F_p = c a_p$$

即
$$F_{p1} = C(a_{p1} - y_1),\ F_{p2} = C(a_{p2} - y_2)$$

由于 y_1、y_2 相对 a_{p1}、a_{p2} 而言数值很小，可忽略不计，即有

$$F_{p1} = C a_{p1},\ F_{p2} = C a_{p2}$$

$$\Delta_w = y_1 - y_2 = \frac{F_{p1}}{k_{xt}} - \frac{F_{p2}}{k_{xt}} = \frac{C}{k_{xt}}(a_{p1} - a_{p2}) = \frac{C}{k_{xt}}\Delta_m$$

所以
$$\varepsilon = \frac{C}{k_{xt}} \tag{5-7}$$

由上式可知，工艺系统的刚度 k_{xt} 越大，复映系数 ε 越小，毛坯误差复映到工件上去的部分就越少。一般 $\varepsilon<1$，经加工之后工件的误差比加工前的误差减小，经多道工序或多次走刀加工之后，工件的误差就会减小到工件公差所许可的范围内。若经过 n 次进给加工后，则误差复映为

$$\Delta_w=\varepsilon_1\varepsilon_2\cdots\varepsilon_n\Delta_m$$

总的误差复映系数

$$\varepsilon_z=\varepsilon_1\varepsilon_2\cdots\varepsilon_n$$

在粗加工时，每次的进给量 f 一般不变，假设误差复映系数均为 ε，则 n 次进给就有

$$\varepsilon_z=\varepsilon^n$$

增加进给次数，可减小误差复映，提高加工精度，但生产率降低了。因此，提高工艺系统刚度，对减小误差复映系数具有重要意义。

由以上分析可知，当工件毛坯有形状误差（如圆度、圆柱度、直线度等）或相互位置误差（如偏心、径向圆跳动等）时，加工后仍然会有同类型的加工误差出现。在成批大量生产中用调整法加工一批工件时，如毛坯尺寸不一，那么加工后这批工件仍有尺寸不一的误差。

毛坯硬度不均匀，同样会造成加工误差。在采用调整法成批生产情况下，控制毛坯材料硬度的均匀性是很重要的。因为加工过程中进给次数通常已定，如果一批毛坯材料的硬度差别很大，就会使工件的尺寸分散范围扩大，甚至超差。

例 5-3 具有偏心量 $e=1.5$ mm 的短阶梯轴装夹在车床三爪自定心卡盘中（如图 5-11 所示），分两次进给粗车小头外圆，设两次进给的误差复映系数均为 $\varepsilon=0.1$，试估算加工后阶梯轴的偏心量是多大？

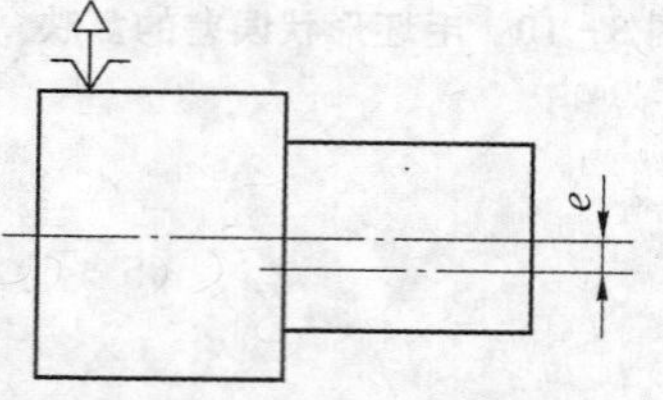

图 5-11 具有偏心误差的短阶梯轴的加工

解 第一次进给后的偏心量为

$$\Delta_{w1}=\varepsilon\Delta_m$$

第二次进给后的偏心量为

$$\Delta_{w2}=\varepsilon\Delta_{w1}=\varepsilon^2\Delta_m=0.1\times1.5\ \text{mm}=0.015\ \text{mm}$$

3) 切削过程中受力方向变化引起的加工误差　切削加工中，高速旋转的零部件（含夹具、工件和刀具等）的不平衡会产生离心力 F_Q。F_Q 在每一转中不断地改变方向，因此，它在 x 方向的分力大小的变化会引起工艺系统的受力变形也随之变化而产生误差，如图 5-12 所示。当车削一个不平衡工件，惯性离心力 F_Q 与切削力 F_p 方向相反时，将工件推向刀具，使背吃刀量增加。当 F_Q 与切削力

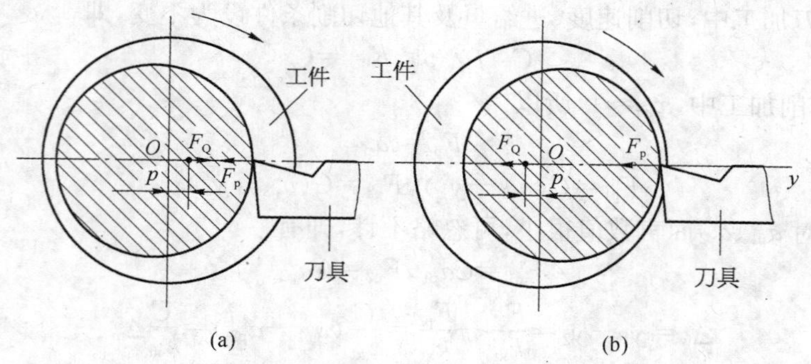

图 5-12 惯性力引起的加工误差

(a) F_Q 与 F_p 反向时；(b) F_Q 与 F_p 同向时

F_p 方向相同时，工件被拉离刀具，背吃刀量减小，其结果都造成了工件的圆度误差。

在车床或磨床类机床上加工轴类零件时，常用单爪拨盘带动工件旋转，如图 5-13 所示，传动力 F 在拨盘的每一转中，其方向是变化的，它在 x 方向的分力有时和切削力 F_p 同向，有时反向，因此，它所产生的加工误差和惯性力近似，造成工件的圆度误差。为此，在加工精密零件时改用双爪拨盘或柔性连接装置带动工件旋转。

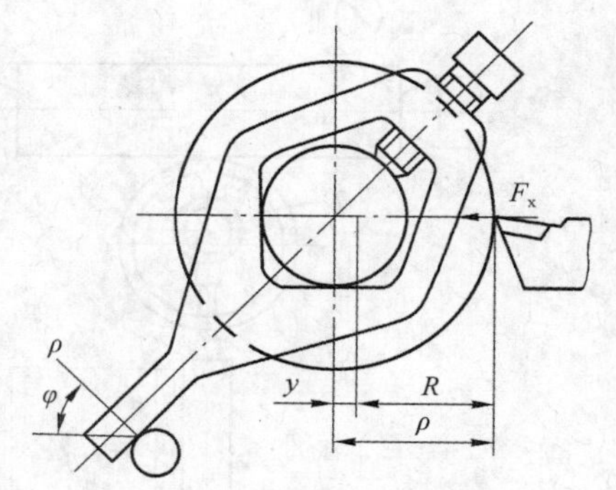

图 5-13　单拨销传动力引起的加工误差

4）其他力产生变形对加工精度的影响

（1）惯性力引起的加工误差　惯性力对加工精度的影响比传动力的影响易被人注意，因为它们与切削速度有密切的关系，并且常常引起工艺系统的受迫振动。

在高速切削过程中，工艺系统中如果存在高速旋转的不平衡构件，就会产生惯性离心力，它和传动力一样，在 y 方向分力的大小随构件的转角变化呈周期性的变化，由它所引起的变形也相应地变化，而造成工件的径向跳动误差。

因此，在机械加工中若遇到这种情况，为减小惯性力的影响，可在工件与夹具不平衡质量对称的方位配置一平衡块，使两者的惯性离心力互相抵消。必要时还可适当降低转速，以减小惯性离心力的影响。

（2）夹紧力引起的加工误差　被加工工件在装夹过程中，由于刚度较低或夹紧力着力点位置不当，都会引起工件的变形，造成加工误差。特别是薄壁套、薄板等零件，易于产生加工误差。如图 5-17a、b、c 所示为夹紧力引起的误差。

（3）机床部件和工件本身质量引起的加工误差　在工艺系统中，由于零部件的自重也会产生变形，如大型立车、龙门铣床、龙门刨床的刀架横梁等。由于主轴箱或刀架的重力而产生变形，摇臂钻床的摇臂在主轴箱自重的影响下产生变形，造成主轴轴线与工作台不垂直，铣镗床镗杆伸长而下垂变形等，它们都会造成加工误差。

对于大型工件的加工，工件自重引起的变形有时成为产生加工形状误差的主要原因，因此在实际生产中，装夹大型工件时，恰当地布置支承可减小工件自重引起的变形，从而减小加工误差。

三、机床部件刚度及其特性

1. 机床部件刚度实验曲线

由于机床是由许多零件组成的，其受力变形的情况比单个弹性体的变形复杂，迄今尚无合适的简易计算方法。因此，目前主要还是采用试验的方法测定机床的刚度。

（1）单向静载测定法　此方法是在机床处于静止状态，模拟切削过程中的主要切削力，对机床部件施加静载荷并测定其变形量，通过计算求出机床的静刚度。如图 5-14 所示，在车床两顶尖间装一根刚性很好的短轴 2，在刀架上装一螺旋加力器 5，在短轴与加力器之间安放传感器 4（测力环），当转动螺旋加力器中的螺钉时，刀架与短轴之间便产生了作用力，加力的大小可由测力环中的百分表 7 读出（测力环预先在材力试验机上标定）。作用力一方面传到车床刀架上，另一方面经过短轴传到前后顶尖上，若加力器位于短轴的中点，则主轴

箱和尾座各受到 $F_p/2$，而刀架受到总的作用力 F_p。主轴箱、尾座和刀架的变形可分别从百分表1、3、6读出。实验时，可连续进行加载到某一最大值，再逐渐减小。

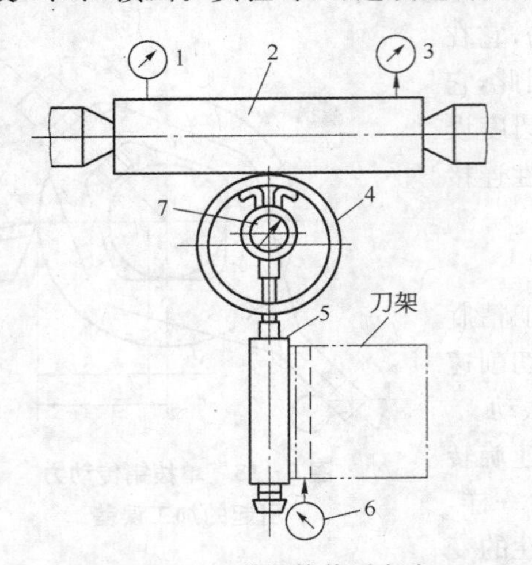

图5-14　单向静载测定法

1、3、6、7—百分表；2—短轴；4—测力环；5—螺旋加力器

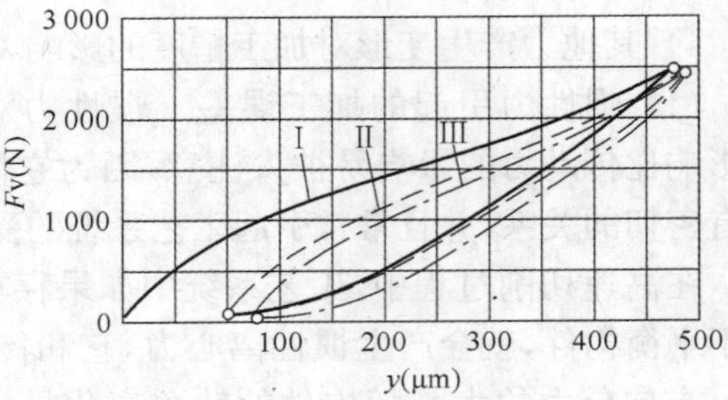

图5-15　车床刀架的静刚度特性曲线

Ⅰ—一次加载；Ⅱ—二次加载；Ⅲ—三次加载

如图5-15所示为一台中心高200 mm车床的刀架部件刚度实测曲线。试验中进行了三次加载—卸载循环。由图可以看出，机床部件的刚度曲线有以下特点：

① 变形与作用力不是线性关系，反映刀架变形不纯粹是弹性交形。

② 加载与卸载曲线不重合，两曲线间包容的面积代表了加载—卸载循环中所损失的能量，也就是消耗在克服部件内零件间的摩擦和接触塑性变形所作的功。

③ 卸载后曲线不回到原点，说明有残留变形。在反复加载—卸载后残留变形逐渐接近于零。

④ 部件的实际刚度远比按实体所估算的小。

由于机床部件的刚度曲线不是线性的，其刚度 $k=\mathrm{d}F/\mathrm{d}y$ 就不是常数。通常所说的部件刚度是指它的平均刚度——曲线两端点连线的斜率。对本例，刀架的(平均)刚度是 $k=2\,400/(0.52\ \mathrm{N/mm})=4\,600\ \mathrm{N/mm}$，这只相当于一个截面积为30 mm×30 mm、悬伸长度为200 mm的铸铁悬臂梁的刚度。

这种静刚度测定法，结构简单易行，但与机床加工时的受力状况出入较大，故一般只用来比较机床部件刚度的高低。

(2) 工作状态测定法　静态测定法测定机床刚度，只是近似地模拟切削时的切削力，与实际加工条件毕竟不完全相同。采用工作状态测定法，比较接近实际。

工作状态测定法的依据是误差复映规律。如图5-16所示，在车床顶尖间安装一个刚度极大的心轴，心轴靠近前顶尖、后顶尖及中间三处各预先车出三个规定的台阶，各台阶的尺寸分别为 R_{11}、R_{12}、R_{21}、R_{22}、R_{31}、R_{32}。经过一次进给后测量台阶高度分别为 h_{11}、h_{12}、h_{21}、h_{22}、h_{31}、h_{32}，按下列计算式即可求出左、中、右台阶处的复映系数为

$$\varepsilon_1=\frac{h_{11}-h_{12}}{H_{11}-H_{12}}\quad \varepsilon_2=\frac{h_{21}-h_{22}}{H_{21}-H_{22}}\quad \varepsilon_3=\frac{h_{31}-h_{32}}{H_{31}-H_{32}}$$

三处的系统刚度为

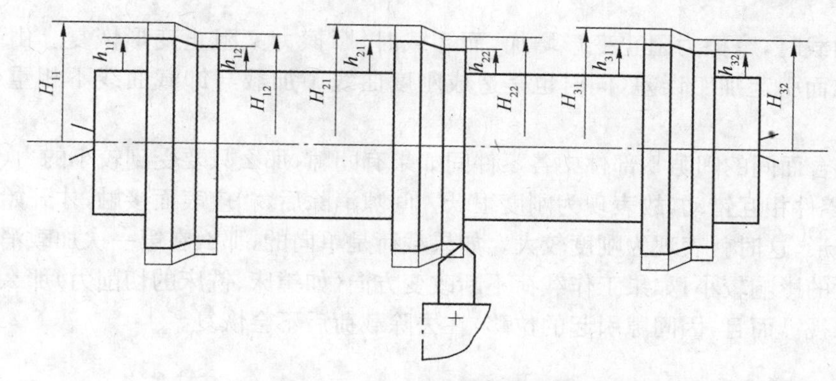

图 5-16　车床刚度工作状态测量法

$$k_{xt1}=C/\varepsilon_1 \quad k_{xt2}=C/\varepsilon_2 \quad k_{xt3}=C/\varepsilon_3$$

由于心轴刚度很大，其变形可忽略，车刀的变形也可忽略，故上面算得的三处系统刚度，就是三处的机床刚度。列出方程组

$$\frac{1}{k_{xt1}}=\frac{1}{k_{tj}}+\frac{1}{k_{dj}}$$

$$\frac{1}{k_{xt2}}=\frac{1}{4k_{tj}}+\frac{1}{4k_{wz}}+\frac{1}{4k_{dj}}$$

$$\frac{1}{k_{xt3}}=\frac{1}{k_{wz}}+\frac{1}{k_{dj}}$$

求解上述方程组即可求得

$$\frac{1}{k_{tj}}=\frac{1}{k_{xt1}}-\frac{1}{k_{dj}}$$

$$\frac{1}{k_{wz}}=\frac{1}{k_{xt3}}-\frac{1}{k_{dj}}$$

$$\frac{1}{k_{dj}}=\frac{1}{k_{xt2}}-\frac{1}{2}\left(\frac{1}{k_{xt1}}+\frac{1}{k_{xt2}}\right)$$

工作状态测定法的不足之处是：不能得出完整的刚度特性曲线，而且由于工件材料不均匀等所引起的切削力变化和切削过程中的其他随机性因素，都会给测定的刚度值带来一定的误差。

2. 影响机床部件刚度的因素

（1）连接表面间接触变形　机械加工后零件的表面都存在着宏观和微观的几何形状误差，连接表面之间的实际接触面积只是名义接触面积的一小部分。在外力作用下，这些接触处将产生较大的接触应力，引起接触变形，其中既有表面层的弹性变形，又有局部的塑性变形，接触表面的塑性变形造成了内变形。在多次加载卸载循环以后，凸点被逐渐压平，弹性变形成分愈来愈大，塑性变形成分愈来愈小，接触状态逐渐趋于稳定，不再产生塑性变形。这就是部件刚度曲线不呈直线，以及刚度远比同尺寸实体的刚度要低得多的主要原因，也是造成残留变形和多次加载卸载循环以后，残留变形才趋于稳定的原因之一。

（2）薄弱零件的本身变形　机床部件中薄弱零件的受力变形对部件刚度的影响最大。例如，内圆磨头的磨杆就是内圆磨头部件刚度的薄弱环节。

（3）接合表面间的摩擦　当载荷变动时零件接触面间的摩擦力对接触刚度的影响较

为显著。加载时，摩擦力阻止变形增加，而卸载时，摩擦力又阻止变形恢复。由于变形的不均匀增减而引起加工误差，同时也是造成刚度曲线中加载与卸载曲线不相重合的原因之一。

(4) 接合面间的间隙　部件中各零件间如果有间隙，那么只要受到较小的力(克服摩擦力)就会使零件相互错动，故表现为刚度很低。间隙消除后，相应表面接触，才开始有接触变形和弹性变形，这时就表现为刚度较大。如果载荷是单向的，那么在第一次加载消除间隙后对加工精度的影响较小；如果工作载荷不断改变方向(如镗床、铣床的切削力)那么间隙的影响就不容忽视。而且，因间隙引起的位移，在去除载荷后不会恢复。

四、减少工艺系统受力变形的途径

减小工艺系统受力变形是保证加工精度的有效途径之一。根据生产实际情况，可采取以下几方面措施。

1. 提高接触刚度

一般部件的接触刚度大大低于实体零件本身的刚度，所以提高接触刚度是提高工艺系统刚度的关键。常用的方法是改善工艺系统主要零件接触面的配合质量，如机床导轨副的刮研，配研顶尖锥体与主轴和尾座套筒锥孔的配合面，多次修研加工精密零件用的中心孔等。通过刮研改善配合的表面粗糙度和形状精度，使实际接触面积增加，从而有效提高接触刚度。

提高接触刚度的另一个措施是预加载荷，这样可消除配合面间的间隙，增加接触面积，减少受力后的变形，此方法常用于各类轴承的调整。

2. 提高工件的刚度，减少受力变形

对刚度较低的工件，如叉架类、细长轴等，如何提高工件的刚度是提高加工精度的关键。其主要措施是减小支承间的长度，如安装跟刀架或中心架。

3. 提高机床部件刚度，减少受力变形

在切削加工中，有时由于机床部件刚度低而产生变形和振动，影响加工精度和生产率的提高。这时可采用提高机床部件刚度的方法，例如在转塔车床上采用固定导向支承套或采用转动导向支承套，用加强杆和导向支承套提高部件的刚度。

4. 合理装夹工件，减少夹紧变形

对刚性较差的工件选择合适的夹紧方法，能减小夹紧变形，提高加工精度。如图 5－17 所示，薄壁套未夹紧前内外圆都是正圆形，由于夹紧方法不当，夹紧后套筒成三棱形(图 5－17a)，镗孔后内孔呈正圆形(图 5－17b)，松开卡爪后镗孔的内孔又变为三棱形(图

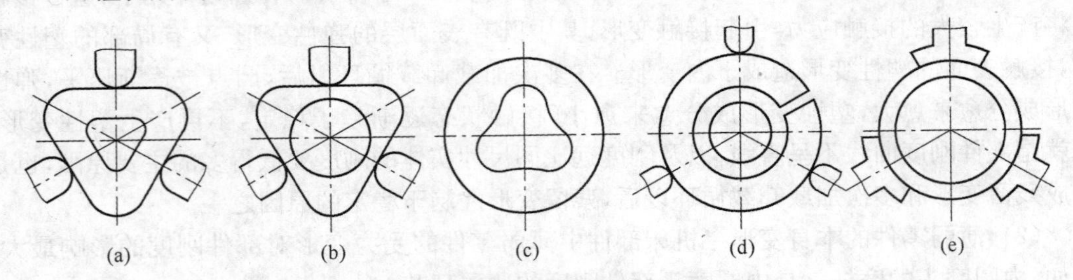

图 5－17　零件夹紧力引起的误差

(a) 第一次夹紧；(b) 镗孔；(c) 松开后工件变形；(d) 采用开口过渡环；(e) 采用专用卡爪

5－17c)。为减小夹紧变形，应使夹紧力均匀分布，如图5－17d所示采用开口过渡环或图5－17e所示的专用卡爪。

在夹具设计或工件的装夹中应尽量使作用力通过支承面或减小弯曲力矩，以减小夹紧变形。

5. 减少摩擦，防止微量进给时的“爬行”

随着数控加工、精密和超精密加工工艺的迅猛发展，对微量进给的要求越来越高，机床导轨的质量很大程度上决定了机床的加工精度和使用寿命。数控机床导轨则要求在高速进给时不振动，低速进给时不爬行，灵敏度高，耐磨性和精度保持性好。为此，现代数控机床导轨在材料和结构上都进行了重大改进，如采用塑料滑动导轨，导轨塑料常用聚四氟乙烯导轨软带和环氧型耐磨导轨涂层两类。这种导轨摩擦特性好，能有效防止低速爬行，运行平稳，定位精度高，具有良好的耐磨性、减振性和工艺性。此外，还有滚动导轨和静压导轨。滚动导轨是用滚动体作循环运动；静压导轨是在两个相对运动的导轨面间通入压力油，使运动件浮起。这种导轨不但能长时间保持高精度，而且能高速运行，刚性好，承载能力强，摩擦因数极小，磨损小，寿命长，既无爬行也不会产生振动。

第四节　工艺系统热变形对加工精度的影响

一、概述

在机械加工过程中，工艺系统在各种热源的影响下，常产生复杂的变形，从而破坏工件与刀具间相对运动，造成加工误差。据统计，在精密加工中，由于热变形引起的加工误差，约占总加工误差的40％～70％。高效、高精度、自动化加工技术的发展，使工艺系统热变形问题变得更为突出，已成为机械加工技术进一步发展的重要研究课题。

1. 工艺系统的热源

引起工艺系统受热变形的“热源”大体分为内部热源和外部热源两大类。

内部热源主要指切削热和摩擦热，它们产生于工艺系统的内部，其热量主要是以热传导的形式传递的。外部热源主要是指工艺系统外部的、以对流传热为主要形式的环境温度(它与气温变化、通风、空气对流和周围环境等有关)和各种辐射热(包括由阳光、照明、暖气设备等发出的辐射热)。

切削热是由于切削过程中，切削层金属的弹性、塑性变形及刀具与工件、切屑之间摩擦面产生的，这些热量将传给工件、刀具、夹具、切屑、切削液和周围介质，其分配百分比随加工方法不同而异。在车削时，大量的切削热由切屑带走，传给工件的为10％～30％，传给刀具的为1％～5％。孔加工时，大量切屑滞留在孔中，使大量的切削热传入工件。磨削时，由于磨屑小，带走的热量很少，故大部分传入工件。

摩擦热主要是机床和液压系统中的运动部分产生的，如电动机、轴承、齿轮等传动副、导轨副、液压泵、阀等运动部分产生的摩擦热。摩擦热是机床热变形的主要热源。

工艺系统的外部热源，主要是指环境温度变化和热辐射的影响，如靠近窗口的机床受到日光照射的影响，不同的时间机床温升和变形就会不同，而日光照射通常是单面的或局部的，其受到照射的部分与未被照射的部分之间产生温度差，从而使机床产生变形。对大型和精密工件的加工影响较大。

2. 工艺系统的热平衡

工艺系统受各种热源的影响，其温度会逐渐升高。同时.它们也通过各种传热方式向周围散发热量。当单位时间内传入和散发的热量相等时、工艺系统达到了热平衡状态，而工艺系统的热变形也就达到某种程度的稳定。

由于作用于工艺系统各组成部分的热源，其发热量、位置和作用的时间各不相同，各部分的热容量、散热条件也不一样，处于不同的空间位置上的各点在不同时间其温度也是不等的。物体中各点的温度分布称为温度场。当物体未达热平衡时，各点温度不仅是坐标位置的函数，也是时间的函数，这种温度场称为不稳态温度场。物体达到热平衡后，各点温度将不再随时间而变化，只是其坐标位置的函数，这种温度场称为稳态温度场。机床在开始工作的一段时间内，其温度场处于不稳定状态，其精度也是很不稳定的，工作一定时间后，温度才逐渐趋于稳定，其精度也比较稳定。因此，精密加工应在热平衡状态下进行。

二、机床热变形引起的误差

不同类型的机床，其结构和工作条件相差很大，其主要热源各不相同，热变形引起的加工误差也不相同。

车、铣、钻、镗等机床，主要热源是主轴箱轴承的摩擦热和主轴箱中油池的发热，使主轴箱及与它相连接部分的床身温度升高，从而引起主轴的抬高和倾斜。例如将车床空运转时主轴的温升和位移进行测量。主轴在水平面内的位移仅 10 μm，而在垂直面内的位移可高达 180～200 μm。水平位移虽数值很小，但对刀具水平安装的卧式车床来说属误差敏感方向，故对加工精度的影响就不能忽视。而垂直方向的位移对卧式车床影响不大，但对刀具垂直安装的自动车床和转塔车床来说，对加工精度影响就较为严重。因此，对于机床热变形，最好控制在非误差敏感方向。

磨床类机床通常都有液压传动系统并配有高速磨头，它的主要热源为砂轮主轴轴承的发热和液压系统的发热。主要表现在砂轮架位移，工件头架的位移和导轨的变形。其中，砂轮架的回转摩擦热影响最大，而砂轮架的位移，直接影响被磨工件的尺寸。如图 5－18 所示是外圆磨床温度分布和热变形的测量结果。当采用切入式定程磨削时，由于砂轮架轴心线的热位移，将以大约两倍的数值直接反映到工件的直径上去，如图 5－18a 所示表示各部分温升与运转时间的关系，如图 5－18b 所示表示被磨工件直径变化 Δd 受热位移的影响情况，当 Δd 达 100 μm，它与该机床工作台与砂轮架间的热变形 x 基本相符。由此可见，影响加工尺寸一致性的主要因素是机床的热变形。

对大型机床如导轨磨床、外圆磨床、立式车床、龙门铣床等的长床身部件，机床床身的热变形将是影响加工精度的主要因素。由于床身长，床身上表面与底面间的温差将使床身产生弯曲变形，表面呈中凸状。例如，当床身长 L＝3 120 mm，高 H＝620 mm，导轨面与底面的温差 Δt＝1℃时，床身的变形量为

$$\Delta=\alpha_1 \Delta t \frac{L^2}{8H}=11\times10^{-6}\times1\times\frac{3\,120^2}{8\times620}\ \text{mm}=0.022\ \text{mm}$$

铸铁线膨胀系数 $\alpha_1=11\times10^{-6}$℃$^{-1}$，这样床身导轨的直线性明显受到影响。另外，立柱和滑板也因床身的热变形而产生相应的位置变化。

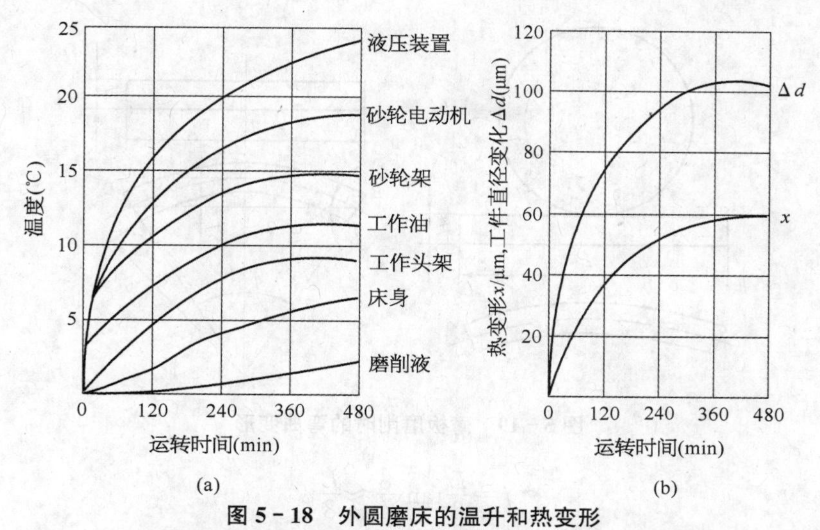

图 5-18　外圆磨床的温升和热变形

(a) 运转时间和机床各部温升的变化；(b) 热变形对工件误差的影响

三、工件热变形引起的加工误差

切削加工中，工件的热变形主要是由切削热引起。对于大型或精密零件，外部热源如环境温度、日光等辐射热的影响也不可忽视。对于不同的加工方法，不同的工件材料、形状和尺寸，工件的受热变形也不相同，可以归纳为下列几种情况来分析：

(1) 工件均匀受热　对于一些形状简单、对称的零件，如轴、套筒等，加工时(如车削、磨削)切削热能较均匀地传入工件，工件热变形量可按下式估算：

$$\Delta L = \alpha L \Delta t$$

式中　α——工件材料的热膨胀系数(1/℃)；

L——工件在热变形方向的尺寸(mm)；

Δt——工件温升(℃)。

在精密丝杆加工中，工件的热伸长会产生螺距的累积误差。如在磨削 400 mm 长的丝杠螺纹时，每磨一次温度升高 1℃，则被磨丝杠将伸长

$$\Delta L = 1.17 \times 10^{-5} \times 400 \times 1\ \text{mm} = 0.0047\ \text{mm}$$

而 5 级丝杠的螺距累积误差在 400 mm 长度上不允许超过 5 μm 左右。因此热变形对工件加工精度影响很大。

在较长的轴类零件加工中，开始切削时，工件温升为零，随着切削加工的进行，工件温度逐渐升高而使直径逐渐增大，增大量被刀具切除，因此，加工完的工件冷却后将出现锥度误差。

(2) 工件不均匀受热　平面在刨削、铣削、磨削加工时，工件单面受热，上下平面间产生温差而引起热变形。如图 5-19 所示，在平面磨床上磨削长为 L、厚为 H 的板状工件，工件单面受热，上下面间形成温差 Δt，导致工件向上凸起，凸起部分被磨去，冷却后磨削表面下凹，使工件产生平面度误差。因热变形引起工件凸起量 f 可作如下近似计算。由于中心角 ϕ 很小，其中性层的长度可近似认为等于原长 L，则

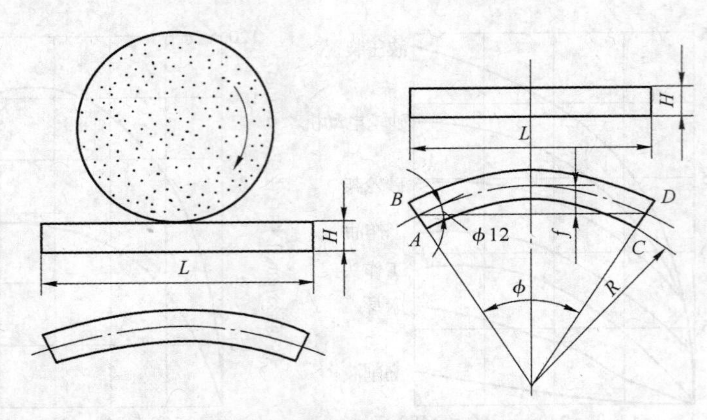

图 5-19　薄板磨削时的弯曲变形

$$f=\frac{L}{2}\tan\frac{\phi}{4}\approx\frac{L}{8}\phi$$

且
$$(R+H)\phi-R\phi=\alpha\Delta tL$$

$$\phi=\frac{\alpha\Delta tL}{H}$$

所以
$$f=\frac{\alpha\Delta tL}{8H}$$

由上式可知，工件不均匀受热时，工件凸起量随工件长度的增加而急剧增加，工件厚度越薄，工件凸起量就越大。由于 L、H、α 均为常量，要减小变形误差，必须控制温差 Δt。

四、刀具热变形引起的加工误差

刀具热变形主要是由切削热引起的。传给刀具的热量虽不多，但由于刀具切削部分体积小而热容量小，切削部分仍产生很高的温升。如高速钢刀具车削时刃部的温度可高达700～800℃，而硬质合金刀刃部可达1 000℃以上。这样，不但刀具热伸长影响加工精度，而且刀具的硬度也会下降。

如图 5-20 所示为车削时车刀的热伸长量与切削时间的关系。连续车削时，车刀的热变形情况如曲线 A，经过约 10～20 min，即可达到热平衡，车刀热变形影响很小；当车刀停止

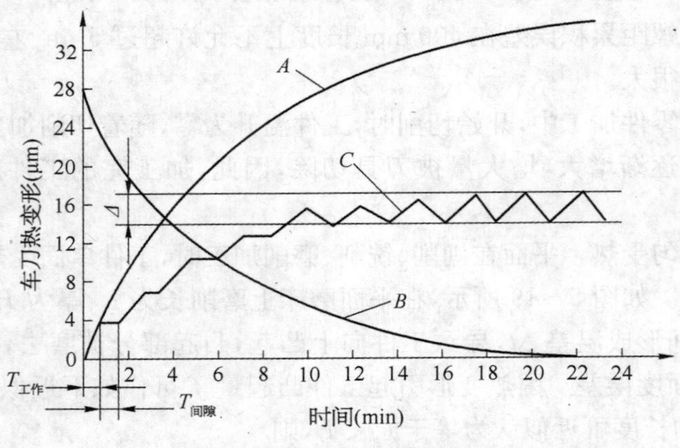

图 5-20　车刀热变形曲线

车削后，刀具冷却变形过程如曲线 B；当车削一批短小轴类工件时，加工时断时续（如装卸工件）间断切削，变形过程如曲线 C。因此，在开始切削阶段，其热变形显著；在热平衡后，对加工精度的影响则不明显。

五、减少和控制工艺系统热变形的主要途径

1. 减少热源发热和隔离热源

没有热源就没有热变形，这是减少工艺系统热变形的根本措施。具体措施如下：

（1）减少切削热或磨削热　通过控制切削量，合理选择和使用刀具来减少切削热，零件精度要求高时，还应注意将粗加工和精加工分开进行。

（2）减少机床各运动副的摩擦热　从运动部件的结构和润滑等方面采取措施，改善特性以减少发热，如主轴部件采用静压轴承、低温动压轴承等，采用低黏度润滑油、润滑脂或循环冷却润滑、油雾润滑等措施，均有利于降低主轴轴承的温升。

（3）分离热源　凡能从机床分离出去的热源，如电动机、变速箱、液压系统、油箱等产生热源的部件尽可能移出机床主机之外。

隔离热源对于不能分离的热源，如主轴轴承、丝杠螺母副、高速运动的导轨副等零部件，可从结构和润滑等方面改善其摩擦特性，减少发热。还可采用隔热材料将发热部件和机床大件（如床身、立柱等）隔离开来。

2. 加强散热能力

对发热量大的热源，既不便从机床内部移出，又不便隔热，则可采用有效的冷却措施，如增加散热面积或使用强制性的风冷、水冷、循环润滑等。

使用大流量切削液，或喷雾等方法冷却，可带走大量切削热或磨削热。在精密加工时，为增加冷却效果，控制切削液的温度是很必要的。如大型精密丝杠磨床采用恒温切削液淋浴工件，机床的空心母丝杠也通入恒温油，以降低工件与母丝杠的温差，提高加工精度的稳定性。

采用强制冷却来控制热变形的效果是很显著的。如图 5-21 所示为一台坐标镗铣床的主轴箱用恒温喷油循环强制冷却的试验结果。曲线 1 为没有采用强制冷却时的试验结果，机床运转 6 h 后，主轴线到工作台的距离产生了 190 μm 的热变形（垂直方向），且尚未达到热平衡。当采用强制冷却后，上述热变形减少到 15 μm，如曲线 2，且工作不到 2 h 机床就已达到热平衡状态。

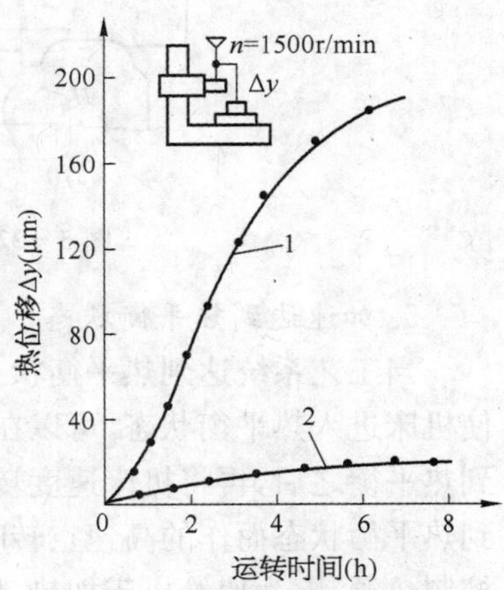

图 5-21　坐标镗床主轴箱强制冷却的试验曲线

目前，大型数控机床、加工中心机床普遍采用冷冻机，对润滑油、切削液进行强制冷却，机床主轴轴承和齿轮箱中产生的热量可由恒温的切削液迅速带走。

3. 均衡温度场

当机床零部件温升均匀时，机床本身就呈现一种热稳定状态，从而使机床产生不影响加工精度的均匀热变形。

以 M7150A 型平面磨床所采用的均衡温度场措施为例。该机床床身较长，加工时工作台纵向运动速度比较高，所以床身上部温升高于下部，使床身导轨向上凸起。其改进措施是

将油池搬出主机并做成一个单独的油箱。另外在床身下部开出"热补偿油沟"，使一部分带有余热的回油流经床身下部，使床身下部的温度提高，这样可使床身上下部分的温差降至1～2℃，导轨的中凸量由原来的 0.026 5 mm 降为 0.005 2 mm。

端面磨床均衡温度场采取的措施是由风扇排出主轴箱内的热空气，经管道通向防护罩和立柱后壁的空间，然后排出。这样使原来温度较低的立柱后壁温度升高，导致立柱前后壁的温度大致相等，以降低立柱的弯曲变形，使被加工零件的端面平行度误差降低为原来的1/3～1/4。

4. 改进机床布局和结构设计

（1）采用热对称结构　在变速箱中，将轴、轴承、传动齿轮等对称布置，可使箱壁温升均匀，箱体变形减小。

机床大件的结构和布局对机床的热态特性有很大影响。以加工中心机床为例，在热源影响下，单立柱结构会产生相当大的扭曲变形，而双立柱结构由于左右对称，仅产生垂直方向的热位移，很容易通过调整的方法予以补偿。因此，双立柱结构的机床主轴相对于工作台的热变形比单立柱结构小得多。

（2）合理选择机床零部件的安装基准　合理选择机床零部件的安装基准，使热变形尽量不在误差敏感方向。如图 5-22a 所示车床主轴箱在床身上的定位点 H 置于主轴轴线的下方，主轴箱产生热变形时，使主轴孔在 z 方向产生热位移，对加工精度影响较小。若采用如图 5—22b 所示的定位方式，主轴除了在 z 方向产生热位移以外，还在误差敏感方向—y 方向产生热位移。直接影响了刀具与工件之间的正确位置，故造成了较大的加工误差。

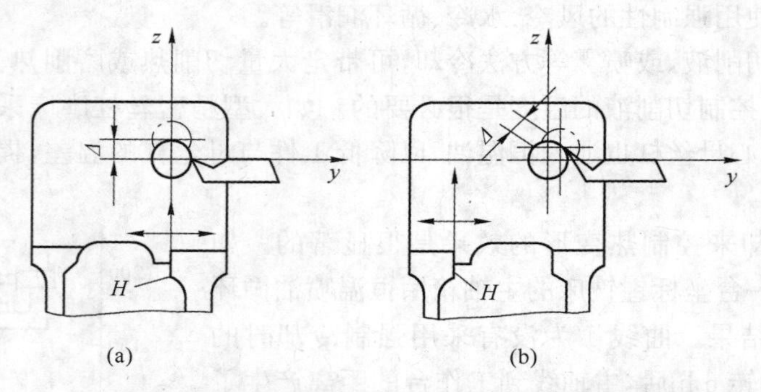

图 5-22　车床主轴箱定位面位置对热变形的影响

5. 加速达到热平衡状态

当工艺系统达到热平衡状态时，热变形趋于稳定，加工精度易于保证。因此，为了尽快使机床进入热平衡状态，可以在加工工件前，使机床作高速空运转，当机床在较短时间内达到热平衡之后，再将机床速度转换成工作速度进行加工。精密和超精密加工时，为使机床达到热平衡状态而作的高速空转时间，可达数十小时。必要时，还可以在机床的适当部位设置控制热源，人为地给机床加热，使其尽快地达到热平衡状态。精密机床加工时应尽量避免中途停车。

6. 控制环境温度

精密机床一般应安装在恒温车间，其恒温精度一般控制在±1℃以内，精密级的机床为±0.5℃，超精密级的机床为±0.01℃。恒温室平均温度一般为 20℃，冬季可取 17℃，夏季取23℃。对精加工机床应避免阳光直接照射，布置取暖设备也应避免使机床受热不均匀。

7. 热位移补偿

在对机床主要部件，如主轴箱、床身、导轨、立柱等受热变形规律进行大量研究的基础上，可通过模拟试验和有限元分析，寻求各部件热变形的规律。在现代数控机床上，根据试验分析可建立热变形位移数字模型并存入计算机中进行实时补偿。热变形附加修正装置已在国外产品上作商品供货。我国北京机床研究所在热位移补偿研究中做了大量工作，并已成功用于二坐标精密数控电火花线切割机床。

第五节　工件内应力变形对加工精度的影响

内应力是指外部载荷去除后，仍残存在工件内部的应力，又称残余应力。零件中的内应力往往处于一种很不稳定的相对平衡状态，在常温下特别是在外界某种因素的影响下很容易失去原有状态，使内应力重新分布，零件产生相应的变形，从而破坏了原有的精度。因此，必须采取措施消除内应力对零件加工精度的影响。

1. 工件内应力产生的原因

内应力是由金属内部的相邻组织发生了不均匀的体积变化而产生的，体积变化的因素主要来自热加工或冷加工。

(1) 毛坯制造和热处理过程中产生的内应力　在铸、锻、焊及热处理过程中，由于零件壁厚不均匀，使得各部分热胀冷缩不均匀，以及金相组织转变时的体积变化，使毛坯内部产生相当大的内应力，毛坯的结构越复杂、壁厚越不均匀、散热条件差别越大，毛坯内部产生的内应力也越大。具有内应力的毛坯，内应力暂时处于相对平衡状态，变形缓慢，但当切去一层金属后，就打破了这种平衡，内应力重新分布，工件就明显地出现了变形。

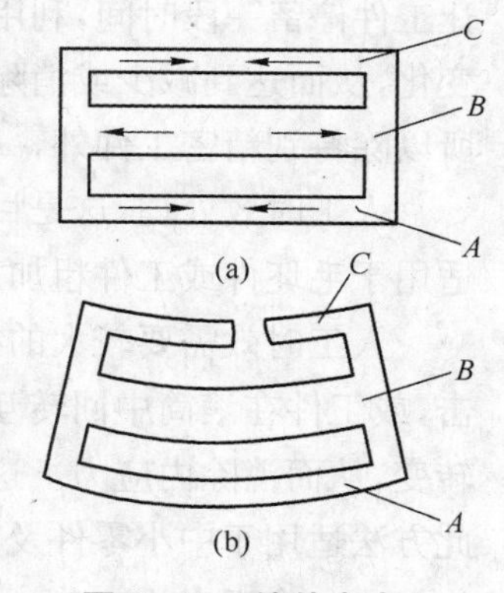

图 5-23　铸件内应力引起的变形

如图5-23a所示为一个内外壁厚相差较大的铸件，金属液浇注后的冷却过程中，由于壁A和C比较薄，散热较易，所以冷却较快；壁B较厚，冷却较慢。当壁A和C从塑性状态冷却至弹性状态时(约620℃)，壁B的温度还比较高，仍处于塑性状态，所以壁A和C收缩时，壁B不起阻止变形的作用，铸件内部不产生内应力。但当壁B冷却到弹性状态时，壁A和C的温度已经降低很多，收缩速度变得很慢，而这时壁B收缩较快，就受到了壁A及C的阻碍。因此，壁B受到了拉应力，壁A及C受到了压应力，形成了相互平衡的状态。

如果在壁C上切开一个缺口，如图5-23b所示，则壁C的压应力消失。铸件在壁B和A的内应力作用下，壁B收缩，壁A膨胀，发生弯曲变形，直至内应力重新分布，达到新的平衡为止。推广到一般情况，各种铸件都难免产生由于冷却不均匀而形成内应力。

(2) 冷校直产生的内应力　弯曲的工件(原来无内应力)要校直，常采用冷校直的工艺方法。此方法是在一些长棒料或细长零件弯曲的反方向施加外力F，如图5-24a所示。在外力F的作用下，工件内部内应力的分布如图5-24b所示，在轴线以上产生压应力(用“一”表示)，在轴线以下产生拉应力(用“＋”表示)。在轴线和两条虚线之间是弹性变形区

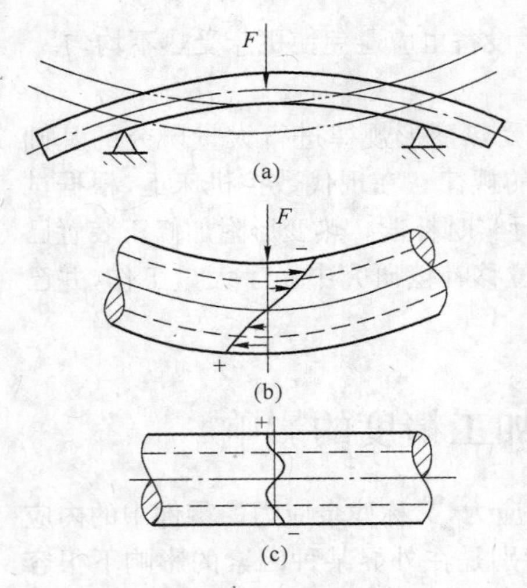

图 5-24 冷校直引起的内应力

域，在虚线之外是塑性变形区域。当外力 F 去除后，外层的塑性变形区域阻止内部弹性变形的恢复，使内应力重新分布，如图 5-24c 所示。这时，冷校直虽能减小了弯曲，但工件却处于不稳定状态，如再次加工，又将产生新的变形。因此，高精度丝杠的加工，不允许用冷校直的方法来减小弯曲变形，而是用多次人工时效来消除残余内应力。

(3) 切削加工产生的内应力　切削过程中产生的力和热，也会使被加工工件的表面层变形，产生内应力。这种内应力的分布情况由加工时的工艺因素决定。实践表明，具有内应力的工件，当在加工过程中切去表面一层金属后，所引起的内应力的重新分布和变形最为强烈。因此，粗加工后，应将被夹紧的工件松开使之有一定的时间使其内应力重新分布。

2. 减少内应力的措施

(1) 合理设计零件结构　在零件的结构设计中，应尽量简化结构，考虑壁厚均匀，减少尺寸和壁厚差，增大零件的刚度，以减少在铸、锻毛坯制造中产生的内应力。

(2) 采取时效处理　自然时效处理，主要是在毛坯制造之后，或粗加工后、精加工之前，让工件停留一段时间，利用温度的自然变化，经过多次热胀冷缩，使工件内部组织产生微观变化，从而达到减少或消除内应力的目的。这种过程一般需要半年至五年时间，因周期长，所以除特别精密工件外，一般较少使用。

人工时效处理，这是目前使用最广的一种方法，分高温时效和低温时效。高温时效一般适用于毛坯件或工件粗加工后进行。低温时效一般适用于工件半精加工后进行。

人工时效需要较大的投资，设备较大，能源消耗多。振动时效是工件受到激振器的敲击，或工件在滚筒中回转互相撞击，使工件在一定的振动强度下，引起工件金属内部组织的转变，从而消除内应力。这种方法节省能源、简便、效率高，近年来发展很快，但有噪声污染。此方法适用于中小零件及有色金属零件等。

(3) 合理安排工艺　机械加工时，应注意粗、精加工分开在不同的工序进行，使粗加工后有一定的间隔时间让内应力重新分布，以减少对精加工的影响。

切削时应注意减小切削力，如减小余量、减小背吃刀量，或进行多次走刀，以避免工件变形。粗、精加工在一个工序中完成时，应在粗加工后松开工件，让其有自由变形的可能，然后再用较小的夹紧力夹紧工件后再进行精加工。

第六节　加工误差的统计分析

前面已对影响加工精度的各种主要因素进行了分析，也提出了一些保证加工精度的措施，但从分析方法讲属于单因素法。生产实际中，影响加工精度的因素往往是错综复杂的，有时很难用单因素法来分析其因果关系，而要用数理统计方法来进行研究，才能得出正确的符合实际的结果。

一、概述

从加工一批工件时所出现的误差规律的性质来看，加工误差可分为系统性误差和随机性误差两大类。

1. 系统性误差

在顺序加工一批工件时，若误差的大小和方向保持不变，或者按一定规律变化的误差即为系统性误差。前者称为常值系统性误差，后者称为变值系统性误差。

加工原理误差，机床、刀具、夹具、量具的制造误差，一次调整误差，工艺系统受力变形引起的误差等都是常值系统性误差。例如，铰刀本身直径偏大 0.02 mm，则加工一批工件所有的直径都比规定的尺寸大 0.02 mm（在一定条件下，忽略刀具磨损影响），这种误差就是常值系统性误差。

工艺系统（特别是机床、刀具）的热变形、刀具的磨损均属于变值系统性误差。例如，车削一批短轴，由于刀具磨损，所加工的轴的直径一个比一个大，而且直径尺寸按一定规律变化。可见刀具磨损引起的误差属于变值系统性误差。

2. 随机性误差

在顺序加工一批工件时，若误差的大小和方向是无规律的变化（时大时小，时正、时负，……）这类误差称为随机性误差。如毛坯误差（余量大小不一、硬度不均匀等）的复映、定位误差（基准面精度不一，间隙影响）、夹紧误差、内应力引起的误差、多次调整的误差等都是随机性误差。随机性误差从表面上看似乎没有什么规律，但应用数理统计方法，可以找出一批工件加工误差的总体规律。

应该指出，在不同的场合下，误差的表现性质也有不同。例如，机床在一次调整中加工一批零件时，机床的调整误差是常值系统性误差。但是，当多次调整机床时，每次调整时发生的调整误差就不可能是常值，变化也无一定规律，因此对于经多次调整所加工出来的大批工件，调整误差所引起的加工误差又成为随机性误差。

在生产实际中，常用统计分析法研究加工精度。统计分析法就是以生产现场对工件进行实际测量所得的数据为基础，应用数理统计的方法，分析一批工件的情况，从而找出产生误差的原因以及误差性质，以便提出解决问题的方法。

在机械加工中，经常采用的统计分析法主要有分布图分析法和点图分析法。

二、工艺过程分布图分析法

1. 实验分布图（直方图）

加工一批工件，由于随机性误差和变值系统性误差的存在，加工尺寸的实际数值是各不相同的，这种现象称为尺寸分散。在一批零件的加工过程中，测量各零件的加工尺寸，把测得的数据记录下来，按尺寸大小将整批工件进行分组，每一组中的零件尺寸处在一定的间隔范围内。同一尺寸间隔内的零件数量称为频数，频数与该批零件总数之比称为频率。以工件尺寸为横坐标，以频数或频率为纵坐标，即可做出该工序工件加工尺寸的实际分布图——直方图。

在以频数为纵坐标作直方图时，如样本含量（工件总数）不同，组距（尺寸间隔）不同，那么做出的图形高矮就不一样，为了便于比较，纵坐标应采用频率密度。

$$频率密度=\frac{频率}{组距}=\frac{频数}{样本容量\times组距}$$

$$直方图上矩形的面积=频率密度\times组距=频率$$

由于所有各组频率之和等于100%，故直方图上全部矩形面积之和应等于1。

为了进一步分析该工序的加工精度情况，可在直方图上标出该工序的加工公差带位置，并计算该样本的统计数字特征：平均值 $\overline{X}$ 和标准偏差 σ。

样本的平均值 $\overline{X}$ 表示该样本的尺寸分散中心，它主要决定于调整尺寸的大小和常值系统性误差：

$$\overline{X}=\frac{1}{n}\sum_{i=1}^{n}x_i$$

式中 n——样本含量；

x_i——各工件的尺寸。

样本的标准偏差 σ 反映了该批工件的尺寸分散程度，它是由变值系统性误差和随机性误差决定的。该误差大，σ 也大；误差小，σ 也小：

$$\sigma=\sqrt{\frac{1}{n}\sum_{i=1}^{n}(x_i-\overline{X})^2}$$

下面通过实例来说明直方图的绘制步骤：

磨削一批轴径 $\phi 60^{+0.06}_{+0.01}$ mm 的工件，经实测后的尺寸如表5-3所示，作直方图的步骤如下：

(1) 收集数据 在一定的加工条件下，按一定的抽样方式抽取一个样本（即抽取一批零件），为了使以后频率计算简便，样本容量（抽取零件的个数）一般取100件，如表5-3所示，找出其中最大值 $x_{max}=54\ \mu m$ 和最小值 $x_{min}=16\ \mu m$。

表5-3 轴径尺寸实测值 (μm)

44	20	46	32	20	40	52	33	40	25	43	38	40	41	30	36	49	51	38	34
22	46	38	30	42	38	27	49	45	45	38	32	45	48	28	36	52	32	42	38
40	42	38	52	38	36	37	43	28	45	36	50	46	33	30	40	44	34	42	47
22	28	34	30	36	32	35	22	40	35	36	42	46	42	50	40	36	20	16 x_{min}	53
32	46	20	28	46	28	x_{max} 54	18	32	33	26	45	47	36	38	30	49	18	38	38

注：表中数据为实测尺寸与基本尺寸之差。

(2) 分组 将抽取的样本数据分成若干组，一般用表5-4的经验数值确定，本例分组数 k 取9。经验证明，组数太少会掩盖组内数据的变动情况，组数太多会使各组的高度参差不齐，从而看不出变化规律。通常确定的组数要使每组平均至少摊到4～5个数据。

表5-4 样本与组数的选择

数据的数量	分组数	数据的数量	分组数	数据的数量	分组数
50～100	6～10	100～250	7～12	250以上	10～20

(3) 计算组距 h 即组与组的间距

$$h=\frac{x_{\max}-x_{\min}}{k-1}=\frac{54-16}{9-1}\mu\text{m}=4.75\ \mu\text{m}$$

取 $h=5\ \mu\text{m}$。

(4) 计算各组的上、下界值

$$x_{\min}+(j-1)h\pm h/2 \quad (j=1,2,\cdots,k)$$

例如第一组的上界值为 $x_{\min}+h/2=(16+5/2)\ \mu\text{m}=18.5\ \mu\text{m}$，第一组的下界值为 $x_{\min}-h/2=(16-5/2)\ \mu\text{m}=13.5\ \mu\text{m}$。其余类推。

(5) 计算各组的中心值　中心值是每组中间的数值。即

$$\frac{\text{某组上限值}+\text{某组下限值}}{2}=x_{\min}+(j-1)h$$

例如第一组的中心值为 $x_{\min}+(j-1)h=16\ \mu\text{m}$。

(6) 记录各组数据　整理成如表 5-5 所示的频数分布表。

(7) 计算 $\overline{X}$ 和 σ

$$\overline{X}=\frac{1}{n}\sum_{i=1}^{n}x_i=37.29\ \mu\text{m}$$

$$\sigma=\sqrt{\frac{1}{n}\sum_{i=1}^{n}(x_i-\overline{X})^2}=8.93\ \mu\text{m}$$

表 5-5　频数分布表

组号	组界(μm)	中心值	频数	频率(%)	频率密度(%/μm)
1	13.5～18.5	16	3	3	0.6
2	18.5～23.5	21	7	7	1.4
3	23.5～28.5	26	8	8	1.6
4	28.5～33.5	31	13	13	2.6
5	33.5～38.5	36	26	26	5.2
6	38.5～43.5	41	16	16	3.2
7	43.5～48.5	46	16	16	3.2
8	48.5～53.5	51	10	10	2.0
9	53.5～58.5	56	1	1	0.2

(8) 画出直方图　按表 5-5 所列数据以频率密度为纵坐标，组距(尺寸间隔)为横坐标，就可画出直方图，如图 5-25 所示；再由直方图的各矩形顶端的中心点连成折线，在一定条件下，此折线接近理论分布曲线(见图中曲线)。

由直方图可知，该批工件的尺寸分散范围大部分居中，偏大、偏小者较少。要进一步分析研究该工序的加工精度问题，必须找出频率密度与加工尺寸间的关系，因此必须研究理论分布曲线。

2. 理论分布曲线

(1) 正态分布曲线　大量的试验、统计和理论分析表明；当一批工件总数极多，加工中

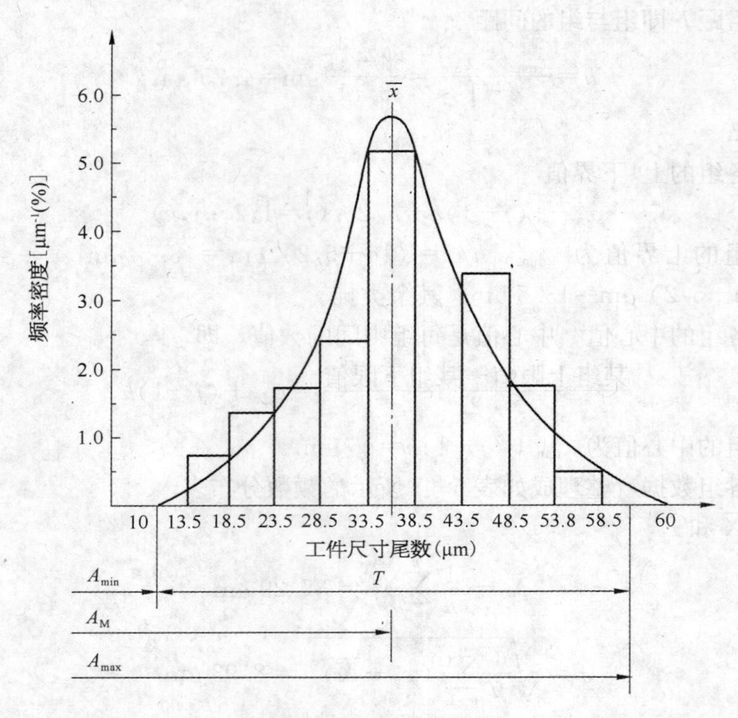

图 5-25　直方图

的误差是由许多相互独立的随机因素引起的，而且这些误差因素中又都没有任何优势的倾向，则其分布是服从正态分布的。这时的分布曲线称为正态分布曲线(即高斯曲线)。正态分布曲线的形态，如图 5-26 所示(本图也是标准正态曲线)。其概率密度的函数表达式是

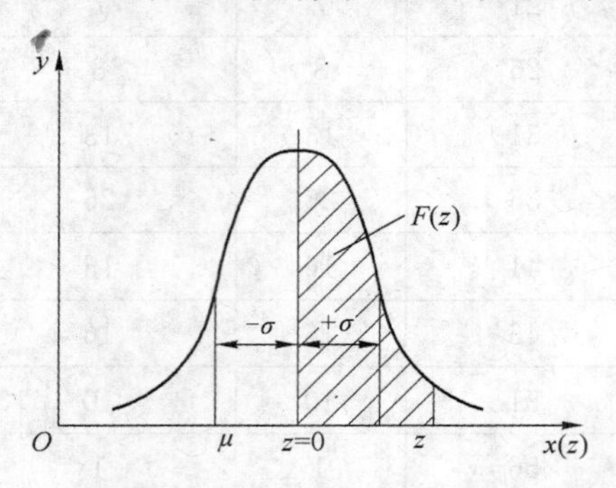

图 5-26　正态分布曲线

$$y=\frac{1}{\sigma\sqrt{2\pi}}e^{-\frac{1}{2}\left(\frac{x-\mu}{\sigma}\right)^2} \quad (5-8)$$

式中　y——分布的概率密度；

x——随机变量；

μ——正态分布随机变量总体的算术平均值(分散中心)；

σ——正态分布随机变量的标准偏差。

由式(5-8)及图 4-26 可以看出，当 $x=\mu$ 时

$$y_{\max}=\frac{1}{\sigma\sqrt{2\pi}} \tag{5-9}$$

这是曲线的最大值,也是曲线的分布中心。在它左右的曲线是对称的。

正态分布总体的 μ 和 σ 通常是不知道的,但可以通过它的样本平均值 $\bar{x}$ 和样本标准偏差 σ 来估计。这样,成批加工一批工件。抽检其中的一部分,即可判断整批工件的加工精度。

用样本的 $\overline{X}$ 代替总体的 μ,用样本的 σ 代替总体的 σ。

总体平均值 $\mu=0$,总体标准偏差 $\sigma=1$ 的正态分布称为标准正态分布。任何不同 μ 和 σ 的正态分布曲线,都可以通过令 $z=\frac{x-\mu}{\sigma}$ 进行交换而变成标准正态分布曲线(图 5-36):

$$\phi(z)=\sigma\phi(x)=\frac{1}{\sqrt{2\pi}}e^{-\frac{z^2}{2}} \tag{5-10}$$

$\varphi(z)$ 的值如表 5-6。

表 5-6　标准正态分布曲线的概率密度

$z=(x-\mu)/\sigma$	$\phi(z)=\sigma\phi(x)$	$z=(x-\mu)/\sigma$	$\phi(z)=\sigma\phi(x)$	$Z=(x-\mu)/\sigma$	$\phi(z)=\sigma\phi(x)$
0	0.398 9	1.50	0.129 5	3.00	0.004 4
0.25	0.386 7	1.75	0.086 3	3.25	0.020 0
0.50	0.352 1	2.00	0.054 0	3.50	0.000 9
0.75	0.301 1	2.25	0.031 7	3.75	0.000 4
1.00	0.242 0	2.50	0.017 5	4.00	0.000 1
1.25	0.182 6	2.75	0.009 1		

从正态分布图上可看出下列特征:

① 曲线以 $x=\mu$ 直线为左右对称,靠近 μ 的工件尺寸出现概率较大,远离 μ 的工件尺寸出现概率较小。

② 对 μ 的正偏差和负偏差,其概率相等。

③ 分布曲线与横坐标所围成的面积包括了全部零件数(即 100%),故其面积等于 1;其中 $x-\mu=\pm3\sigma$(即在 $\mu\pm3\sigma$)范围内的面积占了 99.73%,即 99.73%的工件尺寸落在 $\pm3\sigma$ 范围内,仅有 0.27%的工件在范围之外(可忽略不计)。因此,一般取正态分布曲线的分布范围为 $\pm3\sigma$。

$\pm3\sigma$(或 6σ)的概念,在研究加工误差时应用很广,是一个很重要的概念。6σ 的大小代表某加工方法在一定条件(如毛坯余量,切削用量,正常的机床、夹具、刀具等)下所能达到的加工精度,所以在一般情况下,应该使所选择的加工方法的标准偏差 σ 与公差带宽度 T 之间关系为

$$6\sigma\leqslant T$$

但考虑到系统性误差及其他因素的影响,应当使 6σ 小于公差带宽度 T,方可保证加工精度。

(2) 非正态分布曲线　工件实际尺寸的分布情况,有时并不符合正态分布。例如,将在两台机床上分别调整加工出的工件混在一起测定,由于每次调整时常值系统性误差是不同

的，如常值系统性误差之值大于 2.2σ，就会得到如图 5－27 所示的双峰曲线。实际上这是两组正态分布曲线（如虚线所示）的叠加，也即随机性误差中混入了常值系统性误差。每组有各自的分散中心和标准偏差 σ。

又如，磨削细长孔时，如果砂轮磨损较快且没有自动补偿，则工件的实际尺寸分布将呈平顶分布，如图 5－28 所示。它实质上是正态分布曲线的分散中心在不断地移动，也即在随机性误差中混有变值系统性误差。

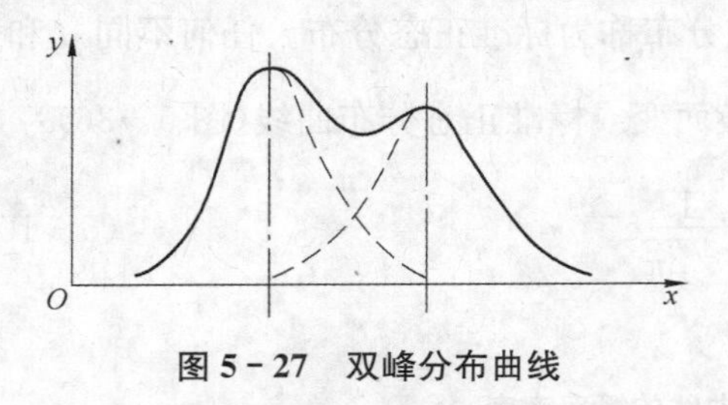

图 5－27　双峰分布曲线

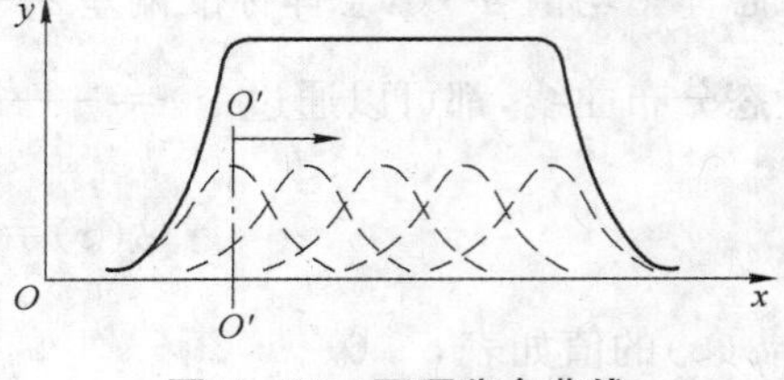

图 5－28　平顶分布曲线

再如，用试切法加工轴颈或孔时，由于操作者为了避免产生不可修复的废品，主观地（而不是随机的）使轴颈加工得宁大勿小，使孔径加工得宁小勿大，则它们的尺寸就是偏态分布，如图 5－29a 所示；当用调整法加工，刀具热变形显著时也呈偏态分布，如图 5－29b 所示。

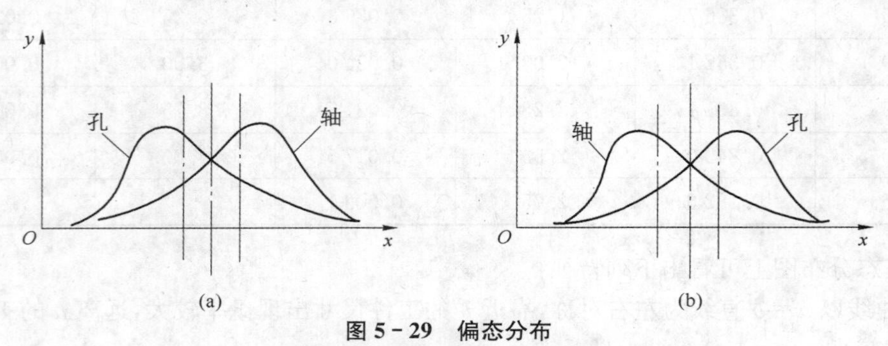

图 5－29　偏态分布

(a) 试切轴和孔的分布曲线；(b) 刀具热变形的影响

3. 分布图的应用

（1）判别加工误差的性质　如前所述，假如加工过程中没有变值系统性误差，那么其尺寸分布应服从正态分布，这是判别加工误差性质的基本方法。如果实际分布与正态分布基本相符，加工过程中没有变值系统性误差（或影响很小），这时就可进一步根据 $\overline{X}$ 是否与公差带中心重合来判断是否存在常值系统性误差（$\overline{X}$ 与公差带中心不重合就说明存在常值系统性误差）。如实际分布与正态分布有较大出入，可根据直方图初步判断变值系统性误差是什么类型。

（2）确定各种加工方法所能达到的加工精度　由于各种加工方法在随机性因素影响下所得的加工尺寸的分散规律符合正态分布，因而可以在多次统计的基础上，为每一种加工方法求得它的标准偏差 σ 值；然后，按分布范围等于 6σ 的规律，即可确定各种加工方法所能达到的精度。

（3）确定工序能力及其等级　工序能力是指某工序能否稳定地加工出合格产品的能力。由于加工时误差超出分散范围的概率极小，可以认为不会发生超出分散范围的加工误差，因此可以用该工序的尺寸分散范围来表示工序能力。当加工尺寸分布接近正态分布时，

工序能力为 6σ。

把工件尺寸公差 T 与分散范围 6σ 的比值称为该工序的工序能力系数 C_p，用以判断工序能力的大小。C_p 按下式计算：

$$C_p = T/(6\sigma)$$

式中　T——工件尺寸公差。

根据工序能力系数 C_p 的大小，工序能力共分为五级，如表 5-7 所示。

一般情况下，工序能力不应低于二级，$0.67 \geqslant C_p$。

表 5-7　工序能力系数等级

工序能力系数	$C_p > 1.67$	$1.67 \geqslant C_p > 1.33$	$1.33 \geqslant C_p > 1.00$	$1.00 \geqslant C_p > 0.67$	$0.67 \geqslant C_p$
工序能力等级	特级工艺	一级工艺	二级工艺	三级工艺	四级工艺
工序能力判断	很充分	充分	够用但不充分	明显不足	非常不足

（4）估算不合格品率　正态分布曲线与 x 轴之间所包含的面积代表一批工件的总数 100%，如果尺寸分散范围大于零件的公差 T 时，将肯定出现废品，如图 4-30 所示有阴影部分。若尺寸落在 A_{min}、A_{max} 范围内，工件的概率即空白部分的面积就是加工工件的合格率，即

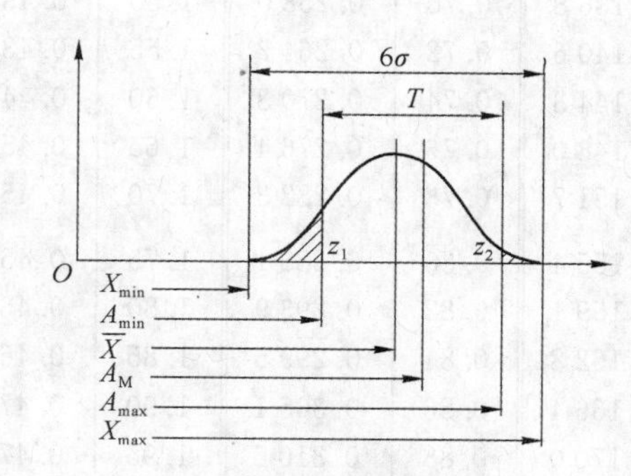

图 5-30　废品率计算

$$A_h = \frac{1}{\sqrt{2\pi}} \int_{A_{min}}^{A_{max}} e^{-\frac{(x-\overline{x})^2}{2\sigma^2}} dx$$

令

$$z_1 = \frac{|A_{min} - \overline{x}|}{\sigma}, \quad z_2 = \frac{|A_{max} - \overline{x}|}{\sigma}$$

则

$$A_h = \frac{1}{\sqrt{2\pi}} \int_0^{z_1} e^{-\frac{z^2}{2}} dz + \frac{1}{\sqrt{2\pi}} \int_0^{z_2} e^{-\frac{z^2}{2}} dz = \phi(z_1) + \phi(z_2)$$

阴影部分的面积为废品率；左边的阴影部分面积为

$$S_{f_{左}} = 0.5 - \phi(z_1)$$

由于这部分工件的尺寸小于工件要求的最小极限尺寸 A_{min}，当加工外圆表面时，这部分废品无法修复，为不可修复废品。当加工内孔表面时，这部分废品可以修复，因而称为可修复废品。

右边阴影部分的面积为

$$S_{f_{右}} = 0.5 - \phi(z_2)$$

由于这部分工件尺寸大于要求的最大极限尺寸 A_{max}，当加工外圆表面时，这部分废品可以修复，为可修复废品。当加工内孔表面时，这部分废品不可以修复，为不可修复废品。

对于不同的 z 值，对应的函数值 $\phi(z)$ 可由表 5-8 查得。

表 5-8　$\phi(z)=\frac{1}{\sqrt{2\pi}}\int_0^z e^{-\frac{z^2}{2}}dz$

z	$\phi(z)$	z	$\phi(z)$	z	$\phi(z)$	z	$\phi(z)$	z	$\phi(z)$
0.00	0.000 0	0.26	0.102 6	0.52	0.198 5	1.05	0.353 1	2.60	0.495 3
0.01	0.004 0	0.27	0.106 4	0.54	0.205 4	1.10	0.364 3	2.70	0.496 5
0.02	0.008 0	0.28	0.110 3	0.56	0.212 3	1.15	0.374 9	2.80	0.497 4
0.03	0.012 0	0.29	0.114 1	0.58	0.219 0	1.20	0.384 9	2.90	0.498 1
0.04	0.016 0	0.30	0.117 9	0.60	0.225 7	1.25	0.394 4	3.00	0.498 65
0.05	0.019 9	—	—	—	—	—	—	—	—
0.06	0.023 9	0.31	0.121 7	0.62	0.232 4	1.30	0.403 2	3.20	0.499 31
0.07	0.027 9	0.32	0.125 5	0.64	0.238 9	1.35	0.411 5	3.40	0.499 66
0.08	0.031 9	0.33	0.129 3	0.66	0.245 4	1.40	0.419 2	3.60	0.499 841
0.09	0.035 9	0.34	0.133 1	0.68	0.251 7	1.45	0.426 5	3.80	0.499 928
0.10	0.039 8	0.35	0.136 8	0.70	0.258 0	1.50	0.433 2	4.00	0.499 968
0.11	0.043 8	0.36	0.140 6	0.72	0.264 2	1.55	0.439 4	4.50	0.499 997
0.12	0.047 8	0.37	0.144 3	0.74	0.270 3	1.60	0.445 2	5.00	0.499 999 97
0.13	0.051 7	0.38	0.148 0	0.76	0.276 4	1.65	0.450 5	—	—
0.14	0.055 7	0.39	0.151 7	0.78	0.282 3	1.70	0.455 4	—	—
0.15	0.059 6	0.40	0.155 4	0.80	0.288 1	1.75	0.459 9	—	—
0.16	0.063 6	0.41	0.159 1	0.82	0.293 9	1.80	0.464 1	—	—
0.17	0.067 5	0.42	0.162 8	0.84	0.299 5	1.85	0.467 8	—	—
0.18	0.071 4	0.43	0.166 4	0.86	0.305 1	1.90	0.471 3	—	—
0.19	0.075 3	0.44	0.170 0	0.88	0.310 6	1.95	0.474 4	—	—
0.20	0.079 3	0.45	0.173 6	0.90	0.315 9	2.00	0.477 2	—	—
0.21	0.083 2	0.46	0.177 2	0.92	0.321 2	2.10	0.482 1	—	—
0.22	0.087 1	0.47	0.180 8	0.94	0.326 4	2.20	0.486 1	—	—
0.23	0.091 0	0.48	0.184 4	0.96	0.331 5	2.30	0.489 3	—	—
0.24	0.094 8	0.49	0.187 9	0.98	0.336 5	2.40	0.491 8	—	—
0.25	0.098 7	0.50	0.191 5	1.00	0.341 3	2.50	0.493 8	—	—

例 5-4　在磨床上加工销轴，要求外径 $d=12_{-0.043}^{-0.016}$ mm，抽样后测得 $\overline{X}=11.974$ mm，$\sigma=0.005$ mm，其尺寸分布符合正态分布，试分析该工序的加工质量。

解　该工序尺寸分布如图 5-31 所示。且

$$C_p=\frac{T}{6\sigma}=\frac{0.027}{6\times0.005}=0.9<1$$

工艺能力系数 $C_p<1$，说明该工序工序能力不足，因此出现不合格品是不可避免的。

工件最小尺寸 $d_{min}=\overline{X}-3\sigma=11.959\ \text{mm}>A_{min}(A_{min}=11.957\ \text{mm})$

故不会产生不可修复的废品。

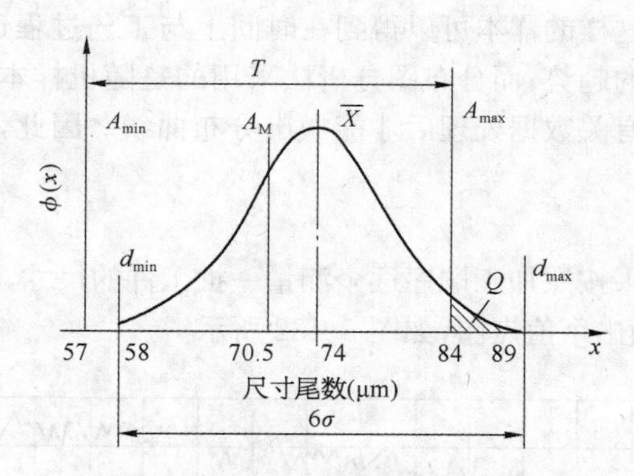

图 5-31　磨削轴的工序尺寸分布

工件最大尺寸 $d_{\max}=\overline{X}+3\sigma=11.989\ \text{mm}>A_{\max}(A_{\max}=11.984\ \text{mm})$

故要产生可修复的废品。

废品率 $Q=0.5-\phi(Z)$

$Z=\dfrac{|X-\overline{X}|}{\sigma}=\dfrac{|11.984-11.974|}{0.005}=2$，查表 4-8，$Z=2$ 时，$\phi(Z)=0.4772$，

故　$Q=0.5-\phi(Z)=0.5-0.4772=0.0228=2.28\%$

如果重新调整机床，使分散中心 $\overline{X}$ 和 A_M 重合，则可减少废品率。

4. 分布图分析法的缺点

用分布图分析加工误差有下列主要缺点：

① 不能反映误差的变化趋势。加工中随机性误差和系统性误差同时存在，由于分析时没有考虑到工件加工的先后顺序，故很难把随机性误差与变值系统性误差区分开来。

② 由于必须等一批工件加工完毕后才能得出尺寸分布情况，因而不能在加工过程中及时提供控制精度的资料。采用下面介绍的点图法，可以弥补上述不足。

三、工艺过程点图分析法

1. 工艺过程的稳定性

工艺过程的分布图分析法是分析工艺过程精度的一种方法。应用这种分析方法的前提是工艺过程应该是稳定的。在这个前提下，讨论工艺过程的精度指标（如工序能力系数 C_p、废品率等）才有意义。

如前所述，任何一批工件的加工尺寸都有波动性，因此样本的平均值 $\overline{x}$ 和标准差 S 也会波动。假使加工误差主要是随机误差，而系统误差影响很小，那么这种波动属于正常波动，这一工艺过程也就是稳定的；假如加工中存在着影响较大的变值系统误差，或随机误差的大小有明显的变化，那么这种波动就是异常波动，这样的工艺过程也就是不稳定的。

从数学的角度讲，如果一项质量数据的总体分布的参数（例如 μ、σ）保持不变，则这一工艺过程就是稳定的；如果有所变动，哪怕是往好的方向变化（例如 σ 突然缩小），都算不稳定。

分析工艺过程的稳定性，通常采用点图法。点图有多种形式，这里仅介绍单值点图和 $\overline{X}-R$ 点图两种。

用点图来评价工艺过程稳定性采用的是顺序样本，样本是由工艺系统在一次调整中，按顺序加工的工件组成。这样的样本可以得到在时间上与工艺过程运行同步的有关信息，反映加工误差随时间变化的趋势；而分布图分析法采用的是随机样本，不考虑加工顺序，而且是对加工好的一批工件有关数据处理后才能做出分布曲线。因此，采用点图分析法可以消除分布图分析法的缺点。

2. 点图的基本形式

（1）个值点图　如果按照加工顺序逐个测量一批工件的尺寸，以工件序号为横坐标，工件尺寸为纵坐标，就可做出个值点图，如图 5-32 所示。

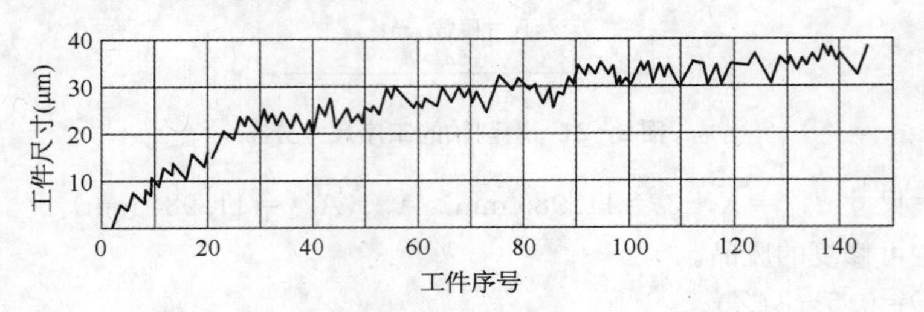

图 5-32　个值点图

上述点图反映了每个工件的尺寸（或误差）变化与加工时间的关系，故称为个值点图。假如把点图上的上、下极限点包络成两根平滑的曲线，如图 5-33 所示，就能较清楚地揭示加工过程中误差的性质及其变化趋势。平均值曲线 OO' 表示每一瞬时的分散中心，其变化情况反映了变值系统性误差随时间变化的规律。其起始点 O 则可看出常值系统性误差的影响。上、下限 AA' 和 BB' 间的宽度表示每一瞬时尺寸的分散范围，也就是反映了随机性误差的大小，其变化情况反映了随机性误差随时间变化的规律。

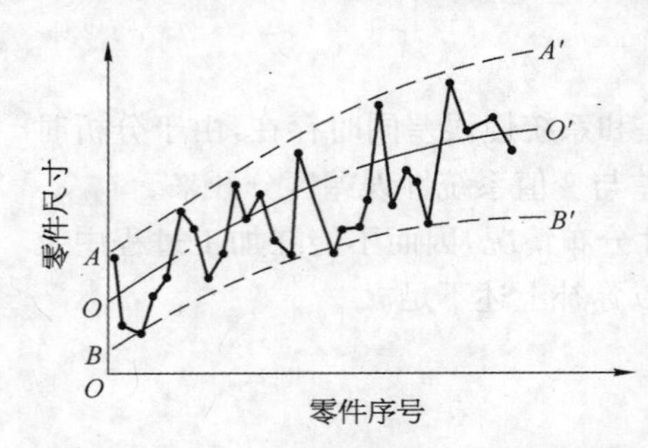

图 5-33　个值点图上反映误差变化趋势

（2）$\overline{X}-R$ 点图　为了能直接反映加工中系统性误差和随机性误差随加工时间的变化趋势，实际生产中常用样组点图来代替个值点图。样组点图的种类很多，目前最常用的样组点图是 $\overline{X}-R$ 点图。$\overline{X}-R$ 点图是每一小样组的平均值 $\overline{X}$ 控制图和极差 R 控制图联合使用时的统称。其中，$\overline{X}$ 为各小样组的平均值；R 为各小样组的极差。前者控制工艺过程质量指标的分布中心，后者控制工艺过程质量指标的分散程度。

3. $\overline{X}-R$ 点图的分析与应用

绘制 $\overline{X}-R$ 点图是以小样本顺序随机抽样为基础的。在工艺过程进行中，每隔一定时间抽取容量 $m=2\sim10$ 件的一个小样本，求出小样本的平均值 $\overline{X_i}$ 和极差 R_i。经过若干时间后，就可取得若干组（例如 k 组，通常取 $k=25$）小样本。这样，以样组序号为横坐标，分别以 $\overline{X_i}$ 和 R_i 为纵坐标，就可分别作 $\overline{X}$ 点图和 R 点图（图 5-34）。

设以顺次加工的 m 个工件为一组，那么每一样组的平均值 $\overline{X}$ 和极差 R 是

$$\overline{X}=\frac{1}{m}\sum_{i=1}^{m}x_i$$

$$R=x_{\max}-x_{\min}$$

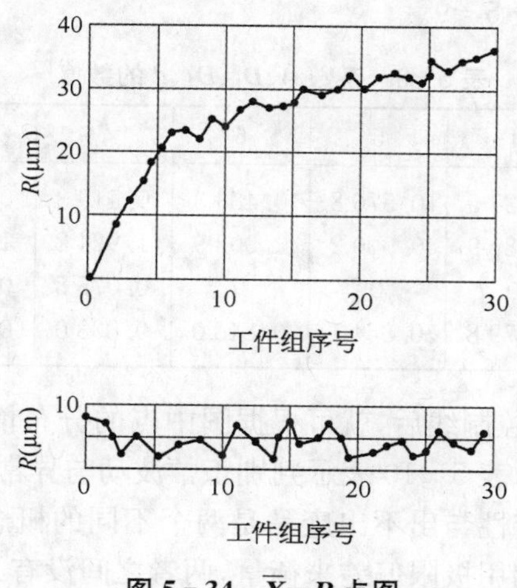

图 5-34　$\overline{X}-R$ 点图

式中　$x_{\max}$，$x_{\min}$——分别为同一样组中工件的最大尺寸和最小尺寸。

任何一批工件的加工尺寸都有波动性，因此各样组的平均值 $\overline{X}$ 和极差 R 也都有波动性。假使加工误差主要是随机性误差，且系统性误差的影响很小时，那么这种波动属于正常波动，加工工艺是稳定的。假如加工中存在着影响较大的变值系统性误差，或随机性误差的大小有明显的变化时，那么这种波动属于异常波动，这个加工工艺就被认为是不稳定的。

$\overline{X}-R$ 点图的横坐标是按时间先后采集的小样本的组序号，纵坐标为各小样本的平均值 $\overline{X}$ 和极差 R。在 $\overline{X}-R$ 点图上各有三根线，即中心线和上、下控制线。由概率论可知，当总体是正态分布时，其样本的平均值 $\overline{X}$ 的分布也服从正态分布，且 $\overline{X}\sim M\left(\mu,\dfrac{\sigma^2}{m}\right)$（$\mu$，$\sigma$ 是总体的均值和标准偏差）。因此，$\overline{X}$ 的分散范围是（$\mu\pm3\sigma/\sqrt{m}$）。

$\overline{X}$ 的中心线　　$\overline{\overline{X}}=\dfrac{1}{k}\sum\limits_{i=1}^{k}x_i$

$\overline{X}$ 的上控制线　　$\overline{X}_S=\overline{\overline{X}}+A\overline{R}$

$\overline{X}$ 的下控制线　　$\overline{X}_x=\overline{\overline{X}}-A\overline{R}$

R 虽不是正态分布，但当 $M<10$ 时，其分布与正态分布也是比较接近的，因而 R 的分散范围也可取为 $\pm3\sigma_{\mathrm{R}}$（σ_{R} 是 R 分布的标准偏差）σ_{x} 和 σ_{R} 分别与总体标准偏差 σ 间有如下的关系：

$$\sigma_{\mathrm{x}}=\frac{\sigma}{\sqrt{m}},\quad \sigma_{\mathrm{R}}=d\sigma$$

R 的中心线　　$R=\dfrac{1}{k}\sum\limits_{i=1}^{k}R_i$

R 的上控制线　　$R_s=D_1\overline{R}$

R 的下控制线　　$R_x=D_2\overline{R}$

式中　k——小样本组的组数；

x_{i}——第 i 个小样本组的平均值；

R_{i}——第 i 个小样本组的极差值。

系数 A、D_1、D_2、d 值见表 5-9。

表 5-9 系数 A、D_1、D_2、d 的数值

m	2	3	4	5	6	7	8	9	10
A	1.880 6	1.023 1	0.728 5	0.576 8	0.483 3	0.419 3	0.372 6	0.336 7	0.308 2
D_1	3.268 1	2.574 2	2.281 9	0.000 2	2.003 9	1.924 2	1.864 1	1.816 2	1.776 8
D_2	0	0	0	0	0	0.075 8	0.135 9	0.183 8	0.223 2
d	0.852 8	0.888 4	0.879 8	0.864 1	0.848 0	0.833 0	0.820 0	0.080 8	0.079 7

在点图上做出中心线和控制线后，就可根据图中点的分布情况来判别工艺过程是否稳定（波动状态是否属于正常），表 5-10 表示判别正常波动与异常波动的标志。

必须指出，工艺过程稳定性与出不出废品是两个不同的概念。工艺的稳定性用 $\overline{X}-R$ 图来判断，而工件是否合格则用极限偏差来衡量，两者之间没有必然的联系。

表 5-10 正常波动与异常波动的标志

正常波动	异常波动
① 连续 25 个点以上都在控制线以内	① 有点子超出控制线
② 连续 35 个点中，只有一点在控制线之外	② 点子密集在平均线上下附近
③ 连续 100 个点中，只有 2 个点超出控制线	③ 点子密集在控制线附近
④ 点子变化没有明显的规律性，或具有随机性	④ 连续 7 点以上出现在平均线一侧
	⑤ 连续 11 点中有 10 点出现在平均线一侧
	⑥ 连续 14 点中有 12 点以上出现在平均线一侧
	⑦ 连续 17 点中有 14 点以上出现在平均线一侧
	⑧ 连续 20 点中有 16 点以上出现在平均线一侧
	⑨ 点子有上升或下降倾向
	⑩ 点子有周期性波动

下面以磨削一批轴径为 $\phi=50^{+0.06}_{+0.01}$ mm 的工件为例，说明工艺验证的方法和步骤。

(1) 抽样并测量　按照加工顺序和一定的时间间隔随机地抽取 4 件为一组，共抽取 25 组，检验的质量数据列入表 5-11 中。

(2) 画 $\overline{X}-R$ 点图　先计算出各样组的平均值 $\overline{X}_i$ 和极差 R_i，然后算出 $\overline{X}_i$ 的平均值 $\overline{\overline{X}}$，R_i 的平均值 $\overline{R}$，再计算 $\overline{X}$ 点图和 R 点图的上、下控制线位置。本例 $\overline{\overline{X}}=37.3\ \mu m$，$\overline{X}_s=49.24\ \mu m$，$\overline{X}_x=25.36\ \mu m$；$\overline{R}=16.36\ \mu m$，$R_s=37.3\ \mu m$，$R_x=0$。据此画出 $\overline{X}-R$ 图，如图 5-35 所示。

(3) 计算工序能力系数及确定工艺等级　本例 $T=50\ \mu m$，$\sigma=8.93\ \mu m$，$C_p=\dfrac{50}{6\times 8.93}=0.933$，属于三级工序能力等级（表 5-7）。

(4) 分析总结　由图中第 21 组的点子超出下控制线，说明工艺过程发生了异常变化，可能有不合格品出现，从工序能力系数看也小于 1，这些都说明本工序的加工质量不能满足零件的精度要求，因此要查明原因，采取措施，消除异常变化。

表 5-11 $\overline{X}-R$ 点图数据表 (μm)

序号	x_1	x_2	x_3	x_4	$\overline{X}$	R
1	44	43	22	38	36.8	22
2	40	36	22	36	33.5	18
3	35	53	33	38	39.8	20
4	32	26	20	38	29.0	18
5	46	32	42	50	42.5	18
6	28	42	46	46	40.5	18
7	46	40	38	45	42.3	8
8	38	46	34	46	41.0	12
9	20	47	32	41	35.0	27
10	30	48	52	38	42.0	22
11	30	42	28	36	34.0	14
12	20	30	42	28	30.0	22
13	38	30	36	50	38.5	20
14	46	38	40	36	40.0	10
15	38	36	36	40	37.5	4
16	32	40	28	30	32.5	12
17	52	49	27	52	45.0	25
18	37	44	35	36	38.0	9
19	54	49	33	51	46.8	21
20	49	32	43	34	39.5	17
21	22	20	18	18	19.5	4
22	40	38	45	42	41.3	7
23	28	42	40	16	31.5	26
24	32	38	45	47	40.5	15
25	25	34	45	38	35.5	20
总计					932.5	409
平均					$\overline{\overline{X}}=37.3$	$\overline{R}=16.36$

注:表内数据均为实测尺寸与基本尺寸之差。

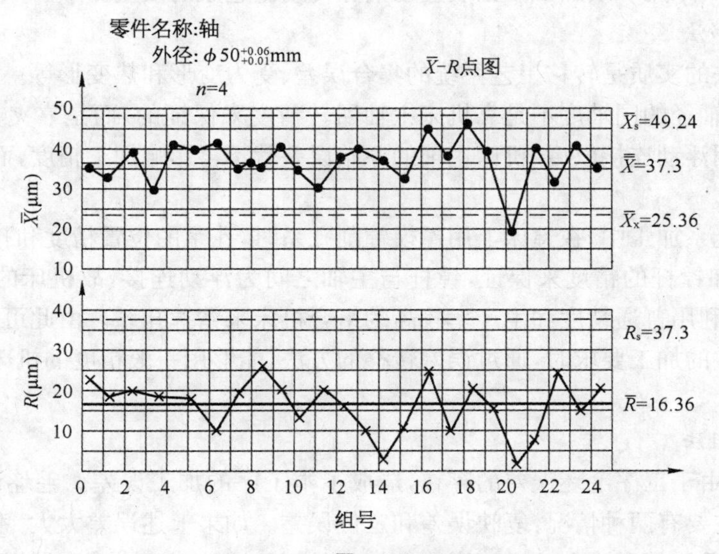

图 5-35 $\overline{X}-R$ 点图实例

点图可以提供该工序中误差的性质和变化情况等工艺资料，因此可用来估计工件加工误差的变化趋势，并据此判断工艺过程是否处于控制状态，机床是否需要重新调整。

在相同的生产条件下对同种工件进行加工时，加工误差的出现总遵循一定的规律。因此，成批大量生产中可以运用数理统计原理，在加工过程中定时地从连续加工的工件中抽查若干个工件(一个样组)，并观察加工过程的进行情况，以便及时检查、调整机床，达到预防废品产生的目的。

第七节　提高加工精度的措施

1. 直接减少原始误差法

即在查明影响加工精度的主要原始误差因素之后，设法对其直接进行消除或减少。例如，车削细长轴时，采用跟刀架、中心架可消除或减少工件变形所引起的加工误差。采用大进给量反向切削法，基本上消除了轴向切削力引起的弯曲变形。若辅以弹簧顶尖，可进一步消除热变形所引起的加工误差。又如在加工薄壁套筒内孔时，采用过渡圆环以使夹紧力均匀分布，避免夹紧变形所引起的加工误差。

2. 误差补偿法

误差补偿法时人为地制造一种误差，去抵消工艺系统固有的原始误差，或者利用一种原始误差去抵消另一种原始误差，从而达到提高加工精度的目的。

例如，用预加载荷法精加工磨床床身导轨，借以补偿装配后受部件自重而引起的变形。磨床床身是一个狭长的结构，刚度较差，在加工时，导轨三项精度虽然都能达到，但在装上进给机构、操纵机构等以后，便会使导轨产生变形而破坏了原来的精度，采用预加载荷法可补偿这一误差。又如用校正机构提高丝杠车床传动链的精度。在精密螺纹加工中，机床传动链误差将直接反映到工件的螺距上，使精密丝杠加工精度受到一定的影响。为了满足精密丝杠加工的要求，采用螺纹加工校正装置以消除传动链造成的误差。

3. 误差转移法

误差转移法的实质是转移工艺系统的集合误差、受力变形和热变形等。例如，磨削主轴锥孔时，锥孔和轴径的同轴度不是靠机床主轴回转精度来保证的，而是靠夹具保证，当机床主轴与工件采用浮动连接以后，机床主轴的原始误差就不再影响加工精度，而转移到夹具来保证加工精度。

在箱体的孔系加工中，在镗床上用镗模镗削孔系时，孔系的位置精度和孔距间的尺寸精度都依靠镗模和镗杆的精度来保证，镗杆与主轴之间为浮动连接，故机床的精度与加工无关，这样就可以利用普通精度和生产率较高的组合机床来精镗孔系。由此可见，往往在机床精度达不到零件的加工要求时，通过误差转移的方法，能够用一般精度的机床加工高精度的零件。

4. 误差分组法

在加工中，由于工序毛坯误差的存在，造成了本工序的加工误差。毛坯误差的变化，对本工序的影响主要有两种情况：复映误差和定位误差。如果上述误差太大，不能保证加工精度，而且要提高毛坯精度或上一道工序加工精度是不经济的。这时可采用误差分组法，即把毛坯或上工序尺寸按误差大小分为 n 组，每组毛坯的误差就缩小为原来的 $1/n$，然后按各组分别调整刀具与工件的相对位置或调整定位元件，就可大大地缩小整批工件的尺寸分散范围。

例如，某厂加工齿轮磨床上的交换齿轮时，为了达到齿圈径向跳动的精度要求，将交换齿轮的内孔尺寸分成三组，并用与之尺寸相应的三组定位心轴进行加工。其分组尺寸如表 5-12。

表 5-12 误差分组法 (mm)

组 别	心轴直径 $\phi25^{+0.011}_{+0.002}$	工件孔径 $\phi25^{+0.013}_{0}$	配合精度
第一组	$\phi25.002$	$\phi25.000 \sim \phi25.004$	±0.002
第二组	$\phi25.006$	$\phi25.004 \sim \phi25.008$	±0.002
第三组	$\phi25.011$	$\phi25.008 \sim \phi25.013$	±0.002 ±0.003

误差分组法的实质，是用提高测量精度的手段来弥补加工精度的不足，从而达到较高的精度要求。当然，测量、分组需要花费时间，故一般只是在配合精度很高，而加工精度不宜提高时采用。

5. *就地加工法*

在加工和装配中，有些精度问题牵涉到很多零部件间的相互关系，相当复杂。如果单纯地以提高零件精度来满足设计要求，有时不仅困难，甚至不可能达到。此时，若采用就地加工法，就可解决这种难题。

例如，在转塔车床制造中，转塔上六个安装刀具的孔，其轴心线必须保证与机床主轴回转轴线重合，而六个平面又必须与旋转中心线垂直。如果单独加工转塔上的这些孔和平面，装配时要达到上述要求是困难的，因为其中包含了很复杂的尺寸链关系。因而在实际生产中采用了就地加工法，即在装配之前，这些重要表面不进行精加工，等转塔装配到机床上以后，再在自身机床上对这些孔和平面进行精加工。具体方法是在机床主轴上装上镗刀杆和能做径向进给的小刀架，对其进行精加工，便能达到所需要的精度。

又如龙门刨床、牛头刨床，为了使它们的工作台分别与横梁或滑枕保持位置的平行度关系，都是装配后在自身机床上，进行就地精加工来达到装配要求的。平面磨床的工作台，也是在装配后利用自身砂轮精磨出来的。

6. *误差平均法*

误差平均法是利用有密切联系的表面之间的相互比较和相互修正，或者利用互为基准进行加工，以达到很高的加工精度。

如配合精度要求很高的轴和孔，常用对研的方法来达到。所谓对研，就是配偶件的轴和孔互为研具相对研磨。在研磨前有一定的研磨量，其本身的尺寸精度要求不高，在研磨过程中，配合表面相对研擦和磨损的过程，就是两者的误差相互比较和相互修正的过程。

如三块一组的标准平板，是利用相互对研、配刮的方法加工出来的。因为三个表面能够分别两两密合，只有在都是精确的平面的条件下才有可能。另外还有直尺、角度规、多棱体、标准丝杠等高精度量具和工具，都是利用误差平均法制造出来的。

通过以上几个例子可知，采用误差平均法可以最大限度地排除机床误差的影响。

复习思考题

一、选择题

1. 误差的敏感方向是指产生加工误差的工艺系统的原始误差处于加工表面的(　　)。
   A. 法线方向(y 向)　B. 切线方向(z 向)　C. 轴线方向(y 向)
2. 车床主轴的几何偏心(纯径向跳动)使加工阶梯轴时产生的误差是(　　)。
   A. 圆度误差　B. 端面平面度误差　C. 加工面与装夹面的同轴度误差
3. 主轴具有纯角度摆动时,车削外圆得到的是(　　)形状,产生(　　)误差;镗出的孔得到的是(　　)形状,产生(　　)误差。
   A. 椭圆　B. 圆锥　C. 棱圆　D. 腰鼓形
   E. 圆度　F. 圆柱度　G. 直线度
4. 车床主轴的纯轴向窜动对(　　)加工有影响:
   A. 车削内外圆　B. 车削端平面　C. 车削螺纹
5. 试指出下列刀具中,哪些刀具的制造误差会直接影响加工精度(　　)。
   A. 齿轮滚刀　B. 外圆车刀　C. 端面铣刀　D. 铰刀
   E. 成形铣刀　F. 键槽铣刀　G. 内圆磨头
6. 判别下列误差因素所引起的加工误差属于何种误差类型及误差性质:
   (1) 夹具在机床上的安装误差(　　)。
   (2) 工件的安装误差(　　)。
   (3) 刀具尺寸调整不准确引起的多次调整误差(　　)。
   (4) 车刀磨损发生在加工一批套筒的外圆(　　)。
   (5) 工件残余应力引起的变形(　　)。
   A. 尺寸误差　B. 几何形状误差　C. 相互位置误差　D. 常值误差
   E. 变值规律性误差　F. 随机误差
7. 加工齿轮、丝杠时,试指出下列各情况哪些属于加工原理误差(　　)。
   A. 传动齿轮的制造与安装误差　B. 母丝杠的螺距误差
   C. 用阿基米德滚刀切削渐开线齿轮　D. 用模数铣刀加工渐开线齿轮
   E. 用近似传动比切削螺纹
8. 测定机床部件静刚度的实验曲线说明(　　)。
   A. 机床部件的静刚度是不变的
   B. 机床部件的静刚度是变化的,但与载荷无关
   C. 机床部件的静刚度是随载荷大小而变化的
9. 研究工艺系统受力变形时,若以车床两顶尖间加工光轴为例,试分别指出下列三种条件下,由于切削过程受力点位置的变化引起工件何种形状误差:
   (1) 只考虑机床变(　　)。
   (2) 只考虑车刀变形(　　)。
   (3) 只考虑工件变形(　　)。

A. 圆锥形　　B. 腰鼓形　　C. 马鞍形(双曲线)　　D. 圆柱形

10. 工艺系统的热变形只有在系统热平衡后才能稳定，可采取适当的工艺措施予以消减，其中系统热平衡的含义是(　　)。

A. 机床热平衡后　　B. 机床与刀具热平衡后

C. 机床刀具与工件都热平衡后

二、简答与计算

1. 说明加工误差、加工精度的概念以及它们之间的区别。

2. 原始误差包括哪些内容?

3. 主轴回转运动误差分为哪三种基本形式? 对加工精度的影响又如何?

4. 在卧式镗床上对箱体件镗孔，试分析采用刚性主轴镗杆，浮动镗杆(指与主轴连接方式)和镗模夹具时，影响镗杆回转精度的主要因素有哪些?

5. 在车床上加工圆盘件的端面时，有时会出现圆锥面(中凸或中凹)或端面凸轮似的形状(如螺旋面)试从机床几何误差的影响分析造成如图 5－36 所示的端面几何形状误差的原因是什么?

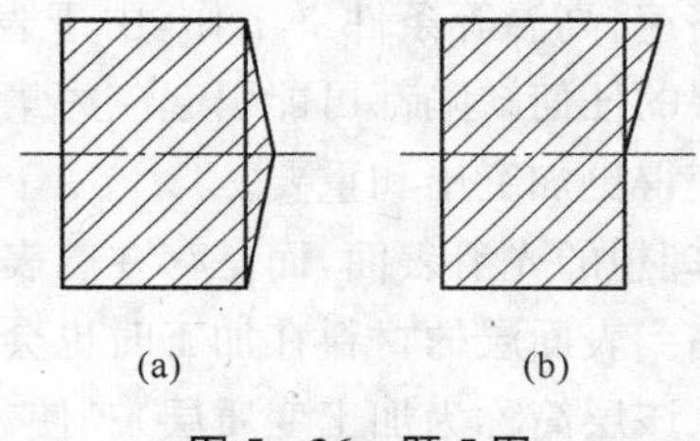

图 5－36　题 5 图

6. 在车床上加工心轴时(图 5－37)粗、精车外圆 A 及台肩面 B，经检验发现 A 有圆柱度误差、B 对 A 有垂直度误差。试从机床几何误差的影响，分析产生以上误差的主要原因。

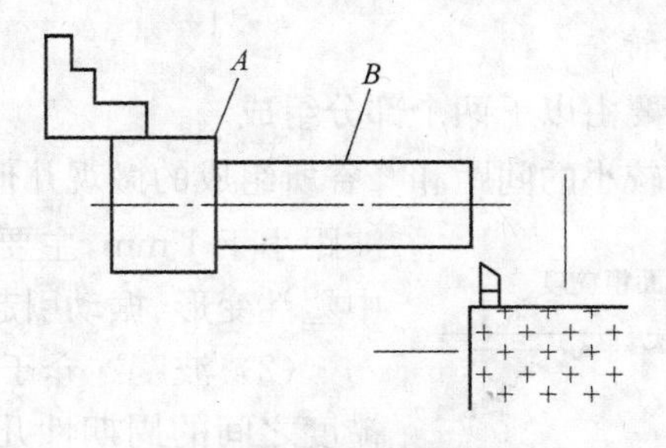

图 5－37　题 6 图

7. 车削一批轴的外圆，其尺寸要求为 $\phi 20_{-0.1}^{\ 0}$ mm，若此工序尺寸按正态分布，均方差 $\sigma=0.025$ mm，公差带中心小于分布曲线中心，偏移值 $\Delta_0=0.03$ mm，试计算该批工件的合格率和废品率。

8. 在车床上加工一批工件的孔，经测量实际尺寸小于要求的尺寸而必须返修工件数占 22.4%，大于要求的尺寸而不能返修的工件数占 1.4%。若孔的直径公差 $T=0.2$ mm，整批工件尺寸服从正态分布，试确定该工序的标准偏差 σ，并判断车刀的调整误差是多少?

第六章　机械加工表面质量

第一节　概　　述

一、基本概念

加工表面质量是指机械加工后表面层的金相组织和受加工过程影响，使表面层金属材料与基体材料性质不一致而产生变化的状况。它与机械加工精度同是机械加工质量的组成。零件的表面质量影响零件的耐磨性、疲劳强度、耐蚀性等使用性能，尤其是机器产品的可靠性、寿命在很大程度上取决于其主要零件的加工表面质量。随着产品性能的不断提高，一些重要零件必须在高应力、高速、高温等条件下工作，由于表面上作用着最大的应力并直接受到外界介质的腐蚀，表面层的任何缺陷都可能引起应力集中、应力腐蚀等现象而导致零件的损坏，因而表面质量问题变得更加突出和重要。

机械加工的表面不可能是理想的光滑表面，而是存在着表面粗糙度、波度等表面几何形状误差和划痕、裂纹等表面缺陷。表面层的材料在加工时也会产生物理性质的变化，有些情况下还会产生化学性质的变化(该层简称为加工变质层)。使表面层的物理力学性能不同于基体，产生了显微硬度的变化以及残余应力。切削力、切削热会使表面层产生各种变化，如同淬火、回火一样会使材料产生相变以及晶粒大小的变化等。归纳以上种种，加工表面质量的内容应包括：

1. 加工表面的几何形状特征

加工表面的几何形状主要由以下两个部分组成。

(1) 表面粗糙度　表面较小的间距和峰谷所组成的微观几何形状。如图 6-1 所示，其波距小于 1 mm，主要由刀具的形状和切削加工中塑性变形、振动引起。

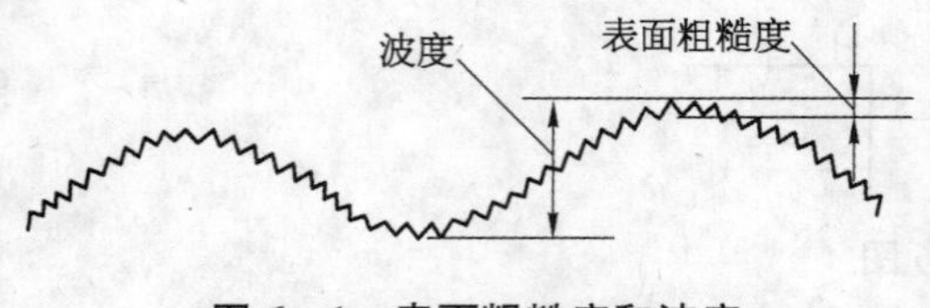

图 6-1　表面粗糙度和波度

(2) 波度　介于形状误差(宏观)和表面粗糙度之间的周期性几何形状误差，如图 6-1 所示，其波距在 1～20 mm 之间，主要是加工过程中的工艺系统的振动造成。

2. 表面层的物理机械性能

切削过程中工件材料受到刀具的挤压、摩擦和切削热等因素的作用，使得加工表面层的物理力学性能发生一定程度的变化，主要有以下三个方面。

① 表面层因塑性变形引起的加工硬化。

② 表面层因切削热引起的金相组织变化。

③ 表面层中产生的残余应力。

二、表面质量对使用性能的影响

1. 表面质量对耐磨性的影响

零件的耐磨性主要与摩擦副的材料、润滑条件及表面质量等因素有关，但在前两个条件已经确定的情况下，零件的表面质量就起决定性的作用。当两个零件的表面互相接触时，实际只是在一些凸峰顶部接触，如图 6－2 所示。因此实际接触面积只是名义接触面积的一小部分。当零件上有了作用力时，在凸峰接触部分就产生了很大的单位面积压力。表面愈粗糙，实际接触面积就愈少，凸峰处的单位面积压力也就愈大。当两个零件作相对运动时，在接触的凸峰处就会产生弹性变形、塑性变形及剪切等现象，即产生了表面的磨损。即使在有润滑的情况下，也因为接触点处单位面积压力过大，超过了润滑油膜存在的临界值，破坏油膜形成，造成了干摩擦，加剧表面的磨损。

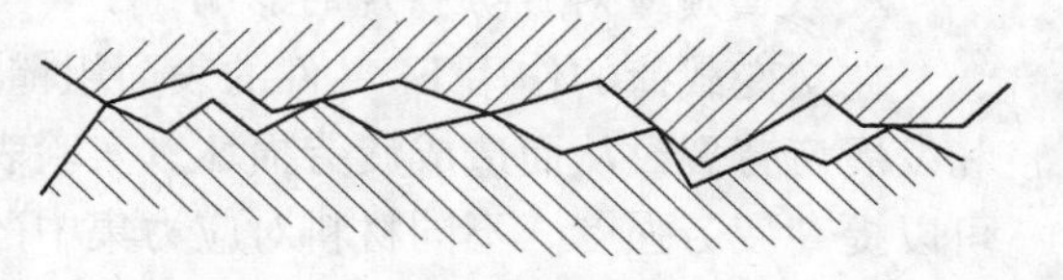

图 6－2　零件初始接触情况

在一般情况下，零件表面在初期磨损阶段磨损得很快，如图 6－3 的第 I 部分。随着磨损发展，实际接触面积逐渐增加，单位面积压力也逐渐降低，从而磨损将以较慢的速度进行，进入正常磨损阶段，如图 6－3 的第 II 部分。此时在有润滑的情况下，就能起到很好的润滑作用。过了此阶段又将出现急剧磨损的阶段，如图 6－3 的第Ⅲ部分。这是因为磨损继续发展，实际接触面积愈来愈大，产生了金属分子间的亲和力，使表面容易咬焊，此时即使有润滑也将被挤出而产生急剧的磨损，由此可见表面粗糙度值并不是越小越耐磨。相互摩擦的表面在一定的工作条件下通常有一最佳表面粗糙度，如图 6－4 所示分别为重载荷、轻载荷时表面粗糙度与初期磨损量间的关系，图中 $Ra1$、$Ra2$ 为最佳表面粗糙度值。表面粗糙度值偏离最佳值太远，无论是过大或过小，均会使初期磨损量加大，一般 $Ra0.4 \sim 1.6\ \mu m$。

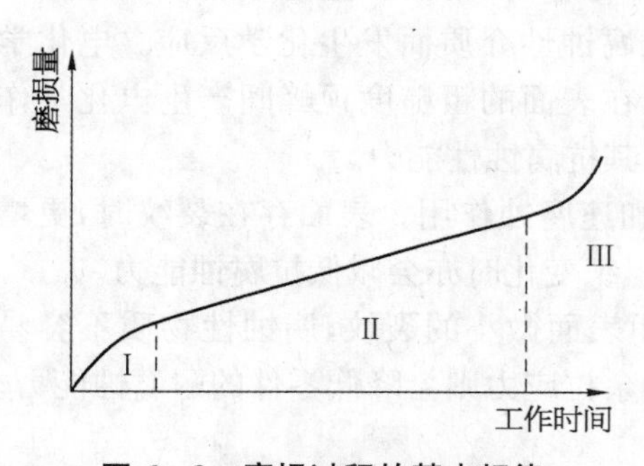

图 6－3　磨损过程的基本规律

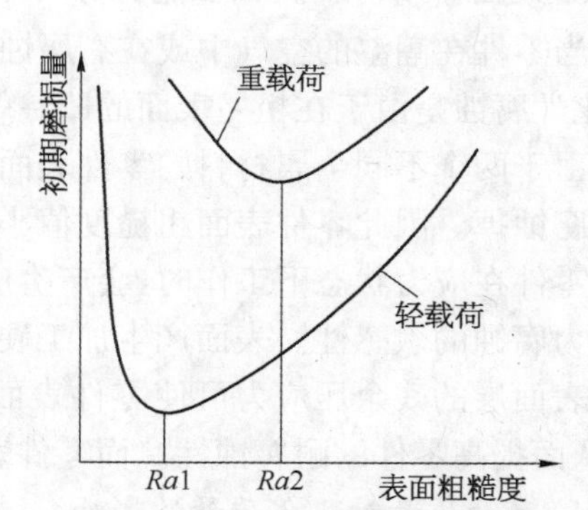

图 6－4　初期磨损量与表面粗糙度的关系

表面粗糙度的轮廓形状及加工纹路方向也对耐磨性有显著的影响，因为表面轮廓形状及加工纹路方向会影响实际接触面积与润滑油的存留情况。

表面变质层会显著地改变耐磨性。表面层加工硬化减小了接触表面间的弹性和塑性变形，耐磨性得以提高。但表面硬化过度时，使零件的表面层金属变脆，磨损反而加剧，甚至会出现微观裂纹和剥落现象,所以硬化层必须控制在一定的范围内。

表面层产生金相组织变化时由于改变了基体材料的原来硬度,导致表面层硬度下降,使表面层耐磨性下降。

已加工表面的轮廓形状和加工纹理影响零件的实际接触面积和储存润滑油的能力,因而影响接触面的耐磨性。

2. 表面质量对疲劳强度的影响

在交变载荷的作用下,零件的表面粗糙度、划痕和裂纹等缺陷容易引起应力集中而产生和发展疲劳裂纹从而造成疲劳损坏。实验表明,对于承受交变载荷的零件,减低表面粗糙度可以提高疲劳强度。不同材料对应力集中的敏感程度不同,因而效果也就不同,晶粒细小、组织致密的钢材受疲劳强度的影响大。因此,对一些重要零件表面,如连杆、曲轴等,应进行光整加工,以减小其表面粗糙度值,提高其疲劳强度。一般说来,钢的极限强度愈高,应力集中的敏感程度就愈大。加工纹路方向对疲劳强度的影响更大,如果刀痕与受力方向垂直,则疲劳强度显著减低。

表面层残余应力对疲劳强度影响显著。表面层的残余压应力能够部分地抵消工作载荷施加的拉应力,延缓疲劳裂纹的扩展,提高零件的疲劳强度。但残余拉应力容易使已加工表面产生裂纹,降低疲劳强度,带有不同残余应力表面层的零件其疲劳寿命可相差数倍至数十倍。

表面的加工硬化层能提高零件的疲劳强度,这是因为硬化层能阻碍已有裂纹的扩大和新的疲劳裂纹的产生,因此可以大大减低外部缺陷和表面粗糙度的影响。但表面硬化程度太大会适得其反,使零件表面层组织变脆,反而容易引起裂纹,所以零件表面的硬化程度和深度也应控制在一定范围内。

表面加工纹理和伤痕过深时容易产生应力集中,从而减低疲劳强度,特别是当零件所受应力方向与纹理方向垂直时尤为明显。零件表面层的伤痕如沙眼、气孔、裂痕,在应力集中下会很快产生疲劳裂纹,加快零件的疲劳破坏,因此要尽量避免。

3. 表面质量对抗腐蚀性能的影响

当零件在潮湿的空气中或在有腐蚀性的介质中工作时,常会发生化学腐蚀或电化学腐蚀,化学腐蚀是由于在粗糙表面的凹谷处容易积聚腐蚀性介质而发生化学反应。电化学腐蚀是由于两个不同金属材料的零件表面相接触时,在表面的粗糙度顶峰间产生电化学作用而被腐蚀掉。因此零件表面粗糙度值小,可以提高其抗腐蚀性能力。

零件在应力状态下工作时,会产生应力腐蚀,加速腐蚀作用。表面存在裂纹时,更增加了应力腐蚀的敏感性。表面产生加工硬化或金相组织变化时亦会减低抗腐蚀能力。

表面层的残余压应力可使零件表面致密,封闭表面微小的裂纹,腐蚀性物质不容易进入,从而提高零件的耐腐蚀性。而零件表面层的残余拉应力则会降低零件的耐腐蚀能力。

4. 表面质量对配合质量的影响

由公差与配合的知识可知,零件的配合关系是用过盈量或间隙量来表示的。间隙配合关系的零件表面如果太粗糙,初期磨损量就大,工作时间一长其配合间隙就会增大,从而改变了原来的配合性质,降低配合精度,影响了间隙配合的稳定性。对于过盈配合表面,如果零件表面的粗糙度值大,装配时配合表面粗糙部分的凸峰会被挤平,使实际过盈量比设计的小,降低了配合件间的联结强度,影响配合的可靠性。所以对有配合要求的表面都有较高的表面粗糙度要求。

第二节　影响加工表面粗糙度的因素及应对措施

一、切削加工中影响表面粗糙度的因素

使用金属切削刀具加工零件时，影响表面粗糙度的因素主要有几何因素、物理因素、工艺因素，以及机床、刀具、夹具、工件组成的工艺系统的振动。

1. 几何因素

影响表面粗糙度的几何因素是刀具相对工件作进给运动时在加工表面遗留下来的切削层残留面积，如图 6-5 所示，其中图(a)、图(b)分别为刀尖圆弧半径为 0 和 r_ε 时的情况，从图中可以看出，切削层残留面积大，表面粗糙度值就愈低。

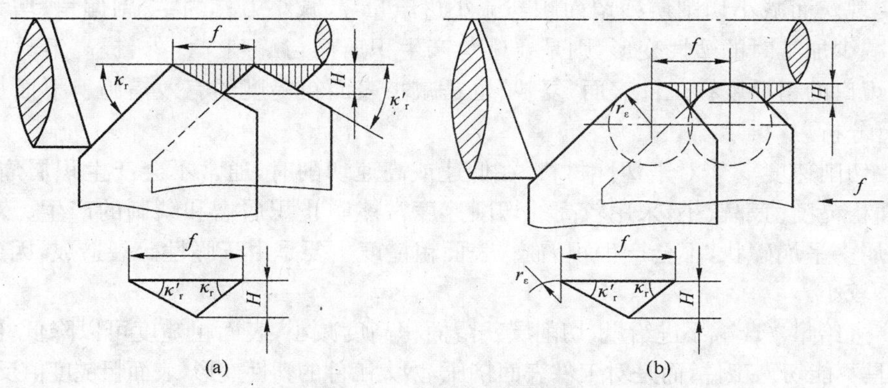

图 6-5　切削层残留面积

由图(a)中几何关系可得

$$H=R_{\max}=\frac{f}{\cos\kappa_r+\cos\kappa_r'}$$

由图(b)中几何关系可得

$$H=R_{\max}=\frac{f^2}{8r_\varepsilon}$$

因此，切削层残留面积高度与进给量 f、刀具的主、副偏角 κ_r、κ_r'和刀尖半径 r_ε 有关。

2. 物理因素

切削加工后表面粗糙度的实际轮廓形状一般都与纯几何因素所形成的理想轮廓有较大的差别，这是由于存在着与被加工材料的性质及切削机理有关的物理因素的缘故。在切削过程中刀具的刃口圆角及后面的挤压与摩擦，使金属材料发生塑性变形，造成理想残留面积挤歪或沟纹加深，因而增大了表面粗糙度。

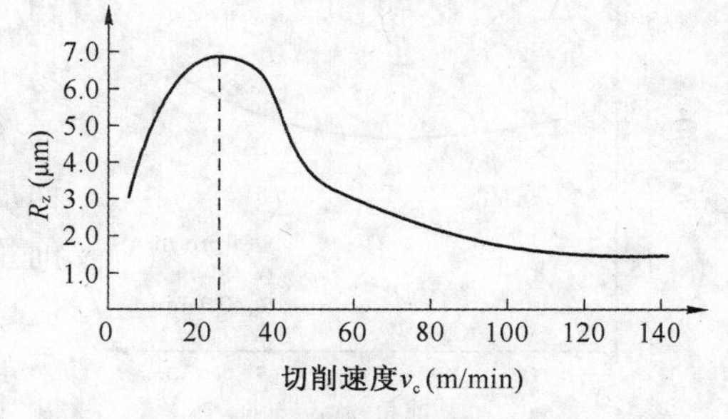

图 6-6　塑性材料的切削速度与表面粗糙度关系

从实验知道，在中等切削速度下加工塑性材料，如低碳钢、铬钢、不锈钢、高温合金、铝合金

等，极容易出现积屑瘤与鳞刺，使加工表面粗糙度严重恶化，如图 6－6 所示，成为切削加工的主要问题。

积屑瘤是切削加工过程中切屑底层与前刀面发生冷焊的结果，积屑瘤形成后并不是稳定不变的，而是不断地形成、长大，然后粘附在切屑上被带走或留在工件上。由于积屑瘤有时会伸出切削刃之外，其轮廓也很不规则，因而使加工表面上出现深浅和宽窄都不断变化的刀痕，大大减低了表面粗糙度。

鳞刺是已加工表面上出现的鳞片状毛刺般的缺陷。加工中出现鳞刺是由于切屑在前刀面上的摩擦和冷焊作用造成周期性地停留，代替刀具推挤切削层，造成切削层和工件之间出现撕裂现象。如此连续发生，就在加工表面上出现一系列的鳞刺，构成已加工面表面粗糙度值的增大。鳞刺的出现并不依赖于刀瘤，但刀瘤的存在会影响鳞刺的生成。

3. 降低表面粗糙度值的工艺措施

由前面分析可知，减小表面粗糙度，可以通过减小切削层残留面积和减小加工时的塑性变形来实现。而减小切削层残留面积与减小进给量 f，减小刀具的主、副偏角，增大刀尖半径有关；减少加工时的塑性变形，则是要避免产生积屑瘤与鳞刺。此外，提高刀具的刃磨质量，避免刃口的粗糙度在工件表面"复映"也是减小表面粗糙度的有效措施。下面从工艺的角度进行分析。

(1) 切削速度 v_c　对于塑性材料，在低速或高速切削时，通常不会产生积屑瘤，因此已加工表面粗糙度值都较小，采用较高的切削速度常能防止积屑瘤和鳞刺的产生。对于脆性材料，切屑多呈崩碎状，不会产生积屑瘤，表面粗糙度主要是由于脆性碎裂造成，因此与切削速度关系较小。

(2) 进给量 f　减小进给量，切削层残留面积高度减小，表面粗糙度可以降低。但进给量太小，刀具不能切入工件，而是对工件表面挤压，增大工件的塑性变形，表面粗糙度值反而增大。

(3) 背吃刀量 a_p　背吃刀量对表面粗糙度影响不大，但当背吃刀量过小时，由于切削刃不可能磨得绝对锋利，刀尖有一定的刃口半径，切削时会出现挤压、打滑和周期性的切入加工表面等现象，从而导致表面粗糙度恶化。

(4) 工件材料性质　韧性较大的塑性材料，加工后表面粗糙度愈差，而脆性材料加工后表面粗糙度比较接近理想的表面粗糙度。对于同样的材料，晶粒组织愈是粗大，加工后的表面粗糙度也愈差。因此为了减小加工后的表面粗糙度，常在切削加工前进行调质或正常化处理，以获得均匀细密的晶粒组织和较高的硬度。

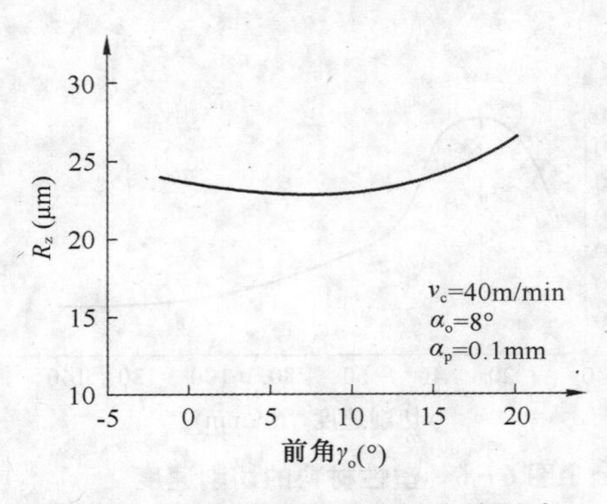

图 6－7　前角对表面粗糙度的影响

(5) 刀具的几何形状　刀具的前角 γ_o 对切削过程的塑性变形影响很大，γ_o 值增大时，刀刃较为锋利，易于切削，塑性变形减小，有利于降低表面粗糙度。但前角 γ_o 过大，刀刃有切入工件的倾向，表面粗糙度反而加大，还会引起刀尖强度下降，散热差等问题，所以前角不宜过大。γ_o 为负值时，塑性变形增大，表面粗糙度也将增大。如图 6－7 所示反映了在一定切削条件下加工钢件时，前角对已加工面的表面粗糙度的影响。

增大刀具的后角 α_o 会使刀刃变得锋利，还能减小后刀面与已加工表面间的摩擦和挤压，从而有利于减小加工面的表面粗糙度值，但后角 α_o 过大，会使积屑瘤易流到后刀面，且容易产生切削振动，反而会使加工面的表面粗糙度值加大。后角 α_o 过小会增加摩擦，表面粗糙度值也增大。如图 6－8 所示为在一定切削条件下加工钢件时，后角 α_o 对加工表面粗糙度的影响。

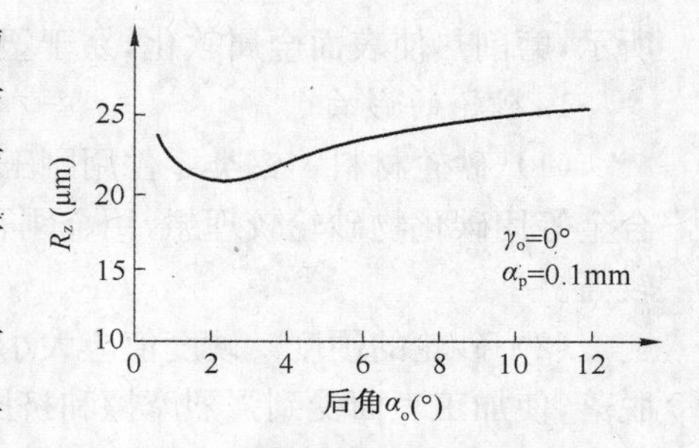

图 6－8　后角对表面粗糙度的影响

适当减小主偏角 κ_r 和副偏角 κ_r' 可减小加工表面的粗糙度值，但 κ_r 和 κ_r' 过小会使切削层宽度变宽，导致表面粗糙度值的增大。

增大刀尖圆弧半径 r_ε 可以减少残留面积从而减小表面糙度值。但 r_ε 过大会增大切削过程中的挤压和塑性变形，易产生切削振动，反而使加工面的表面粗糙度值加大。

(6) 刀具的材料　刀具材料中热硬性高的材料其耐磨性也好，易于保持刃口的锋利，使切削轻快。摩擦因数较小的材料有利于排屑，因而切削变形小。与被加工材料亲和力小的材料刀面上就不会产生切屑的粘附、冷焊现象，因此能减小表面粗糙度。

(7) 刀具的刃磨质量　提高前、后刀面的刃磨粗糙度，有利于提高被加工面的表面粗糙度。刀具刃口越锋利、刃口平刃性越好，则工件表面粗糙度值也就越小。硬质合金刀具的刃磨质量不如高速钢好，所以精加工时常使用高速钢刀具。

(8) 切削液　切削液是降低表面粗糙度的主要措施之一。合理选择冷却润滑液，提高冷却润滑效果，常能抑制积屑瘤、鳞刺的生成，减少切削时的塑性变形，有利于提高表面粗糙度。另外切削液还有冲洗作用，将粘附在刀具和工件表面上的碎末切屑冲洗掉，可减少碎末切屑与工件表面发生摩擦的机会。

4. 工艺系统的振动

工艺系统的频率振动，一般在工件的已加工表面上产生波度，而工艺系统的高频振动会对已加工面的表面粗糙度产生影响，通常已加工表面上会显示出高频振动纹理。因此，要防止在加工中出现高频振动。

二、磨削加工中影响表面粗糙度的因素及应对措施

磨削加工与切削加工有许多不同之处。从几何因素看，由于砂轮上的磨削刃形状和分布很不均匀、很不规则，且随着砂轮的修正、磨粒的磨耗不断改变，所以定量计算加工面的表面粗糙度是较困难的。

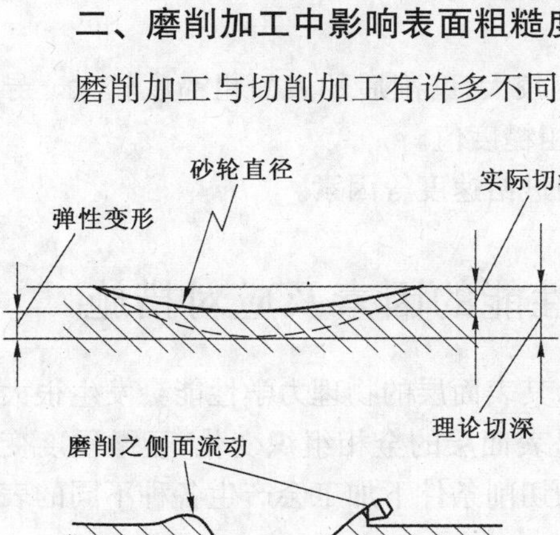

砂轮直径
实际切深
弹性变形
理论切深
磨削之侧面流动

图 6－9　磨粒在工件上的刻痕

磨削加工表面是由砂轮上大量的磨粒刻划出的无数极细的沟槽形成的。每单位面积上刻痕愈多，即通过每单位面积的磨粒数愈多，以及刻痕的等高性愈好，则表面粗糙度也就愈小。

在磨削过程中由于磨粒大多具有很大的负前角，所以产生了比切削加工大得多的塑性变形。磨粒磨削时金属材料沿着磨粒侧面流动，形成沟槽的隆起现象，因而增大了表面粗糙度，如图 6－9

所示，磨削热使表面金属软化，易于塑性变形，进一步增大了表面粗糙度。

1. 砂轮的影响

(1) 砂轮材料　钢类零件用刚玉类砂轮磨削可得到较小的表面粗糙度值。铸铁、硬质合金等用碳化物砂轮较理想，用金刚石磨料磨削可以得到极小的表面粗糙度值，但砂轮价格较高。

(2) 砂轮的硬度　硬度值应大小适宜，半钝化期越长越好。砂轮太硬，磨粒钝化后不易脱落，使加工表面受到强烈摩擦和挤压作用，塑性变形程度增大，表面粗糙度值增大，还会引起烧伤现象。砂轮太软时，磨粒容易脱落，磨削作用减弱常会产生磨损不均匀现象，使磨削面的表面粗糙度值增大。通常选用中软砂轮。

(3) 砂轮的粒度　砂轮的粒度愈细，则砂轮单位面积上的磨粒数愈多，因而在工件上的刻痕也愈细密，所以表面粗糙度愈小。但磨粒过细时，砂轮易堵塞，磨削性能下降，已加工面的表面粗糙度反而增大，同时还会引起磨削烧伤。

(4) 砂轮的修整　用金刚石修整砂轮相当于在砂轮上车出一道螺纹，修整导程和切深小，修出的砂轮就愈是光滑，磨削刃的等高性也愈好，因而磨出的工件表面粗糙度值也就愈小。修整用的金刚石是否锋利影响也很大。

2. 磨削量的影响

(1) 砂轮速度　提高砂轮速度可以增加在工件单位面积上的刻痕数，并且高速度下塑性变形的传播速度小于磨削速度，材料来不及变形，从而使加工表面的塑性变形和沟槽两侧塑性隆起的残留量变小，表面粗糙度可以显著减低。

(2) 工件线速度　在其他条件不变的情况下，提高工件的线速度，磨粒单位时间内加工表面上的刻痕数减小，因而将增大磨削面上的表面粗糙度值。

(3) 磨削深度　增大磨削深度，磨削力和磨削温度都会增大，磨削表面的塑性变形大，从而增大表面粗糙度。为了提高磨削效率，通常在磨削过程中开始采用较大的磨削切深，而在最后采用小切深或“无火花”磨削，以使磨削面的表面粗糙度值减小。

3. 工件材料的影响

工件材料太硬，砂轮易磨钝，故磨削面的表面粗糙度值大。而工件材料硬度太软，砂轮易堵塞，磨削热较高，磨削后的表面粗糙度值也大。

塑性、韧性大的工件材料，磨削时的塑性变形程度较大，磨削后的表面粗糙度较大。导热性较差的材料(如合金钢)，也不易得到较小的表面粗糙度值。

此外，还必须考虑冷却润滑液的选择与净化、轴向进给速度等因素。

第三节　影响加工表面物理力学性能的因素及应对措施

加工过程中工件由于受到切削力、切削热的作用，其表面层的物理力学性能会发生很大的变化，造成与原来材料性能的差异，最主要的变化是表面层的金相组织变化、显微硬度变化和在表面层中产生残余应力。不同的材料在不同的切削条件下加工会产生各种不同的表面层特性。

已加工表面的显微硬度是加工时塑性变形引起的冷作硬化和切削热产生的金相组织变化引起的硬度变化综合作用的结果。表面层的残余应力也是塑性变形引起的残余应力和切削热产生的热塑性变形和金相组织变化引起的残余应力的综合。试验研究表明：磨削过程中由于磨削速度高，大部分磨削刃带有很大的负前角，磨粒除了切削作用外，很大程度是在刮擦、挤压工件表面，因而产生比切削加工大得多的塑性变形和磨削热。加之，磨削时约有70%以上的热量瞬时进入工件，只有小部分通过切屑、砂轮、冷却液、空气带走，而切削时只有约5%的热量进入工件，大部分则通过切屑带走。所以磨削时在磨削区的瞬时温度可达到800～1 200℃，当磨削条件不适当时甚至达到2 000℃。因此磨削后表面层的金相组织、显微硬度都会产生很大变化，并会产生有害的残余拉应力。下面分别对加工后的表面冷作硬化、磨削后的表面金相组织变化和残余应力加以阐述。

一、加工表面层的冷作硬化

1. 冷作硬化现象

切削（磨削）过程中由于切削力的作用，表面层产生塑性变形，金属材料晶体间产生剪切滑移，晶格扭曲，并产生晶粒的拉长、破碎和纤维化，引起材料的强化，材料的强度和硬度提高，塑性减低，这就是冷作硬化现象，如图6-10所示。

需要说明的是，机械加工时产生的切削热使工件表层金属的温度升高，当温度升高到一定程度，已强化的金属又会回复到正常状态。回复作用的速度大小和程度取决于温度的高低、温度持续的时间以及表面硬化的程度。因此，机械加工时表面层金属的冷作硬化实际上是硬化与回复作用的结果。

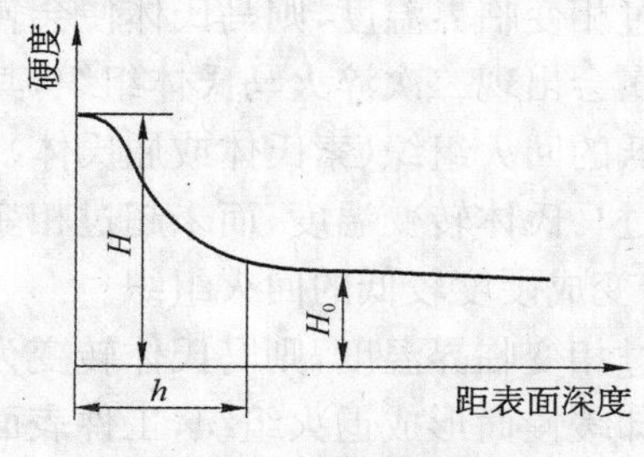

图6-10　表面层冷作硬化

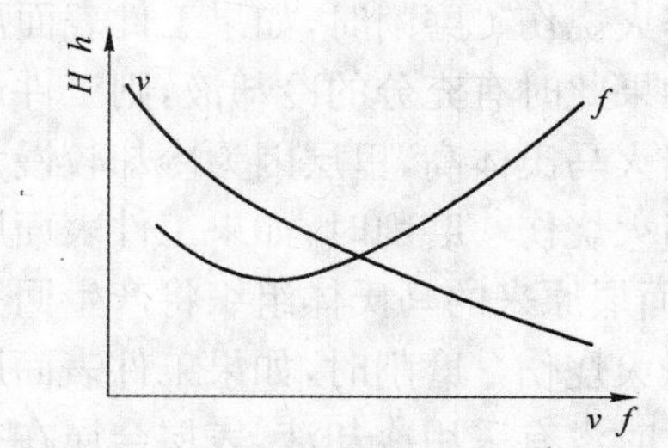

图6-11　切削速度、进给量与冷作硬化的关系

2. 衡量指标

表面层的硬化程度决定于产生塑性变形的力、变形速度以及变形时的温度。力愈大，塑性变形愈大，因而硬化程度愈大。变形速度愈大，塑性变形愈不充分，硬化程度也就减少。变形时的温度不仅影响塑性变形程度，还会影响变形后的金相组织的回复。

表面层的硬化程度主要以冷硬层的深度h、表面层的显微硬度H以及硬化程度N表示（图6-10）：

$$N=\frac{H-H_0}{H_0}\times 100\%$$

式中　H——硬化后表面层的显微硬度；

H_0——原表面层的显微硬度。

3. 影响冷作硬化的主要因素

（1）切削量的影响力　如图6-11所示，切削量中进给量和切削速度对加工硬化的影响较大。增大进给量，切削力随之增大，表层金属的塑性变形程度增大，加工硬化程度增大；

增大切削速度，刀具对工件的作用时间减少，塑性变形的扩展深度减小，故而硬化层深度减小。另外，增大切削速度会使切削区温度升高，有利于减少加工硬化。

(2) 刀具几何形状的影响　刀刃钝圆半径对加工硬化影响最大。实验证明，已加工表面的显微硬度随着刀刃钝圆半径的加大而增大，这是因为径向切削分力会随着刀刃钝圆半径的增大而增大，使得表层金属的塑性变形程度加剧，导致加工硬化增大。此外，刀具磨损会使得后刀面与工件间的摩擦加剧，表层的塑性变形增加，导致表面冷作硬化加大。

(3) 加工材料性能的影响　工件的硬度越低、塑性越好，加工时塑性变形越大，冷作硬化越严重。

二、表面层的金相组织变化

1. 金相组织变化与磨削烧伤的产生

机械加工中，由于切削热的作用，在工件的加工区及其邻近区域产生一定的温升。当温度超过金相组织变化的临界点时，金相组织就会发生变化。对于一般的切削加工，温度一般不会上升到如此高的程度。但在磨削加工中，由于磨粒的切削、划刻和滑擦作用，以及大多数磨粒的负前角切削和很高的磨削速度，使得加工表面层产生很高的温度，当温度升高到相界点时，表层金属就会发生金相组织变化，强度和硬度降低，产生残余应力，甚至出现裂纹，这种现象称为磨削烧伤。在磨削淬火钢时，由于磨削条件不同，磨削烧伤会有三种形式。

(1) 淬火烧伤　磨削时，如果工件表面层温度超过相变临界温度，则马氏体便会转变为奥氏体。如果此时有充分的冷却液，则工件最外层金属会出现二次淬火马氏体组织，其硬度比原来的回火马氏体高，里层因为冷却较慢为硬度较低的回火组织(索氏体或屈氏体)。

(2) 回火烧伤　磨削时，如果工件表面层温度超过马氏体转变温度，而未超过相变临界温度，则表面层原来的马氏体组织将产生回火现象，转变成硬度较低的回火组织。

(3) 退火烧伤　磨削时，如果工件表面层温度超过相变临界温度，则马氏体转变为奥氏体。如果此时没有采用冷却液，表层金属在空气中冷却缓慢而形成退火组织，工件表面硬度和强度急剧下降，产生退火烧伤。

发生磨削烧伤后，表面会出现黄、褐、紫、青等烧伤色，这是工件表面在瞬时高温下产生的氧化膜颜色。不同的烧伤色表示表面层受到的不同温度与不同的烧伤程度，所以烧伤色可以起到显示的作用，工件的表面层已发生了热损伤，但表面没有并不等于表面层未烧伤。烧伤层较深时，虽然可用无进给磨削去除烧伤色，但实际的烧伤层并没有完全除掉，将给以后的零件使用埋下隐患，所以在磨削中应尽可能避免磨削烧伤的产生。

三、表面层的残余应力

机械加工中工件表面层组织发生变化时，在表面层及其与基体材料的交界处就会产生互相平衡的弹性应力，这种应力就是表面层的残余应力。

1. 表面层残余应力的产生原因

(1) 冷态塑性变形引起　在切削力的作用下，已加工表面受到强烈的塑性变形，表面层金属体积发生变化，对里层金属造成影响，使其处于弹性变形的状态下。切削力去除后里层金属趋向复原，但受到已产生塑性变形的表面层的限制，回复不到原状，因而在表面层产生残余应力。一般说来，表面层在切削时受刀具后面的挤压和摩擦影响较大，其作用使表面层产生伸长塑性变形，表面积趋向增大，但受到里层的限制，产生了残余压缩应力，里层则产生残余拉伸应力。

(2) 热态塑性变形引起　在切削或磨削过程中，表面层金属在切削热的作用下产生热膨胀，此时金属温度较低，表面层热膨胀受里层的限制而产生热压缩应力。当表面层的温度超过材料的弹性变形范围时，就会产生热塑性变形(在压应力作用下材料相对缩短)。当切削过程结束，温度下降至与里层温度一致时，因为表面层已产生热塑性变形，但受到里层的阻碍产生了残余拉应力，里层则产生了压应力。

(3) 金相组织变化引起　在切削或磨削过程中，切削时产生的高温会引起表面层的相变。由于不同的金相组织有不同的密度，表面层金相变化的结果造成了体积的变化。表面层体积膨胀时，因为受到里层的限制，产生了压应力。反之表面层体积缩小，则产生拉应力。各种金相组织中马氏体密度最小，奥氏体密度最大。以淬火钢磨削为例，淬火钢原来的组织为马氏体，磨削时，若表面层产生回火现象，马氏体转化成索氏体或屈氏体，因体积缩小，表面层产生残余拉应力，里层产生残余压应力。若表面层产生二次淬火现象，则表面层产生二次淬火马氏体，其体积比里层的回火组织大，则表层产生压应力，里层产生拉应力。

实际机械加工后的表面层残余应力是上述三者综合作用的结果。在不同的加工条件下，残余应力的大小、性质和分布规律会有明差别。例如：在切削加工中如果切削热不高，表面层中以冷塑性变形为主，此时表面层中将产生残余压应力。切削热较高以致在表面层中产生热塑性变形时，由热塑性变形产生的拉应力将与冷塑性变形产生的压应力相互抵消一部分。当冷塑性变形占主导地位时，表面层产生残余压应力；当热塑性变形占主导地位时，表面层产生残余拉应力。磨削时，一般因磨削热较高，常以相变和热塑性变形产生的拉应力为主，所以表面层常产生残余拉应力。

2. 表面残余应力与磨削裂纹

磨削裂纹和表面残余应力有着十分密切的关系。不论是残余拉应力还是残余压应力，当残余应力超过材料的强度极限时，都会引起工件产生裂纹，其中残余拉应力更为严重。有的磨削裂纹可能不在工件的外表面，而是在表面层下成为肉眼难以发现的缺陷。裂纹的方向常与磨削方向垂直，磨削裂纹的产生与材料及热处理工序有很大关系。磨削裂纹的存在会使零件承受交变载荷的能力大大降低。

避免产生裂纹的措施主要是在磨削前进行去除应力工序和降低磨削热，改善散热条件。具体措施如下：

1) 提高冷却效果　采用充足的切削液，可以带走磨削区热量，避免磨削烧伤。常规的冷却方法效果较差，实际上没有多少冷却液能送入磨削区。如图 6－12 所示，磨削液不易进入磨削区 AB，且大量喷注在已经离开磨削区的已加工表面上，但是烧伤已经发生。

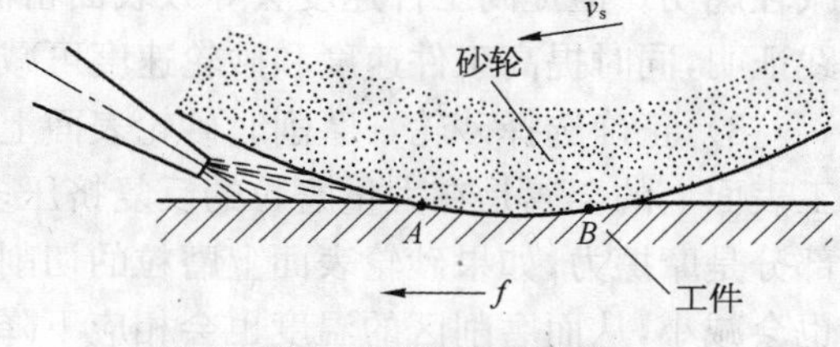

图 6－12　常规的冷却方法

改进磨削区冷却的方法有：

① 采用高压大流量冷却，这样不但能增强冷却作用，而且还可对砂轮表面进行冲洗，使

其空隙不易被切屑堵塞。使用时注意机床带有防护罩,防止冷却液飞溅。

② 高速磨削时,为减轻高速旋转的砂轮表面的高压附着气流的作用,可以加装空气挡板,如图 6-13 所示,以使冷却液能顺利地喷注到磨削区。

③ 采用内冷却,砂轮是多孔隙能渗水的。如图 6-14 所示,冷却液引到砂轮中孔后,经过砂轮内部的孔隙,靠惯性离心作用,从砂轮四周的边缘甩出,从而使冷却液可以直接进入磨削区,起到有效的冷却作用。由于冷却时有大量喷雾,机床应加防护罩。冷却液必须仔细过滤,防止堵塞砂轮孔隙。缺点是操作者看不到磨削区的火花,在精密磨削时不能判断试切时的吃刀量。

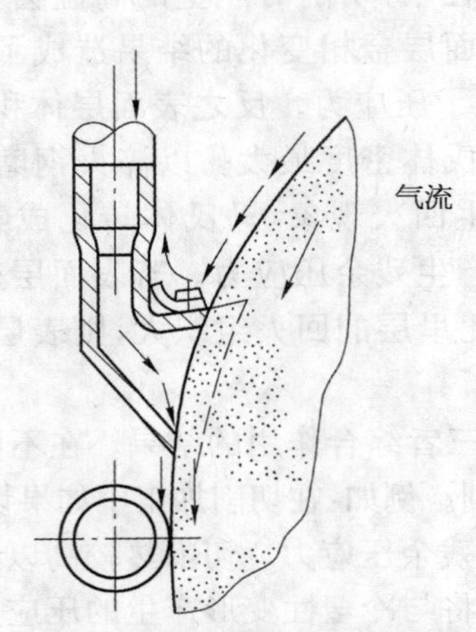

图 6-13 带有空气挡板的冷却液喷嘴

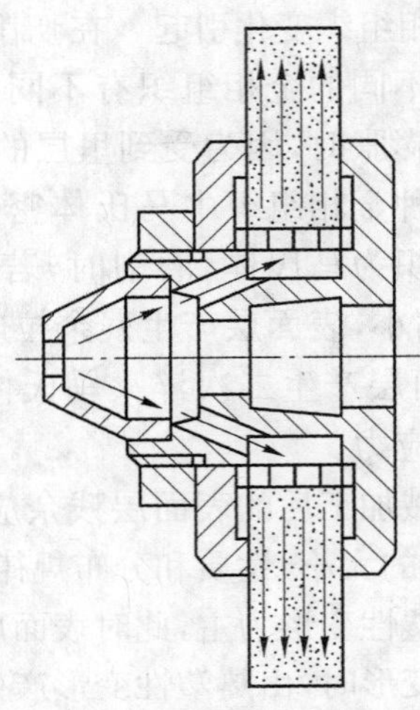

图 6-14 内冷却砂轮

④ 采用浸油砂轮。把砂轮放在溶化的硬脂酸溶液中浸透,取出后冷却即成为含油砂轮,磨削时,磨削区热源使砂轮边缘部分硬脂酸溶化而进入磨削区,从而起到冷却和润滑作用。

2) 合理选择磨削用量

(1) 工件径向进给量 f_r 增大时,工件表面及里层不同深度的温度都将升高,容易造成烧伤,故磨削深度不能太大。

(2) 工件轴向进给量 f_a 增大时,工件表面及里层不同深度的温度都将降低,可减轻烧伤,但 f_a 增大会导致工件表面粗糙度值变大,可以采用较宽的砂轮来弥补。

(3) 工件速度 v_w 增大时,磨削区表面温度会增高,但此时热源作用时间减短,因而可减轻烧伤。但提高工件速度会导致表面粗糙度值变大,为弥补此不足,可提高砂轮速度,实践证明,同时提高工件速度和砂轮速度可减轻工件表面的烧伤。

3) 正确选择砂轮 磨削时砂轮表面上大部分磨粒只是与加工表面摩擦而不是切削,加工表面上的金属是在大量磨粒的反复挤压多次而呈疲劳后才剥落。因此在磨削抗力中绝大部分是摩擦力,如果砂轮表面上磨粒的切削刃口再尖锐锋利些,磨削力就会下降,消耗功率也会减小,从而磨削区的温度也会相应下降。但磨粒的刃尖是自然形成,它取决于磨粒的强度和硬度及其自砺性,强度和硬度不高,就得不到锋利的刀刃。所以除了采用提高砂轮的强度和硬度的方法,还可采用粗粒度砂轮、较软的砂轮,这样可提高砂轮的自砺性,且砂轮不易堵塞,可避免磨削烧伤的发生。

4）工件材料　对磨削区温度的影响主要取决于它的硬度、强度、韧性和导热系数。工件硬度越高，磨削热量越大，但材料过软，易于堵塞砂轮，反而使加工表面温度上升；工件强度越高，磨削时消耗的功率越多，发热量也越多；工件韧性越大，磨削力越大，发热越多，导热性差的材料易产生烧伤。

选择自锐性能好的砂轮，提高工件速度，采用小的切深都能够有效地减小残余拉应力和消除烧伤、裂纹等磨削缺陷。若在提高砂轮速度的同时相应提高工件速度，可以避免烧伤。

综上所述，在加工过程中影响表面质量的因素是非常复杂的。为了获得要求的表面质量，就必须对加工方法、切削参数进行适当的控制。控制表面质量常会增加加工成本，影响加工效率，所以对于一般零件宜用正常的加工工艺保证表面质量，不必提出过高要求。而对于一些直接影响产品性能、寿命和安全工作的重要零件的重要表面就有必要加以控制了。

第四节　机械加工中的振动及其控制措施

机械加工过程中的振动是一种对机械加工十分有害的现象。它会干扰和破坏正常的切削过程，使零件加工表面出现振纹，从而降低零件的表面质量。振动会加速刀具的磨损，使机床、夹具等零件的连接部分松动，影响刚度和精度，缩短其使用寿命。强烈的振动会使切削过程无法进行，甚至会引起刀具崩刃现象。强烈的振动会发出刺耳的噪声，污染环境，危害操作者的身心健康。为了避免发生振动或减小振动，有时不得不降低切削量，从而限制了生产率的提高。

机械加工过程中产生的振动，主要有受迫振动和自激振动两种类型。

一、受迫振动及其控制

1. 受迫振动产生的原因

由外界周期性干扰力（工艺系统内部或外部振源）所激发的振动称为受迫振动。受迫振动的振源有机外振源与机内振源之分。机外振源均通过地基把振动传给机床，可用隔振地基加以隔离，消除其影响。机内振源主要有：

（1）高速回转零件质量的不平衡和往复运动部件的换向冲击　如电动机转子、皮带轮、联轴节、砂轮、齿轮等回转件不平衡产生惯性力以及往复运动部件的惯性力都会引起强迫振动。

（2）机床传动件的制造误差和缺陷　如齿轮的齿距误差引起传递运动的不均匀，滚动轴承精度不高、传动带厚度不均匀或接头不良以及液压系统中的冲击现象等均能引起振动。

（3）切削过程中的冲击　多刃多齿刀具的制造误差、断续切削及工件材料的硬度不均、加工余量不均等均会引起切削过程的不平稳而产生振动。

2. 受迫振动的特点

① 受迫振动是由周期性干扰力引起的，不会被阻尼衰减掉，振动本身并不能引起干扰力变化。

② 受迫振动的频率总与外界干扰力的频率相同，与系统的固有频率无关。

③ 受迫振动振幅的大小与干扰力、系统刚度及阻尼系数有关：干扰力越大，系统刚度和阻尼系数越小，则振幅越大。当干扰力的频率与系统的固有频率相近或相等时，振幅达最大

值，即出现“共振”现象。

3. 消除或减小受迫振动的途径

（1）消振、隔振与减振　消除受迫振动的最有效办法就是找出振源并消除之。如不能消除，可采用隔振措施。如用隔振地基或隔振装置将需要防振的机床或部件与振源之间分开，从而达到减小振源危害的目的。还可采用各种消振减振装置。

（2）减小激振力　减小激振力即可有效地减小振幅，使振动减弱或消失。

对于转速在 600 r/min 以上的零件，如砂轮、卡盘、电动机转子及刀盘等，应进行动平衡。尽量减小传动机构的缺陷，设法提高带传动、链传动、齿轮传动以及其他传动装置的稳定性，如采用完善的带接头、以斜齿轮代替直齿轮等。

（3）调节振源频率　在选择转速时，尽可能使引起受迫振动的振源的频率远离机床加工系统薄弱模态的固有频率。

（4）提高工艺系统的刚度和增大阻尼　提高工艺系统刚度，可有效地改善工艺系统的抗振性和稳定性。增大工艺系统的阻尼，将增强工艺系统对激振能量的消耗作用，能够有效地防止和消除振动。

二、自激振动及其控制

1. 自激振动及其特征

加工过程中，在没有周期性外力作用的情况下，有时刀具与工件之间也会产生强烈的相对振动，并在工件的表面上留下明显的振纹。这种由加工系统自身产生的交变切削力加强和维持系统的自身振动称为自激振动，又叫颤振。加工系统本身运动一停止，交变切削力也就随之消失，自激振动也就停止。如图 6-15 所示为自激振动系统框图。

由图看出，机床自激振动系统是由一个振动系统（工艺系统）和调节系统（切削过程）组成的一个闭环系统。振动系统的振动控制着切削过程产生激振力，而切削过程产生的交变切削力又控制着振动系统的振动，两者相互作用，相互制约。自激振动系统维持稳定振动的条件为：在一个振动周期内，从能源机构经调节系统输入系统的能量等于系统阻尼所消耗的能量。振动系统的能量输入和能量消耗的关系如图 6-16 所示。用 E^{+} 代表输入的能量，E^{-} 代表消耗的能量，当 $E^{+}>E^{-}$ 时（如 A 点），振动得以加强，振幅不断增大，直到 $E^{+}=E^{-}$ 为止（B 点）；若 $E^{+}<E^{-}$（如 C 点），振动将减弱，振幅不断减小，直到 $E^{+}=E^{-}$ 为止。可见只有当 $E^{+}=E^{-}$ 时，振幅达到 A_0 值，系统将处于稳定状态。

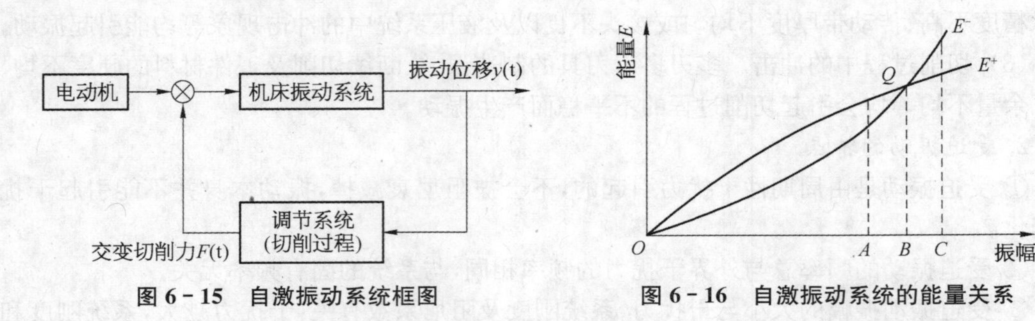

图 6-15　自激振动系统框图　　图 6-16　自激振动系统的能量关系

由此可见，自激振动有别于受迫振动，它具有以下特性：

① 自激振动是一种不衰减的振动，外部振源在最初起着触发作用，但它不是产生这种振动的内在原因。维持振动所需的交变力是由振动过程本身产生的，振动系统能通过这种力的变化，从不具备交变特性的能源中周期性地获得能量补充，从而维持这个振动。

② 自激振动的频率等于或接近于系统的固有频率，即自激振动的频率由振动系统本身的振动参数所决定。

③ 自激振动能否产生及振幅的大小取决于振动系统在每一个周期内获得和消耗的能量对比情况，如图 6－16 所示。图中 E^{+} 表示获得能量，E^{-} 表示消耗能量。只有 $E^{+}=E^{-}$ 时系统才处于稳定状态。

2. 自激振动产生机理

关于机械加工过程中自激振动产生的机理，许多学者曾提出了许多不同的学说，下面介绍其中两种比较公认的学说。

(1) 再生颤振学说　切削或磨削加工中，由于刀具的进给量较小，后一次进给和前一次进给的切削区必然会有重叠部分，即产生重叠切削。如图 6－17 所示的外圆磨削，当砂轮的宽度为 B，工件每转进给量为 f 时，砂轮前一转的磨削区和后一转的磨削区便有重叠部分，其大小用重叠系数 μ 表示，即

$$\mu=(B-f)/B \quad (0<\mu<1)$$

在切削过程中，由于偶然的干扰（如工件材料硬质点或加工余量不均匀等），使加工系统产生了振动并在加工表面上留下振纹。当工件转至下一转时，刀具在有振纹的表面上切削，使得切削厚度发生变化，引起切削力作周期性变化。这种由切削厚度的变化而使切削力变化的效应称为再生效应，由此产生的自激振动称为再生颤振。这种周期性改变的切削力，在加工中很容易引起自激振动，特别当用宽刃车刀小进给纵车或切槽时，更易产生振动。

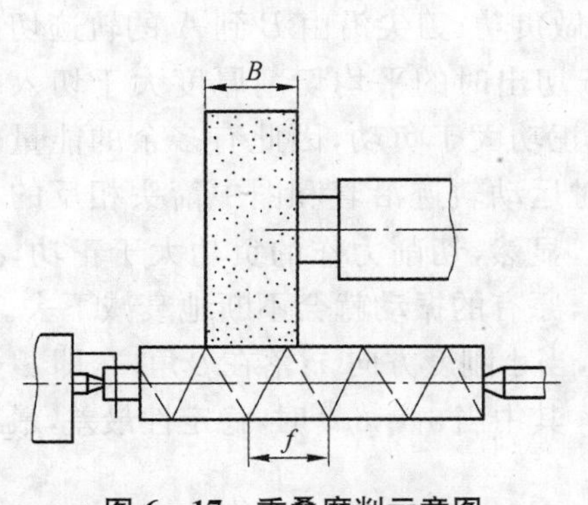

图 6－17　重叠磨削示意图

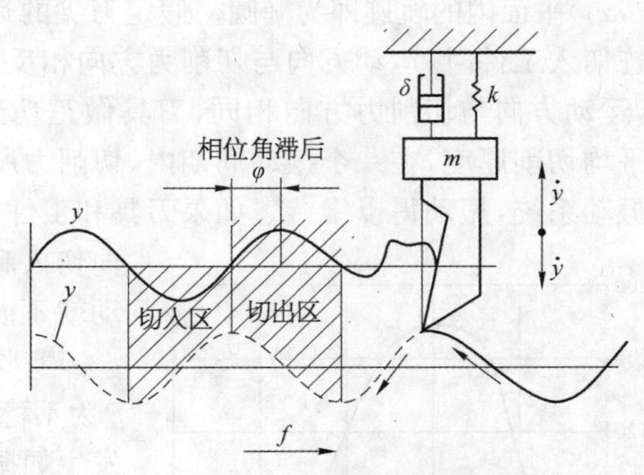

图 6－18　再生颤振示意图

当然，如果工艺系统的稳定性好，或创造适当的条件，切削时也不一定会产生自激振动，还会把前一转留下的振纹表面切去，消除诱发自激振动的根源。

为了说明上述问题，由图 6－18 所示的切削过程示意图可看出，当后一转切削加工的工件表面 y（图中虚线）滞后于前一转切削的工件表面 y_0（图中实线）时，在切入工件的半个周期中的平均切削厚度比切出时的平均切削厚度小，切削力也小，在一个振动周期中，

切削力做的正功大于负功，有多余能量输入到系统中去，因而系统产生了再生颤振。如果改变加工中的某项工艺参数（如工件转速），使 y 与 y_0 同相或超前一个相位角，则可以避免再生颤振。

（2）振型耦合学说　当车削图 6－19 所示的方牙螺纹外圆表面时，工件前后两转并未产生重叠切削，若按再生颤振学说，不应产生自激振动。但在实际加工中，当背吃刀量增加到一定值时，仍有自激振动产生。而且，前述的再生自激振动机理主要是针对单一自由度振动系统而言的。实际的加工系统一般都是多自由度振动系统。振型耦合学说是在排除再生自激振动的条件下，对切削过程的自激振动现象进行解释的学说。它主要用于说明多自由度系统的自激振动现象。

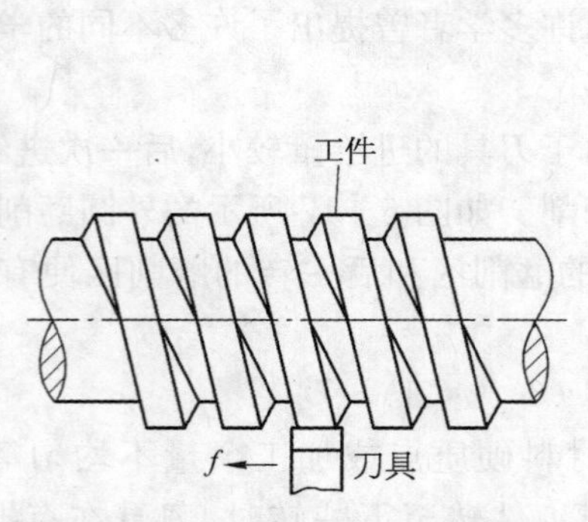

图 6－19　纵车方牙螺纹外圆表面

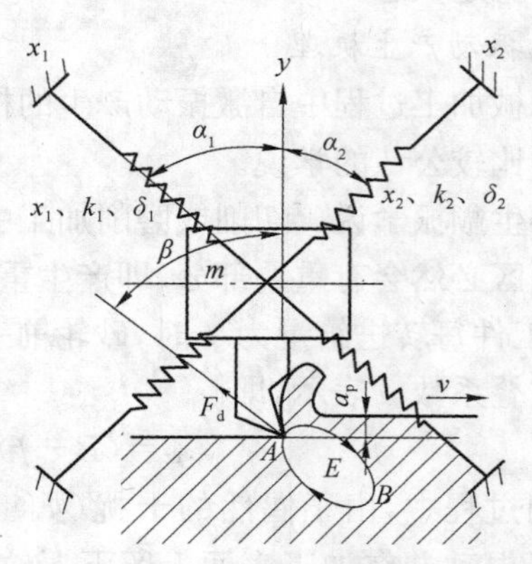

图 6－20　振型耦合原理示意图

如图 6－20 所示，质量为 m 的刀具悬挂在两个刚度为 k_1 和 k_2（$k_1<k_2$）的弹簧上，加工表面的法向（y）与振型方位（x_1）和（x_2）的夹角分别为 α_1 和 α_2，动态切削力 F_d 和 y 方向的夹角为 β。F_d 以同一频率同时激起两个振型 x_1 和 x_2 的振动，因为 $k_1\neq k_2$，它们的合成运动在（x_1，x_2）平面内的轨迹即为椭圆。假定刀尖的运动按图中箭头方向，当刀尖沿由 A 到 B 的轨迹切入工件时，运动方向与切削力方向相反，刀具做负功；刀尖沿由 B 到 A 的轨迹切出时，运动方向与切削力方向相同，刀具做正功。由于切出时的平均切削厚度大于切入时的平均切削厚度，在一个振动周期内，切削力所作的正功大于负功，因此有多余的能量输入振动系统，振动得以维持。如果刀具和工件的相对运动轨迹沿着和图中箭头相反的方向切入和切出，显然，切削力作的负功大于正功，振动就不能维持，原有的振动就会不断地衰减下去。

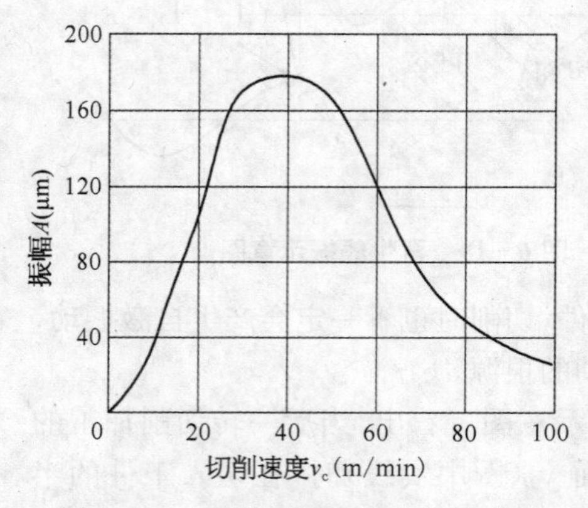

图 6－21　切削速度 v_c 与振幅的关系

实验表明，当小刚度方向 x_1 落在 β 角内，即 $\alpha_1<\beta$ 为不稳定区。其中当 $\alpha_1=\beta/2$ 时，稳定性最差，最易发生颤振。

3. 消除或减小自激振动的途径

由上述分析可知，自激振动既与切削过程本身有关，又与工艺系统的结构性能有关。所以，减少或消除自激振动的途径是多方面的。常用的基本措施有：

1）合理选择切削量　在一定的条件下切削速度

v_c与振幅的关系曲线如图 6-21 所示。由图看出，当 $v_c=20\sim60$ m/min 时容易产生振动。所以，可以选择高速或低速切削以避免产生自激振动。

在一定的条件下进给量与自激振动振幅的关系曲线如图 6-22 所示。由图看出，当 f 较小时振幅较大，随着 f 的增加振幅减小。所以，在加工表面粗糙度允许的情况下可选取较大的进给量以避免产生自激振动。

在一定的条件下背吃刀量 a_p与振幅的关系曲线如图 6-23 所示。由图看出，随着 a_p的增加，振幅也增大。因此，减小 a_p能减小自激振动。

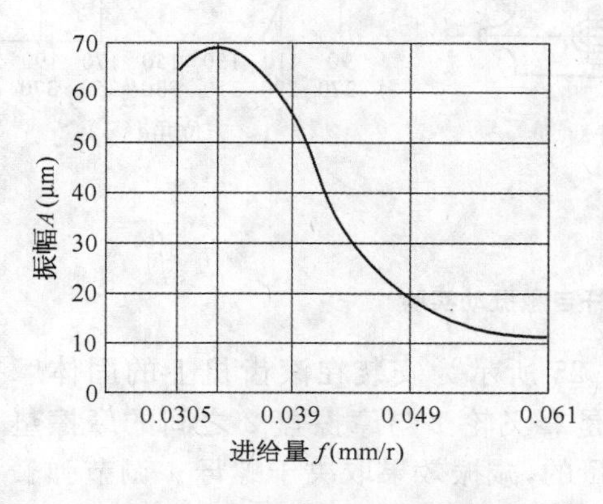

图 6-22　进给量 f 与振幅的关系

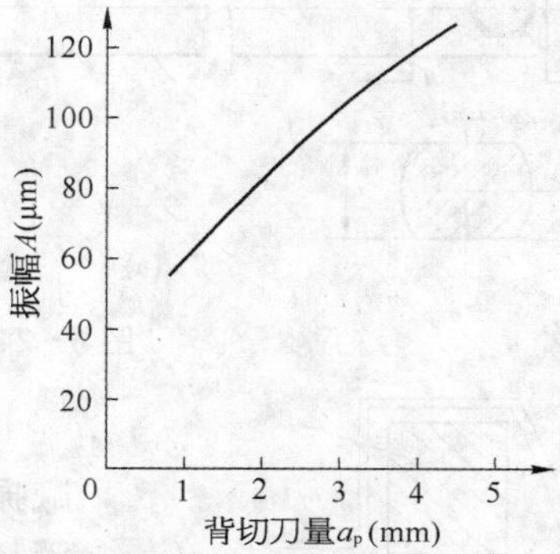

图 6-23　背吃刀量 a_p与振幅的关系

2）合理选用刀具的几何参数　刀具的几何参数中，对振动影响最大的是主偏角 k_r和前角 γ_o。k_r越小，切削宽度越宽，因此越易产生振动。前角 γ_o越大切削力越小，振幅也越小。后角 α_o尽可能取小些，但不能太小，以免刀具后刀面与加工表面之间发生摩擦。通常在刀具的主后刀面上磨出一段副倒棱（消振棱），能起到很好的消振作用。

3）提高工艺系统的抗振性　提高工艺系统的刚度，特别是提高工艺系统薄弱环节的刚度，可有效提高切削加工的稳定性。提高零、部件结合面间的接触刚度，如对滚动轴承预紧、加工细长轴时采用中心架或跟刀架等措施，都可提高工艺系统刚度。此外，合理安排机床部件的固有频率，增大阻尼和提高机床装配质量等都可以显著提高机床的抗振性能。

增大工艺系统的阻尼主要是选择内阻尼大的材料和增大工艺系统部件之间的摩擦阻尼。例如，铸铁阻尼比钢大，故机床的床身、立柱等大型支承件均用铸铁制造。增大零部件间的摩擦阻尼可通过刮研、施加预紧力等方法来获得。

4）合理布置低刚度主轴的方位　根据振型耦合学说，加工系统的稳定性受各振型刚度比及其组合的影响。改变这些关系，就可提高抗振性，抑制自激振动。如图 6-24 所示，削扁镗杆具有两个相互垂直且具有不同刚度的振型模态，通过实验调整刀头在镗杆上的方位，即可找到切削稳定性较高的最佳方位角 α（加工表面法线方向与镗杆削边垂线的夹角）。从而抑制自激振动，提高生产率。

5）采用各种减振装置　在实际生产中，常用的减振装置有以下三种类型：

（1）阻尼式减振器　原理是利用固体或液体的摩擦阻尼来消耗振动能量从而达到减振的目的。

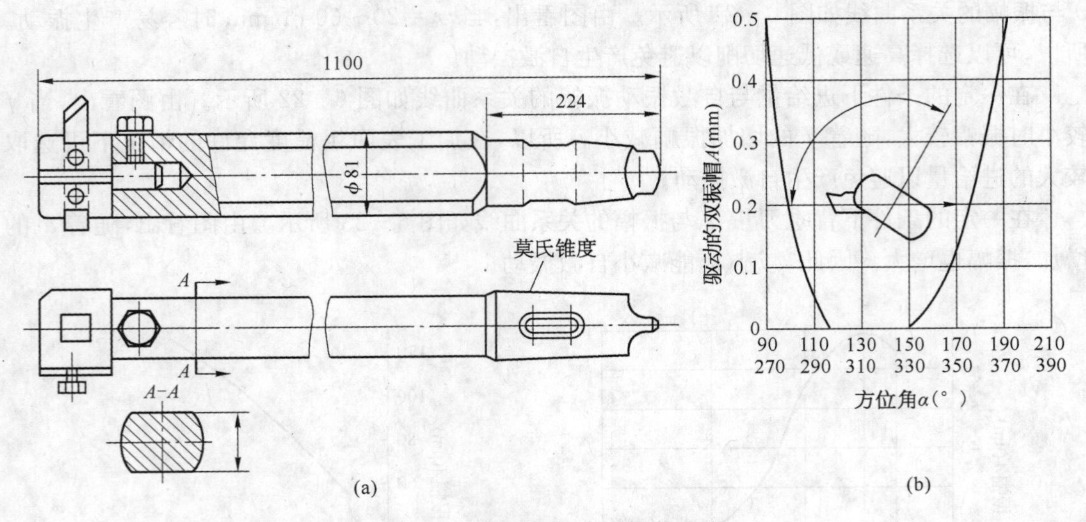

图 6-24　削扁镗杆自激振动实验

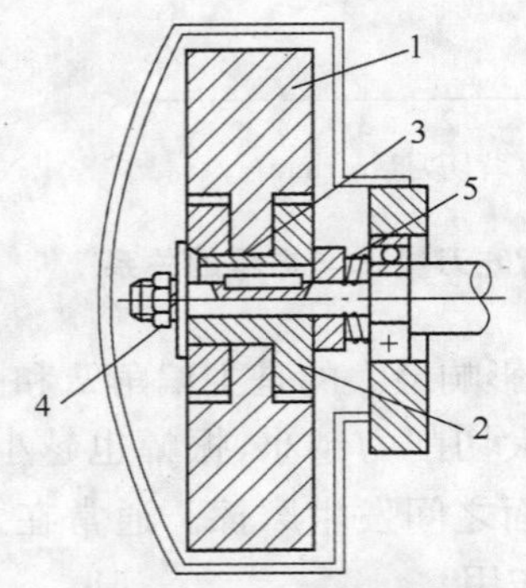

图 6-25　摩擦式减振器

1—飞轮；2—摩擦盘；3—摩擦垫；4—螺母；5—弹簧

如图 6-25 所示为安装在滚齿机上的固体摩擦式减振器。它是靠飞轮 1 与摩擦盘 2 之间的摩擦垫 3 来消耗振动能量的，减振效果取决于螺母 4 调节弹簧 5 的压力大小。

(2) 冲击式减振器　如图 6-26 所示为冲击式减振镗刀及减振镗杆。冲击式减振器是一个与振动系统刚性联接的壳体和一个在体内自由冲击的质量块所组成。当系统振动时，由于自由质量块反复冲击壳体而消耗了振动能量，故可显著衰减振动。虽然冲击式减振器又有因碰撞产生噪声的缺点，但由于结构简单、体积小、质量小，在一定条件下减振效果良好，适用频率范围也较宽，故应用较广。

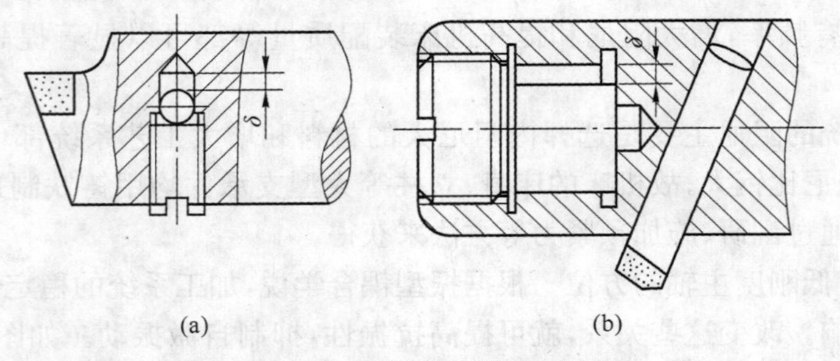

图 6-26　冲击式减振镗刀与镗杆

(a) 减振镗刀；(b) 减振镗杆

(3) 动力式减振器　如图 6-27 所示为一动力式减振器示意图。动力式减振器是用弹性元件 k_2 把附加质量 m_2 联接到振动系统(m_1、k_1)上的减振装置。它是利用附加质量的动力作用，使弹性元件附加给振动系统上的力与系统的激振力尽量抵消，以此来消耗振动能量。

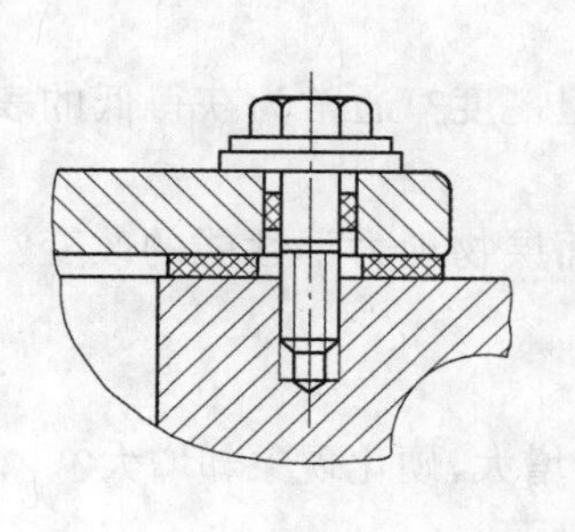

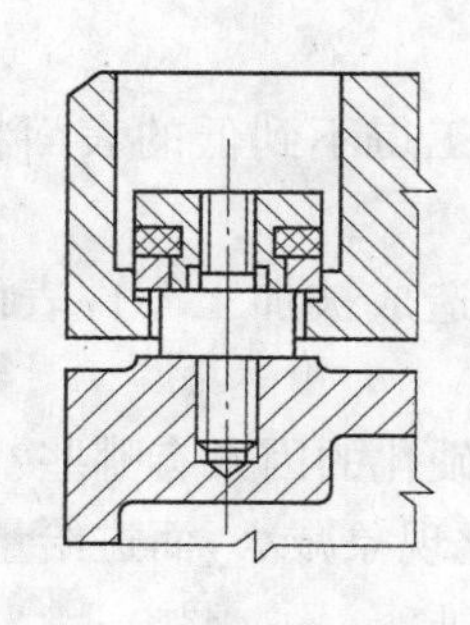

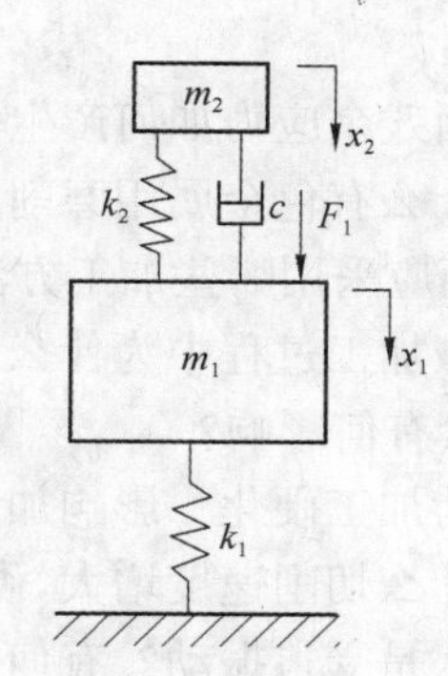

图 6-27　动力减振器

复习思考题

一、选择题

1. 为减小工件已加工面的表面粗糙度在刀具方面常采取的措施是(　　)。

A. 减小前角　B. 减小后角　C. 增大主偏角　D. 减小副偏角

2. 在卧式镗床上精镗车床尾座孔时,为减小表面粗糙度应优先采用哪种工艺措施(　　)。

A. 对工件材料进行正火处理　B. 使用润滑性能良好的切削液

C. 增大刀尖圆弧半径和减小副偏角　D. 采用很高的切削速度

3. 磨削表面裂纹是由于表面层(　　)的结果。

A. 毛坯的表面非常粗糙　B. 氧化

C. 残余应力的作用　D. 材料成分不均匀

4. 下列哪些因素会增大切削力,使加工硬化严重(　　)。

A. 减小刀具前角　B. 增大刀具前角　C. 减小进给量　D. 减小切削深度

5. 在车削长轴时,只考虑刀具的热变形,则工件加工完毕后的几何形状误差为(　　)。

A. 锥形　B. 腰鼓形　C. 鞍形　D. 喇叭形

6. 在切削加工过程中,工件的热变形主要由(　　)引起的。

A. 摩擦热　B. 切削热　C. 环境温度　D. 热辐射

7. 在车床两顶尖间加工粗而短的光轴,因切削过程受力点位置的变化引起(　　)工件形状误差。

A. 锥形　B. 腰鼓形　C. 鞍形　D. 喇叭形

8. 有色金属的加工不宜采用(　　)。

A. 车削　B. 刨削　C. 铣削　D. 磨削

二、问答题

1. 机械加工表面质量包括哪些内容？它们对产品的使用性能有何影响？
2. 切削加工后的表面粗糙度由哪些因素造成？要使表面粗糙度变小,对各种因素应如何加以控制?

3. 表面残余应力如何产生?

4. 为什么有色金属用磨削加工得不到低的表面粗糙度? 通常为获得低的表面粗糙度的加工表面应采用哪些加工方法?

5. 机械加工过程中为什么会造成被加工零件表面层物理力学性能的改变? 这些变化对产品质量有何影响?

6. 何为加工硬化? 影响加工硬化的因素有哪些?

7. 为什么切削速度增大,硬化现象减小,而进给量增大,硬化现象却增大?

8. 什么是受迫振动? 有何特征?

9. 什么是自激振动? 有何特征?

10. 加工中如何区别受迫振动和自激振动?

第七章 机械装配工艺基础

第一节 概 述

一、装配的概念

任何机器都是由许多零件和部件组成的，零件是机器的最小单元。根据规定的技术要求，将若干零件组装配合成部件（称为部装），或将若干零件和部件组装配合成机器的过程叫装配（称为总装）。装配是机器制造过程中的最后一个阶段，为了使机器达到规定的技术要求，装配不仅仅是零件、组件、部件的配合和连接等过程，还应包括调整、检验、试验、油漆和包装等工作。

一台机器一般由成百上千甚至上万个零件所组成，机器中能进行独立装配的部分，叫做装配单元。为了便于组织装配工作，必须将机器分解为若干个可以独立进行装配的装配单元，以便于按照单元次序进行装配，并有利于缩短装配周期。装配单元通常可划分为以下五个等级：

(1) 零件　零件是组成机器和参加装配的最基本单元，大部分零件都是预先装成合件、组件和部件，再进入总装。

(2) 合件　合件是比零件大一级的装配单元，如以下几例属于合件。

① 两个以上零件，是由不可拆卸的连接方法（如焊、铆、热压装配等）连接在一起的。

② 少数零件组合后还需要合并加工，如齿轮减速箱体与箱盖、柴油机连杆与连杆盖，都是组合后镗孔的，零件之间对号入座，不能互换。

③ 以一个基准零件和少数零件组合在一起属于合件，如图 7－1 所示。其中，蜗轮为基准零件。

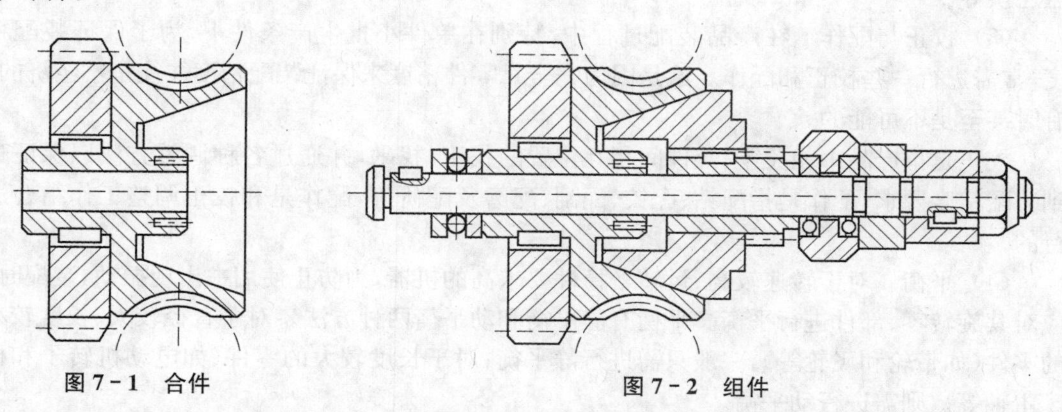

图 7－1　合件　　图 7－2　组件

(3) 组件　组件是一个或几个合件与若干个零件的组合，如图 7－2 所示。其中蜗轮与齿轮为一个先装好的合件，而后以阶梯轴为基准件与合件和其他零件组合为组件。

(4) 部件　部件是由一个基准件和若干个组件、合件和零件组成。如主轴箱、进给箱等。

(5) 机器产品　机器产品是由以上全部装配单元组成的整体。装配单元系统图表明了各有关装配单元间的从属关系，如图 7-3 所示。

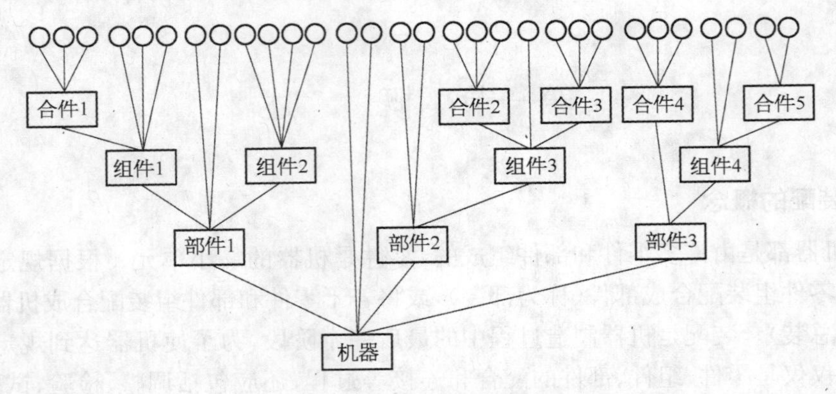

图 7-3　装配单元系统

二、装配工作的基本内容

机器装配是产品制造的最后阶段，装配过程中不是将合格零件简单地连接起来，而是要通过一系列工艺措施，才能最终达到产品质量的要求。常见的装配工作有以下几项。

(1) 清洗　机器装配过程中，零、部件的清洗对保证产品的装配质量和延长产品的使用寿命均有重要的意义。清洗的目的是去除零件表面或部件中的油污及机械杂质；清洗方法有擦洗、浸洗、喷洗和超声波清洗等；常用的清洗液有煤油、汽油、碱液及各种化学清洗液等。

(2) 连接　在装配过程中有大量的连接工作，连接的方式一般有两种：可拆卸连接和不可拆卸连接。可拆卸连接在装配后可以很容易拆卸而不致损坏任何零件，且拆卸后仍可重新装配在一起。常见的可拆卸连接有螺纹联接、键联接和销联接等。不可拆卸连接在装配后一般不再拆卸，如要拆卸会损坏其中的某些零件。常见的不可拆卸连接有焊接，铆接和过盈连接等。

(3) 校正与配作　在产品装配过程中，特别在单件小批生产条件下，为了保证装配精度，常需进行一些校正和配作。这是因为完全靠零件精度来保证装配精度往往是不经济的，有时甚至是不可能的。

校正是指产品中相关零、部件间相互位置的找正、找平，并通过各种调整方法以保证达到装配精度要求；配作是指配钻、配铰、配刮、配磨及配研等，配作是和校正调整工作结合进行的。

(4) 平衡　对于转速较高、运转平稳性要求高的机器，为防止使用中出现振动，装配时，应对其旋转零、部件进行平衡。平衡有静平衡和动平衡两种方法。对于直径较大、长度较小的零件(如带轮和飞轮等)，一般只需进行静平衡；对于长度较大的零件(如电动机转子和机床主轴等)，则需进行动平衡。

对旋转体的不平衡量可采用的校正方法有：用钻、铣、磨、锉、刮等方法去除质量；用补焊、铆接、胶接、喷涂、螺纹联接等方式加配质量；在预设的平衡槽内改变平衡块的位置和数量(如砂轮的静平衡)。

(5) 验收试验　机器产品装配完后，应根据有关技术标准和规定，对产品进行较全面的检验和试验工作，合格后才准出厂。金属切削机床的验收试验工作，通常包括有机床几何精度的检验，空运转试验，负荷试验和工作精度试验等。

三、装配精度与零件的关系

1. 装配精度的概念

装配精度指产品装配后几何参数实际达到的精度。一般包含如下内容。

(1) 尺寸精度　指相关零、部件间的距离精度及配合精度。如某一装配体中有关零件间的间隙；相配合零件间的过盈量；卧式车床前后顶尖对床身导轨的等高度等。

(2) 位置精度　指相关零件的平行度、垂直度、同轴度等，如卧式铣床刀轴与工作台面的平行度；立式钻床主轴对工作台面的垂直度；车床主轴前后轴承的同轴度等。

(3) 相对运动精度　指产品中有相对运动的零、部件间在运动方向及速度上的精度。如滚齿机垂直进给运动和工作台回转中心的平行度；车床纵滑板移动相对于主轴轴线的平行度；车床进给箱的传动精度等。

(4) 接触精度　指产品中两配合表面、接触表面和连接表面间达到规定的接触面积大小和接触点的分布情况。如齿轮啮合、锥体配合以及导轨之间的接触精度等。

2. 影响装配精度的因素

机械及其部件都是由零件所组成的，装配精度与相关零、部件制造误差的累积有关，特别是关键零件的加工精度。例如卧式车床尾座移动对床鞍移动的平行度，就主要取决于床身上两条导轨的平行度。又如车床主轴锥孔轴线和尾座套筒锥孔轴线的等高度(A_0)，即主要取决于主轴箱、尾座及座板所组成的尺寸 A_1、A_2 及 A_3 的尺寸精度，如图 7-4 所示。

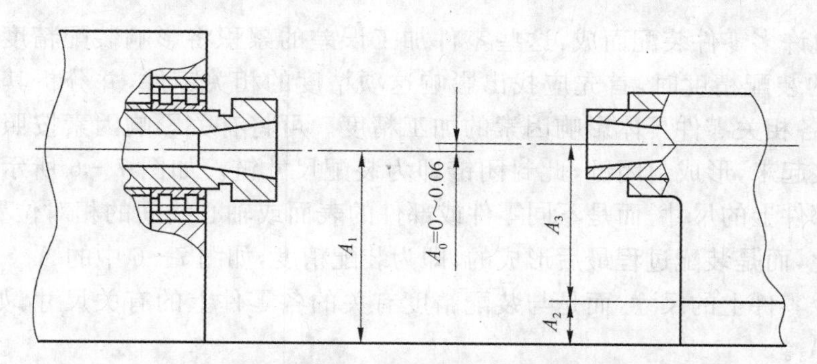

图 7-4　影响车床等高度要求的尺寸链图

1—主轴箱；2—主轴轴承；3—主轴；4—尾座套筒；5—尾座；6—尾座底板

零件精度是影响产品装配精度的首要因素。而产品装配中装配方法的选用对装配精度也有很大的影响，尤其是在单件小批量生产及装配要求较高时，仅采用提高零件加工精度的方法往往不经济和不易满足装配要求，而通过装配中的选配、调整和修配等手段(合适的装配方法)来保证装配精度非常重要。另外，零件之间的配合精度及接触精度，力、热、内应力等引起零件的变形，回转零件的不平衡等对产品装配精度也有一定的影响。

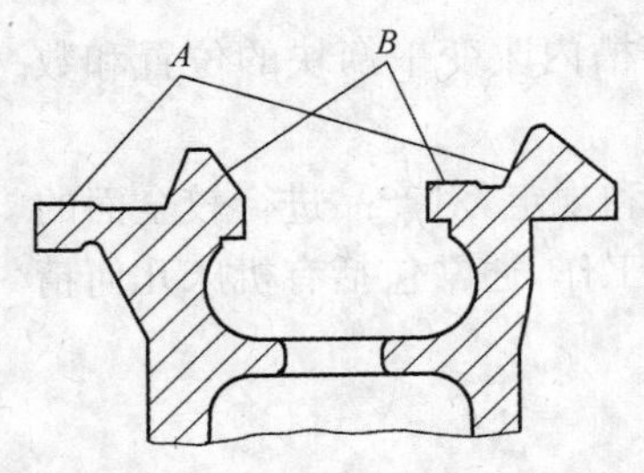

图 7-5 床身导轨简图

A—床鞍移动导轨；

B—尾座移动导轨

(1) 装配精度与零件精度的关系　机器及其部件都是由零件组成的，装配精度与相关零、部件制造误差的累积有关。显然，装配精度取决于零件，特别是关键零件的加工精度。例如卧式车床尾座移动对床鞍移动的平行度，就主要取决于床身导轨 A 与 B 的平行度，如图 7-5 所示。又如卧式车床主轴锥孔轴线和尾座套筒锥孔轴线的等高度(A_0)，主要取决于主轴箱、尾座及底板的 A_1、A_2 及 A_3 的尺寸精度(图 7-4)。

(2) 装配精度与装配方法的关系　装配精度又取决于装配方法，在单件小批生产及装配精度要求较高时装配方法尤为重要。例如图 7-4 所示的主轴锥孔轴心线与尾座套筒锥孔轴心线的等高度要求是很高的，如果仅靠提高尺寸 A_1、A_2 及 A_3 的尺寸精度来保证是不经济的，甚至在技术上也是很困难的。比较合理的方法是在装配中通过检测，然后对某个零部件进行适当的修配来保证装配精度。

机器的装配精度不但取决于零件的精度，而且取决于装配方法。零件精度是保证装配精度的基础，但有了精度合格的零件，若装配方法不当也可能装配不出合格的机器；反之，当零件制造精度不高时，若装配方法恰当(如选配、修配、调整等)，也可装配出具有较高装配精度的产品。所以，为保证机器的装配精度，应从产品结构、机械加工及装配等方面进行综合考虑，选择适当的装配方法并合理地确定零件的加工精度。

第二节　装配尺寸链

一、装配尺寸链的概念

机器是由许多零件装配而成，这些零件加工误差的累积将影响装配精度。在分析具有累积误差的装配精度时，首先应找出影响这项精度的相关零件，并分析其具体影响因素，然后确定各相关零件具体影响因素的加工精度。可将有关影响因素按照一定的顺序一个个地联接起来，形成封闭链，此封闭链即为装配尺寸链。如图 7-6 所示。其封闭环不是零件或部件上的尺寸，而是不同零件或部件的表面或轴心线间的相对位置尺寸，它不能独立地变化，而是装配过程最后形成的，即为装配精度，如图 7-6 中的 A_0。其各组成环不是在同一个零件上的尺寸，而是与装配精度有关的各零件上的有关尺寸，如图 7-6 中的 A_1、A_2 及 A_3。

装配尺寸链按照各环的几何特征和所处的空间位置大致可分为：

(1) 线性尺寸链　由长度尺寸组成，且各尺寸彼此平行。

(2) 角度尺寸链　由角度、平行度、垂直度等构成。

(3) 平面尺寸链　构成一定角度关系的长度尺寸及相应的角度尺寸(或角度关系)构成，且处于同一或彼此平行的平面内。

(4) 空间尺寸链　由位于空间相交平面的直线尺寸和角度尺寸(或角度关系)构成。

常见的是线性尺寸链和角度尺寸链两种。

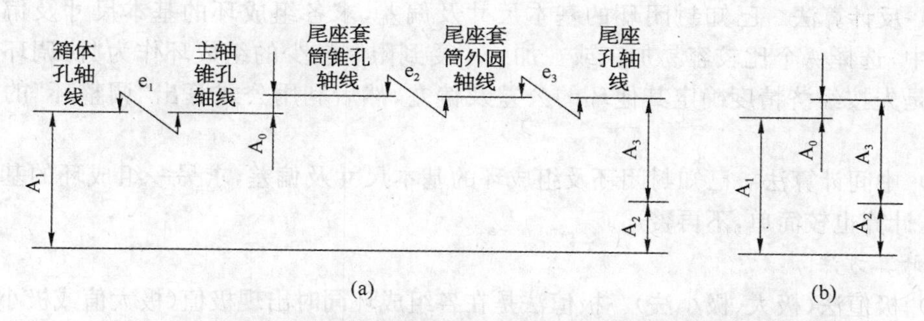

图 7-6 车床主轴锥孔轴线与尾座套筒锥孔轴线等高度装配尺寸链

e_1—主轴轴承外环内滚道与外圆的同轴度；e_2—尾座套筒锥孔对外圆的同轴度；e_3—尾座套筒锥孔与尾座孔间隙引起的偏移量；A_1—主轴箱孔的轴线至主轴箱底面距离；A_2—尾座底板厚度；A_3—尾座孔轴线至尾座底面距离

二、装配尺寸链的建立

在装配尺寸链中，装配精度是封闭环，相关零件的设计尺寸是组成环。如何查找对某装配精度有影响的相关零件，进而选择合理的装配方法和确定这些零件的加工精度，是建立装配尺寸链和求解装配尺寸链的关键。查明和建立装配尺寸链的步骤如下：

装配尺寸链的组成和查明方法是：取封闭环两端的两个零件为起点，沿着装配精度要求的位置方向，以装配基准面为联系线索，分别查明装配关系中影响装配精度要求的那些有关零件，直至找到同一个基准零件甚至是同一个基准表面为止。这样，所有有关零件上直接联接两个装配基准面间的位置尺寸或位置关系，便是装配尺寸链的全部组成环。

以图 7-4 所示车床主轴锥孔轴线和尾座顶尖套锥孔轴线对床身导轨的等高度的装配尺寸链组成为例分析，从图中可以很容易地查找出等高度整个尺寸链的各组成环，如图 7-6a 所示。在查找装配尺寸链时，应注意以下原则：

1. 装配尺寸链的简化原则

查找装配尺寸链时，在保证装配精度的前提下可略去那些影响较小的因素，使装配尺寸链的组成环适当简化。如图 7-6a 所示为车床主轴与尾座中心线等高尺寸链，其组成环包括 e_1、e_2、e_3、e_4、A_1、A_2、A_3 等 7 个尺寸链。由于 e_1、e_2、e_3、e_4 的数值相对于 A_1、A_2、A_3 的误差较小，故装配尺寸链可简化为如图 7-6b 所示的结果。但在精密装配中，应计入对装配精度有影响的所有因素，不可随意简化。

2. 装配尺寸链组成的最短路线原则

由尺寸链的基本理论可知，在结构既定的条件下，组成装配尺寸链的每个相关的零、部件只能有一个尺寸作为组成环列入装配尺寸链，这样组成环的数目就应等于相关零、部件的数目，即一件一环，这就是装配尺寸链的最短路线原则。

三、装配尺寸链的计算

1. 计算类型

(1) 正计算法　已知组成环的基本尺寸及偏差，代入公式，求出封闭环的基本尺寸偏差，计算比较简单，不再赘述。

（2）反计算法　已知封闭环的基本尺寸及偏差，求各组成环的基本尺寸及偏差。在组成环中，选择一个比较容易加工或在加工中受到限制较少的组成环作为“协调环”，其计算过程是先按经济精度确定其他环的公差及偏差，然后利用公式算出“调整环”的公差及偏差。

（3）中间计算法　已知封闭环及组成环的基本尺寸及偏差，求另一组成环的基本尺寸及偏差，计算也较简单，不再赘述。

2. 计算方法

（1）极值法（极大、极小法）　极值法是在各组成环同时出现极值（极大值或极小值）时，仍能保证封闭环的要求。其特点是简单可靠，但在封闭环公差较小且组成环较多时，各组成环公差将会更小，使加工困难，成本提高。

（2）概率法　极值法的优点是简单可靠，其缺点是从极端情况下出发推导出计算公式，当封闭环的公差较小时，使加工变得困难，制造成本增加。生产实践证明，加工一批零件时，其实际尺寸处于公差带中间部分的是多数，而处于极限尺寸的零件是极少数的，而且一批零件在装配中，尤其是对于多环尺寸链的装配，同一部件的各组成环，恰好都处于极限尺寸的情况，更是少见。因此，在成批或大量生产中，当装配精度要求高，而且组成环的数目又较多时，应用概率法解算装配尺寸链比较合理。

例 7－1　如图 7－7a 所示为车床离合器齿轮轴装配图，为保证齿轮能在轴上灵活转动而要求装配后的轴向间隙为 0.05～0.4 mm。由于它是装配后才能形成的尺寸，是自然形成的，所以是封闭环。根据各零件间的相互关系及装配尺寸链最短路线原则，可建立如图 7－7b所示的装配尺寸链，其组成环为 $A_1=34$ mm，$A_2=22$ mm，$A_3=12$ mm，其中 A_1 为增环，A_2、A_3 为减环，试用极值法解算尺寸链。

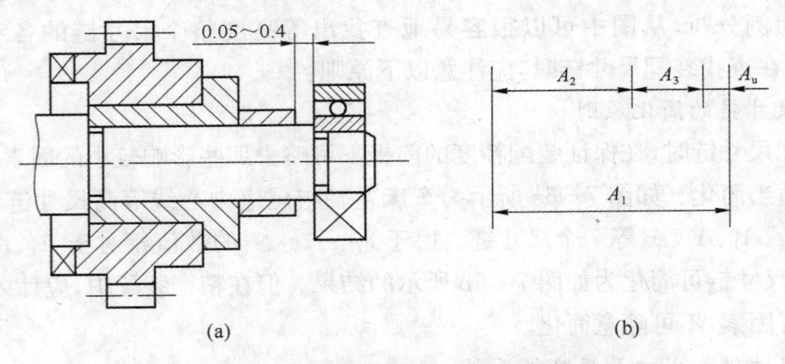

图 7－7　车床离合器齿轮轴装配图

解　（1）计算各组成环平均公差

$$A_0=34-22-12=0\ \text{mm}$$

$$A_0=0^{+0.4}_{+0.05}\ \text{mm}$$

$$T_{\text{av.}i}=\frac{TA_0}{n-1}=\frac{0.35}{3}\approx 0.12\ \text{mm}$$

（2）调整各组成环的公差　将各组成环的公差绝对平均分配显然是不合理的，应根据加工尺寸的大小，加工工艺的难易程度等调整各组成环的公差为

$$TA_1=0.18\ \text{mm},TA_2=0.12\ \text{mm},TA_3=0.05\ \text{mm}$$

调整后的各组成环公差之和应等于封闭环公差，即

$$TA_1+TA_2+TA_3=0.18+0.12+0.05=0.35\ \text{mm}=TA_0$$

（3）确定协调环　在确定各组成环公差带的位置时，一般按金属的“单向入体”原则确定，而留一个组成环公差带位置通过计算求得，以满足封闭环的要求，这个环叫协调环，协调环应是容易制造和便于测量的。

若取 $A_2=22_{-0.12}^{\ 0}$ mm，$A_3=12_{-0.05}^{\ 0}$ mm，A_1 作为协调环。各环的中间偏差分别为 $\Delta_0=0.225$ mm，$\Delta_2=-0.06$ mm，$\Delta_3=-0.025$ mm。

（4）计算组成环 A_1 的中间偏差 Δ_1

$$0.225=\Delta_1-(-0.06-0.025)$$

$$\Delta_1=0.14\ \text{mm}$$

（5）计算组成环 A_1 的极限偏差 ESA_1、EIA_1 为

$$ESA_1=\Delta_1+\frac{TA_1}{2}=0.14+\frac{0.18}{2}=0.23\ \text{mm}$$

$$EIA_1=\Delta_1-\frac{TA_1}{2}=0.14-\frac{0.18}{2}=0.05\ \text{mm}$$

$$A_1=34_{+0.05}^{+0.23}\ \text{mm}$$

该例为尺寸链的反计算法，即已知封闭环公差求组成环公差，常用于根据装配精度来确定各组成环的尺寸及公差。另一种正计算法，是按已知的组成环尺寸及公差求封闭环尺寸及公差，用于对图样的尺寸及公差进行校验。

例 7-2　如图 7-8 所示为齿轮箱部件，装配后要求齿轮轴有轴向窜动量为 0.2～0.7 mm，即 $A_0=0_{+0.2}^{+0.7}$ mm。已知其他零件的有关基本尺寸为 $A_1=122$ mm，$A_2=28$ mm，$A_3=5$ mm，$A_4=140$ mm，$A_5=5$ mm，试决定有关基本尺寸的上下偏差。

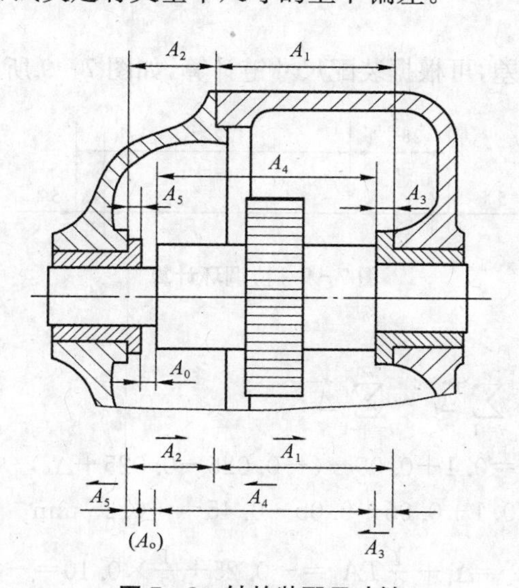

图 7-8　轴的装配尺寸链

解　（1）画出装配尺寸链，校验各环基本尺寸　封闭环为 A_0，则封闭环基本尺寸为

$$A_0=(\overrightarrow{A_1}+\overrightarrow{A_2})-(\overleftarrow{A_3}+\overleftarrow{A_4}+\overleftarrow{A_5})=(122+28)-(5+140+5)=0\ \text{mm}$$

各环基本尺寸的给定数值正确。

(2) 确定各组成环尺寸的公差大小和分布位置　为了满足封闭环公差 $TA_0=0.50$ mm 的要求，各组成环公差 TA_i 的累积值 $\sum_{i=1}^{m} TA_i$ 不得超过 0.50 mm，即

$$\sum_{i=1}^{5} TA_i = TA_1 + TA_2 + TA_3 + TA_4 + TA_5 < TA_0$$

在最终确定 TA_i 各值之前，可先按等公差情况，试确定各环所能分配到的平均公差值。即

$$T_{\text{av.}\,i} = \frac{TA_0}{n-1} = \frac{0.50}{5} = 0.10 \text{ mm}$$

由该值可知，零件制造的平均精度不算太高，是可以加工的，故用极值法解算是可行的。但还应从加工难易和设计要求等方面考虑，调整各组成环公差。例如，A_1、A_2 加工难些，公差应略大；A_3、A_5 加工方便，则规定可较严。因而令

$$TA_1 = 0.20 \text{ mm}, TA_2 = 0.10 \text{ mm}, TA_3 = TA_5 = 0.05 \text{ mm}$$

再按“入体原则”分配公差，如

$$A_1 = 122^{+0.20}_{0} \text{ mm}, A_2 = 28^{+0.10}_{0} \text{ mm}, A_3 = A_5 = 5^{0}_{-0.05} \text{ mm}$$

得中间偏差为

$$\Delta_1 = 0.1 \text{ mm}, \Delta_2 = 0.05 \text{ mm}, \Delta_3 = \Delta_5 = -0.025 \text{ mm}, \Delta_0 = 0.45 \text{ mm}$$

(3) 确定协调环公差的分布位置　由于 A_4 是特意留下还未确定公差的一个组成环，它的公差大小应在分配封闭环公差时，经济合理地统一确定下来。即

$$TA_4 = TA_0 - TA_1 - TA_2 - TA_3 - TA_5 = 0.50 - 0.20 - 0.10 - 0.05 - 0.05 = 0.10 \text{ mm}$$

但 TA_4 的上下偏差须在满足装配技术的条件下通过计算获得，故称其为“协调环”。由于计算结果通常难以满足标准零件及标准量规的尺寸和偏差值，所以有“标准”要求的都不能选作协调环。

协调环 A_4 的上、下偏差，可根据装配尺寸链计算，如图 7-9 所示。

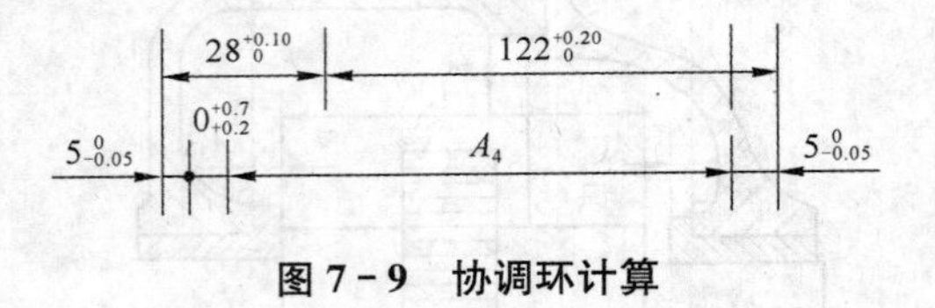

图 7-9　协调环计算

将相关数据代入可得

$$\Delta_0 = \sum_{i=1}^{n} \overrightarrow{\Delta_i} - \sum_{i=n+1}^{m} \overleftarrow{\Delta_i}$$

$$0.45 = 0.1 + 0.05 - (-0.025 - 0.025 + \Delta_4)$$

$$\Delta_4 = 0.1 + 0.05 + 0.05 - 0.45 = -0.25 \text{ mm}$$

$$ESA_4 = \Delta_4 + \frac{1}{2} TA_4 = -0.25 + \frac{1}{2} \times 0.10 = -0.20 \text{ mm}$$

$$EIA_4 = \Delta_4 - \frac{1}{2} TA_4 = -0.25 - \frac{1}{2} \times 0.10 = -0.30 \text{ mm}$$

$$A_4 = 140^{-0.20}_{-0.30} \text{ mm}$$

(4) 进行验算

代入 $TA_0=\sum_{i=1}^{m}TA_i$，则

$$TA_0=TA_1+TA_2+TA_3+TA_4+TA_5=0.20+0.10+0.05+0.10+0.05=0.50\ \text{mm}$$

计算结果符合装配精度要求。

第三节　装配方法及其选择

机器的装配首先应当保证装配精度和提高经济效益。相关零件的制造误差必然要累积到装配封闭环上，构成了装配封闭环的误差。因此，装配精度越高，则相关零件的精度要求也越高。这对机械加工是很不经济的，有时甚至是不可能达到加工要求的。所以，对不同的生产条件，采取适当的装配方法，在不过高地提高制造精度的情况下来保证装配精度，是装配工艺的首要任务。

在长期的装配实践中，人们根据不同的机器、不同的生产类型条件，创造了许多巧妙的装配工艺方法，归纳起来有互换装配法、选配装配法、修配装配法和调整装配法四种。

一、互换装配法

互换装配法是指在装配时各配合零件不经任何调整和修配就可以达到装配精度要求的装配方法。根据互换的程度不同，互换装配法又分为完全互换装配法和不完全互换装配法两种。

1. 完全互换装配法

完全互换装配法是指合格的零件在装配时，不经任何选择、调整和修配，就可以达到装配精度。也就是说，这种方法的实质是在满足各环经济精度的前提下，依靠控制零件的制造精度来保证装配精度的。在一般情况下，完全互换装配法的装配尺寸链按极值法计算，即各组成环的公差之和等于或小于封闭环的公差。完全互换装配法的优点如下：

① 装配过程简单，生产率高。

② 对工人技术水平要求不高。

③ 便于组织流水作业和实现自动化装配。

④ 容易实现零部件的专业协作，成本低。

⑤ 便于备件供应及机器维修工作。

由于具有这些优点，所以只要当组成环分得的公差满足经济精度要求时，无论何种生产类型都应尽量采用完全互换装配法进行装配。

2. 不完全互换装配法

如果装配精度要求较高，尤其是组成环的数目较多时，若应用极值法解算确定组成环的公差，则组成环的公差将会很小，这样就很难满足零件的经济精度要求。因此，在大批量生产的条件下就可以考虑不完全互换装配法，即用概率法解算装配尺寸链。

不完全互换装配法与完全互换装配法相比，其优点是零件公差可以放大些，从而使零件加工容易，成本低，也能达到互换性装配的目的。其缺点是将会有一部分产品的装配精度超差，这时就需要采取补救措施或进行经济性论证。

现仍以图 7 - 15 为例，应用概率法来进行计算，比较一下各组成环的公差大小。

解 ① 画出装配尺寸链图，校核各环基本尺寸。

A_1、A_2为增环，A_3、A_4、A_5为减环，封闭环为A_0，故封闭环的基本尺寸为

$$A_0=(\overrightarrow{A_1}+\overrightarrow{A_2})-(\overleftarrow{A_3}+\overleftarrow{A_4}+\overleftarrow{A_5})=(122+28)-(5+140+5)=0\ \text{mm}$$

② 确定各组成环尺寸的公差大小和分布位置。

由于用概率法解算，所以 $TA_0=\sqrt{\sum_{i=1}^{m}TA_i^2}$，在最终确定各组成环公差值之前，也按等公差情况，试确定各环所能分到的平均公差值。即

$$T_{\text{av.}i}=\sqrt{\frac{TA_0^2}{n-1}}=\sqrt{\frac{0.5^2}{5}}=0.22\ \text{mm}$$

按零件加工难易的程度，参照 $T_{\text{av.}i}$ 值调整各组成环公差值。即

$$TA_1=0.4\ \text{mm},TA_2=0.2\ \text{mm},TA_3=TA_5=0.08\ \text{mm}$$

为满足 $TA_0=\sqrt{\sum_{i=1}^{m}TA_i^2}$ 的要求，应对协调环公差进行计算。则

$$0.5^2=0.4^2+0.20^2+0.08^2+0.08^2+TA_4^2$$

$$TA_4=0.192\ \text{mm}$$

按“入体原则”分配公差，取

$$\begin{cases}A_1=122^{+0.40}_{\ \ 0}\ \text{mm}\\ \Delta_1=0.2\ \text{mm}\end{cases}\quad \begin{cases}A_2=28^{+0.20}_{\ \ 0}\ \text{mm}\\ \Delta_2=0.1\text{mm}\end{cases}\quad \begin{cases}A_3=A_5=5^{\ \ 0}_{-0.08}\ \text{mm}\\ \Delta_3=\Delta_5=-0.04\ \text{mm}\end{cases}\quad \Delta_0=0.45\ \text{mm}$$

③ 确定协调环公差的分布位置。

$$\Delta_0=(\overrightarrow{\Delta_1}+\overrightarrow{\Delta_2})-(\overleftarrow{\Delta_3}+\overleftarrow{\Delta_4}+\overleftarrow{\Delta_5})$$

$$0.45=0.2+0.1-(-0.04+\Delta_4-0.04)$$

$$\Delta_0=0.2+0.1+0.08-0.45=-0.07\ \text{mm}$$

$$ESA_4=\Delta_4+\frac{1}{2}TA_4=-0.07+\frac{1}{2}\times0.192=-0.07+0.096=0.026\ \text{mm}$$

$$EIA_4=\Delta_4-\frac{1}{2}TA_4=-0.07-\frac{1}{2}\times0.192=-0.166\ \text{mm}$$

$$A_4=140^{+0.026}_{-0.166}\ \text{mm}$$

比较采用极值法计算的结果，协调环 A_4 的制造公差扩大了近一倍，所以加工变得更容易。

二、选配装配法

在成批或大量生产的条件下，对于组成环不多而装配精度要求却很高的尺寸链，若采用完全互换法，则零件的公差将过严，甚至超过了加工工艺的现实可能性。在这种情况下可采用选配装配法。该方法是将组成环的公差放大到经济可行的程度，然后选择合适的零件进行装配，以保证规定的装配精度要求。选配装配法有直接选配法、分组装配法和复合选配法三种。

1. 直接选配法

直接选配法是由装配工人从许多待装的零件中，凭经验挑选合适的零件通过试凑进行装配的方法。这种方法的优点是简单，零件不必事先分组，但装配中挑选零件的时间长，装配质量取决于工人的技术水平，不宜用于生产效率要求较高的大批量生产。

2. 分组装配法

分组装配法是在大批大量生产中，将产品各配合副的零件按实测尺寸分组，装配时按组进行互换装配以达到装配精度的装配方法。分组互换装配适合于配合精度要求很高，且相关零件一般只有两三个的大批大量生产中。

分组装配法在机床装配中使用得很少，但在内燃机、轴承等大批大量生产中有一定应用。例如，如图 7-10 表示出了活塞销孔与活塞销的连接情况。根据装配技术要求，活塞的销孔与活塞销外径在冷态装配时应有 0.002 5～0.007 5 mm 的过盈，与此相应的配合公差仅为 0.005 mm。若活塞的销孔与活塞销采用完全互换法装配，且活塞的销孔与活塞销直径公差按“等公差”分配时，则它们的公差只有 0.002 5 mm。如果配合采用基轴制原则，则活塞销外径尺寸 $d=\phi 28^{0}_{-0.0025}$ mm，相应的活塞销孔直径 $D=\phi 28^{-0.0050}_{-0.0075}$ mm。显然，制造这样精确的活塞销和活塞销孔是很困难的，也是不经济的。生产中采用的办法是先将公差值都增大 4 倍（$d=\phi 28^{0}_{-0.010}$ mm，$D=\phi 28^{-0.005}_{-0.015}$ mm），这样即可采用高效率的无心磨和金刚镗去分别加工活塞销外圆和活塞的销孔，然后用精密量仪进行测量，并按尺寸大小分成 4 组，涂上不同的颜色，以便进行分组装配。具体分组情况见表 7-1。从该表可以看出，各组的公差和配合性质与原来要求的相同。

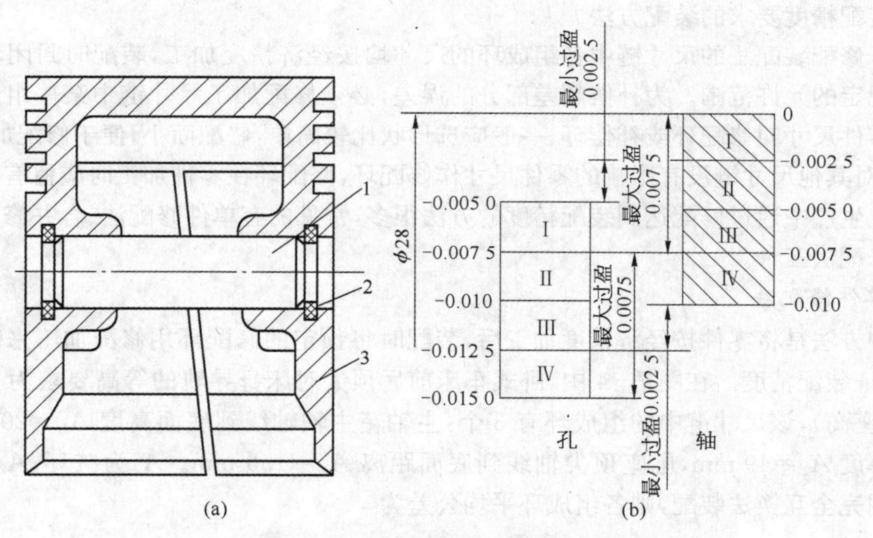

图 7-10　活塞销孔与活塞销连接

1—活塞销；2—挡圈；3—活塞

表 7-1　活塞销与活塞销孔直径分组　(mm)

<table>
<tr><th rowspan="2">组别</th><th rowspan="2">标志颜色</th><th>活塞销直径 d</th><th>活塞销孔直径 D</th><th colspan="2">配合情况</th></tr>
<tr><th>$\phi 28^{0}_{-0.010}$</th><th>$\phi 28^{-0.005}_{-0.015}$</th><th>最小过盈</th><th>最大过盈</th></tr>
<tr><td>Ⅰ</td><td>红</td><td>$\phi 28^{0}_{-0.0025}$</td><td>$\phi 28^{-0.0050}_{-0.0075}$</td><td rowspan="4">0.002 5</td><td rowspan="4">0.007 5</td></tr>
<tr><td>Ⅱ</td><td>白</td><td>$\phi 28^{-0.0025}_{-0.0050}$</td><td>$\phi 28^{-0.0075}_{-0.0100}$</td></tr>
<tr><td>Ⅲ</td><td>黄</td><td>$\phi 28^{-0.0050}_{-0.0075}$</td><td>$\phi 28^{-0.0100}_{-0.0125}$</td></tr>
<tr><td>Ⅳ</td><td>绿</td><td>$\phi 28^{-0.0075}_{-0.0100}$</td><td>$\phi 28^{-0.0125}_{-0.0150}$</td></tr>
</table>

采用分组互换装配时应注意以下几点：

① 为了保证分组后各组的配合精度和配合性质符合原设计要求，配合件的公差应当相等，公差增大的方向要相同，增大的倍数要等于以后的分组数。

② 分组数不宜多，多了会增加零件的测量和分组工作量，并使零件的储存、运输及装配等工作复杂化。

③ 分组后各组内相配合零件的数量要相符，形成配套，否则会出现某些尺寸零件的积压浪费现象。

3. 复合选配法

复合选配法是直接选配与分组装配的综合装配法，即预先测量分组，装配时再在各对应组内凭工人经验直接选配。这一方法的特点是配合件公差可以不等，装配质量高，且速度较快，能满足一定的生产效率要求。发动机装配中，气缸与活塞的装配多采用这种方法。

三、修配装配法

修配装配法是在单件生产和成批生产中，对那些要求很高的多环尺寸链，即将各组成环先按经济精度加工，选定一个组成环为修配环（或称补偿环），在装配时进行修配该环的尺寸来达到装配精度要求的装配方法。

由于修配装配法的尺寸链中各组成环的尺寸均按经济精度加工，装配时封闭环的误差会超过规定的允许范围。为补偿超差部分的误差，必须修配加工尺寸链中某一组成环。被修配的零件尺寸叫修配环或补偿环，一般应选形状比较简单，修配面小，便于修配加工，便于装卸，并对其他尺寸链没有影响的零件尺寸作修配环，修配环在零件加工时应留有一定量的修配量。生产中通过修配达到装配精度的方法很多，常见的有单件修配法、合并修配法和自身加工修配法三种。

1. 单件修配法

这种方法是将零件按经济精度加工后，装配时将预定的修配环用修配加工来改变其尺寸，以保证装配精度。在图 7－4 中，卧式车床前后顶尖对床身导轨的等高要求为 0.06 mm（只许尾座高），该尺寸链中的组成环有 3 个：主轴箱主轴轴线到底面高度 $A_1=205$ mm，尾座底板厚度 $A_2=49$ mm，尾座顶尖轴线到底面距离 $A_3=156$ mm。A_1 为减环，A_2、A_3 为增环。若用完全互换法装配，则各组成环平均公差为

$$T_{\mathrm{av},i}=\frac{TA_0}{3}=\frac{0.06}{3}=0.02\ \mathrm{mm}$$

这样小的公差将使加工变得困难，所以一般采用修配装配法，各组成环仍按经济精度加工。根据镗孔的经济加工精度，取 $TA_1=0.1$ mm，$TA_3=0.1$ mm，根据半精刨的经济加工精度，取 $TA_2=0.15$ mm。由于在装配中修刮尾座底板的下表面是比较方便的，修配面也不大，所以选尾座底板为修配件。

组成环的公差一般按“单向入体原则”分布，例中 A_1、A_3 系中心距尺寸，故采用“对称原则”分布，$A_1=(205\pm0.05)$ mm，$A_3=(156\pm0.05)$ mm。至于 A_2 的公差带分布，要通过计算确定。

修配环在修配时对封闭环尺寸变化的影响有两种情况：一种是使封闭环尺寸变大，另一种是使封闭环尺寸变小。因此修配环公差带分布的计算，也相应分为两种情况。

如图 7-12 所示，为封闭环公差带与各组成环（含修配环）公差放大后的累积误差之间的关系。图中 TA_0、L_{0max} 和 L_{0min} 分别为封闭环公差和极限尺寸，TA_0'、L_{0max}'、L_{0min}' 分别为各组成环的累积误差和极限尺寸，F_{max} 为最大修配量。

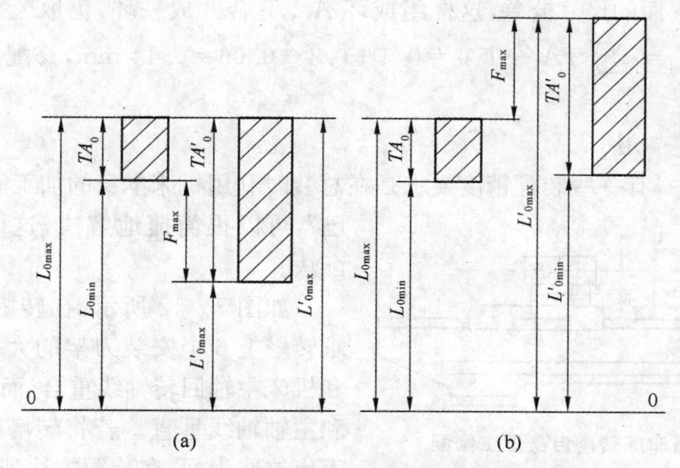

图 7-11　封闭环公差带与组成环累积误差的关系

（a）越修越大时；（b）越修越小时

当修配结果使封闭环尺寸变大时，简称“越修越大”，从图 7-11a 可知

$$L_{0max}=L_{0max}'=\sum_{i=1}^{n}L_{imax}'-\sum_{i=n+1}^{m}L_{imin}'$$

当修配结果使封闭环尺寸变小，简称“越修越小”，从图 7-11b 可知

$$L_{0min}=L_{0min}'=\sum_{i=1}^{n}L_{imin}'-\sum_{i=n+1}^{m}L_{imax}'$$

例中，修配尾座底板的下表面，使封闭环尺寸变小，因此应按求封闭环最小极限尺寸的公式，即

$$A_{0min}=A_{2min}+A_{3min}-A_{1max}$$

$$0=A_{2min}+155.95-205.05$$

$$A_{2min}=49.10\text{mm}$$

因为 $TA_2=0.15$ mm，所以 $A_2=49^{+0.25}_{+0.10}$ mm。

修配加工是为了补偿组成环累积误差与封闭环公差超差部分的误差，所以最大修配量为

$$F_{max}=\sum TA_i-TA_0=0.1+0.15+0.1-0.06=0.29\text{ mm}$$

而最小修配量为 0。考虑到卧式车床总装时，尾座底板与床身配合的导轨面还需配刮，则应补充修正，取最小修刮量为 0.05 mm，修正后的 A_2 尺寸为 $49^{+0.30}_{+0.15}$ mm，这时最大修配量为 0.34 mm。

2. **合并修配法**

这种方法是将两个或多个零件合并在一起进行加工修配，并作为一个零件进行总装。合并加工所得的尺寸可看作一个组成环，这样既减少了组成环的环数，又可以放大组成环的公差，还相应减少了修配的劳动量。合并加工修配法在装配中应用较广，但由于零件要对号

入座，给组织装配生产带来一定麻烦，因此多用于单件小批生产中。

在图 7-4 中，为减少对尾座底板的修配量，一般先把尾座和底板的配合面加工后，配刮横向小导轨，然后再将两者装配为一体，以底板的底面为基准，镗尾座的套筒孔，直接控制尾座套筒孔至底板底面的尺寸公差，这样组成环 A_2、A_3 合并成一环，仍取公差为 0.1 mm，其最大修配量为 $F_{\max}=\sum TA_i-TA_0=0.1+0.1-0.06=0.14$ mm，修配工作量则相应减少了。

3. 自身加工修配法

在机床制造中，有一些装配精度要求是在总装时利用机床本身的加工能力"自己加工自己"，可以很简捷地解决，这即是自身加工修配法。

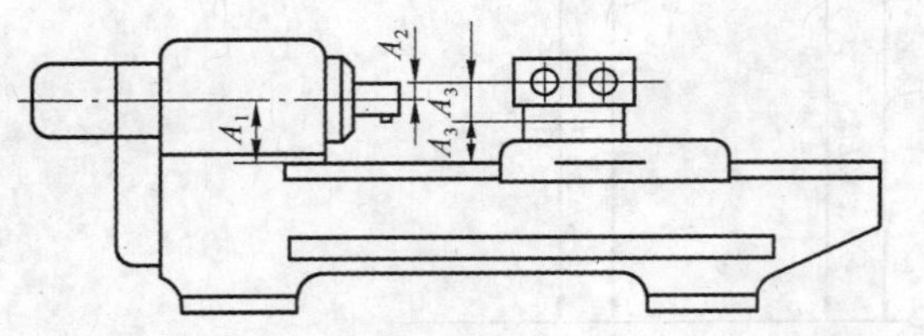

图 7-12　转塔车床转塔自身加工修配

如图 7-12 所示，在转塔车床装配中，要求转塔上 6 个安装刀架的大孔轴线必须保证和机床主轴回转轴线重合，而 6 个平面又必须和主轴轴线垂直。若将转塔作为单独零件加工出这些表面，在装配中达到这样两项要求是非常困难的。当采用自身加工修配法时，这些表面在装配前不进行加工，而是在转塔装配到机床上后，在主轴上装镗杆，使镗刀旋转，转塔作纵向进给运动，依次精镗出转塔上的 6 个孔。再在主轴上装一个能径向进给的小刀架，刀具边旋转边径向进给，依次精加工出转塔的 6 个平面。这样，就很方便地保证了两项精度要求。

修配装配法的特点是各组成环零、部件的公差可以扩大，按经济精度加工，从而使制造容易，成本低。装配时可利用修配件的有限修配量达到较高的装配精度要求，但装配中零件不能互换。修配装配法劳动量大(有时需拆装几次)，生产率低，难以组织流水生产，装配精度依赖于工人的技术水平。

四、调整装配法

在成批大量生产中，对于装配精度要求较高而组成环数目较多的尺寸链，也可以用调整法进行装配。调整装配法与修配装配法在补偿原则上是相似的，只是它们的具体做法不同。调整装配法也是按经济加工精度确定零件公差的，由于每一个组成环公差扩大，结果使一部分装配件超差，故在装配时用改变产品中调整零件的位置或选用合适的调整件以达到装配精度。

调整装配法与修配装配法的区别是：调整装配法不是靠去除金属，而是靠改变补偿件的位置或更换补偿件的方法来保证装配精度。根据补偿件的调整特征，调整法可分为可动调整、固定调整和误差抵消调整三种装配方法。

1. 可动调整装配法

用改变调整件的位置来达到装配精度的方法，叫做可动调整装配法。调整过程中不需要拆卸零件，比较方便。采用可动调整装配法可以调整由于磨损、热变形、弹性变形等所引起的误差，所以它适用于高精度和组成环在工作中易于变化的尺寸链。

机械制造中采用可动调整装配法的例子较多。如图 7-13a 所示是依靠转动螺钉调整轴承外圈的位置以得到合适的间隙；如图 7-13b 所示是用调整螺钉通过改变镶条 6 的位置来保证车床溜板和床身导轨之间的间隙；如图 7－13c 所示是通过转动调整螺钉，使斜楔块上、下移动来保证螺母和丝杠之间的合理间隙。

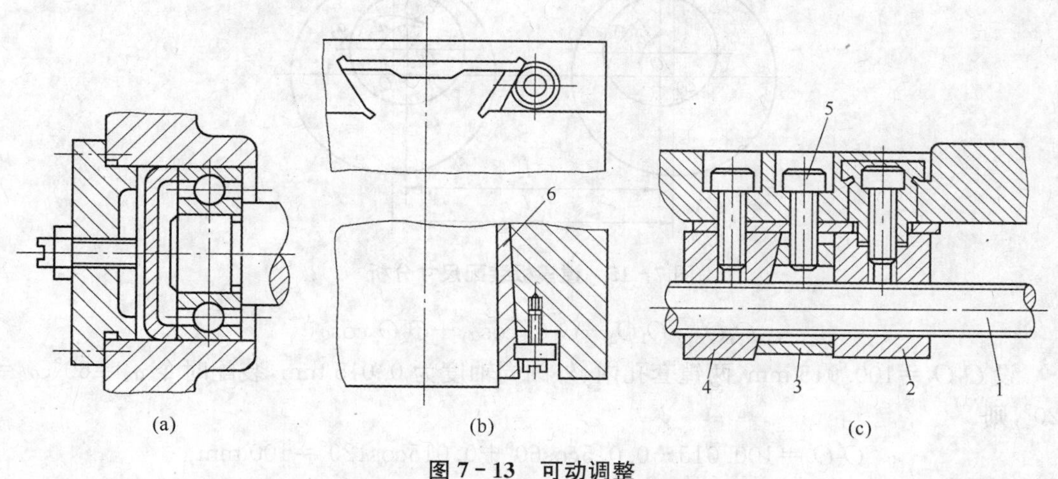

图 7－13　可动调整

1—丝杠；2、4—螺母；3—楔块；5—螺钉；6—镶条

2. 固定调整装配法

固定调整装配法是在尺寸链中选择一个零件(或加入一个零件)作为调整环，根据装配精度来确定调整件的尺寸，以达到装配精度的装配方法。常用的调整件有轴套、垫片、垫圈和圆环等。

如图 7－14 所示，即为固定调整装配法的实例。当齿轮的轴向窜动量有严格要求时，在结构上专门加入一个固定调整件，即尺寸等于 A_3 的垫圈。装配时根据间隙的要求，选择不同厚度的垫圈。调整件预先按一定间隙尺寸作好，例如分成 3.1 mm，3.2 mm，3.3 mm，…，4.0 mm，…，以供选用。在固定调整装配法中，调整件的分级及各级尺寸的计算是很重要的问题，可应用极值法进行计算。

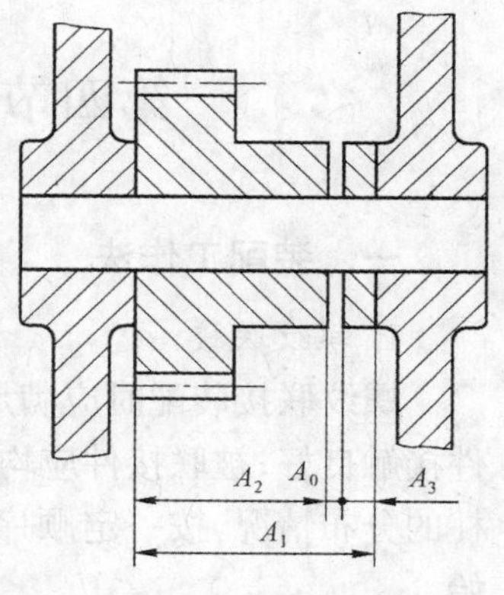

图 7－14　固定调整

3. 误差抵消调整装配法

误差抵消调整装配法是通过调整某些相关零件误差的方向，使其互相抵消。这样，各相关零件的尺寸公差可以扩大，同时又保证了装配精度。

如图 7－15 所示，为用误差抵消调整装配法装配的镗模实例。图中要求装配后两镗套孔的中心距为(100±0.015)mm，如用完全互换装配法制造则要求模板的孔距误差和两镗套内、外圆同轴度误差之总和不得大于±0.015 mm，设模板孔距按(100±0.009)mm，镗套内、外圆的同轴度允差按 0.003 mm 制造，则无论怎样装配均能满足装配精度要求。但其加工是相当困难的，因而需要采用误差抵消装配法进行装配。

在图 7－15 中，O_1、O_2 为镗模板孔中心，O_1'、O_2' 为镗套内孔中心。装配前先测量各零件的尺寸误差及位置误差，并记上误差的方向，在装配时有意识地将镗套按误差方向转过 α_1、α_2 角，则装配后两镗套孔的孔距为

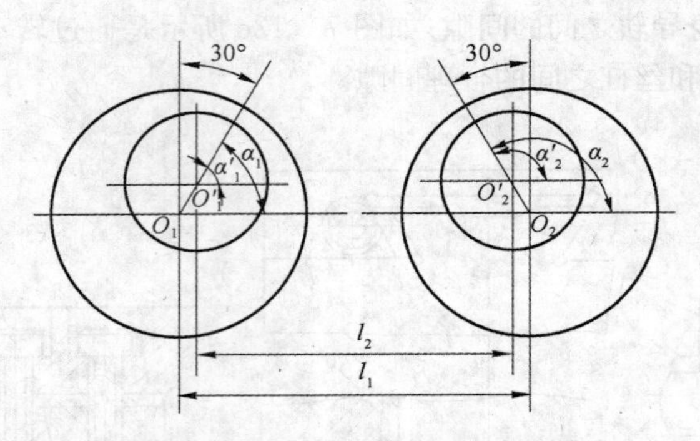

图 7-15　镗模板装配尺寸分析

$$O_1'O_2' = O_1O_2 - O_1O_1'\cos\alpha_1 + O_2O_2'\cos\alpha_2$$

设 $O_1O_2=100.015$ mm，两镗套孔内、外圆同轴度为 0.015 mm，装配时令 $\alpha_1=60°$、$\alpha_2=120°$，则

$$O_1'O_2' = 100.015 - 0.015\cos60° + 0.015\cos120° = 100 \text{ mm}$$

该例实质上是利用镗套同轴度误差来抵消镗模板的孔距误差，其优点是零件制造精度可以放宽，经济性好，采用误差抵消调整装配法装配还能得到很高的装配精度。但每台机器装配时均需测出零件误差的大小和方向，并需计算出数值，增加了辅助时间，影响生产效率，对工人技术水平要求高。因此，除单件小批生产的工艺装备和精密机床采用这种方法外，一般很少采用。

第四节　装配工作法与典型部件的装配

一、装配工作法

1. 螺纹联接

螺纹联接装配时应满足的要求：螺柱杆部不产生弯曲变形，头部、螺母底面应与被联接件接触良好；被联接件应均匀受压，互相紧密贴合，联接牢固；一般应根据被联接件形状，螺柱的分布情况，按一定顺序逐次（2～3 次）拧紧螺母，如有定位销，应先从定位销附近开始。

如图 7-16 所示，为螺母拧紧顺序示例，图中编号即为拧紧顺序。螺纹联接可分为一般紧固螺纹联接和规定预紧力的螺纹联接，控制螺纹的预紧力可采用指针式扭力扳手。

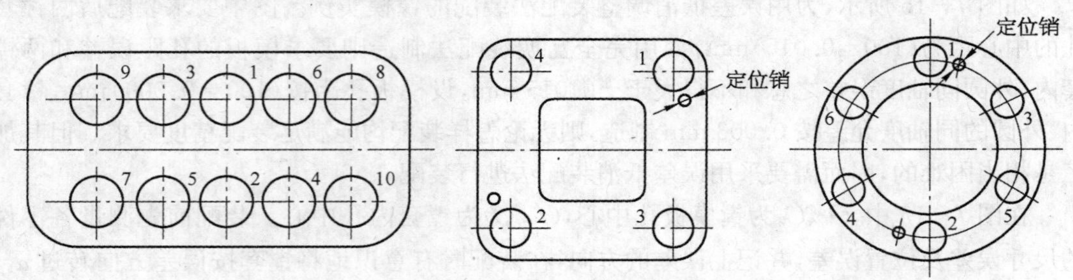

图 7-16　螺纹拧紧顺序示例

2. 过盈连接

过盈连接一般属于不可拆卸的固定连接。近年来由于液压套合法的应用,其可拆性日益增加。过盈连接主要有压入配合法、热胀配合法、冷缩配合法。

(1) 压入配合法　通常采用的方法有:冲击压入,即用手锤或重物冲击;工具压入,即用螺旋式、杠杆式或气动式工具压入;压力机压入,即采用螺旋式、杠杆式或液压式压力机压入。

(2) 热胀配合法　通常采用火焰、介质、电阻或感应等加热方法将包容件加热,再自由套入被包容零件中。

(3) 冷缩配合法　通常采用干冰、低温箱、液氨等冷却方法将被包容零件冷缩,再自由装入包容件中。

二、典型部件的装配

1. 滚动轴承的装配

滚动轴承在各种机器中使用非常广泛,在装配中应根据轴承的类型和配合来确定装配方法和装配顺序。

向心球轴承是属于不可分离型的轴承,采用压入法装配时,不允许通过滚动体传递压力。若轴承内圈与轴颈配合较紧,外圈与壳体配合较松,则先将轴承压入轴颈,然后连同轴一起装入壳体中,如图 7-17a 所示。若外圈与壳体孔配合较紧,则先将轴承压入壳体孔中,如图 7-17b 所示。轴的另一端轴承的装配,可用图 7-17c 所示的方法装入。还可以采用轴承内圈热胀法、外圈冷缩法或壳体加热法及轴颈冷缩法进行装配,其加热温度一般在 60～100℃范围内的油中热胀,其冷却温度不得低于−80℃。

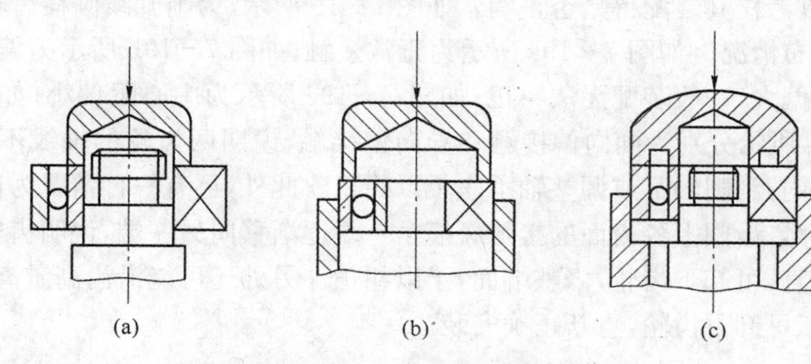

图 7-17　压入法装配向心球轴承

圆锥滚子轴承的内外圈是分开安装的。圆锥滚子轴承的径向间隙 e 与轴向间隙 c 的关系是 $e=\cot\beta$,其中 β 为轴承外圈滚道母线对轴线的夹角,一般为 $11°\sim16°$,因此调整轴向间隙的同时也调整了径向间隙。轴向间隙通常用垫片来调整,如图 7-18 所示。

调整时,先将端盖在不用垫片的条件下用螺钉紧固在壳体上。在图中,左端盖将推动轴承外圈右移,直至轴承的径向间隙完全消除为止。这时测量左端盖与壳体端面间的缝隙口 a',根据所需径向间隙 e,求出轴向间隙 $c=e/\tan\beta$,即可求得垫片厚度 $a=a'+c$。

2. 圆柱齿轮传动的装配

齿轮装配后的基本要求是达到规定的传动精度,齿轮齿面达到规定的接触精度,齿轮副齿轮间的啮合侧隙应符合规定要求。

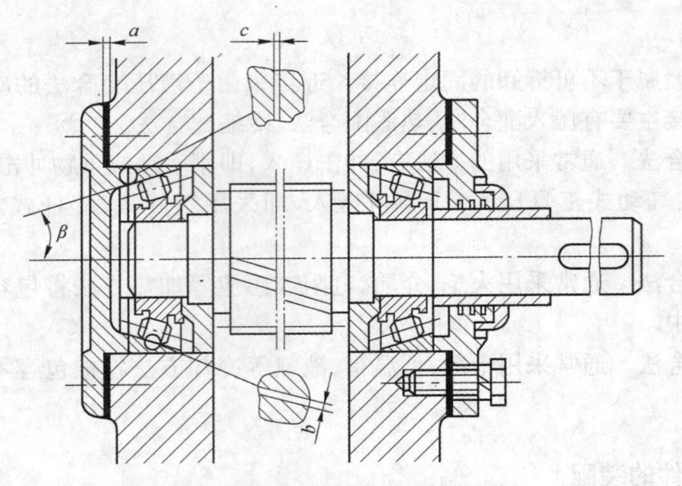

图 7-18 用垫片调整轴向间隙

渐开线圆柱齿轮传动多用于传动精度要求高的场合，如果装配中出现不允许的齿圈径向跳动，就会产生较大的运动误差。因此，首先要使齿轮正确地安装到轴颈上，不允许出现几何偏心和歪斜。对于运动精度要求较高的齿轮传动，若齿轮副的传动比为1或整数，应考虑其齿距累积误差的分布情况，进行圆周定向装配，使误差得到一定程度的补偿。装配时先分别测定两齿轮的齿距累积误差，确定最大值的最高点和最低点位置，做上标记，然后进行相位调整，使两齿轮的高、低点相互补偿，以抵消部分累积误差。

齿轮传动的接触精度是以齿面接触斑痕的位置和大小来判断的，它与运动精度有一定的关系，即运动精度低的齿轮传动，其接触精度也不高。因此装配齿轮副时，常需要检查齿面的接触斑痕，以考核其装配得是否正确。如图 7-19 所示，为渐开线圆柱齿轮副装配后常见的接触斑痕分布情况。如图 7-19a 所示为正常接触；如图 7-19b 所示为偏齿顶接触，说明两齿轮中心距偏大，一般装配无法纠正；如图 7-19c 所示为中心距偏小；如图 7-19d 所示和如图 7-19e 所示分别为同向偏接触和异向偏接触，说明两齿轮的轴线不平行，可在中心距允许的范围内，刮削轴瓦或调整轴承座予以纠正。此外，还有一种情况为齿面的接触斑痕沿齿向游离接触，齿圈上各齿面的接触斑痕由一端逐渐移向另一端，说明齿轮端面(基面)与回转轴线不垂直，可卸下齿轮，修整端面，予以纠正。另外还可能沿齿高游离接触，说明齿圈径向跳动过大，可卸下齿轮，重新正确安装。

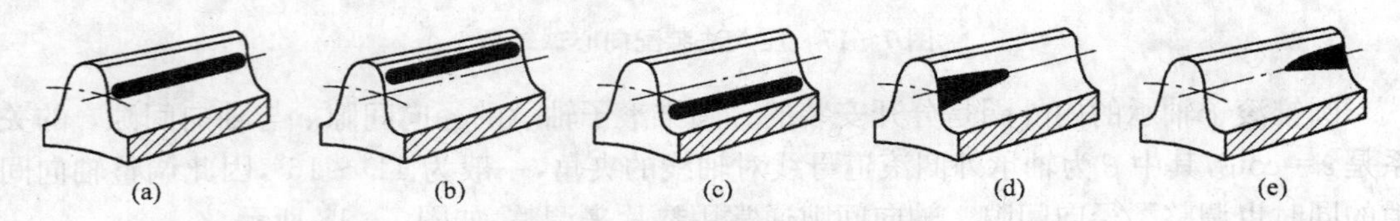

图 7-19 渐开线圆柱齿轮接触斑痕

装配圆柱齿轮时，齿轮副的啮合侧隙是由各有关零件的加工误差决定的，一般装配无法调整。侧隙大小的检查方法有两种：一是用铅丝检查，在齿面的两端平行放置两条铅丝，铅丝的直径不超过最小侧隙的3倍。转动齿轮挤压铅丝，测量铅丝最薄处的厚度，即为侧隙的尺寸。二是用百分表检查，将百分表测头和一齿轮面沿齿圈切向接触，另一齿轮固定不动。摇动可动齿轮，从一侧接触转到另一侧接触，百分表上的读数差值即为侧隙的尺寸。

3. 普通圆柱蜗杆蜗轮传动的装配

分度机构上用的普通圆柱蜗杆蜗轮传动的装配，不但要保证规定的接触精度，而且还要保证较小的啮合侧隙（一般为 0.03～0.06 mm）。如图 7－20 所示，是用于滚齿机上的可调精密蜗杆蜗轮传动部件。装配时，先配刮圆盘与工作台结合面 A，研点 16～20/25 mm×25 mm，再刮研工作台回转中心线的垂直度符合要求。然后以 B 面为基准，连同圆盘一起，对蜗轮进行精加工。

蜗杆座基准面 D 可用专用研具刮研，研点应为 8～10/25 mm×25 mm。检验轴承轴线对 D 面的平行度，如图 7－21 所示。符合要求后装入蜗杆，配磨调整垫片（补偿环），以保证蜗杆轴线位于蜗轮的中央截面内。与此同时，径向调整蜗杆座，达到规定的接触斑痕后，配钻、铰蜗杆座与底座的定位销孔，装上定位销，拧紧螺钉。侧隙大小的检查，通常将百分表测头沿蜗轮齿圈切向接触于蜗轮齿面或工作台相应的凸面，固定蜗杆（有自锁能力的蜗杆不需固定），摇摆工作台（或蜗轮），百分表的读数差即为侧隙的大小。

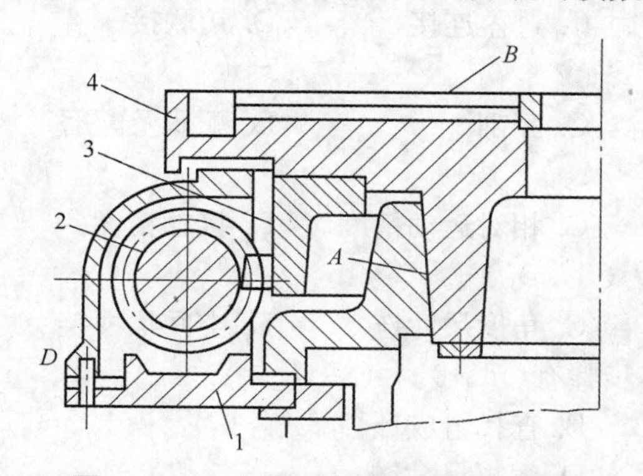

图 7－20 可调精密蜗杆蜗轮传动部件

1—蜗杆座；2—蜗杆；3—蜗轮；4—工作台

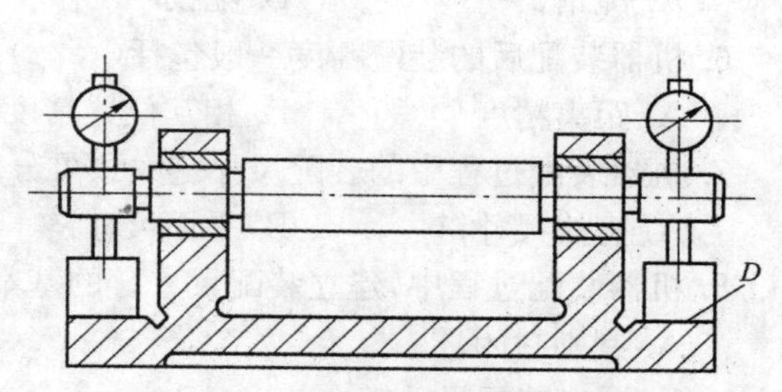

图 7－21 检验蜗杆座轴承孔中心线对基准面 D 的平行度

蜗轮齿面上的接触斑点位置应在中部稍偏蜗杆旋出方向，如图 7－22a 所示。若出现如图 7－22b、c 所示的接触情况，应配磨垫片，调整蜗杆位置使其达到正常接触，接触斑点长度在轻负荷时一般为齿宽的 25%～50%。不符合要求时，可适当调节蜗杆座径向位置。全负荷时，接触斑点长度最好能达到齿宽的 90%以上。

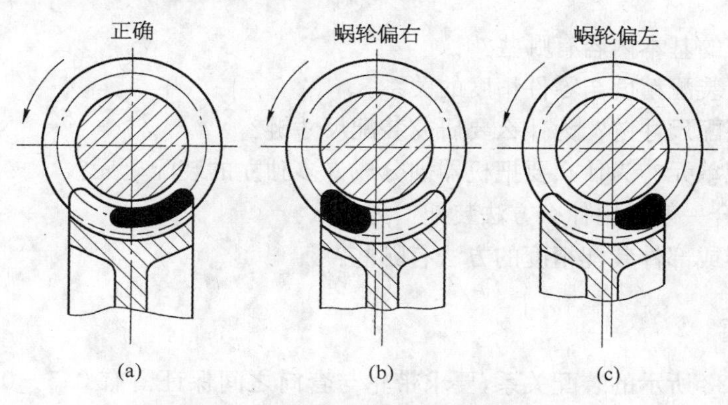

图 7－22 蜗轮齿面上的接触斑点

(a) 正常接触；(b) 偏左接触；(c) 偏右接触

复习思考题

一、选择题

1. 根据规定的技术要求，将若干零件和部件组装配合成机器的过程叫(　　)。
A. 装配　B. 部装　C. 总装　D. 装配单元
2. 机器装配过程中，零、部件的清洗方法有(　　)。
A. 擦洗　B. 浸洗　C. 喷洗　D. 超声波清洗
3. 机器装配时，零、部件常用的清洗液有(　　)。
A. 煤油　B. 汽油　C. 碱液　D. 化学清洗剂
4. 在装配过程中，常见的可拆卸联接有(　　)。
A. 螺纹联接　B. 键联接　C. 过盈连接　D. 销联接
5. 在机器装配过程中的配作是指(　　)。
A. 配钻　B. 配铰　C. 配刮　D. 配研及配磨
6. 机器装配后的装配精度一般包括(　　)。
A. 距离精度　B. 相互位置精度　C. 相对运动精度　D. 接触精度
7. 机器装配过程中的装配尺寸链大致可分为(　　)。
A. 直线尺寸链　B. 平面尺寸链　C. 角度尺寸链　D. 空间尺寸链
8. 机器装配过程中，建立装配尺寸链的基本步骤有(　　)。
A. 判别封闭环　B. 查找组成环
C. 画出装配尺寸链　D. 解算尺寸链
9. 装配尺寸链的计算类型有(　　)。
A. 正计算法　B. 反计算法　C. 中间计算法　D. 极值法和概率法
10. 机器的装配工艺方法有(　　)。
A. 互换装配法　B. 选配装配法　C. 修配装配法　D. 调整装配法

二、问答题

1. 装配工作的基本内容有哪些?
2. 举例说明装配精度与零件精度的关系。
3. 什么是装配尺寸链? 为什么要研究装配尺寸链?
4. 何谓装配单元? 为什么要把机器划分成许多独立的装配单元?
5. 轴、孔配合一般采用什么方法装配? 为什么?
6. 保证机器或部件装配精度的方法有哪些?

三、计算题

1. 如图 7-23 所示的装配关系，要求带轮与套筒之间保证留有 0.5～0.8 mm 的间隙。试按装配尺寸链最短路线原则画出与轴向间隙有关的装配尺寸简图，分别用极值法和概率法确定有关零件尺寸的上、下偏差(左右两套筒零件尺寸相同)。

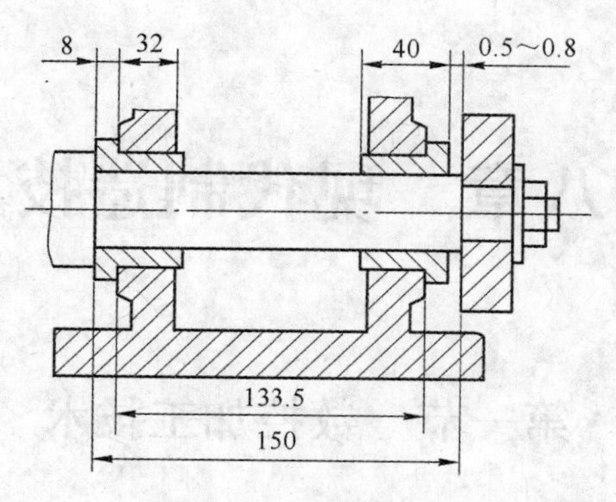

图 7-23 计算题 1 图

2. 如图 7-24 所示为主轴部件的局部装配关系，为保证弹性挡圈能顺利装入，要求保证轴向间隙为 0.05～0.42 mm。已知齿轮厚 32.5 mm，弹性挡圈厚$2.5_{-0.12}^{\ 0}$ mm(标准件)，试分别按极值法和概率法确定各组成零件有关尺寸的上、下偏差。

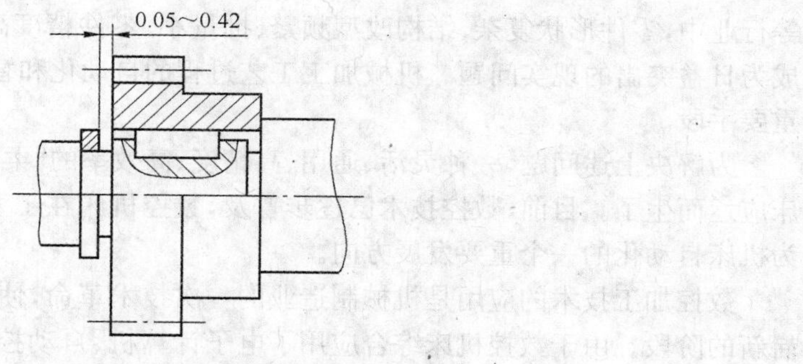

图 7-24 计算题 2 图

3. 如图 7-4 所示，卧式车床主轴箱和尾座两顶尖等高度要求为 0～0.06 mm(只许尾座高)。已知 $A_1=202$ mm，$A_2=46$ mm，$A_3=156$ mm，现采用修配装配法，并选定 A_2 为修配环，试计算各组成环公差及其上、下偏差。

第八章　现代制造技术

第一节　数控加工技术

一、概述

1. 数控技术诞生与发展的背景

随着科学技术和社会生产的不断进步，机械产品日趋复杂，对机械产品的质量和生产率的要求也越来越高。在航空航天、微电子、信息技术、汽车、造船、建筑、军工和计算机技术等行业中，零件形状复杂、结构改型频繁、批量小、零件精度高、加工困难、生产效率低等，已成为日益突出的现实问题。机械加工工艺过程的自动化和智能化是适应上述发展特点的最重要手段。

为解决上述问题，一种灵活、通用、高精度、高效率的“柔性”自动化生产设备——数控机床应运而生了。目前，数控技术已逐步普及，数控机床在工业生产中得到了广泛应用，已成为机床自动化的一个重要发展方向。

数控加工技术的应用是机械制造业的一次技术革命，使机械制造业的发展进入了一个崭新的阶段。由于数控机床综合应用了电子计算机、自动控制、伺服驱动、精密检测与新型机械结构等方面的技术成果，具有高柔性、高精度与高度自动化的特点，因此它提高了机械制造业的制造水平，解决了机械制造中常规加工技术难以解决甚至无法解决的复杂型面零件的加工，为社会提供了高质量、多品种及高可靠性的机械产品，已取得了巨大的经济效益。

2. 数控加工的特点

数控加工具有较强的适应性和通用性，能获得更高的加工精度和稳定的加工质量，具有较高的生产效率、能获得良好的经济效益，能实现复杂的运动，能改善劳动条件、提高劳动生产率，便于实现现代化的生产管理等特点。

虽然数控机床有上述优点，但初期投资大，维修费用高，要求管理及操作人员的素质也较高，因此应合理地选择及使用数控机床，提高企业经济效益和竞争力。

3. 数控机床的应用范围

数控机床是一种高度自动化的机床，有一般机床所不具备的许多优点，所以数控机床的应用范围在不断扩大，但数控机床是一种高度机电一体化产品，技术含量高，成本高，使用维修都有一定难度，若从效益最优化的技术经济角度出发，数控机床一般适用于加工：

① 多品种、小批量零件。

② 结构较复杂、精度要求较高的零件。

③ 需要频繁改型的零件。

④ 价格昂贵，不允许报废的关键零件。

⑤ 需要最小生产周期的急需零件。

二、数控加工的一般过程与要求

数控机床加工零件与普通机床加工零件的过程有相同之处，也有不同之处，因此数控加工的过程和要求有其自身的特点。

1. 根据图样要求制定加工工艺

在数控机床上加工零件，工序可以比较集中，应尽可能在一次装夹中完成全部工序。

（1）确定加工路线　加工路线是指数控机床切削加工过程中，刀具的运动轨迹和运动方向。所选定的加工路线应能保证零件的加工精度与零件表面粗糙度要求；为提高生产率，应尽量缩短加工路线，减少刀具空行程移动时间；为减少编程工作量，还应使数值计算简单，程序段数量少。

（2）选择机床设备　应根据加工零件的几何形状、加工精度和表面粗糙度来选择数控机床。

① 所选择的数控机床应能满足零件的加工精度要求。

② 在满足精度要求的前提下，应尽量选用一般的数控机床，以降低生产成本。

③ 所选用数控机床的数控系统能满足加工的需要。

④ 所选用数控机床的加工范围应能满足零件的需要，即数控机床的主参数及尺寸参数应满足加工要求。

⑤ 所选数控机床的回转刀架或刀库的容量应足够大，刀具数量能满足加工的需要。

（3）选择装夹方法和对刀点　当确定了在某台数控机床上加工某个零件以后，就应根据零件图样确定零件在机床上装夹定位方法。

数控机床所用夹具，应尽量采用已有的通用夹具及组合夹具，必要时设计专用夹具。装夹零件要迅速方便，尽量采用气动、液压夹具以减少机床停机时间。

对刀点是指在数控机床上用刀具加工零件时，刀具相对工件运动的起始点，程序就是从这一点开始的，所以对刀点也叫做“程序原点”。

（4）选择刀具　数控机床所选择的刀具应满足装夹调整方便、刚度好、精度高、耐用度高的要求。

与普通机床相比，数控加工对刀具的选择要严格得多，它常常是专用的。编程时，需预先规定好刀具的结构尺寸和调整尺寸，尤其是自动换刀数控机床（例如加工中心），在刀具装夹到机床上之前，应根据编程时确定的参数，在机床外的预调整装置中调到所需尺寸。

（5）确定切削用量　数控加工中切削用量应根据加工技术要求、刀具耐用度、切削条件等加以确定。

在缺乏数控加工切削用量表格的情况下，亦可参照普通加工切削用量表格确定，所确定的切削用量应是本机床具有的数值。

2. 根据所确定的工艺编制加工程序

用数控机床加工零件，要有一个控制数控机床加工的程序。因而，必须根据零件图样与工艺方案，用数控机床规定的程序格式和指令代码编制零件加工程序单，给出刀具运动的方向和坐标值，以及机床进给速度、主轴启停与正反转、切削液开闭、换刀与夹紧等加工信息，记录在控制介质上。

数控加工程序编制的一般步骤：

（1）数学处理　根据零件图样的几何尺寸、走刀路径以及设定的坐标系计算粗、精加工各运动轨迹的坐标值，如运动轨迹起点、终点、圆弧的圆心等。

（2）编写加工程序单　根据计算出的运动轨迹坐标值和已确定的运动顺序、切削参数以及辅助动作，按照数控机床规定使用的功能指令代码及程序段格式，逐段编写加工程序单，并附上必要的加工示意图、刀具布置图、机床调整卡、工序卡以及必要说明。

（3）制备控制介质　为了控制数控机床按预定程序加工零件，还必须将程序单的内容通过键盘直接键入数控装置的存储器内存储，或制成穿孔纸带、磁带、磁盘等控制介质。

（4）程序校验与试运行　程序单和所制备的控制介质必须经过校验和试运行，才能正式使用。

程序检验与试运行主要达到两个目的：

① 检查程序内容及控制介质的制备是否正确，以保证对零件轮廓轨迹的要求。

② 检查刀具调整及编程计算是否正确，以保证零件加工精度达到图样的要求。

当前可以使用各种加工模拟软件，在计算机上模拟加工，以发现问题，避免浪费，是一种好的方法。

3. 正式投产

经过试切削、程序的反复调整修改，加工出合格的样件后即可正式投入生产。

三、数控加工工艺的主要内容

1. 分析零件情况

① 分析工件在本工序加工之前的情况，例如毛坯（半成品）的类型、材料、形状结构特点、尺寸、加工余量、基准面或孔等情况。

② 了解需要数控加工的部位和具体内容，包括待加工表面的类型、各项精度及技术要求、表面性质、各表面之间的关系等。

③ 分析待加工零件的结构工艺性。

2. 选择加工方法

（1）数控车削加工的适用范围

① 精度要求高的回转体零件，特别是形状、位置精度和表面粗糙度要求高的回转体零件。

② 表面形状复杂的回转体零件（例如具有曲线轮廓和特殊螺纹）。

③ 表面构成复杂的回转体零件（如具有内外多个表面加工）。

（2）数控铣削加工的适用范围

① 多台阶平面和曲线轮廓平面（例如平面凸轮）。

② 曲线轮廓沟槽。

③ 变斜角类零件。

④ 曲面类零件（例如曲面型腔）。

（3）加工中心的适用范围

① 总体来说加工中心适宜于加工形状复杂、加工内容多、要求较高、需要使用多种类型的普通机床和众多的工艺装备，而且需要多次装夹和调整才能完成加工的零件。

② 根据加工中心种类的不同，适宜的加工对象也不同；以镗铣加工中心为例，适宜加工既有平面又有孔系的箱体类、盘套类零件，结构形状复杂的凸轮类、整体叶轮类、模具类零件，形状不规则的支架、拨叉类零件等。

3. 确定加工顺序、选择机床

1）基本原则　先粗后精、先近后远。

（1）先粗后精　逐步提高加工精度。粗加工将在较短的时间内将工件表面上的大部分加工余量切掉，一方面提高金属切除率，另一方面满足精加工的余量均匀性要求。若粗加工后所留余量的均匀性满足不了精加工的要求时，则要安排半精加工，以此为精加工做准备。精加工要保证加工精度，按图样尺寸，一刀切出零件轮廓。

（2）先近后远　这里所说的远与近，是按加工部位相对于对刀点的距离大小而言的。在一般情况下，离对刀点远的部位后加工，以便缩短刀具移动距离，减少空行程时间。对于车削而言，先近后远还有利于保持坯件或半成品的刚性，改善其切削条件。

2）选择合适的成形方式　各类数控加工都有多种成形方式，例如数控车削有阶梯车削和轮廓连续车削方式，数控铣削则有轮廓加工、面加工、参数加工等方式。各种加工方式各有其特点，应根据零件的结构特点和加工要求做合理的选择。

3）加工设备的选择　在选择设备时，应遵循既要满足使用要求，又要经济合理的原则。

① 设备的规格要与加工工件相适应，避免过大。

② 设备的生产率应与工件的生产类型相适应。

③ 设备的加工精度应与工件的质量要求相适应。

④ 设备的选择应适当考虑生产发展的需要。

⑤ 设备的选择尽量立足于国内市场，既要满足加工精度和生产率的要求，又要考虑经济性。

4. 工序划分

在数控机床上加工零件，工序可以比较集中。在一次装夹中，应尽可能完成全部工序。与普通机床加工相比，加工工序划分有其自己的特点，常用的工序划分的方法有：

（1）按粗精加工划分工序　考虑到零件形状、尺寸精度以及工件刚度和变形等因素，可按粗精加工分开的原则划分工序，先粗加工，后精加工。粗加工后工件的变形需要一段时间恢复，最好不要紧接着粗加工安排精加工。

（2）按先面后孔的原则划分工序　在工件上既有面加工，又有孔加工时，可先加工面，后加工孔，这样可以提高孔的加工精度。

（3）按所用刀具划分工序　为了减少换刀次数，缩短空程时间，减少不必要的定位误差，多采用按刀具划分工序的方法。即将工件上需要用同一把刀加工的部位全部加工完之后，再换另一把刀来加工。

5. 工件装夹

数控机床上应尽量采用通用夹具与组合夹具，必要时可以设计专用数控夹具。无论是采用组合夹具还是设计专用夹具，一定要考虑数控机床的特点。在数控机床上加工工件，由于工序集中，往往是在一次装夹中就要完成全部工序，因此对夹紧工件时的变形要给予足够的重视。此外，还应注意协调工件和机床坐标系的关系。应注意以下几点：

(1) 选择合适的定位方式

① 夹具在机床上装夹位置的定位基准应与设计基准一致,即所谓基准重合原则。

② 所选择的定位方式应具有较高的定位精度,没有过定位干涉现象且便于工件的安装。

③ 为了便于夹具或工件的装夹找正,最好以工作台某两个面定位。对于箱体类工件,最好采用一面两销定位。

④ 若工件本身无合适的定位孔和定位面,可以设置工艺基准面和工艺用孔。

(2) 确定合适的夹紧方法 考虑夹紧方案时,要注意夹紧力的作用点和方向。夹紧力作用点应靠近主要支承点或在支承点所组成的三角形内,应力求靠近切削部位及刚性较好的地方。

(3) 夹具结构要有足够的刚度和强度 夹具的作用是保证工件的加工精度,因此要求夹具必须具备足够的刚度和强度,以减小其变形对加工精度的影响。特别对于切削用量较大的工序,夹具的刚度和强度更为重要。

6. 编制工艺

所谓编制工艺,就是确定每道工序的加工路线。由于同一工件的加工工艺可能会出现各种不同的方案,应根据实际情况和具体条件,采用最完善、最经济、最合理的工艺方案。

编制工艺要根据工件的毛坯形状和材料的性质等因素决定。这些因素和工件的尺寸精度是选择加工余量的决定因素,可以依据工件的精度、尺寸、几何公差和技术要求编制工艺规程。制定数控加工工艺除考虑上节所述的一般工艺原则外,还应考虑充分发挥所用数控机床的功能,要求走刀路线要短、走刀次数和换刀次数尽可能少、加工安全可靠等。

1) 进给路线的确定 在数控机床加工过程中,进给路线的确定是非常重要的,它与工件的加工精度和表面粗糙度直接相关。所谓进给路线就是数控机床在加工过程中刀具中心的移动路线。确定进给路线,就是确定刀具的移动路线。

(1) 数控车削进给路线的确定 确定数控车削进给路线的工作重点,主要在于确定粗加工及空行程的进给路线,精加工切削过程的进给路线基本上都是沿其零件设计图确定的轮廓顺序进行的。

车削进给路线泛指刀具从对刀点(或机床固定原点)开始运动起,直至返回该点并结束加工程序所经过的路径,包括切削加工的路径及刀具切入、切出等非切削空行程。其基本原则是:

① 力求空行程路线最短。可通过巧用起刀点、将起刀点与其对刀点重合在一起;巧设换(转)刀点,如果将第二把刀的换刀点也设置在合适点位置上,则可缩短空行程距离;合理安排“回零”路线,在手工编制较为复杂轮廓的加工程序时,为使其计算过程尽量简化,既不出错,又便于校核,编制者(特别是初学者)有时将每一刀加工完后的刀具终点通过执行“回零”(即返回对刀点)指令,使其全都返回到对刀点位置,然后再执行后续程序。这样会增加进给路线的距离,从而大大降低生产效率。因此,在合理安排“回零”路线时,应使其前一刀终点与后一刀起点间的距离尽量减短,或者为零,即可满足进给路线为最短的要求。另外,在选择返回对刀点指令时,在不发生加工干涉现象的前提下,宜尽量采用 x、y 坐标轴双向同时“回零”指令,此时的“回零”路线将是最短的。

② 力求切削进给路线最短。切削进给路线为最短，可有效地提高生产效率，降低刀具的损耗等。在安排粗加工或半精加工的切削进给路线时，应同时兼顾到被加工零件的刚性及加工的工艺性等要求，不要顾此失彼。

(2) 数控铣削进给路线的确定　数控铣削加工中进给路线对零件的加工精度和表面质量有直接的影响，因此，确定好进给路线是保证铣削加工精度和表面质量的工艺措施之一。进给路线的确定与工件表面状况、要求的零件表面质量、机床进给机构的间隙、刀具耐用度以及零件轮廓形状等有关。下面针对铣削方式和常见的几种轮廓形状来讨论进给路线的确定问题。

① 顺铣和逆铣的选择。铣削有顺铣和逆铣两种方式。当工件表面无硬皮，机床进给机构无间隙时，应选用顺铣，按照顺铣安排进给路线。因为采用顺铣加工后，零件已加工表面质量好，刀齿磨损小。精铣时，尤其是零件材料为铝镁合金、钛合金或耐热合金时，应尽量采用顺铣。当工件表面有硬皮，机床的进给机构有间隙时，应选用逆铣，按照逆铣安排进给路线。因为逆铣时，刀齿是从已加工表面切入，不会崩刃；机床进给机构的间隙不会引起振动和爬行。

② 铣削内外轮廓的进给路线。铣削平面零件外轮廓时，一般是采用立铣刀侧刃切削。刀具切入零件时，应避免沿零件外轮廓的法向切入，以避免在切入处产生刀具的刻痕，而应沿切削起始点延伸线或切线方向逐渐切入工件，保证零件曲线的平滑过渡。同样，在切离工件时，也应避免在切削终点处直接抬刀，要沿着切削终点延伸线或切线方向逐渐切离工件。

③ 铣削内槽的进给路线。所谓内槽是指以封闭曲线为边界的平底凹槽，一般用平底立铣刀加工，刀具圆角半径应符合内槽过渡圆角的图样要求。可用行切法（不抬刀纵向或横向连续进给）和环切法以及综合法（前两种方法的复合）加工内槽。前两种进给路线的共同点是都能切净内腔中全部面积，不留死角，不伤轮廓，同时尽量减少重复进给的搭接量。不同点是行切法的进给路线比环切法短，但行切法将在每两次进给的起点与终点间留下了残留面积，而达不到所要求的表面粗糙度值；用环切法获得的表面粗糙度要好于行切法，但环切法要逐次向外扩展轮廓线，刀位点计算稍微复杂一些。综合法综合了行切法、环切法的优点，采取先用行切法切去中间部分余量，最后用环切法切一刀，既能使总的进给路线较短，又能获得较小的表面粗糙度值。

④ 铣削曲面的进给路线。对于边界敞开的曲面加工，可采用行切法进给路线。刀位点计算简单，程序少，加工过程符合直纹面的形成原理，可以准确保证母线的直线度。确定进给路线要考虑到干涉问题，此处不过多讨论。

(3) 加工中心进给路线的确定　加工中心上刀具的进给路线可分为孔加工进给路线和铣削加工进给路线。铣削进给路线的确定同上，这里只说明孔加工时进给路线的确定。

孔加工时，一般是首先将刀具在 $x-y$ 平面内快速定位运动到孔中心线的位置上，然后刀具再沿 z 向（轴向）运动进行加工。所以孔加工进给路线的确定包括：

① 确定 $x-y$ 平面内的进给路线。孔加工时，刀具在 $x-y$ 平面内的运动属点位运动，确定进给路线时，主要考虑定位要迅速，也就是在刀具不与工件、夹具和机床碰撞的前提下空行程时间尽可能短；定位要准确，安排进给路线时，要避免机械进给系统反向间隙对孔位精度的影响。

定位迅速和定位准确有时两者难以同时满足，这时应抓主要矛盾，若按最短路线进给能保证定位精度，则取最短路线；反之，应取能保证定位准确的路线。

② 确定 z 向（轴向）的进给路线。刀具在 z 向的进给路线分为快速移动进给路线和工作进给路线。刀具先从初始平面快速运动到距工件加工表面一定距离的某一平面上，然后按工作进给速度运动进行加工。对多孔加工，为减少刀具空行程进给时间，加工中间孔时，刀具不必退回到初始平面，只要退到该平面上即可。

2）加工余量的选择　加工余量的大小等于每个中间工序加工余量的总和。工序间的加工余量的选择应根据下列条件进行。

① 应有足够的加工余量，特别是最后的工序，加工余量应能保证达到图样上所规定的精度和表面粗糙度值要求。

② 应考虑加工方法和设备的刚性，以及工件可能发生的变形。过大的加工余量反而会由于切削抗力的增加而引起工件变形加大，影响加工精度。

③ 应考虑到热处理引起的变形，否则可能产生废品。

④ 应考虑工件的大小。工件越大，由切削力、内应力引起的变形亦会越大，加工余量也要相应地大一些。

⑤ 在保证加工精度的前提下，应尽量采用最小的加工余量总和，以求缩短加工时间，降低加工费用。

3）数控机床用刀具的选择　数控机床具有高速、高效的特点。一般数控机床，其主轴转速要比普通机床主轴转速高 1～2 倍。因此，数控机床用的刀具比普通机床用的刀具要求严格得多。刀具的强度和耐用度是人们十分关注的问题。近几年来，一些新刀具相继出现，使机械加工工艺得到了不断更新和改善。选用刀具时应注意以下几点：

① 在数控机床上铣削平面时，应采用镶装可转位硬质合金刀片的铣刀。一般采用两次走刀，一次粗铣，一次精铣。当连续切削时，粗铣刀直径要小一些，精铣刀直径要大一些，最好能包容待加工面的整个宽度。加工余量大，且加工面又不均匀时，刀具直径要选得小些，否则当粗加工时会因接刀刀痕过深而影响加工质量。

② 高速钢立铣刀多用于加工凸台和凹槽，最好不要用于加工毛坯面，因为毛坯面有硬化层和夹砂现象，刀具会很快被磨损。

③ 加工余量较小，并且表面粗糙度值要求较低时，应采用镶立方氮化硼刀片的端铣刀或镶陶瓷刀片的端铣刀。

④ 镶硬质合金的立铣刀可用于加工凹槽、窗口面、凸台面和毛坯表面。

⑤ 镶硬质合金的玉米铣刀可以进行强力切削，铣削毛坯表面和用于孔的粗加工。

⑥ 精度要求较高的凹槽加工时，可以采用直径比槽宽小一些的立铣刀，先铣槽的中间部分，然后利用刀具半径补偿功能铣削槽的两边，直到达到精度要求为止。

⑦ 在数控铣床上钻孔，一般不采用钻模，钻孔深度为直径的 5 倍左右的深孔加工容易折断钻头，应注意冷却和排屑。钻孔前最好先用中心钻钻一个中心孔或用一个刚性好的短钻头锪窝引正。锪窝除了可以解决毛坯表面钻孔引正问题外，还可以代替孔口倒角。

4）切削量的确定　确定数控机床的切削量时一定要根据机床说明书中规定的要求，以及刀具的耐用度去选择，当然也可以结合实际经验采用类比法去确定。确定切削量时应注意以下几点：

① 要充分保证刀具能加工完一个工件或保证刀具寿命不低于一个工作班，最少也不低于半个班的工作时间。

② 背吃刀量主要受机床刚度的限制，在机床刚度允许的情况下，尽可能使背吃刀量等于工件的加工余量，这样可以减少走刀次数，提高加工效率。

③ 对于表面粗糙度值小和精度要求高的零件，要留有足够的精加工余量。数控机床的精加工余量可比普通机床小一些。

④ 主轴的转速 S 要根据切削速度 v_c 来选择。

⑤ 进给速度 v_f 是数控机床切削用量中的重要参数，可根据工件的加工精度和表面粗糙度值要求，以及刀具和工件材料的性质选取。

5）工艺文件填写　按加工顺序将各工序内容、使用刀具、切削用量等填入表 8-1 数控加工工序卡片中；将选定刀具的型号、刀片型号与牌号及主要参数等填入表 8-2 数控加工刀具卡片；将各工步的进给路线绘成进给路线图表（表 8-3）。

表 8-1　数控加工工序卡片

<table>
<tr><td colspan="2" rowspan="2">工　厂</td><td colspan="3" rowspan="2">数控加工工序卡片</td><td>产品名称</td><td>零件名称</td><td>毛坯材料</td><td>零件图号</td></tr>
<tr><td></td><td></td><td></td><td></td></tr>
<tr><td colspan="2">工序号</td><td>程序编号</td><td colspan="2">夹具名称</td><td>夹具编号</td><td colspan="2">设备名称与编号</td><td>车　间</td></tr>
<tr><td colspan="2"></td><td></td><td colspan="2"></td><td></td><td colspan="2"></td><td></td></tr>
<tr><td>工步号</td><td>工步内容</td><td>加工面</td><td>刀具编号</td><td>刀具规格</td><td>主轴转速
(r/min)</td><td>进给速度
(mm/min)</td><td>背吃刀量
(mm)</td><td>备　注</td></tr>
<tr><td>1</td><td></td><td></td><td></td><td></td><td></td><td></td><td></td><td></td></tr>
<tr><td>2</td><td></td><td></td><td></td><td></td><td></td><td></td><td></td><td></td></tr>
<tr><td>3</td><td></td><td></td><td></td><td></td><td></td><td></td><td></td><td></td></tr>
<tr><td></td><td></td><td></td><td></td><td></td><td></td><td></td><td></td><td></td></tr>
<tr><td colspan="2">编制</td><td colspan="2">审核</td><td colspan="3">批准</td><td colspan="2">共　页第　页</td></tr>
</table>

表 8-2　数控加工刀具卡片

<table>
<tr><td colspan="2">产品名称</td><td>零件名称</td><td>零件图号</td><td></td><td colspan="2">程序号</td><td></td></tr>
<tr><td rowspan="2">工步号</td><td rowspan="2">刀具号</td><td rowspan="2">刀具名称</td><td rowspan="2">刀柄型号</td><td colspan="2">刀具参数</td><td rowspan="2">补偿量
(mm)</td><td rowspan="2">备注</td></tr>
<tr><td>直径(mm)</td><td>刀长(mm)</td></tr>
<tr><td></td><td></td><td></td><td></td><td></td><td></td><td></td><td></td></tr>
<tr><td></td><td></td><td></td><td></td><td></td><td></td><td></td><td></td></tr>
<tr><td></td><td></td><td></td><td></td><td></td><td></td><td></td><td></td></tr>
<tr><td></td><td></td><td></td><td></td><td></td><td></td><td></td><td></td></tr>
<tr><td></td><td></td><td></td><td></td><td></td><td></td><td></td><td></td></tr>
<tr><td colspan="2">编制</td><td colspan="2">审核</td><td colspan="2">批准</td><td colspan="2">共　页第　页</td></tr>
</table>

表 8-3　某零件周边轮廓铣削加工进给路线图

数控机床进给路线图		零件图号		工序号		工步号	1	程序编号	
机床型号		程序段号		加工内容	铣型面轮廓周边 $R5$mm			共3页	共1页

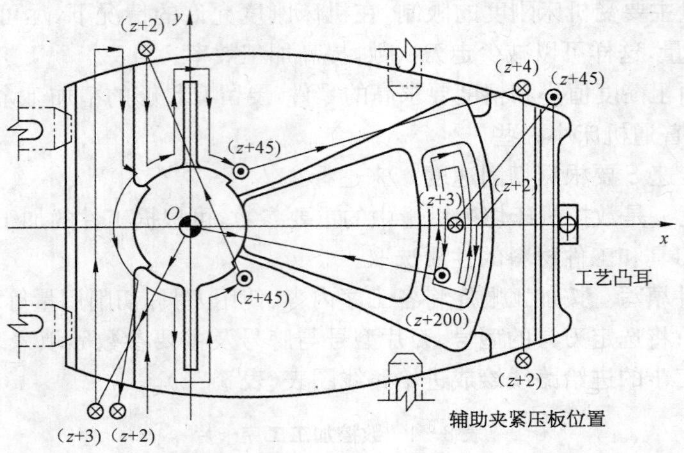

							编程		校对		审批	
符号	⊙	⊗										
含义	抬刀	下刀	程编原点	起始	进给方向	进给线相交	爬斜坡	钻孔	行切	轨迹重叠	回切	

上述“二卡一图”构成一份完整的数控加工工艺文件。可作为编制数控加工程序的主要依据。

第二节　成 组 技 术

市场竞争日趋激烈，产品更新换代越来越快，产品品种增多，而每种产品的生产数量却并不很多。世界上 75%～80%的机械产品是以中小批生产方式制造的。

与大量生产企业相比，中小批生产企业的设备工装多、劳动生产率低，生产周期长，产品成本高、生产管理复杂，市场竞争能力差。与大批大量生产相比，小批量生产方式无论在技术水平上还是经济效益方面都不能适应生产发展和低成本的需要。

能否把大批量生产的先进工艺和高效设备以及生产方式用于组织中小批量产品的生产，一直是国际生产工程界广为关注的重大研究课题。成组技术(Group Technology，简称 GT)便是为了解决这一矛盾应运而生的一门新的生产技术。也是针对生产中的这种需求发展起来的一种生产和管理相结合的科学。成组技术已渗透到企业生产活动的各个环节，如产品设计、生产准备和计划管理等，并成为现代数控技术、柔性制造系统和高度自动化的集成制造系统的技术基础。

一、成组技术的基本原理

充分利用事物之间的相似性，将许多具有相似信息的研究对象归并成组，并用大致相同的方法来解决这一组研究对象的生产技术问题，这样就可以发挥规模生产的优势，达到提高生产效率、降低生产成本的目的,这种技术统称为成组技术(Group Technology, GT)。

加工零件虽然千变万化,但客观上存在着大量的相似性。有许多零件在形状,尺寸、精度、表面质量和材料等方面具有相似性,从而在加工工序、安装定位,机床设备以及工艺路线等各个方面都呈现出一定的相似性。如图 8-1a 所示的零件具有不同的功能,但形状尺寸相近;如图 8-1b 所示的零件在形状上有较大差异,但加工工艺过程具有较高相似性。因此,可以将零件进行分类并归并成组(常称零件族)。

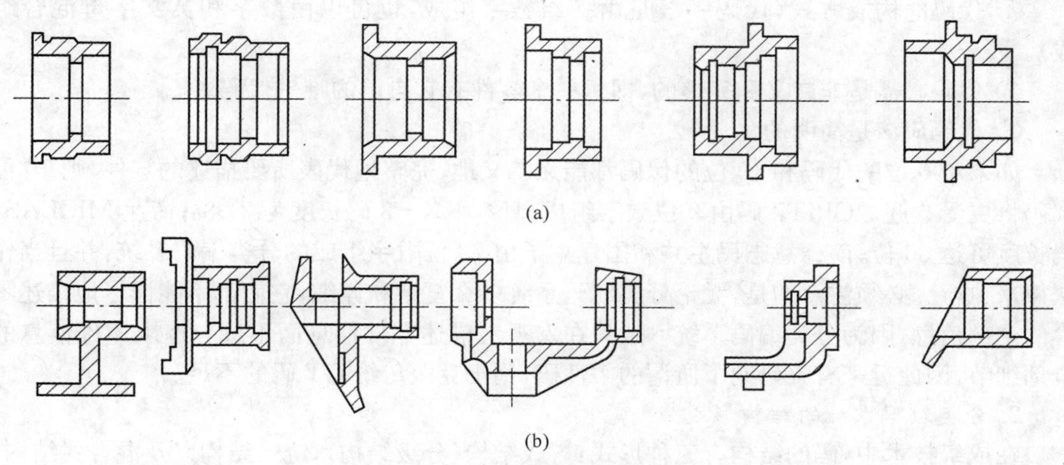

图 8-1 零件族示例

成组技术就是对零件的相似性进行标识、归类和应用的技术。其基本原理是根据多种产品各种零件的结构形状特征和加工工艺特征,按规定的法则标识其相似性,按一定的相似程度将零件分类编组。再对成组的零件制定统一的加工方案,实现生产过程的合理化。成组技术基本原理是利用事物相似性的原理,进行相似性的处理,具体做法是通过找出一个代表性零件(代表零件也可以是假拟的),即主样件。通过主样件解决全组(族)零件的加工工艺问题,设计全组零件共同能采用的工艺装备,并对现有设备进行必要的改装等。成组技术首先是从成组加工发展起来的。划分为同一组的零件可以按相同的工艺路线在同一设备、生产单元或生产线上完成全部机械加工。一般加工工件的改变就只需进行少量的调整工作。

实践证明,在中小批量生产中采用成组技术,可以取得最佳的综合经济效益。归纳起来,实施成组技术可以带来以下好处:

① 将中小批量的生产纲领变为大批大量或近似于大批大量的生产,提高生产率,稳定产品质量和一致性。

② 减少加工设备和专用工装夹具的数目,降低固定投入,降低生产成本。

③ 促进产品设计标准化和规格化,减少零件的规格品种,减轻产品设计和工艺规程编制工作量。

④ 利于采用先进的生产组织形式和先进制造技术,实现科学生产管理。

二、分类编码系统

1. 分类编码系统的定义

零件的分类编码系统就是用字符(数字、字母或符号)对零件各有关特征进行描述和标识的一套特定的规则和依据。按照分类编码系统的规则用字符描述和标识零件特征的过程就是对零件进行编码,这种码也叫 GT 码。

在建立零件的分类编码系统时,必须考虑如下因素:

① 零件类型(回转体、棱形件、拉伸件及钣金件等)。

② 代码所表示的详细程度、码的结构(链式、分级结构或混合式)。

③ 代码使用的数制(二进制、八进制、十进制、字母数字制、十六进制等)。

④ 代码的构成方式(代码一般是由一组数字组成,也可以由数字和英文字母混合组成)。

⑤ 代码必需是非二义和完整的,即每一个零件有它自己的唯一代码。

⑥ 代码应该是简明的。

如果 100 位的代码和 10 位的代码都能无二义地、完整地代表所要描述的零件,则 10 位代码将更受欢迎。OPITZ 码由 9 位数字组成;日本 KK—3 码长度为 21 位;荷兰 MICLASS 码长度可达 30 位;前德意志民主共和国建立了由 72 位数字组成的分类编码系统,并且当作法律来执行。必须注意的是,无论分类编码系统多么复杂和详细,它们都不能详尽地描述零件的全部信息,因为分类编码系统一般只在宏观上描述零件信息而不过分追求零件信息的全部细节,因此近来有人研制了所谓的柔性码,用于克服传统 GT 码的不足。

2. 分类编码系统的结构形式

在成组技术中,码的结构有三种形式:树式结构(分级结构),链式结构以及混合式结构。

(1) 树式结构　码位之间是隶属关系,即除第一码位内的特征码外,其他各码位的确切含义都要根据前一码位来确定。树形结构的分类编码系统所包含的特征信息量较多,能对零件特征进行较详细的描述,但结构复杂,编码和识别代码不太方便。

(2) 链式结构　也称为并列结构或矩阵结构,每个码位内的各特征码具有独立的含义,与前后位无关。链式结构所包含的特征信息量比树式结构少,但结构简单,编码和识别也比较方便。OPITZ 系统的辅助码就属于链式结构形式。

(3) 混合式结构　系统中同时存在以上所说的两种结构。大多数分类编码系统都有混合式结构,例如 OPITZ 系统、KK 系统等。

三、成组加工的工艺准备工作

在机械加工方面实行成组技术时,其工艺准备工作包括下述五个方面的内容。

1. 零件分类编码、划分零件组

各类产品的生产纲领和图纸是工艺设计的原始资料,按照拟定的分类编码法则对零件编码。在实行成组加工的初始阶段也可以对近期产品在小范围内进行,再逐步扩大到各种产品的零件。

零件组的划分主要依据工艺相似性,因此确定相似程度很重要。例如代码完全相同的零件划为一组,则同组零件相似性很高而批量很少,不能体现成组效果。相似程度应依据零件特点、生产批量和设备条件等因素来确定。

零件分类成组是实施成组技术的又一项基础工作。为了减少现有零件工艺过程的多样性,扩大零件的工艺批量,提高工艺设计的质量,加工零件需根据其结构特征和工艺特征的相似性进行分类成组。在施行成组技术时,首先必须按照零件的相似特征将零件分类编组,然后才能以零件组为对象进行工艺设计和组织生产。零件分类成组的方法有三种：编码分类法、人工视检法和生产流程分析法。

2. 拟定成组工艺路线

选择或设计主样件，按主样件编制工艺路线，它将适合于该零件组内所有零件的加工；但对结构复杂的零件，要将组内全部形状结构要素综合而形成一个主样件，通常是困难的。此时可采用流程分析法，即分析组内各零件的工艺路线，综合成为一个工序完整、安排合理、适合全组零件的工艺路线，编制出成组工艺卡片。

3. 选择设备并确定生产组织形式

成组加工的设备可以有两种选择，一是采用原有通用机床或适当改装，配备成组夹具和刀具；二是设计专用机床或高效自动化机床及工装。这两种选择相应的加工工艺方案差别很大，所以拟定零件工艺过程时应考虑到设备选择方案。各设备的台数根据工序总工时计算，应保证各台没备首先是关键设备达到较高负荷率，一般可以留 10%～15%的负荷量供扩大相似零件加工之用。此外设备的利用率不仅是指时间负荷率，还包括设备能力的利用程度，如空间、精度和功率负荷率。

4. 设计成组夹具、刀具的结构和调整方案

这是实现成组加工的重要条件，将直接影响到成组加工的经济效果。因为改变加工对象时，要求对工艺系统只需少量的调整。如果调整费事，相当于生产过程中断，准备终结时间延长，就体现不出“成组批量”了。因此对成组夹具、刀具的设计要求是改换工件时调整简便、迅速、定位夹紧可靠，能达到生产的连续性，调整工作对工人技术水平要求不高。

5. 进行技术经济分析

成组加工应做到在稳定地保证产品质量的基础上，达到较高的生产率和较高的设备负荷率（60%～70%）。因此根据以上制订的各类零件的加工过程，计算单件时间定额及各台设备或工装的负荷率，若负荷率不足或过高，则可调整零件组或设备的选择方案。

四、成组生产组织形式

随着成组加工的推广和发展，它的生产组织形式已由初级形式的成组单机加工发展到成组生产单元、成组生产线和自动线，以至现代最先进的柔性制造系统和全盘无人化工厂。

1. 成组单机

在转塔车床、自动车床或其他数控机床上成组加工小型零件，这些零件的全部或大部分加工工序都在这一台设备上完成，这种形式称为单机成组加工。单机成组加工时机床的布置虽然与机群式生产工段类似，但在生产方式上却有着本质上的差异，它是按成组工艺来组织和安排生产的。

2. 成组生产单元

在一组机床上完成一个或几个工艺相似零件组的全部工艺过程，该组机床即构成车间的一个封闭生产单元系统。这种生产单元与传统的小批量生产下所常用的“机群式”排列的生产工段是不一样的。一个机群式生产工段只能完成零件的某一个别工序，而成组生产单元却能完成一定零件组的全部工艺过程。成组生产单元的布置要考虑每台机床的合理负荷。如条件许可，应采用数控机床、加工中心代替普通机床。

成组生产单元的机床按照成组工艺过程排列，零件在单元内按各自的工艺路线流

动,缩短了工序间的运输距离,减少了在制品的积压,缩短了零件的生产周期;同时零件的加工和输送不需要保持一定的节拍,使得生产的计划管理具有一定的灵活性;单元内的工人工作趋向专业化,加工质量稳定,效率比较高,所以成组生产单元是一种较好的生产组织形式。

3. 成组生产线

成组生产线是严格地按零件组的工艺过程组织起来的。在线上各工序节拍是相互一致的,所以其工作过程是连续而有节奏地进行的。这就可缩短零件的生产时间和减少在制品数量。一般在成组生产线上配备了许多高效的机床设备,使工艺过程的生产效率大为提高。

成组生产线又有两种型式:成组流水线和成组自动线。前者工件在工序间的运输是采用滚道和小车进行的,它能加工工件种类较多,在流水线上每次投产批量的变化也可以较大。成组自动线则是采用各种自动输送机构来运送工件,所以效率就更高。但它所能加工的工件种类较少,工件投产批量也不能作很大变化,工艺适应性较差。

五、成组工艺过程制订

零件分类成组后,便形成了加工组,下一步就是针对不同的加工组制订适合于组内各件的成组工艺过程。编制成组工艺的方法有两种:复合零件法和复合路线法。

复合零件又称为主样件,它包含一组零件的全部形状要素,有一定的尺寸范围,它可是加工组中的一个实际零件,也可以是假想零件。以它作为样板零件,设计适用于全组的工艺规程。

在设计复合零件的工艺过程前要检查各零件组的情况,每个零件组只需要一个复合零件对于形状简单的零件组,零件品种不超过 100 为宜,形状复杂的零件组可包含 20 种左右的件。这样设计出的复合零件不会过于复杂或过于简单。设计复合零件时,对于零件品种数少的零件组,应先分析全部零件图,选取形状最复杂的零件作为基础件,再把其他图样上相同的形状特征加到基础件上,就得到复合零件。对于比较大的零件组,可先分成几个小的件组,各自合成一个组合件,然后再由若干个组合件合成整个零件组的复合零件。进行工件设计时,要对零件组内各零件的工艺仔细分析,认真总结,每一个形状要素都应考虑在内,满足该零件组所有零件的加工。复合路线法是从分析加工组中各零件的工艺路线入手,从中选出一个工序最多、加工过程安排合理并有代表性的工艺路线。然后以它为基础,逐个地与同组其他零件的工艺路线比较,并把其他特有的工序,按合理的顺序叠加到有代表性的工艺路线上,使之成为一个工序齐全,安排合理,适合于同组内所有零件的复合工艺路线。

第三节　柔性制造技术

一、概述

柔性制造技术是集数控技术、计算机技术、机器人技术以及现代生产管理技术于一体的先进制造技术。随着科技、经济的发展和人民生活水平的提高,多品种、中小批量生产已经成为机械制造业一个重要的发展趋势。一种高效率、高精度和高柔性的制造系统,自 1967

年诞生之日起，就显示了强大的生命力，已成为当今乃至今后机械自动化发展的重要方向之一。它的主要特点是：

(1) 高柔性　即具有较高的灵活性、多变性，能在不停机调整的情况下，实现多种不同工艺要求的零件加工和不同型号产品的装配，满足多品种、小批量的个性化加工需求。

(2) 高效率　能采用合理的切削用量实现高效加工，同时使辅助时间和准备终结时间减小到最低的程度。

(3) 高度自动化　加工、装配、检验、搬运、仓库存取等，使多品种成组生产达到高度自动化，自动更换工件、刀具、夹具，实现自动装夹和输送，自动监测加工过程，有很强的系统软件功能。

(4) 经济效益好　柔性化生产可以大大减少机床数目、减少操作人员、提高机床利用率，可以缩短生产周期、降低产品成本，可以大大削减零件成品仓库的库存、大幅度地减少流动资金、缩短资金的流动周期，因此可取得较高的综合经济效益。

二、FMS 的定义及组成

柔性制造系统(Flexible Manufacturing System，FMS)是在计算机统一控制下，由自动装卸与输送系统将若干台数控机床或加工中心连接起来而构成的一种适合于多品种、中小批量生产的先进制造系统。如图 8－2 所示是一个典型的 FMS 示意图。

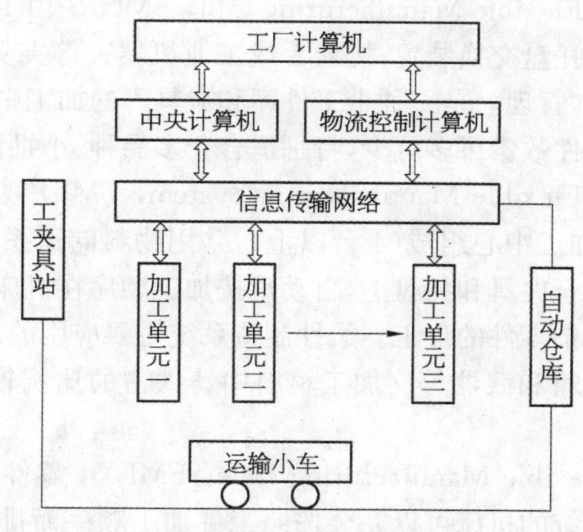

图 8－2　FMS 示意图

1. FMS 功能系统

由上述定义可以看出，FMS 主要由五个功能系统组成：

1) 加工系统　加工系统的功能是以任意顺序自动加工各种工件，并能自动地更换工件和刀具。通常由若干台加工零件的 CNC 机床和 CNC 板材加工设备以及操纵这种机床要使用的工具所构成。在加工较复杂零件的 FMS 加工系统中，由于机床上机载刀库能提供的刀具数目有限，除尽可能使产品设计标准化，以便使用通用刀具和减少专用刀具的数量外，必要时还需要在加工系统中设置机外自动刀库以补充机载刀库容量的不足。

2) 物流系统　FMS 中的物流系统与传统的自动线或流水线有很大的差别，整个工件输送系统的工作状态是可以进行随机调度的，而且都设置有储料库以调节各工位上加工时间的差异。物流系统包含工件的输送和储存两个方面。

(1) 工件的输送 包括工件从系统外部送入系统和工件在系统内部传送两部分。目前,大多数工件的送入系统和在夹具上装夹工件仍由人工操作,系统中设置装卸工位,较重的工件可用各种起重设备或机器人搬运。工件输送系统按所用运输工具可分成自动输送车、轨道传送系统、带式传送系统和机器人传送系统四类。

(2) 工件的存储 在FMS的物料系统中,设置适当的中央料库和托盘库及各种形式的缓冲储存区来进行工件的存储,保证系统的柔性。

3) 信息系统 信息系统包括过程控制及过程监视两个子系统,其功能主要是进行加工系统及物流系统的自动控制以及在线状态数据自动采集和处理。FMS中信息由多级计算机进行处理和控制。

4) 自动仓库系统 它主要是用各种传感器检测和识别整个FMS系统以及各分系统的运行状态,当出现异常情况时,可对系统进行故障诊断和处理,以保证系统的正常运行。

5) 计算机控制系统 它能够实现对FMS的运行控制、刀具管理、质量控制以及FMS的数据管理和网络通信。

2. FMS的类型及其适应范围

柔性制造系统一般可以分为柔性制造单元、柔性制造系统、柔性制造生产线和无人化工厂几种类型。

(1) 柔性制造单元(Flexible Manufacturing Cell, FMC) 由1、2台数控机床或加工中心,并配备有某种形式的托盘交换装置,机械手或工业机器人等夹具工件的搬运装置组成,由计算机进行适时控制和管理。是一种带工件库和夹具库的加工中心设备,FMC能够加工多品种的零件,同一种零件数量可多可少,特别适合于多品种、小批量零件的加工。

(2) 柔性制造系统(Flexible Manufacturing System, FMS) 柔性制造系统由两个以上柔性制造单元或多台加工中心组成(4台以上),并用物料储运系统和刀具系统将机床连接起来,工件被装夹在随行夹具和托盘上,自动地按加工顺序在机床间逐个输送。适合于多品种、小批量或中批量复杂零件的加工。柔性制造系统主要应用的产品领域是汽油机、柴油机、机床、汽车、齿轮传动箱和武器等。加工材料中铸铁占的比例较大,因为其切屑较容易处理。

(3) 柔性生产线(Flexible Manufacturing Line, FML) 零件生产批量较大而品种较少的情况下,柔性制造系统的机床可以完全按照工件加工顺序而排列成生产线的形式。这种生产线与传统的刚性自动生产线不同之处在于能同时或依次加工少量不同的零件,当零件更换时,其生产节拍可作相应的调整,各机床的主轴箱也可自行进行更换。较大的柔性制造系统由两个以上柔性制造单元或多台数控机床、加工中心组成,并用一个物料储运系统将机床连接起来,工件被装夹在夹具和托盘上,自动地按加工顺序在机床间逐个输送。根据加工需要自动调度和更换刀具,直至加工完毕。

(4) 无人化自动工厂(Automation Factory, AF) 在一定数量的柔性制造系统的基础上,用高一级计算机把它们联结起来,对全部生产过程进行调度管理,加上立体仓库和运用工业机器人进行装配,就组成了生产的无人化工厂。日本近年来出现了采用柔性制造系统的无人化工厂。无人搬运车从原材料自动仓库将毛坯运至加工站,然后由机械手完成机床的装卸工作。机床在加工过程中有监视装置。加工完毕后转入零件和部件自动仓库,并能自动完成产品的装配工作。对这种工厂来说，由于生产的高度自动化，白天在车间中只有几十名工人，夜班时在车间中没有工人，只有一个人在控制室内，而所有机床能在夜间无人照管下加工零件。这样在一天 24 小时中机床的可用时间接近 100%，而机床的实际利用率平均达到 65%～70%。结果在这一面积仅 20 000 m^2 的工厂中，每月生产 100 台机器人、75 台加工中心和 75 台线切割机床，可见它显著地提高了投资效益。

应当指出，柔性制造系统的投资是很大的。柔性制造系统带来的经济效益具体体现在如减少机床数，减少操作人员，提高机床利用率，缩短生产周期，降低产品成本等。但上述经济效益能否使投资在短期内回收，将是采用柔性制造系统进行决策的一个重要依据。因而国外从 20 世纪 70 年代起就一直在研究和开发柔性制造系统的模拟技术，使在新系统建立（或老系统的改造）之前，借助于计算机上的系统模拟，以便找到最优的系统构成。

3. FMS 中的机床设备和夹具

（1）加工设备　FMS 的机床设备一般选择卧式、立式或立卧两用的数控加工中心（MC）。数控加工中心机床是一种带有刀库和自动换刀装置（ATC）的多工序数控机床，工件经一次装夹后，能自动完成铣、镗、钻、铰等多种工序的加工，并且有多种换刀和选刀功能，从而可使生产效率和自动化程度大大提高。

在 FMS 的加工系统中还有一类加工中心，它们除了机床本身之外，还配有一个储存工件的托盘站和自动上下料的工件交换台。当在这类加工中心机床上加工完一个工件后，托盘交换装置便将加工完的工件连同托盘一起拖回环形工作台的空闲位置，然后按指令将下一个待加工的工件由托盘转到交换装置，并将它送到机床上进行定位夹紧以待加工。这类加工中心是一种基础形式的柔性制造单元（FMC）。

FMS 对机床的基本要求是：工序集中，易控制，高柔性度和高效率，具有通信接口。

（2）机床夹具　目前，用于 FMS 机床的夹具有两个重要的发展趋势：

① 大量使用组合夹具，使夹具零部件标准化，可针对不同的服务对象快速拼装出所需的夹具，使夹具的重复利用率提高。

② 开发柔性夹具，使一套夹具能为多个加工对象服务。

4. 自动化仓库

FMS 的自动化仓库与一般仓库不同。它不仅是储存和检索物料的场所，同时也是 FMS 物料系统的一个组成部分。它由 FMS 的计算机控制系统所控制，从功能性质上说，它是一个工艺仓库。正因为如此，它的布置和物料存放方法也以方便工艺处理为原则。目前，自动化仓库一般采用多层立体布局的结构形式，所占用的场地面积较小。

5. 物料运载装置

物料运载装置直接担负着工件、刀具以及其他物料的运输，包括物料在加工机床之间，自动仓库与托盘存储站之间以及托盘存储站与机床之间的输送与搬运。FMS 中常见的物料运载装置有传送带、自动运输小车和搬运机器人等。

6. 刀具管理系统

刀具管理系统在 FMS 中占有重要的地位，其主要职能是负责刀具的运输、存储和管理，适时地向加工单元提供所需的刀具，监控管理刀具的使用，及时取走已报废或耐用度已耗尽的刀具，在保证正常生产的同时，最大程度地降低刀具的成本。刀具管理系统的功能和柔性程度直接影响到整个FMS的柔性和生产率。典型的FMS的刀具管理系统通常由刀库系统、刀具预调站、刀具装卸站、刀具交换装置和管理控制刀具流的计算机组成。

7. 控制系统

控制系统是FMS的核心。它管理和协调FMS内各项活动，以保证生产计划的完成，实现最大的生产效率。FMS除了少数操作由人工控制外(如装卸、调整和维修)，可以说正常的工作完全是由计算机自动控制的。FMS的控制系统通常采用两级或三级递阶控制结构形式，在控制结构中，每层的信息流都是双向流动的。然而，在控制的实时性和处理信息量方面，各层控制计算机又是有所区别的。这种递阶的控制结构，各层的控制处理相对独立，易于实现模块化，使局部增、删、修改简单易行，从而增加了整个系统的柔性和开放性。

FMS具有如下特点：

① 具有高度的柔性。能实现具有一定相似性的不同零件的加工，能适应零件品种和工艺要求的迅速变化，满足多品种、中小批量生产的要求。

② 设备的利用率高。由于零件加工的准备时间和辅助时间大为减少，使机床的利用率提高了75%～90%。

③ 使制品减少，市场反应能力增强。据日本MAZAK公司报道，使用FMS可使库存量减少75%，周期可缩短90%。

④ 劳动生产率提高，工人数减少。

⑤ 产品质量提高。

第四节　计算机集成制造系统

一、CIMS的概念

计算机辅助设计(CAD)和计算机辅助制造(CAM)的软件系统是分别研制、开发的。生产技术的高度发展要求设计与制造在产品生产中有机结合，实现一体化，从而发展形成集成制造系统。用计算机网络将产品生产全过程的各个子系统有机地集合成一个整体，以实现生产的高度柔性化、自动化和集成化，达到高效率、高质量、低成本的生产目的，这种系统就是计算机集成制造系统(Computer Integrated Manufacturing System, CIMS)。

CIMS的概念包含两个基本观点：

(1) 系统的观点　企业生产的各个环节，即从市场分析、产品设计、加工制造、经营管理到售后服务的全部生产活动是一个不可分割的整体，要紧密连接，统一考虑。

(2) 信息化的观点　整个生产过程实质上是一个数据的采集、传递和加工处理的过程，最终形成的产品可以看作是数据的物质表现。

由此可知，CIMS的内涵可以表述为：CIMS是一种组织、管理与运行企业的哲理，它将传统的制造技术与现代信息技术、管理技术、自动化技术、系统工程技术等有机结合，借助计算机(硬、软件)，使企业产品的生命周期(市场需求分析→产品意义→研究开发→设计→制造→支持，包括质量、销售、采购、发送、服务以及产品最后报废、环境处理等)各阶段活动中有关的人、组织、经费管理和技术等要素及信息流、物流和价值流有机集成并优化运行，实现企业制造活动中的计算机化、信息化、智能化、集成优化，以达到产品上市快、高质、低耗、服务好、环境清洁，提高企业的柔性、健壮性、敏捷性，使企业在市场竞争中立于不败之地。

二、CIMS 系统的组成

CIMS 是一项发展中的技术，它的组成还没有统一的模式，可以认为 CIMS 是由以下六大系统组成的：

① 集成化工程设计与制造系统（CAD/CAE/CAPP/CAM）。

② 集成化生产管理信息系统（CAPM 或 MIS）。

③ 柔性制造系统（FMS/FMC）。

④ 数据库与网络（DB 与 NW）。

⑤ 质量保证系统（QCS）。

⑥ 物料储运和保障系统。

三、CIMS 的关键技术

（1）信息集成　针对设计、管理和加工制造中大量存在的自动化独立制造岛（指由多台机床组成的系统，由于其具有一定的自主性和封闭性，故称之为“独立岛”），实现信息正确、高效的共享和交换，是改善企业技术和管理水平必须首先解决的问题。信息集成的主要内容有：企业建模、系统设计方法、软件工具和规范，这是企业信息集成的基础；异构环境下的信息集成。

（2）过程集成　企业除了信息集成这一技术手段之外，还可以对过程进行重构。产品开发设计中的各个串行过程尽可能多地转变为并行过程，在设计时考虑到下游工作中的可制造性、可装配性，设计时考虑质量（质量功能分配），则可以减少反复，缩短开发时间。

（3）企业集成　为了充分利用全球制造资源，把企业调整成适应全球经济、全球制造的新模式，CIMS 必须解决资源共享、信息服务、虚拟制造、并行工程、资源优化、网络平台等关键技术，以更快、更好、更省地响应市场。

实施 CIMS 要花费巨大的投资，而且需要雄厚的技术基础，包括企业应用 CIMS 单项技术的水平以及一支强大的技术队伍。它涉及许多工作新技术，除了硬件之外，还需要功能齐全的数据库软件和系统管理软件。

CIMS 的发展水平和完善程度代表着机械制造业的发展水平。近年来，我国在汽车、民用飞机和机床生产等行业，已经开始建立 CIMS 系统，有些系统即将启用，这标志着我国的机械制造水平已发展到了一个新的阶段。

第五节　计算机辅助工艺规程设计

一、概述

工艺规程设计是机械制造生产过程中一项重要的技术准备工作，是产品设计和制造之间的联接纽带。零件加工工艺过程涉及的问题很多，所以编制工艺规程比较复杂。由于编制人员的生产经验和所用参考资料的不同，同一零件可以编出不同的工艺过程，因此传统的工艺设计方法需要大量的时间和丰富的生产实践经验，工艺设计的质量在很大程度上取决于工艺人员的水平和主观性，这就使工艺设计很难做到最优化和标准化。但是根据大量实际经验看出，类似零件的工艺过程有许多共同之处，因此就产生了工艺过程典型化的思想。

数控机床的发展为应用电子计算机辅助设计零件加工工艺规程创造了条件。计算机辅助设计机械加工工艺规程(Computer Aided Process Planning, CAPP)是一项新技术，它是研究如仍将图纸信息和工艺人员的经验理论化、系统化、信息化，按成组技术的原理，利用计算机实现工艺过程的自动化设计。

CAPP 能迅速编制出完整而详尽的工艺文件，它将使工艺人员避免冗长的数学计算，查阅各种标准和规范，以及填写表格等繁琐和重复的事务性工作，从而大幅度地提高工艺人员的工作效率，并使工艺人员有可能集中精力去考虑如何提高工艺水平和产品质量。CAPP 能缩短生产准备时间，加快新产品投产，并为制定先进合理的时间定额和材料消耗定额以及推广成组技术和改善企业管理提供了科学依据。此外，CAPP 还是连接计算机辅助设计和计算机辅助制造的纽带，是开发集成生产系统和柔性制造系统(FMS)的基础。因此 CAPP 对全面提高机械工业经济效益及其现代化起着重要作用。

二、CAPP 的基本原理

CAPP 的基本原理主要有派生法(又称样件法或变异型)和创成法。其他还有在此基础上纵深发展衍生出的综合法、交互型和智能型等高级类别。

1. 派生法

在成组技术的基础上，将同一零件族中的零件形面要素合成为假想的主样件，按照主样件制定出反映本厂最优加工方案的工艺规程，并以文件形式存储在计算机中。当为某一零件编制工艺规程时，首先分析该零件的成组编码，识别它属于哪一零件族，然后调用该零件族的典型工艺文件，按照输入的该零件的成组编码、形面特征和尺寸参数，选出典型工艺文件中的有关工序并进行加工参数的计算。调用典型工艺文件以及确定加工顺序和计算加工参数均是自动进行的，并派生出所需的工艺规程。如有需要还可对所编制的工艺规程通过人机对话进行修改(插入、更换或删除)，最后编辑成所需要的工艺规程。其特点是系统较为简单，但要求工艺人员干预并进行决策。

2. 创成法

利用各种工艺决策制定的逻辑算法语言自动地生成工艺规程。其特点是自动化程度较高。创成法通常与 CAD 和绘图系统相连接，对各种几何要素规定相应的加工要素。对一个复杂的零件来说，组成该零件的几何要素的数量相当多，每一种几何要素可由不同的加工方法来加以实现。它们之间的顺序又可以有多种组合方案。所以创成法需要计算机具有较大的存储容量和计算能力。由于工艺过程设计涉及的因素较多，完全自动创成工艺规程的通用系统目前尚处于研究阶段。

派生法和创成法的主要特征列在表 8-4 中。

3. 综合型

综合型又称为半创成型。它将变异型与创成型结合起来(如工序设计用变异型，工步设计用创成型)，它具有两种系统类型的优点，部分克服了它们的缺点，效果较好，所以应用十分广泛。我国自行开发的 CAPP 系统大多为这种类型。

表 8-4　两种基本 CAPP 系统的特征比较

类型	工艺规程管理	工艺过程修改设计	工艺过程综合设计	新工艺过程的设计		自适应的工艺过程设计
				加工顺序描述	工件描述	
输入	加工任务数据，工序规程编号，工序内容，加工范围	加工任务数据，基本数据的编码，相类似工件的数据	加工任务数据，工件特征数据，相似工艺规程的修改	加工任务数据，加工顺序的描述	加工任务数据，机械加工和非机械加工的零件的几何形状和工艺要求	加工任务数据，描述工件图形的数据
人机交互	没有	可能	需要	可能	可能	需要
数据处理主要内容	工艺规程的存储、管理和读取、具体工作任务的插入	选择基本的工艺规程，计算输入的参数	选择相似的工艺规程，工步的插入或删除，简单的计算	生成工艺数据，选择设备，设计工艺过程	根据工件的几何形状生成加工顺序，生成工艺数据，选择设备及设计工艺过程	生成工件的几何和工艺数据，存储和读取工艺过程设计的逻辑规则
基本原理	派生法			创成法		
输出	工艺规程					

4. 交互型

交互型以人机对话的方式完成工艺规程的设计。实际上是按“变异型＋创成型＋人工干预”方式开发的一种系统，它将一些经验性强，模糊难确定的问题留给用户，这就简化了系统的开发难度，使其更灵活、方便。但系统的运行效率低，对人的依赖性较大。

5. 智能型

智能型是将人工智能技术应用在 CAPP 系统中形成的 CAPP 专家系统。它与创成型系统的不同之处在于：创成性 CAPP 是以逻辑算术进行决策，而智能型则是以推理加知识的专家系统技术来解决工艺设计中经验性强的，模糊和不确定的若干问题。它更加完善和方便，是 CAPP 的发展方向，也是当今国内外研究的热点之一。

三、CAPP 的经济效益

CAPP 不仅能显著提高生产率，降低工艺规程设计费用，而且对零件制造成本的各个方面产生影响。

在工艺部门中采用 CAPP 系统还可以获得以下好处：减少工艺文件的抄写工作，消除人为的计算错误，消除逻辑和说明上的疏忽；因为人机对话程序具有判断功能，能够从中央数据库中立即获得最新的信息；信息的一致性，所有工艺员都使用同一数据库，对设计修改，生产计划变更或车间要求能快速响应，所编制的工艺规程更加详细和完整，能更有效地使用工夹量具，并减少它们的种类。

第六节　精密和超精密加工

精密及超精密加工对尖端技术的发展起着十分重要的作用。当今各主要工业化国家都投入了巨大的人力物力，来发展精密及超精密加工技术，它已经成为现代制造技术的重要发展方向之一。

本节将对精密、超精密加工和细微加工的概念、基本方法、特点和应用作一般性介绍。

一、精密加工和超精密加工的界定

精密和超精密加工主要是根据加工精度和表面质量两项指标来划分的。这种划分是相对的，随着生产技术的不断发展，其划分界限也将逐渐向前推移。

1. 一般加工

一般加工是指加工精度在 10 μm 左右(IT5～IT7)、表面粗糙度为 *Ra*0.2～0.8 μm 的加工方法，如车、铣、刨、磨、电解加工等。适用于汽车制造、拖拉机制造、模具制造和机床制造等。

2. 精密加工

精密加工是指精度在 10～0.1 μm(IT5 或 IT5 以上)、表面粗糙度值小于 *Ra*0.1 μm 的加工方法，如金刚石车削、高精密磨削、研磨、珩磨、冷压加工等。用于精密机床、精密测量仪器等制造业中的关键零件，如精密丝杠、精密齿轮、精密导轨、微型精密轴承、宝石等的加工。

3. 超精密加工

超精密加工一般指工件尺寸公差为 0.1～0.01 μm 数量级、表面粗糙度 *Ra* 为 0.001 μm 数量级的加工方法。如金刚石精密切削、超精密磨料加工、电子束加工、离子束加工等，用于精密组件、大规模和超大规模集成电路及计量标准组件制造等方面。

二、实现精密和超精密加工的条件

精密和超精密加工技术是一项内容极为广泛的制造技术系统工程，它涉及到超微量切除技术、高稳定性和高净化的工作环境、设备系统、工具条件、工件状况、计量技术、工况检测及质量控制等。其中的任一因素对精密和超精密加工的加工精度和表面质量，都将产生直接或间接的不同程度的影响。

1. 加工环境

精密加工和超精密加工必须具有超稳定的加工环境。因为加工环境的极微小变化都可能影响加工精度。超稳定加工环境主要是指在恒温、防振、超净三个方面的要求。

(1) 恒温　温度增加 1℃时，100 mm 长的钢件就可能会产生 1 μm 的伸长，精密加工和超精密加工的加工精度一般都是微米级、亚微米级或更高。因此，为了保证加工区极高的热稳定性，精密加工和超精密加工必须在严密的多层恒温条件下进行，即不仅放置机床的房间应保持恒温，还要对机床采取特殊的恒温措施。例如美国 LLL 实验室的一台双轴超精密车床安装在恒温车间内，机床外部罩有透明塑料罩，罩内设有油管，对整个机床喷射恒温油流，加工区温度可保持在 20±0.06℃的范围内。

(2) 防振　机床振动对精密加工和超精密加工有很大的危害，为了提高加工系统的动态稳定性，除了在机床设计和制造上采取各种措施，还必须用隔振系统来保证机床不受或少受外界振动的影响。例如，某精密刻线机安装在工字钢和混凝土防振床上，再用四个气垫支承约 7.5 t 的机床和防振床，气垫由气泵供给恒定压力的氮气。这种隔振方法能有效地隔离频率为 6～9 Hz、振幅为 0.1～0.2 μm 的外来振动。

(3) 超净　在未经净化的一般环境下，尘埃数量极大，绝大部分尘埃的直径小于 1 μm，也有不少直径在 1 μm 以上甚至超过 10 μm 的尘埃。这些尘埃如果落在加工表面上，可能将表面拉伤；如果落在量具测量表面上，就会造成操作者或质检员的错误判断。因此，精密加工和超精密加工必须有与加工相对应的超净工作环境。

2. 工具切(磨)削性能

精密加工和超精密加工必须能均匀地去除不大于工件加工精度要求的极薄的金属层。当精密切削(或磨削)的背吃刀量 a_p 在 1 μm 以下时，背吃刀量可能小于工件材料晶粒的尺寸，切削在晶粒内进行，切削力要超过晶粒内部非常大的原子结合力才能切除切屑，因此作用在刀具上的剪切应力非常大。刀具的切削刃必须能够承受这个巨大的剪切应力和由此而产生的很大的热量。一般的刀具或磨粒材料是无法承受的，因为普通材料的刀具其切削刃的刃口不可能刃磨得非常锋利，平刃性也不可能足够好，这样会在高应力高温下快速磨损。一般磨粒经受高应力高温时，也会快速磨损。这就需要对精密切削刀具的微切削性能进行认真的研究，找到满足加工精度要求的刀具材料及结构。此外，刀具、磨具等工具必须具有很高的硬度和耐磨性，以保持加工的一致性，一般采用金刚石、CBN 超硬材料。

3. 机床设备

精密加工和超精密加工必须依靠高精密加工设备。高精密加工机床应具备以下条件：

① 机床主轴有极高的回转精度及很高的刚性和热稳定性。

② 机床进给系统有超精确的匀速直线性，保证在超低速条件下进给均匀，不发生爬行。

③ 为了在超精密加工时实现微量进给，机床必须配备位移精度极高的微量进给机构。

④ 采用微机控制系统，自适应控制系统，避免手工操作引起的随机误差。

4. 工件材料

精密加工和超精密加工对工件的材质有很高的要求。选择材料不仅要从强度、刚度方面考虑，而且更要注重材料加工工艺性。为了满足加工要求，工件材料本身必须均匀一致，不允许存在微观缺陷，有些零件甚至对材料组织的纤维化也有一定要求，如精密硬磁盘的铝合金盘基就不允许有组织纤维化。

5. 测控技术

精密测量与控制是精密加工和超精密加工的必要条件，加工中常常采用在线检测、在位检测、在线补偿、预测预报及适应控制等手段，如果不具备与加工精度相适应的测量技术，就不能判断加工精度是否达到要求，也就无法为加工精度的进一步提高指出方向。测量仪器的精度一般总是要比机床的加工精度高一个数量级，目前，超精密加工所用测量仪器多为激光干涉仪和高灵敏度的电气测量仪。

灵敏的误差补偿系统也是必不可少的。误差补偿系统一般由测量装置、控制装置及补偿装置三部分组成。测量装置向补偿装置发出脉冲信号，后者接收信号后进行脉冲补偿。每次补偿量的大小，取决于加工精度及刀具磨损情况。每次补偿量越小，补偿精度越高，工件尺寸分散范围越小，但对补偿机构的灵敏度要求越高。

三、精密加工和超精密加工的特点

精密加工及超精密加工当前正处于不断发展之中，从加工条件可知，其特点主要体现在以下几个方面：

(1) 加工对象　精密加工和超精密加工都以精密元件、零件为加工对象。精密加工的方法、设备和对象是紧密联系的。例如金刚石刀具切削机床多用来加工天文、激光仪器中的一些曲面等。

(2) 多学科综合技术　精密及超精密加工光凭孤立的加工方法是不可能得到满意的效果的，还必须考虑到整个制造工艺系统和综合技术。在研究超精密切削理论和表面形成机理时，还要研究与其有关的其他技术。

(3) 加工检测一体化　超精密加工的在线检测和在位检测极为重要，因为加工精度很高，表面粗糙度值很低，如果工件加工完毕后卸下再检测，发现问题就难再进行加工。

(4) 生产自动化技术　采用计算机控制、误差补偿、适应控制和工艺过程优化等生产自动化技术，可以进一步提高加工精度和表面质量，避免手工操作人为引起的误差，保证加工质量及其稳定性。

四、常用的精密、超精密和细微的加工方法

精密与超精密加工方法主要可分为两类：

① 采用金刚石刀具对工件进行超精密的微细切削和应用磨料磨具对工件进行珩磨、研磨、抛光、精密和超精密磨削等。

② 采用电化学加工、三束加工、微波加工、超声波加工等特种加工方法及复合加工。

另外，微细加工是指制造微小尺寸零件的生产加工技术，它的出现与发展与大规模集成电路有密切关系，其加工原理与一般尺寸加工也有区别。它是超精密加工的一个分支。

这里仅介绍金刚石超精密切削、精密磨削及金刚石超精密磨削和光刻细微加工技术。

1. 金刚石超精密切削

(1) 切削机理　金刚石超精密切削主要是应用天然单晶金刚石车刀对铜、铝等软金属及其合金进行切削加工，以获得极高的精度和极低表面粗糙度值的一种超精密加工方法。

金刚石超精密切削属于一种原子、分子级单位去除的加工方法，因此，其机理与一般切削机理有很大的不同。

金刚石刀具在切削时，其背吃刀量 a_p 在 1 μm 以下，刀具可能处于工件晶粒内部切削状态。这样，切削力就要超过分子或原子间巨大的结合力，从而使刀刃承受很大的剪切应力，并产生很大的热量，造成刀刃的高应力、高温的工作状态。金刚石精密切削的关键问题是如何均匀、稳定地切除如此微薄的金属层。

一般来讲，超精密车削加工余量只有几微米，切屑非常薄，常在 0.1 μm 以下。能否切除如此微薄的金属层，主要取决于刀具的锋利程度。锋利程度一般是以切削刃的刃口圆角半径 ρ 的大小来表示。ρ 越小，切削刃越锋利，切除微小余量越顺利。背吃刀量 a_p 很小时，若 $\rho < a_p$，切屑排出顺利，切屑变形小，厚度均匀；若 $\rho > a_p$，刀具就在工件表面上产生“滑擦”和“耕犁”，不能实现切削。因此，当 a_p 只有几微米，甚至小于 1 μm 时，ρ 也应精研至微米级的尺寸，并要求刀具有足够的耐用度，以维持其锋利程度。

金刚石刀具不仅具有很好的高温强度和高温硬度，而且其材料本身质地细密，经过仔细修研，刀刃的几何形状很好，切削刃钝圆半径极小。

在金刚石超精密切削过程中，虽然刀刃处于高应力高温环境，但由于其速度很高、进给量和背吃刀量极小，故工件的温升并不高，塑性变形小，可以获得高精度、小表面粗糙度值的加工表面。目前，金刚石刀具的切削机理正在进一步研究之中。

（2）金刚石刀具的刃磨及切削参数　金刚石刀具是将金刚石刀头用机械夹持或粘接方式固定在刀体上构成的，金刚石刀具的刃磨是一个关键技术。刀具的刃口圆角半径 ρ 与刀片材料的晶体微观结构有关，硬质合金即使经过仔细研磨也难达到 $\rho=1\ \mu m$。单晶体金刚石车刀的刃口圆角半径 ρ 则可达 0.02 μm，另外，金刚石与有色金属的亲合力极低，摩擦因数小，切削时不产生积屑瘤，因此，金刚石刀具的超精密切削是当前软金属材料最主要的超精密加工方法，对于铜和铝，可直接加工出具有高精度和低表面粗糙度值的镜面效果。金刚石刀具精密切削高密度硬磁盘的铝合金基片，表面粗糙度 Ra 可达 0.003 μm，平面度可达 0.2 μm。但用它切削铁碳合金材料时，由于高温环境下刀具上的碳原子会向工件材料扩散，即亲合作用，刀刃会很快磨损（即扩散磨损），所以，一般不用金刚石刀具来加工钢、铁等黑色金属。这些材料的工件常用立方氮化硼（CBN）等超硬刀具材料进行切削，或用超精密磨削的方法来得到高精度的表面。

金刚石精密切削时通常选用很小的背吃刀量 a_p、很小的进给量 f 和很高的切削速度 v。切削铜和铝时切削速度 $v=200\sim500$ m/min，背吃刀量 $a_p=0.002\sim0.003$ mm，进给量 $f=0.01\sim0.04$ mm/r。

金刚石超精密切削时必须防止切屑擦伤已加工表面，为此常采用吸尘器及时吸走切屑，用煤油或橄榄油对切削区进行润滑和冲洗，或采用净化压缩空气喷射雾化的润滑剂，使刀具冷却、润滑并清除切屑。

2. 精密磨削及金刚石超精密磨削

精密磨削是指加工精度为 1～0.1 μm，表面粗糙度为 Ra0.16～0.006 μm 的磨削方法；而超精密磨削是指加工精度高于 0.1 μm，表面粗糙度值小于 Ra0.04～0.02 μm 的磨削方法。

（1）精密磨削及超精密磨削的加工机理　精密磨削主要是靠对普通磨料砂轮的精细修整，使磨粒具有微刃性和等高性，等高的微刃在磨削时能切除极薄的金属，从而获得具有大量极细微磨痕、残留高度极小的加工表面，再加上无火花阶段微刃的滑挤、摩擦、抛光作用，使工件得到很高的加工精度。

超精密磨削则是采用人造金刚石、立方氮化硼（CBN）等超硬磨料砂轮对工件进行磨削加工。磨粒去除的金属比精密磨削时还要薄，有可能是在晶粒内进行切削，因此，磨粒将承受很高的应力，使切削刃受到高温、高压的作用。

普通材料的磨粒，在这种高剪切应力、高温的作用下，将会很快磨损变钝，使工件表面难以获得要求的尺寸精度和表面粗糙度数值。

超精密磨削与普通磨削最大的区别是：径向进给量极小，是超微量切除，可能还伴有塑性流动和弹性破坏等作用。它的磨削机理目前还处于探索研究中。

精密磨削砂轮的选用以易产生和保持微刃为原则。粗粒度砂轮经精细修整，微粒的切削作用是主要的；而细粒度砂轮经修整，呈半钝态的微刃在适当压力下与工件表面的摩擦抛光作用比较显著，工件磨削表面粗糙度值比粗粒度砂轮所加工的要小。

（2）金刚石砂轮的修整　磨削的精度通常与砂轮的修整有很大的关系。粗粒度金刚石砂轮的修整常常采用金刚笔车削法和碳化硅砂轮磨削法，形成等高的微刃；这些方法都需工件停止加工并让开位置才能操作，修整器磨损较快，辅助加工时间增多，生产率低。对于细粒度金刚石砂轮磨削高硬度、高脆性材料时，常常采用与特种加工工艺方法相结合的在线修整方法（in-process dressing），如高压磨料水射流喷射修整法、电解修锐法、电火花修整法和超声振动修整法等,这些方法都可以在磨削工件的同时进行修整工作,因而生产率较高、加工质量也较好,但设备更为复杂。

(3) 超精密磨床的技术要求　为适应和达到精密、超精密加工的条件,对于金刚石精密及超精密磨削,其磨床设备应达到以下特殊要求:

① 很高的主轴回转精度和很高的导轨直线度,以保证工件的几何形状精度;常常采用大理石导轨增加热稳定性。

② 应配备有微进给机构,以保证工件的尺寸精度以及砂轮修整时的微刃性和等高性。

③ 工作台导轨低速运动的平稳性要好,不产生爬行、振动,以保证砂轮修整质量和稳定的磨削过程。

(4) 精密磨削及超精密磨削的应用　精密磨削及超精密磨削主要用于对钢铁等黑色金属材料的精密加工及超精密加工。如果采用金刚石砂轮和立方氮化硼砂轮,还可对各种高硬度、高脆性材料(如硬质合金、陶瓷、玻璃等)和高温合金材料进行精密加工和超精加工。因此,精密磨削及超精密磨削加工的应用范围十分广阔。

3. 细微加工技术

微机械是科技发展的重要方向,如未来的微型机器人可以进入到人体血管里去清除"垃圾"、排除"故障"等。微机械是指尺寸为毫米级以及更小的微型机械,而细微加工则是微机械、微电子技术发展之基础,为此世界各国都投入巨资来发展细微加工技术,比如当今正在流行的"纳米加工技术"。

第七节　特种加工

一、电火花加工

1. 电火花加工的原理和设备组成

电火花加工又称放电加工(Electrical Discharge Machining, EDM),它是利用工具电极和工件电极间瞬时火花放电所产生的高温熔蚀工件表面材料来实现加工的方法。其加工原理如图 8-3 所示。

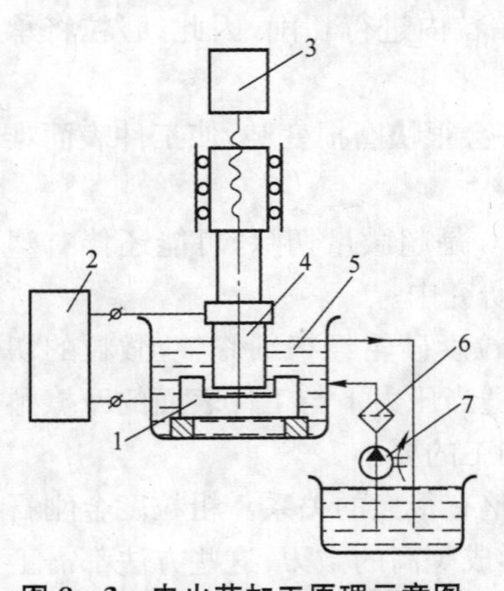

图 8-3　电火花加工原理示意图

1—工件; 2—脉冲电源;
3—自动进给调节装置; 4—工具;
5—工作液; 6—过滤器; 7—工作液泵

电火花加工时,工件 1 与工具 4 分别与脉冲电源 2 的两输出端相连接。自动进给调节装置 3(此处为电动机及丝杠螺母机构)使工具和工件间经常保持一很小的放电间隙,此脉冲电压加到两极之间,便在当时条件下,相对某一间隙最小处和绝缘强度最低处击穿介质,在该局部产生火花放电,瞬时高温使工具和工件表面都蚀除掉一小部分金属,各自形成一个小凹坑。放电结束后,经过一段时间间隔,第二个脉冲电压又加到两极上。这样,随着相当高的频率连续不断地重复放电,工具电极不断地向工件进给,就可将工具的形状复制到工件上,加工出所需要的零件。

2. 电火花加工的特点

(1) 电火花加工的优点

① 适合于任何难切削材料的加工，由于加工中材料的去除是靠放电时的电热作用实现的，材料的可加工性取决于材料的导电性和热学特性，几乎与其力学性能无关。这样，可以突破传统切削加工对刀具的限制，实现软的工具加工硬的工件。

② 由于可以简单地将工具电极的形状复制到工件上，所以可以加工特殊及形状复杂的表面和零件，如复杂型腔、磨具加工等。

③ 工艺参数可调节，能在同一台机床上连续进行粗、半精、精加工。

④ 直接利用电能加工，便于实现加工过程的自动化。

(2) 电火花加工的局限性

① 主要用于加工金属等导电材料，在一定条件下也可加工半导体和非导体材料。

② 一般加工速度较慢。

③ 存在电极损耗，影响成形精度。

3. 电火花加工机床

1) 电火花穿孔成形加工机床

(1) 电火花穿孔成形加工机床的组成　主要有主轴头、电源控制柜、床身、立柱、工作台及工作液槽等部分组成，如图 8－4 所示的分离式与整体式结构，油箱与电源箱放入机床内部成为整体。

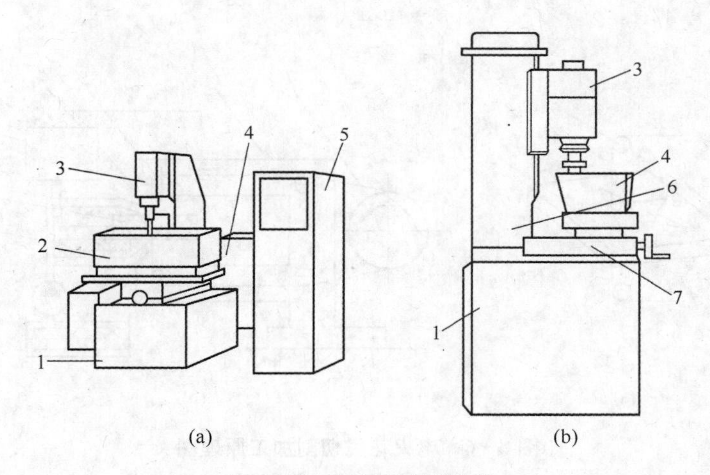

图 8－4　电火花成形机床

(a) 分离式；(b) 整体式

1—床身；2—工作液槽；3—主轴头；4—工作液箱；5—电源箱；6—立柱；7—工作台

① 主轴头是电火花成形机床中最关键的部件，是自动调节系统中的执行机构，对加工工艺指标的影响极大。因此，对主轴头有一定的要求：结构简单、热变形小、灵敏度好、刚度和精度高、能承受一定的负载。

② 电源控制柜又称电气柜，内设主轴伺服控制系统及安全保护系统等。

③ 床身和立柱是机床的主要结构件，用于保证工具电极与工件之间相对位置，要有足够的刚度和良好的耐磨性、抗振性。

④ 工作台用于支承装夹工件，其上固定有工作液槽，槽内装有工作液，放电加工部位浸在工作液介质中。

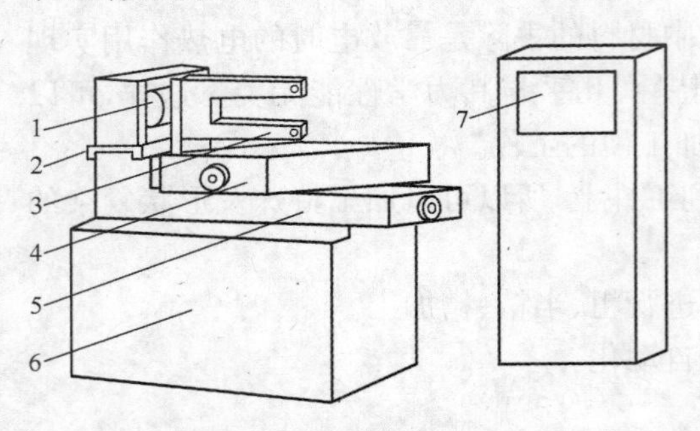

图 8-5　高速走丝线切割机床组成图

1—卷丝筒；2—走丝滑板；3—丝架；4—上滑板；5—下滑板；6—床身；7—电源、控制柜

(2) 电火花穿孔成形加工的应用范围

① 穿孔加工。主要用于冲磨粉末冶金模、挤压模、型孔零件、小孔、小异形孔深孔等。

② 型腔加工。主要用于型腔模（锻模、压铸模、塑料模、胶木模等）、型腔零件等。

2) 电火花线切割机床

(1) 电火花线切割机床组成　主要有机床本体、脉冲电源、控制系统、工作液循环系统和机床附件等部分组成，高速走丝线切割机床如图 8-5 所示。

(2) 电火花线切割加工的原理　电火花线切割是利用移动的细金属导线（铜丝或钼丝）作电极，对工件进行脉冲火花放电、切割成形。其加工原理如图 8-6 所示。

加工时，在脉冲电源的两端，一极接工件，另一极接电极钼丝（铜丝），储丝筒使钼丝作正反向交替移动，在电极丝和工件之间浇注工作液介质，工作台在水平面两个坐标方向各按预定的控制程序，根据火花间隙状态作伺服进给移动，从而合成各种曲线轨迹，使工件切割成形。

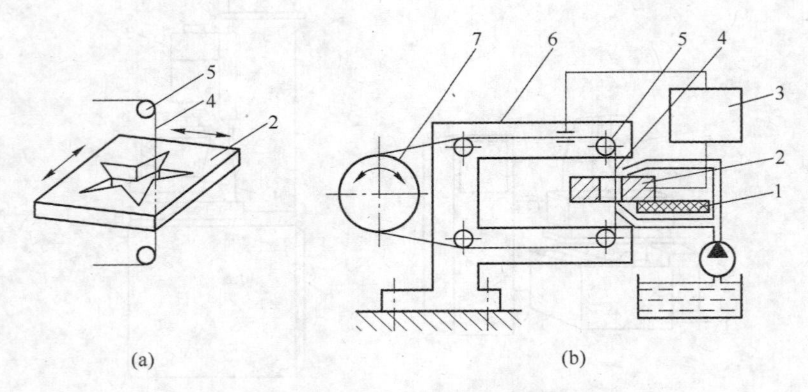

图 8-6　电火花线切割加工原理图

(a) 工艺图；(b) 装置图

1—绝缘底板；2—工件；3—脉冲电源；4—钼丝；5—导向轮；6—支架；7—储丝筒

(3) 电火花线切割加工的特点

① 采用水或水基作工作液，不会引燃起火，安全性好。

② 一般没有稳定电弧放电状态。

③ 成本较低、效率较高。

(4) 电火花线切割加工的应用范围

① 加工模具。适用于各种形状的冲模。

② 加工电极。适用于加工电火花成形用的电极和形状复杂的电极。

③ 加工零件。在试制新产品时，用线切割在坯料上直接割出零件，同时还可进行微细加工，异形槽和标准缺陷的加工等。

二、电解加工

电解加工又称电化学加工，是继电火花加工之后发展较快、应用较广的一种新工艺，在国内外已成功地应用于枪、炮、导弹、喷气发动机等国防工业部门。在模具制造中也得到了广泛的应用。

1. 电解加工的基本原理

电解加工是利用金属在电解液中产生阳极溶解的原理，将工件加工成形的。如图 8－7 所示为电解加工示意图。加工时，工件接直流电源的阳极，工具接电源阴极。工具向工件缓慢进给，使两极间保持较小的间隙(0.1～1 mm)，在间隙间通过高速流动的电解液(Nacl 水溶液)。这时阳极工件的金属被逐渐电解腐蚀，电解产物被电解液冲走。

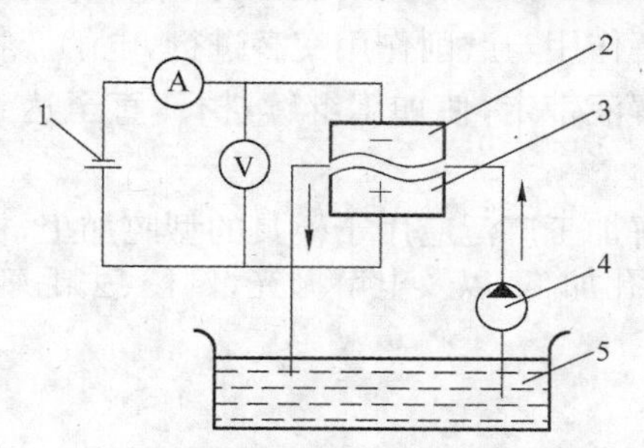

图 8－7　电解加工原理示意图

1—直流电源；2—工具阴极；
3—工件阳极；4—电解液泵；5—电解液

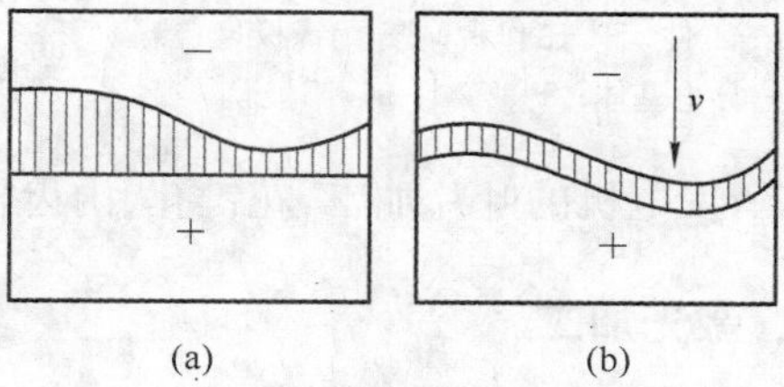

−
+
(a)
−
v
+
(b)

图 8－8　电解液加工成形原理

电解加工成形原理如图 8－8 所示。由于阳极、阴极间各点距离不等，电流密度也不等，图中以竖线疏密代表电流密度的大小。在加工开始时，阳、阴极距离较近处电流密度较大，电解液的流速也较高，阳极溶解速度也就较快，见图 8－8a。由于工具相对工件不断进给，工件表面不断被电解，电解产物不断地被电解液冲走，直至工件表面形成与阳极表面基本相似的形状为止，如图 8－8b 所示。

(1) 电解加工的特点

① 加工范围广，不受金属材料硬度影响，可以加工硬质合金、淬火钢、不锈钢、耐热合金等高硬度、高强度及韧性金属材料，并可加工叶片，锻模等各种复杂型面。

② 生产率较高，约为电火花加工的 5～10 倍，在某种情况下，比切削加工的生产率还高；且加工生产率不直接受加工精度和表面粗糙度的限制。

③ 表面粗糙度值较小(Ra1.25～0.2 μm)，平均加工精度可达±0.1 mm 左右。

④ 加工过程中无热及机械切削力的作用，所以在加工面上不产生应力、变形及加工变质层。

⑤ 加工过程中阴极工具在理论上不会损耗，可长期使用。

(2) 电解加工的主要缺点

① 不易达到较高的加工精度和加工稳定性。一是由于工具阴极制造困难；二是影响电解加工稳定性的参数很多，难以控制。

② 电解加工的附属设备较多,占地面积较大,机床需有足够的刚性、防腐蚀性和安全性能,造价较高。

③ 电解产物应妥善处理,否则污染环境。

2. 电解加工的应用

电解磨削是利用电解作用与机械磨削相结合的一种复合加工方法。其工作原理如图 8-9 所示。工件接直流电源正极,高速回转的磨轮接负极,两者保持一定的接触压力,磨轮表面突出的磨料使磨轮导电基体与工件之间有一定的间隙。当电解液从间隙中流过并接通电源后,工件产生阳极溶解,工件表面上生成一层称为阳极膜的氧化膜,其硬度远比金属本身低,极易被高速回转的磨轮所刮除,使新的金属表面露出而继续进行电解。电解作用与磨削作用交替进行,电解产物被流动的电解液带走,使加工继续进行,直至达到加工要求。

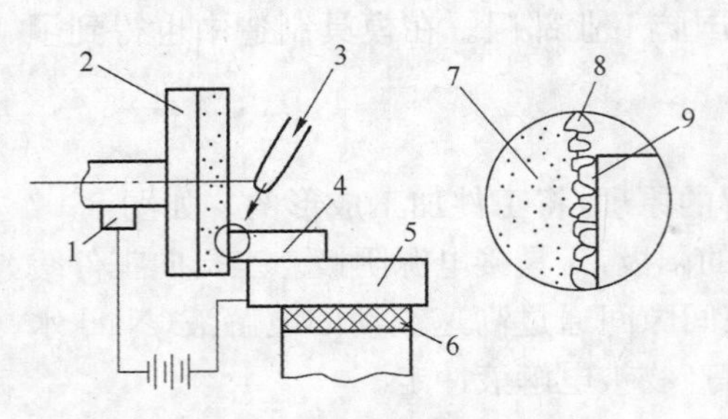

图 8-9 电解磨削原理图

1—电刷;2—导电磨轮;3—电解液;4—工件;5—工作台;6—绝缘板;7—导电基体;8—磨料;9—阳极膜

电解加工广泛应用于模具的型腔加工,枪炮的膛线加工,发电机的叶片加工,花键孔、内齿轮、深孔加工,以及电解抛光、倒棱、去毛刺等。

三、激光加工

激光技术是 20 世纪 60 年代初发展起来的一门新兴科学。激光加工可以用于打孔、切割、电子器件的微调、焊接、热处理以及激光存储、激光制导等各个领域。由于激光加工速度快、变形小,可以加工各种材料,在生产实践中愈来愈显示它的优越性,愈来愈受人们的重视。

1. 工作原理

如图 8-10a 所示,激光加工是利用光能量进行加工的一种方法。由于激光具有准值性好、功率大等特点,在聚焦后,可以形成平行度很高的细微光束,有很大的功率密度。该激光光束照射到工件表面时,部分光能量被表面吸收转变为热能。对不透明的物质,因为光的吸

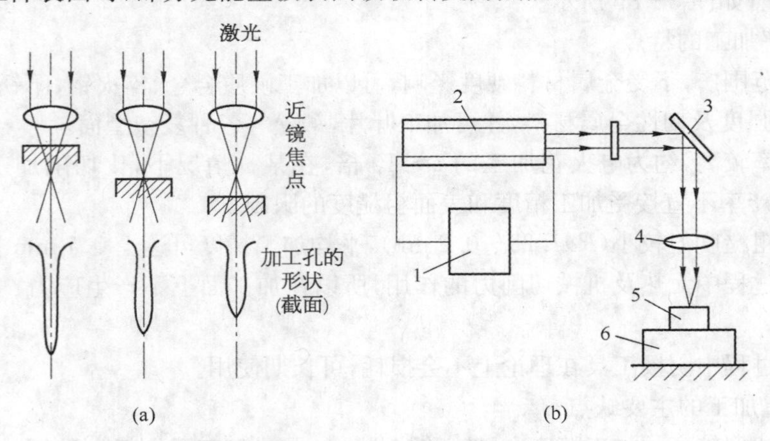

图 8-10 激光加工

1—电源;2—激光器;3—反射镜;4—聚焦镜;5—工件;6—工作台

收深度非常小(在 100 μm 以下),所以热能的转换发生在表面的极浅层。使照射斑点的局部区域温度迅速升高到使被加工材料熔化甚至汽化的温度。同时由于热扩散,使斑点周围的金属熔化,随着光能的继续被吸收,被加工区域中金属蒸气迅速膨胀,产生一次"微型爆炸",把熔融物高速喷射出来。

激光加工装置由激光器、聚焦光学系统、电源、光学系统监视器等组成,见图 8-10b。

2. 激光加工的特点

① 激光瞬时功率密度高达 $10^5 \sim 10^{10}$ W/cm²,几乎可以加工任何高硬、耐热材料。

② 激光光斑大小可以聚焦到微米级,输出功率可以调节,因此可用以精密微细加工。

③ 加工所用工具——激光束接触工件,没有明显的机械力,没有工具损耗。加工速度快、热影响区小,容易实现加工过程自动化。还能通过透明体进行加工,如对真空管内部进行焊接加工等。

④ 与电子束、离子束相比,工艺装置相对简单,不需抽真空装置。

⑤ 激光加工是一种热加工,影响因素很多,因此,精微加工时,精度,尤其是重复精度和表面粗糙度不易保证。加工精度主要取决于焦点能量分布,打孔的形状与激光能量分布之间基本遵从于"倒影"效应,由于光的反射作用,表面光洁或透明材料必须预先进行色化或打毛处理才能加工。

⑥ 靠聚焦点去除材料,激光打孔和切割的激光深度受限,目前的切割、打孔厚(深)度一般不超过 10 mm,因而主要用于薄件加工。

3. 激光应用

(1) 激光打孔　激光打孔已广泛应用于金刚石拉丝模、钟表宝石轴承、陶瓷、玻璃等非金属材料和硬质合金、不锈钢等金属材料的小孔加工。对于激光打孔,激光的焦点位置对孔的质量影响很大,如果焦点与加工表面之间距离很大,则激光能量密度显著减小,不能进行加工。如果焦点位置在被加工表面的两侧偏离 1 mm 左右时还可以进行加工,此时加工出孔的断面形状随焦点位置不同而发生显著的变化。由图 10-8 可以看出,加工面在焦点和透镜之间时,加工出的孔是圆锥形;加工面和焦点位置一致时,加工出的孔的直径上下基本相同,当加工表面在焦点以外时,加工出的孔呈腰鼓形。激光打孔不需要工具,不存在工具损耗问题,适合于自动化连续加工。

(2) 激光切割　激光切割的原理与激光打孔基本相同。不同的是,工件与激光束要相对移动。激光切割不仅具有切缝窄、速度快、热影响区小、省材料、成本低等优点,而且可以在任何方向上切割,包括内尖角。目前激光已成功地用于切割钢板、不锈钢、钛、钽、镍等金属材料,以及布匹、木材、纸张、塑料等非金属材料。

(3) 激光焊接　激光焊接与激光打孔的原理稍有不同,焊接时不需要那么高的能量密度使工件材料气化,而只要将工件的加工区烧熔使其粘合在一起。因此,激光焊接所需要的能量密度较低,通常可用减小激光输出功率来实现。

激光焊接有下列优点:

① 激光照射时间短,焊接过程迅速,它不仅有利于提高生产率,而且被焊材料不易氧化,热影响区小,适合于对热敏感性很强的材料焊接。

② 激光焊接既没有焊渣,也不需去除工件的氧化膜,甚至可以透过玻璃进行焊接,特别适宜微型机械和精密焊接。

③ 激光焊接不仅可用于同种材料的焊接，而且还可用于两种不同的材料焊接，甚至还可以用于金属和非金属之间的焊接。

4. 激光热处理

用大功率激光进行金属表面热处理是近几年发展起来的一项崭新工艺。激光金属硬化处理的作用原理是，照射到金属表面上的激光能使构成金属表面的原子迅速蒸发，由此产生的微冲击波会导致大量晶格缺陷的形成，从而实现表面的硬化，激光处理法与火焰淬火、感应淬火等成熟工艺相比优缺点如下：

① 加热快。半秒钟内就可以将工件表面加热到临界点以上，热影响区小，工件变形小，处理后不须修磨或只须精磨。

② 光束传递方便，便于控制，可以对形状复杂的零件或局部处进行处理。如盲孔底、深孔内壁、小槽等。

③ 加热点小、散热快，形成自淬火，不需冷却介质，不仅节省能源，并且工作环境清洁。

④ 激光热处理的弱点是硬化层较浅，一般小于1 mm；另外设备投资和维护费用较高。

激光热处理已经成功应用于发动机凸轮轴、曲轴和纺织锭尖等部位的热处理，提高材料耐磨性。

四、电子束与离子束加工

电子束加工(Electron Beam Machining，EBM)和离子束加工(lon Beam Machining，IBM)是近年来得到较大发展的新型特种加工。电子束加工主要用于打孔、焊接等热加工和电子束光刻化学加工。离子束加工则主要用于离子刻蚀、离子镀模和离子注入等加工。

1. 电子束加工

(1) 电子束加工原理　电子束加工在真空中进行，其加工原理如图 8－11 所示。由电子枪射出的高速电子束经电磁透镜聚焦后轰击工件表面，在轰击处形成局部高温，使材料瞬时熔化和气化，从而达到去除材料的目的。

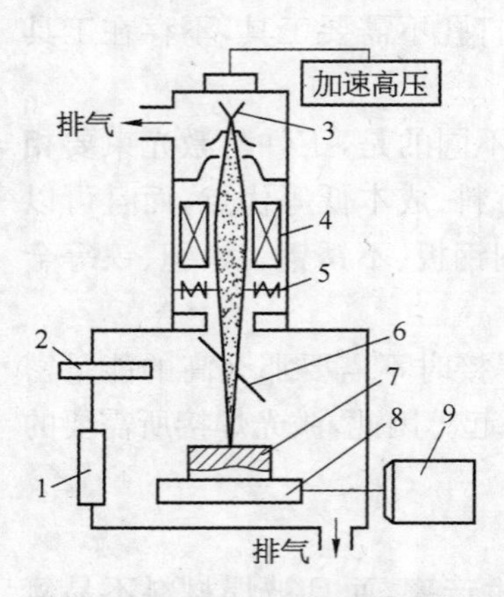

图 8－11　电子束加工原理图

1—窗门；2—观察窗；3—电子枪；4—电磁透镜；5—偏转器；6—反射镜；7—工件；8—工作台；9—驱动电动机

(2) 电子束加工特点及应用

① 电子束可实现极其微细的聚焦，加工面积小，生产率高。

② 电子束加工在真空进行，污染少，加工不易氧化。

③ 加工范围广，对高强度、高硬度、高韧性的材料以及导体、半导体和非导体材料均可加工。

电子束加工可用于打孔、切割、焊接、蚀刻和光刻等。

2. 离子束加工

(1) 离子束加工基本原理　离子束加工基本原理与电子束基本相同，但一旦离子加速到较高速度时，离子束比电子束具有更大的冲击动能，它是靠微观的机械撞击能量，而不是靠动能转化为热能加工工件的。

(2) 离子束加工的特点

① 离子束加工是所有特种加工方法中最精密、最微细

的加工方法，是当代纳米加工技术的基础。

② 电子束加工在真空进行，污染少，加工不易氧化。

③ 离子束加工应力小，热变形小，加工质量高。

④ 离子束加工设备费用贵、成本高、加工效率低。

五、超声波加工

超声波加工是磨粒在超声振动作用下的机械撞击和抛磨作用以及超声空化作用的综合结果，其中磨粒的撞击作用是主要的。它适合于加工各种脆硬材料，特别是不导电的非金属材料，也能加工硬质金属材料，但生产率较低。超声波加工机床结构简单，操作维修方便，常用来加工脆硬材料的型孔、型腔以及切割单晶硅片等脆硬的半导体材料和陶瓷材料，还可与其他加工方法相结合进行复合加工，如用超声与电火花加工相结合来加工喷油嘴等。

复习思考题

一、选择题

1. 将许多具有相似信息的研究对象归并成组，并用大致相同的方法来解决这一组生产对象的技术称为(　　)。

   A. CAPP　　B. 成组技术　　C. RP 技术　　D. 智能技术

2. "CIMS"中文含义是(　　)。

   A. 柔性制造系统　　B. 计算机集成制造系统

   C. 计算机辅助制造系统　　D. 柔性制造单元

3. 计算机辅助制造的英文缩写(　　)。

   A. CAM　　B. CAD　　C. CAPP　　D. CAE

4. FMS 是指(　　)。

   A. 自动化生产　　B. 计算机数控系统　　C. 柔性制造系统　　D. 数控加工中心

5. 超精密加工一般指工件尺寸公差为(　　)。

   A. 0.1～0.01 μm　　B. 1～0.1 μm

   C. 0.01～0.001 μm　　D. 10～1 μm

二、问答题

1. 数控技术有哪些特点？其应用场合和发展方向是什么？

2. FMS 由哪些子系统组成？简述 FMS 的特点、类型及其应用场合？

3. 试述 CIMS 系统的概念及其组成。

4. 阐述成组技术的基本思想和原理，设计主样件时应注意哪些因素？

5. CAPP 技术的开发有何意义？两种最基本的 CAPP 系统是什么？试比较它们的技术原理、特点和应用。

6. 试分析 FMC、FMS、CAPP、CAD、CAM、MIS 和 CMIS 之间的相互关系。

7. 特种加工如何产生？“特”在何处？常用有哪些工艺方法？
8. 精密加工和超精密加工有何特点？实现精密加工和超精密加工的条件有哪些？
9. 金刚石精密、超精密切削和磨削各自的切削机理、实现条件和应用范围是什么？
10. 试说明电火花加工、电解加工的基本原理。
11. 线切割加工的基本原理是什么？它与电火花穿孔，成形加工相比有何特点？

第九章　机械制造工艺与夹具综合实训

机械制造工艺与夹具综合实训是综合运用机械制造工艺及夹具的基本知识、基本理论和基本技能，分析和解决工程实际问题的一个重要教学环节，是对学生运用所掌握的机械制造工艺与夹具知识及相关知识的一次全面训练。

第一节　综合实训的目的、内容和步骤

一、综合实训的目的

① 培养学生制定零件机械加工工艺规程和分析工艺问题的能力，以及设计机床夹具的能力。在设计过程中，学生应熟悉有关标准和设计资料，学会使用有关手册。

② 能熟练运用机械制造工艺与夹具课程中的基本理论以及在生产实践中学到的实践知识，正确地解决一个零件在加工中的定位、夹紧以及工艺路线安排、工艺尺寸确定等问题，保证零件的加工质量。

③ 学会使用手册、图表及各种标准等技术资料。掌握与本综合实训有关的各种资料的名称、出处，能够做到熟练运用。

二、综合实训内容

1. 编制零件加工工艺规程

(1) 零件工艺分析　抄画零件图，熟悉零件的技术要求，确定零件的主要加工表面、主要技术要求。

(2) 确定毛坯　选择毛坯制造方法，确定加工总余量，画出毛坯图。

(3) 拟定工艺路线　确定加工方法，选择加工基准，安排加工顺序，划分加工阶段，选取加工设备及工艺装备。

(4) 进行工艺计算和填写工艺文件　计算加工余量、工序尺寸，选择、计算切削用量，确定加工工时，填写机械加工工艺过程综合卡及机械加工工序卡。

2. 撰写综合实训报告

内容见下面“编写综合实训报告”部分。

三、综合实训步骤

(一) 分析、研究零件图并进行工艺审查

① 零件分析主要包括分析零件的几何形状、加工精度、技术要求、工艺特点，同时对零件的工艺性进行研究。

② 抄画零件图，了解零件的几何形状、结构特点以及技术要求，如有装配图，了解零件

在所装配产品中的作用。零件由多个表面构成,既有基本表面,如平面、圆柱面、圆锥面及球面,又有特形表面,如螺旋面、双曲面等。不同的表面对应不同的加工方法,并且各个表面的精度、粗糙度不同,对加工方法的要求也不同。

③ 确定加工表面,找出零件的加工表面及其精度、粗糙度要求,结合生产类型,可查阅工艺手册中典型表面的典型加工方案和各种加工方法所能达到的经济加工精度,选取该表面对应的加工方法及确定经过几次加工。

(二) 确定毛坯

1. 选择毛坯制造方法

毛坯的种类有铸件、锻件、型材、焊接件及冲压件。确定毛坯种类和制造方法时,在考虑零件的结构形状、性能、材料的同时,应考虑与规定的生产类型(批量)相适应。对应锻件应合理确定其分模面的位置,对应铸件应合理确定其分型面及浇冒口的位置,以便在粗基准选择及确定定位和夹紧点时有所依据。

2. 确定毛坯余量

查毛坯余量表,确定各加工表面的总余量、毛坯的尺寸及公差。将查得的毛坯总余量与零件分析中得到的加工总余量对比,若毛坯总余量比加工总余量小,则需调整毛坯余量,以保证有足够的加工余量;若毛坯总余量比加工总余量大,应考虑增加走刀次数,或是减小毛坯总余量。

3. 绘制毛坯图

在总余量已确定的基础上画毛坯图。在经简化了次要细节的零件图的主要视图上,将已确定的加工余量叠加在各相应的被加工表面上,即得到毛坯轮廓。毛坯轮廓用粗实线绘制,零件实体用双点画线绘制,比例尽量取 1∶1。毛坯图上应标出毛坯尺寸、公差、技术要求,以及毛坯制造的分模面、圆角半径和拔模斜度等。

(三) 拟定工艺路线

零件机械加工工艺过程是工艺规程设计的中心问题。其内容主要包括选择定位基准、安排加工顺序、确定各工序所用机床设备和工艺装备等。零件的结构、技术特点和生产批量将直接影响到所制定的工艺规程的具体内容和详细程度,这在制定工艺路线的各项内容时必须考虑到。

1. 定位基准的选择

正确地选择定位基准是设计工艺过程的一项重要内容,也是保证零件加工精度的关键。定位基准分为精基准、粗基准。在最初加工工序中,只能用毛坯上未经加工的表面作为定位基准(粗基准)。在后续工序中,则使用已加工表面作为定位基准(精基准)。

选择定位基准时,既要考虑零件的整个加工工艺过程,又要考虑零件的特征、设计基准及加工方法,根据粗、精基准的选择原则,合理选定零件加工过程中的定位基准。通常在制定工艺规程时,先考虑选择精基准,以保证达到精度要求并把各个表面加工出来,即先选择零件表面最终加工所用精基准和中间工序所用的精基准,然后再考虑选择合适的最初工序的粗基准把精基准面加工出来。

2. 拟定零件加工工艺路线

在零件分析中确定了各个表面的加工方法以后安排加工顺序。机加工顺序安排的原则:先粗后精、先主后次,先面后孔、基面先行。按照这个原则安排加工顺序时可以考虑先主后次,将零件分析主要表面的加工次序作为工艺路线的主干排序,即零件的主要表面先粗加工,再半精加工,最后是精加工,如果还有光整加工,可以放在工艺路线的最后,次要表面穿插在主要表面加工顺序之间；多个次要表面排序时，按照与主要表面位置关系确定先后；平面加工安排在孔加工前；最前面的是粗基准面的加工，最后面的工序可安排清洗、去毛刺及最终检验。

对热处理工序、中间检验等辅助工序以及一些次要工序等，在工艺方案中安排适当的位置，防止遗漏。

对于工序集中与分散、加工阶段划分的选择，主要表面粗、精加工阶段要划分开，如果主要表面和次要表面相互位置精度要求不高时，主要表面的加工尽量采取工序分散的原则，这样有利于保证主要表面的加工质量。

根据零件加工顺序安排的一般原则及零件的特征，在拟定零件加工工艺路线时，各种工艺资料中介绍的各种典型零件在不同产量下的工艺路线(其中已经包括了工艺顺序、工序集中与分散和加工阶段的划分等内容)，以及在生产实习和工厂参观时所了解到的现场工艺方案，皆可供设计时参考。

3. 选择机床设备及工艺装备

设备(即机床)及工艺装备(即刀具、夹具、量具、辅具)类型的选择应考虑下列因素：

① 零件的生产类型；

② 零件的材料；

③ 零件的外形尺寸和加工表面尺寸；

④ 零件的结构特点；

⑤ 该工序的加工质量要求以及生产率和经济性等相适应；

⑥ 充分考虑工厂的现有生产条件，尽量采用标准设备和工具。

4. 工序设计

对于工艺路线中的工序，按照要求进行工序设计，其主要内容包括：

(1) 划分工步　根据工序内容及加工顺序安排的一般原则，合理划分工步。

(2) 确定加工余量　用查表法确定各主要加工面的工序(工步)余量。因毛坯总余量已由毛坯(图)在设计阶段定出，故粗加工工序(工步)余量应由总余量减去精加工、半精加工余量之和而得出。若某一表面仅需一次粗加工，则该表面的粗加工余量就等于已确定出的毛坯总余量。

(3) 确定工序尺寸及公差　对简单加工的情况，工序尺寸可由后续加工的工序尺寸加上工序余量简单求得，工序公差可用查表法按加工经济精度确定。对加工时有基准转换的较复杂的情况，需用工艺尺寸链来求算工序尺寸及公差。

(4) 选择切削用量　切削用量可用查表法或访问数据库方法初步确定，再参照所用机床实际转速、走刀量的挡数最后确定。

(5) 确定加工工时　对加工工序进行时间定额的计算，主要是确定工序的机加工时间。对于辅助时间、服务时间、自然需要时间及每批零件的准备终结时间等，可按照有关资料提供的比例系数估算。

(四) 编制工艺文件

1. 填写机械加工工艺过程卡

工艺过程卡的格式见表 1 - 5。该工艺过程卡包含上面内容所述的有关选择、确定及计算的结果。机械加工以前的工序如铸造、人工时效等在工艺过程卡中可以有所记载，但不编工序号，工艺过程卡在综合实训中只填写综合实训所涉及的内容。

2. 填写工序的机械加工工序卡

工序卡见表 1-6。该工序卡除包含上面内容所述的有关选择、确定及计算的结果之外，在工序卡上要求绘制出工序简图。工序简图按照缩小的比例画出，不一定很严格。如零件复杂不能在工序卡片中表示时，可另页单独绘出。工序简图尽量选用一个视图，正确使用定位夹紧符号表示出工件所处的加工位置、夹紧状态。用细实线画出工件的主要特征轮廓，并在本工序所加工的表面标注粗糙度符号。

3. 编写综合实训报告

综合实训报告是综合实训总结性文件。通过编写综合实训报告，进一步培养学生分析、总结和表达问题的能力，巩固、深化在综合实训过程中所获得的知识，是综合实训工作的一个重要组成部分。

综合实训报告应概括地介绍综合实训全貌，对综合实训中的各部分内容应作重点说明、分析论证及必要的计算。要求系统性好、条理清楚、图文并茂，充分表达自己的意见。综合实训报告要求字迹工整、语言简练、逻辑性强、图例清晰。

学生从设计一开始就应随时逐项记录综合实训内容、计算结果、分析意见和资料来源，以及指导老师的合理意见、自己的见解与结论等。每一阶段后，随即可整理、编写出有关部分的报告，待全部结束后，只要稍作整理，便可装订成册。

综合实训报告的内容包括目录、综合实训任务书、总论或前言、对零件的工艺分析（零件的作用、结构特点、结构工艺性、关键表面的技术要求分析等）、工艺设计（生产类型、毛坯选择与毛坯图说明、工艺路线的确定、加工余量、切削用量要素、工时定额的确定、工序尺寸与公差的确定）、设计体会。

第二节　综合实训实例

本节给出综合实训实例，即 CA6140 车床拨叉零件（图 9-1）机械加工工艺规程设计，年产量为 5 000 件。

一、零件图分析

1. 零件的功用

该拨叉应用于 CA6140 车床主轴箱变速箱的换挡机构中。拨叉头以 ϕ22 mm 孔套在变速叉轴上，并用锥销和螺钉与操纵手柄连接，拨叉脚则夹在双联变速齿轮的槽中。当需要变速时，操纵变速杆，变速操纵机构就通过拨叉头部的操纵槽带动拨叉与变速叉轴一起在变速箱中滑移，拨叉脚拨动双联变速齿轮在花键轴上滑动以改换挡位，从而改变铣床主轴的转速。

该拨叉在改换挡位时要承受冲击载荷的作用，因此该零件应具有足够的强度、刚度，以适应拨叉的工作条件。该零件的主要工作表面为拨叉脚部槽的两端面、叉轴孔 ϕ22 mm（H12），在设计工艺规程时应重点予以保证。

2. 零件技术分析

拨叉的全部技术要求列于表 9-1 中。

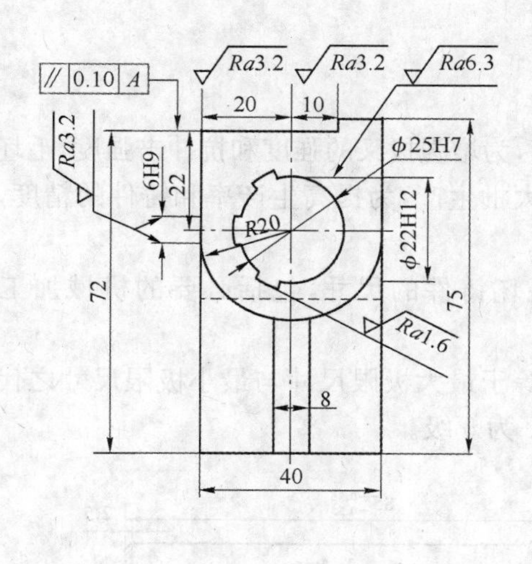

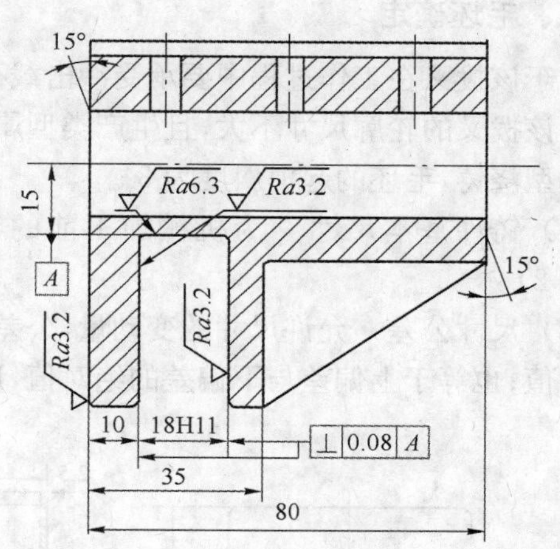

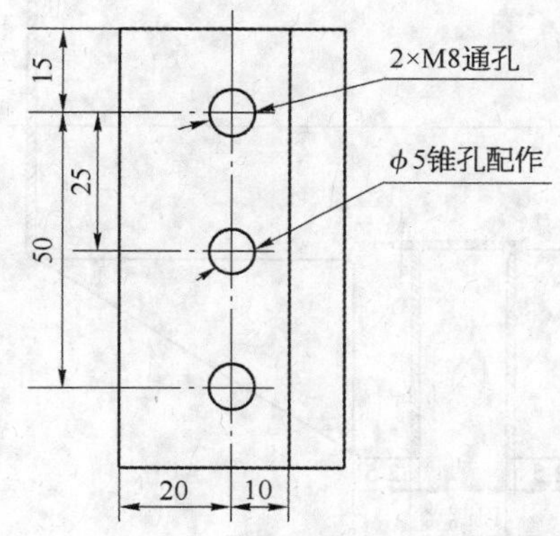

图 9－1　拨叉零件图

表 9－1　拨叉零件技术要求

加工表面	尺寸及偏差(mm)	公差及精度等级(IT)	表面粗糙度 Ra(μm)	形位公差(mm)
拨叉头后端面	80	13	3.2	
拨叉头前端面	80	13	3.2	
拨叉脚槽后端面	10	13	3.2	⊥ 0.08 A
拨叉脚槽前端面	18	11	3.2	⊥ 0.08 A
拨叉脚槽底面	15	13	6.3	
拨叉头顶下台阶面	22	13	3.2	// 0.10 A
拨叉左端面	20	13		
拨叉右端面	40	13		
ϕ22 mm 孔	22	12	6.3	
R20 mm 外圆	20	13		
ϕ22 mm 孔内花键槽侧面	6	9	3.2	
ϕ25 mm 花键槽底圆面	25	7	1.6	

二、毛坯确定

由于该拨叉在工作过程中要承受冲击载荷,为增强拨叉的强度和抗冲击强度,毛坯选用铸件。该拨叉的轮廓尺寸不大,且生产类型属大批生产,为提高生产率和铸件的精度,宜采用金属型浇铸,毛坯的起模斜度为 3°。

(1) 铸件基本尺寸　为机械加工前的毛坯铸件的尺寸,包括必要的机械加工余量(图 9-2)。

(2) 尺寸公差　允许尺寸的变动量,公差等于最大极限尺寸与最小极限尺寸之代数差的绝对值;也等于上偏差与下偏差的绝对值,IT 为 9 级。

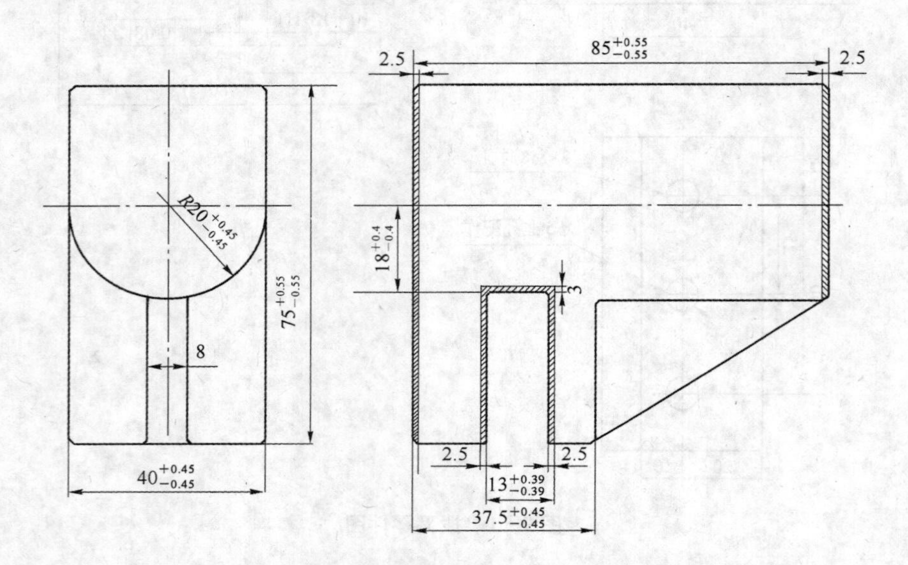

图 9-2　拨叉铸造毛坯的简图

三、工艺规程设计

1. 定位基准的选择

定位基准有粗基准和精基准之分,通常先确定精基准,然后再确定粗基准。

(1) 精基准的选择　根据该拨叉零件的技术要求和装配要求,选择拨叉头后端面和叉轴孔 $\phi22^{+0.21}_{0}$ mm 作为精基准,零件上的很多表面都可以采用它们作为基准进行加工,即遵循了"基准统一"原则。叉轴孔 $\phi22^{+0.21}_{0}$ 的轴线是设计基准,选用其作精基准定位加工拨叉脚两端面和拨叉头下台阶面,实现了设计基准和工艺基准的重合,保证了被加工表面的垂直度和平行度要求。选用拨叉头后端面作为设计基准。另外,由于拨叉件刚度较差,受力容易产生碎裂,为了使得机械加工中产生夹紧损坏,根据夹紧力应垂直于主要定位基面,并应作用在刚度较大部位的原则,夹紧力作用点不能作用在叉杆上。选用拨叉头后端面作精基准,夹紧可作用在拨叉头的前端面上,夹紧稳定可靠。

(2) 粗基准的选择　作为粗基准的表面平整,没有飞边、毛刺或其他表面缺陷。选择拨叉头前端面和拨叉脚底面作为粗基准。采用拨叉头前端面作粗基准加工后端面,可以为后续工序准备好精基准。

2. 表面加工方法的确定

根据拨叉零件图上各加工表面的尺寸精度和表面粗糙度，确定加工件各表面的加工方法，见表 9-2。

表 9-2 拨叉零件个表面加工方案

加工表面	尺寸精度等级(IT)	表面粗糙度 Ra(μm)	加工方案
拨叉头后端面	13	3.2	粗铣—半精铣—磨削
拨叉头前端面	13		粗铣
拨叉脚内侧面(及底面)	11 (13)	3.2 6.3	粗铣—精铣
ϕ22 mm 孔	12	6.3	钻削—扩
ϕ25 mm 花键孔	7	1.6	拉削
拨叉头下台阶面	13	3.2	粗铣—精铣

3. 加工阶段的划分

该拨叉加工质量要求较高，可将加工阶段划分成粗加工、半精加工和精加工几个阶段。

在粗加工阶段，首先将精基准(拨叉头后端面和叉轴孔)准备好，使后续工序都可采用精基准定位加工，保证其他加工表面的精度要求；然后粗铣拨叉头前端面、粗铣拨叉脚槽内侧面和底面。在半精加工阶段，完成拨叉头后端面的精铣、拨叉脚槽内侧面和底面的精铣加工和螺钉孔 M8 mm 的钻、扩加工；在精加工阶段，进行拨叉头后端面的磨削加工。

4. 工序的集中与分散

选用工序分散原则安排拨叉的加工工序。该拨叉的生产类型为大批生产，可以采用普通型机床配以专用工、夹具，以降低其生产成本。

5. 工序顺序的安排

(1) 机械加工工序

① 遵循“基面先行”原则，首先加工精基准——拨叉头后端面和叉轴 $\phi22^{+0.21}_{0}$ mm。

② 遵循“先粗后精”原则，先安排粗加工工序，后安排精加工工序。

③ 遵循“先主后次”原则，先加工主要表面——拨叉头后端面和叉轴孔 $\phi22^{+0.21}_{0}$ mm，后加工次要表面——拨叉脚槽内侧面、底面和拨叉头下台阶面。

④ 遵循“先面后孔”原则，先加工拨叉头端面，再加工叉轴孔 ϕ22 mm 孔；先铣拨叉头下台阶面，再钻削螺钉孔 M8 mm。

(2) 热处理工序 铸件为了消除残余应力，需在粗加工前、后各安排一次时效处理，在半精加工前、后各安排一次时效处理。

(3) 辅助工序 在半精加工后，安排去毛刺和中间检验工序；精加工后，安排去毛刺、终检工序。

综上所述，该拨叉工序的安排顺序为：基准加工—主要表面粗加工及一些余量大的表面粗加工—主要表面半精加工和次要表面加工—热处理—主要表面精加工。

根据工序安排，编出机械加工工艺过程卡片，见表 9-3。

表 9-3 拨叉零件机械加工工艺过程卡片

××××学院	机械加工工艺过程卡片	产品型号		零件图号			
		产品名称	CA6140 车床	零件名称	拨叉	共 页	第 页

材料牌号		毛坯种类		毛坯外形尺寸		每毛坯件数		每台件数		备注	

工序号	工序名称	工序内容	车间	工段	设备	工艺装备	工时	
							准终	单件
1	粗铣拨叉头前后两端面	粗铣两端面至 81.175～80.825 mm, $Ra12.5\ \mu m$			立式铣床 X51	直柄立铣刀、游标卡尺		
2	时效处理							
3	精铣拨叉头后端面	精铣拨叉头后端面至 80～79.54 mm, $Ra3.2\ \mu m$			立式铣床 X51	直柄立铣刀、游标卡尺		
4	钻、粗扩、精扩、倒角	至 20～21.8～22H12 mm			Z525 型立式钻床	麻花钻、扩孔钻、卡尺、塞规		
5	粗铣拨叉脚槽内侧面和底面	粗铣拨叉脚内侧面至 13～16.065 mm, $Ra12.5\ \mu m$			立式铣床 X51	槽铣刀		
6	粗铣拨叉头台阶面	粗铣拨叉头台阶面至 75～73.5 mm, $Ra12.5\ \mu m$			卧式双面铣床	三面刃铣刀、游标卡尺、专用夹具		
7	时效处理							
8	精铣拨叉脚槽内侧面和底面	精铣拨叉脚内侧面至 16.065～18.11 mm, $Ra3.2\ \mu m$, $Ra6.3\ \mu m$			立式铣床 X51	槽铣刀、游标卡尺		
9	精铣拨叉头台阶面	精铣拨叉头台阶至 25～22 mm, $Ra3.2$ mm, $Ra3.2$ mm			卧式双面铣床	三面刃铣刀、游标卡尺		
10	拉削 $\phi25$ mm 花键轴孔				卧式内拉床 L6110	矩形花键拉刀、游标卡尺		
11	去毛刺				钳工台	平锉		
12	中检							
13	时效处理							
14	磨削拨叉头后端面				平面磨床 M7120A	砂轮、游标卡尺		
15	清洗				清洗机			
16	终检					塞规、百分表、卡尺		

										设计（日期）	校对（日期）	审核（日期）	标准化（日期）	会签（日期）
标记	处数	更改文件号	签字	日期	标记	处数	更改文件号	签字	日期					

四、机床设备及工艺装备选择

在大批生产条件下，可以选用高效的专用设备，也可选用通用设备。所选用的通用设备应提出机床型号，如"立式铣床 X51"。

工艺装备主要包括刀具、夹具和量具。在工艺卡片中应简要写出它们的名称，如"钻头”、“百分表”等。

拨叉的生产类型为大批生产，所选用的夹具均为专用夹具。

五、加工余量、工序尺寸及其公差的确定

1. 工序1和3(加工拨叉头前后两端面至设计尺寸的加工余量、工序尺寸和公差的确定)的加工过程

① 以前端面B定位，粗铣后端面A，保证工序尺寸P_1。

② 以后端面A定位，粗铣前端面B，保证工序尺寸P_2。

③ 以前端面B定位，精铣后端面A，保证工序尺寸P_3，达到零件图设计尺寸D的要求，$D=80_{-0.46}^{\ 0}$ mm。

如图9-3所示加工方案，可找出全部工艺尺寸链，如图9-4所示。

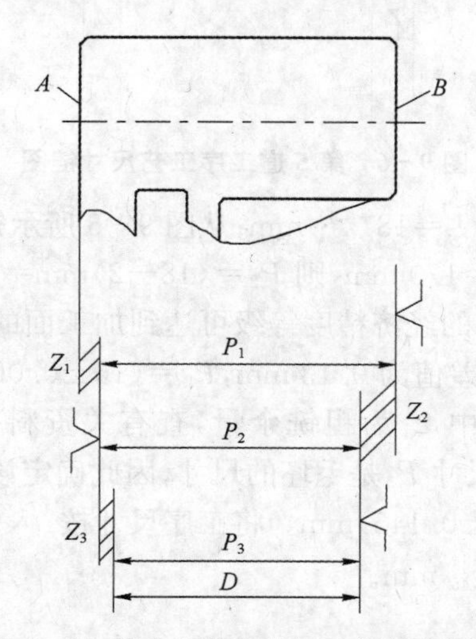

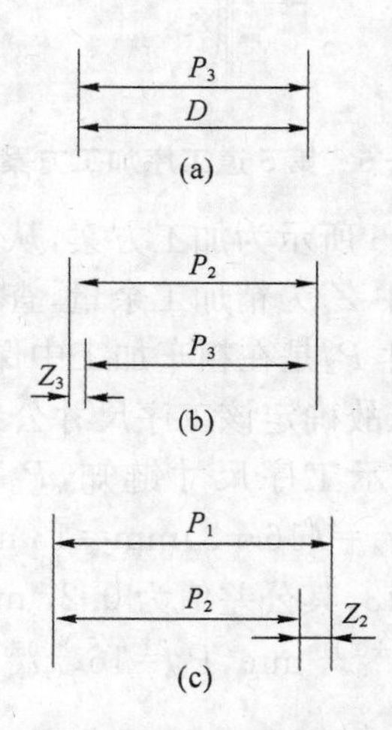

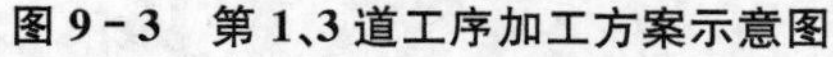

图9-3　第1、3道工序加工方案示意图　　**图9-4　第1、3道工序工艺尺寸链图**

求解各工序尺寸及公差的顺序如下：

从图9-4a知，$P_3=D=80_{-0.46}^{\ 0}$ mm；从图9-4b知，$P_2=P_3+Z_3$，其中Z_3为半精加工余量，查《机械加工工艺手册》得$Z_3=1.0$ mm，则$P_2=(80+1)$mm$=81$ mm。由于工序尺寸P_2是在粗铣加工中保证的，查手册知，粗铣工序的经济精度等级可达到B面的最终加工要求IT12，因此确定该工序尺寸公差为IT12，其公差值为0.35 mm，故$P_2=(81\pm0.175)$mm；从图9-4c所示工序尺寸链知，$P_1=P_2+Z_2$，其中Z_2为粗铣余量，由于B面的加工余量是经粗铣一次切除的，故Z_2应等于B面的毛坯余量，即$Z_2=2.5$ mm，$P_1=(81+2.5)$mm$=83.5$ mm。由于粗铣工序的经济精度等级为IT13，其公差值为0.54 mm，故$P_1=(83.5\pm0.27)$mm。将工序尺寸按“入体原则”表示：$P_3=80_{-0.46}^{\ 0}$ mm，$P_2=81.175_{-0.35}^{\ 0}$ mm，$P_1=83.75_{-0.54}^{\ 0}$ mm。

2. 工序5(加工拨叉脚槽内侧面至设计尺寸的加工余量、工序尺寸和公差的确定)的加工过程

① 以后端面A定位，粗铣拨叉脚槽内侧面，保证工序尺寸P_2。

② 以后端面A定位，精铣拨叉脚槽内侧面，保证工序尺寸P_1，并保证零件设计尺寸要

求 L，$L=P_1=18^{+0.11}_{0}$ mm。

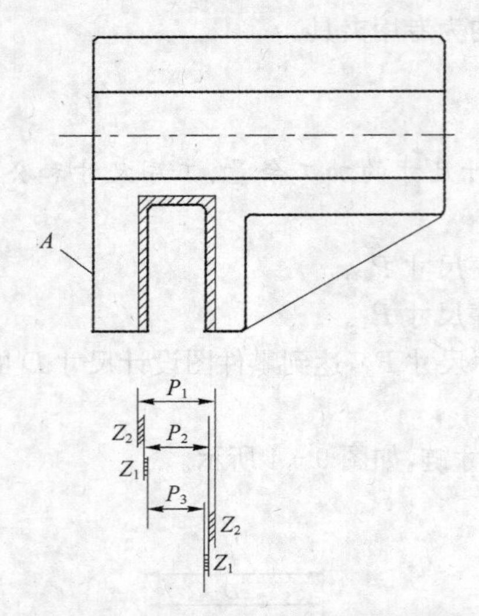

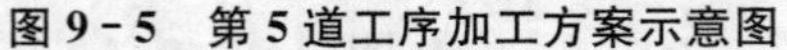
图 9-5　第 5 道工序加工方案示意图

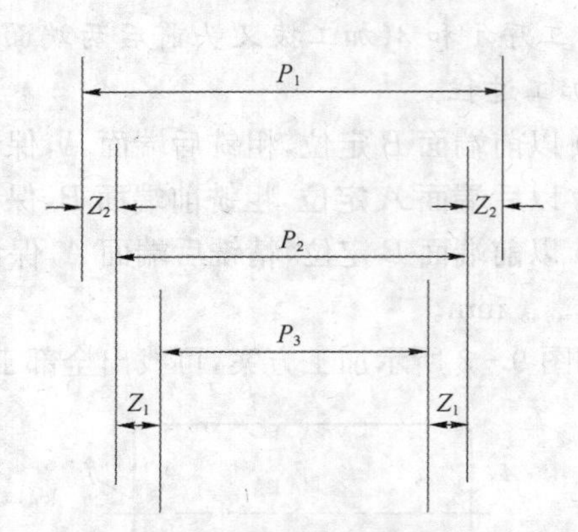

图 9-6　第 5 道工序工艺尺寸链图

如图 9-5 所示为加工方案，从图 9-6 知，$P_1=L=18^{+0.11}_{0}$ mm；从图 9-6 所示知，$P_2=P_1-2Z_2$，其中 Z_2为精加工余量，查有关资料得 $Z_2=1.0$ mm，则 $P_2=(18-2)$mm$=16$ mm。由于工序尺寸 P_2是在粗车加工中保证的，粗车工序的经济精度等级可达到加工面的最终加工要求 IT11，故确定该工序尺寸公差为 IT11，其公差值为 0.13 mm，$P_2=(16\pm0.065)$mm；从图 9-6 所示工序尺寸链知，$P_3=P_2-2Z_1$，其中 Z_1为粗铣余量，查有关资料得 $Z_1=1.5$ mm，则 $P_2=(16-3)$mm$=13$ mm。由于工序尺寸 P_3是毛坯的尺寸，因此确定该工序尺寸公差为 IT13，其公差值为 0.27 mm，故 $P_3=(13\pm0.145)$mm。将工序尺寸按“入体原则”表示：$P_1=18^{+0.11}_{0}$ mm，$P_2=16^{+0.065}_{-0.065}$ mm，$P_3=13^{+0.145}_{-0.145}$ mm。

六、切削用量的计算

1. 工序 1(粗铣拨叉头前后两端面)

该工序分两个工步，工步 1 是以 B 面定位，粗铣 A 面；工步 2 是以 A 面定位，粗铣 B 面。由于这两个工步是在一台机床上经一次走刀加工完成的，因此它们所选用的切削速度 v 和进给量 f 是一样的，只有背吃刀量不同。

(1) 背吃刀量的确定　工步 1 的背吃刀量 a_{p1}取为 Z_1(图 9-3)，Z_1等于 A 面的毛坯总余量减去工序 2 的余量 Z_3，即 $Z_1=(2.5-1)$mm$=1.5$ mm；而工步 2 的背吃刀量 a_{p2}取为 Z_2，则如前所知 $Z_2=2.5$ mm，故 $a_{p2}=2.5$ mm。

(2) 进给量的确定　由《机械加工工艺手册》，在粗铣铸铁、刀杆尺寸为 16 mm×25 mm、$a_p\leqslant3$ mm 以及工件直径为 60～100 mm 时，$f=0.6\sim1.2$ mm/r，所以选择 $f=1.0$ mm/r。

(3) 铣削速度的计算　查有关资料可知，当用 YG6 硬质合金铣刀铣削 $\delta_b=166\sim181$ MPa 灰铸铁，$a_p\leqslant3$ mm，$f\leqslant1.0$ mm/r，切削速度 $v_1=80$ m/min。切削速度的修正系数为 $k_v=1.0\times1.21\times1.15\times0.85\times1.02=1.206$(查找有关资料)，故

$$v_c'=v_1k_v=80\times1.206\ \text{m/min}=96.5\ \text{m/min}$$

$$n=\frac{1\,000v_c'}{\pi d}=\frac{1\,000\times 96.5}{\pi\times 75}\text{r/min}=409.77\text{ r/min}$$　（d 为铣刀直径）

选择 $$n_c=410\text{ r/min}$$

这时实际切削速度为 $$v_c=\frac{\pi D n_c}{1\,000}=\frac{\pi\times 75\times 410}{1\,000}=96.5\text{ m/min}$$

2. 工序 3(精铣拨叉头后端面 A)

(1) 背吃刀量的确定　取 $a_p=Z_3=1$ mm。

(2) 进给量的确定　精加工进给量主要受加工表面粗糙度的限制。查有关资料，当表面粗糙度为 $Ra3.2$ μm、$a_p=1$ mm、$v=96.5$ m/min 时，$f=0.3\sim0.35$ mm/r，选择 $f=0.3$ mm/r。

(3) 铣削速度的计算　根据资料，当 $\delta_b=166\sim181$ MPa，$a_p\leqslant1.4$ mm，$f\leqslant0.38$ mm/r 时，$v_1=156$ m/min，切削速度的修正系数为 1，故

$$v_c'=156\text{ m/min},n=\frac{1\,000v_c}{\pi D}=\frac{1\,000\times 156}{\pi\times 75}\text{r/min}=662.4\text{ r/min}$$

3. 工序 4(钻、扩 $\phi22$ 孔，孔的精度达到 IT12)

1) 选择高速钢麻花钻头的切削用量

(1) 按加工要求决定进给量　当加工精度为 IT12～IT13、$d_0=20$ mm 时，$f=0.53$ mm/r。由于 $l/d=80/22=3.6$，故应乘孔深修正系数 $k_{lf}=0.95$，则 $f=0.53\times0.95$ mm/r$=0.50$ mm/r。

(2) 按钻头强度决定进给量　当 $\delta_b=181$ MPa、$d_0=20$ mm 时，钻头强度允许的进给量 $f=1.11$ mm/r。

(3) 按机床进给机构强度决定进给量　当 $\delta_b<200$ MPa、$d_0\leqslant20.5$ mm，机床进给机构允许的轴向力为 8 800 N，进给量为 0.53 mm/r。

2) 选择高速钢麻花钻头的切削速度　由有关资料得 $v_c=15$ m/min，切削速度的修正系数为 $k_v=0.85$，故

$$n=\frac{1\,000\times0.85v_c}{\pi d_0}=\frac{1\,000\times0.85\times15}{\pi\times20}\text{r/min}=203.03\text{ r/min}$$

3) 计算基本工时

$$t_m=\frac{L}{nf}=\frac{80}{203.03\times0.53}\text{min}=0.885\text{ min}$$

由于所有工步所用工时很短，所以使得切削用量一致，以减少辅助时间。

扩铰和精铰的切削用量如下。

粗扩钻：$n=203.03$r/min，$f=0.53$ mm/r，$v_c=15$ m/min，$d_0=21.8$ mm

修正系数 $K_v=10$，故

$$v_c=15\text{ m/min},n_s=\frac{1\,000v}{\pi d_0}=219\text{ r/min}$$

计算工时 $$t_m=\frac{L}{nf}=\frac{150}{203.03\times0.53}=1.39\text{ min}$$

精扩钻：$n=203.03$ r/min，$f=0.40$ mm/r，$v_c=15$ m/min，$d_0=22$ mm

修正系数 $K_v=10$，故

$$v_c=15\text{ m/min},n_s=\frac{1\,000v}{\pi d_0}=219\text{ r/min}$$

计算工时 $t_m=\frac{L}{nf}=\frac{150}{203.03\times0.40}=1.85\ \text{min}$

4. 工序5(铣拨叉脚槽内侧面)

(1) 背吃刀量的确定　工步1的背吃刀量 a_{p1} 取为 Z_1，$Z_1=1.5$ mm；工步2的背吃刀量 a_{p2} 取为 Z_2，$Z_2=1.0$ mm。

(2) 进给量的确定　按机床功率为5～10 kW、工件-夹具系统刚度为中等条件选取，该工序的每齿进给量 f_z 取为0.2 mm/z。

(3) 铣削速度的计算　按镶齿铣刀、$d/z=18/3$ 的条件选取，铣销速度 v 可取为19 m/min。$n=\frac{1\,000v}{\pi d}=336$ r/min，查有关资料得X51型立式铣床的主轴转速，取转速 $n=380$ r/min。再将此转速代入公式 $n=\frac{1\,000v}{\pi d}$，可求出该工序的实际铣销速度 $v=21.477$ m/min。

5. 工序6(铣拨叉头台阶面)

(1) 背吃刀量的确定　工步1的背吃刀量 a_{p1} 取为 $Z/2$，$Z=2.0$ mm；工步2的背吃刀量 a_{p2} 取为 $Z/2$，$a_{p2}=1.0$ mm。

(2) 进给量的确定　按机床功率为5～10 kW、工件-夹具系统刚度为中等条件选取，该工序的每齿进给量 f_z 取为0.2 mm/z。

(3) 铣削速度的计算　按镶齿三面刃铣刀、$d/z=80/10$ 的条件选取，铣销速度 v 可取为44.9 m/min。$n=\frac{1\,000v}{\pi d}=178.65$ r/min，查有关资料得X61型卧式万能铣床的主轴转速，取转速 $n=160$ r/min。再将此转速代入公式 $n=\frac{1\,000v}{\pi d}$，可求出该工序的实际铣销速度 $v=40.2$ m/min。

6. 工序10(拉削 $\phi25$ mm 花键轴孔)

(1) 拉削进给量的确定　查有关资料得，$f=0.2$ mm/z。

(2) 拉削速度　根据《机械加工工艺手册》，$v=5$ m/min。

(3) 基本工时

$$t_m=\frac{L}{v}=\frac{180}{5\times1\,000}=0.036\ \text{min}$$

七、时间定额的计算

1. 基本时间 t_m 的计算

(1) 工序1(粗铣拨叉头前后两端面)

$$t_j=\frac{l+l_1+l_2}{fM_z}$$

式中 $l=38.5$ mm，故

$$t_m=\frac{38.5}{410\times1.0}=0.094\ \text{min}$$

(2) 工序3(半精铣拨叉头后两端面)

$$t_j=\frac{l+l_1+l_2}{fM_z}$$

式中 $l=38.5$ mm，故

$$t_m=\frac{38.5}{662.4\times1.0}\text{min}=0.058\text{ min}$$

(3) 工序 5(铣拨叉脚内侧面)

基本时间 $$t_j=\frac{l+l_1+l_2}{fM_z}$$

因 $l_1=0.5d+1, l_2=2$，故

$$t_j=\frac{40+2}{0.2\times3\times380}\times60=11.05\text{ s}$$

(4) 工序 6(铣拨叉头台阶面)

基本时间 $$t_j=\frac{l+l_1+l_2}{fM_z}$$

因 $l_1=0.5d+1, l_2=2$，故

$$t_j=\frac{40+2}{0.2\times10\times160}\times60=7.875\text{ s}$$

2. 辅助时间 t_a 的计算

辅助时间 t_a 与基本时间 t_m 之间的关系为 $t_a=(0.15\sim0.2)t_m$，取 $t_a=0.15t_m$，则各工序的辅助时间分别计算如下。

工序 1：$t_a=0.15\times0.094\times60=0.846$ s；工序 3：$t_a=0.15\times0.058\times60=0.522$ s

工序 4：$t_{a1}=0.15\times0.885=0.132\,75$ min，$t_{a2}=0.15\times1.66=0.249$ min，

$t_{a3}=0.15\times2.2=0.33$ min

工序 5：$t_a=0.15\times11.05=1.657\,5$ s；工序 6：$t_a=0.15\times7.875=1.181\,25$ s

工序 10：$t_a=0.15\times0.036=0.005\,4$ min

3. 其他时间的计算

除了作业时间(基本时间与辅助时间之和)以外，每道工序的单件时间还包括布置工作地时间、休息与生理需要时间和准备与终结时间。由于拨叉的生产类型为大批生产，分摊到每个工件上的准备与终结时间甚微，可忽略不计；布置工作地时间 t_b 是作业时间的 2%～7%，休息与生理需要时间 t_x 是作业时间的 2%～4%，均取为 3%。则各工序的其他时间 (t_b+t_x) 可按关系式 $(3\%+3\%)\times(t_a+t_m)$ 计算，它们分别计算如下。

工序 1 的其他时间：$t_b+t_x=6\%\times(0.094\times60+0.846)=0.389$ s

工序 3 的其他时间：$t_b+t_x=6\%\times(0.058\times60+0.522)=0.240$ s

工序 4 的辅助时间：$t_{b1}+t_{x1}=6\%\times(0.885+0.132\,75)=0.061$ min

$t_{b2}+t_{x2}=6\%\times(1.66+0.249)=0.114\,54$ min

$t_{b3}+t_{x3}=6\%\times(2.2+0.33)=0.151\,8$ min

工序 5 的其他时间：$t_b+t_x=6\%\times(11.05+1.657\,5)=0.762\,45$ s

工序 6 的其他时间：$t_b+t_x=6\%\times(7.875+1.181\,25)=0.543\,38$ s

工序 10 的辅助时间：$t_b+t_x=6\%\times(0.036+0.005\,4)=0.002\,5$ min

4. 单件时间 t_{dj} 的计算

工序 1：$t_{dj}=0.094\times60+0.846+0.386=6.872$ s；

工序 3：$t_{dj}=0.058\times60+0.522+0.240=4.242$ s

工序 4：$t_{dj1}=(0.885+0.132\,75+0.061)\times60=64.725$ s

$t_{dj2}=(1.66+0.249+0.114\,54)\times60=121.4$ s

$t_{dj3}=(2.2+0.33+0.151\,8)\times60=160.908$ s

工序 5：$t_{dj}=11.05+1.657\,5+0.762\,45=13.469\,95$ s

工序 6：$t_{dj}=7.875+1.181\,25+0.543\,38=9.6$ s

工序 10：$t_{dj}=(0.036+0.005\,4+0.002\,5)\times60=2.63$ s

将上述零件工艺规程设计的结果，添入工艺文件。下面表 9-4～表 9-8 列出部分机械加工工序卡片。

表 9-4　机械加工工序卡片(一)

××××学院	机械加工工序卡片	产品型号		零件图号			
		产品名称	CA6140 车床	零件名称	拨叉	共　页	第　页

车间	工序号	工序名称	材料牌号
	1	粗铣拨叉头前后两端面	HT200
毛坯种类	毛坯外形尺寸	每毛坯可制件数	每台件数
		1	1
设备名称	设备型号	设备编号	同时加工件数
	X51		2
夹具编号	夹具名称	切削液	
	专用夹具		
工位器具编号	工位器具名称	工序工时(分)	
		准终	单件
			6.872 s

工步号	工步内容	工艺装备	主轴转速 r/min	切削速度 m/min	进给量 mm/r	切削深度 mm	进给次数	工步工时	
								机动	辅助
1	粗铣 A 面至 83.77～83.23 mm、Ra12.5 μm	直柄立式铣刀、游标卡尺	410	96.5	1.0	1.5	1	0.094	0.846
2	粗铣 B 面 81.175～80.825 mm、Ra12.5 μm	直柄立式铣刀、游标卡尺	410	96.5	1.0	2.5	1	0.094	0.846

										设计(日期)	校对(日期)	审核(日期)	标准化(日期)	会签(日期)
标记	处数	更改文件号	签字	日期	标记	处数	更改文件号	签字	日期					

表 9-5　机械加工工序卡片(二)

××××学院	机械加工工序卡片	产品型号		零件图号			
		产品名称	CA6140 车床	零件名称	拨叉	共　页	第　页

A　$Ra3.2$　$80_{-0.46}^{0}$

车间	工序号	工序名称	材料牌号
	3	粗铣拨叉头前后两端面	HT200
毛坯种类	毛坯外形尺寸	每毛坯可制件数	每台件数
		1	1
设备名称	设备型号	设备编号	同时加工件数
	X51		1

夹具编号	夹具名称	切削液	
	专用夹具		
工位器具编号	工位器具名称	工序工时(分)	
		准终	单件
			4.242 s

工步号	工步内容	工艺装备	主轴转速 r/min	切削速度 m/min	进给量 mm/r	切削深度 mm	进给次数	工步工时 机动	工步工时 辅助
1	粗铣拨叉头后端面 *A* 至 80～79.54 mm、$Ra3.2$ μm	直柄立式铣刀、游标卡尺	662	156	0.3	1	1	0.058	0.522

										设计(日期)	校对(日期)	审核(日期)	标准化(日期)	会签(日期)
标记	处数	更改文件号	签字	日期	标记	处数	更改文件号	签字	日期					

表 9-6 机械加工工序卡片(三)

××××学院	机械加工工序卡片	产品型号		零件图号			
		产品名称	CA6140 车床	零件名称	拨叉	共 页	第 页

车间	工序号	工序名称	材料牌号
	4	粗铣拨叉头前后两端面	HT200
毛坯种类	毛坯外形尺寸	每毛坯可制件数	每台件数
		1	1
设备名称	设备型号	设备编号	同时加工件数
	Z525		1
夹具编号	夹具名称	切削液	
	专用夹具		
工位器具编号	工位器具名称	工序工时(分)	
		准终	单件
			5.78 min

ϕ22　ϕ21.8　ϕ20

工步号	工步内容	工艺装备	主轴转速 r/min	切削速度 m/min	进给量 mm/r	切削深度 mm	进给次数	工步工时 机动	工步工时 辅助
1	钻 ϕ22 的孔至 ϕ20 mm	麻花钻	170	15	0.53			0.885	0.13
2	粗扩 ϕ22 的孔至 ϕ21.8 mm	扩孔钻	170	15	0.53			1.66	0.249
3	精扩 ϕ22 的孔至 ϕ22 mm	扩孔钻	170	15	0.40			2.2	0.33

										设计(日期)	校对(日期)	审核(日期)	标准化(日期)	会签(日期)
标记	处数	更改文件号	签字	日期	标记	处数	更改文件号	签字	日期					

表 9-7　机械加工工序卡片(四)

××××学院	机械加工工序卡片	产品型号		零件图号			
		产品名称	CA6140 车床	零件名称	拨叉	共　页	第　页

车间	工序号	工序名称	材料牌号
	5	粗铣拨叉头前后两端面	HT200
毛坯种类	毛坯外形尺寸	每毛坯可制件数	每台件数
		1	1
设备名称	设备型号	设备编号	同时加工件数
	X51		1

夹具编号	夹具名称	切削液	
	专用夹具		
工位器具编号	工位器具名称	工序工时(分)	
		准终	单件
			22.1 s

工步号	工步内容	工艺装备	主轴转速 r/min	切削速度 m/min	进给量 mm/r	切削深度 mm	进给次数	工步工时 机动	工步工时 辅助
1	粗铣拨叉脚槽内侧面至13～16.065 mm	YG6 硬质合金镶齿铣刀、游标卡尺	380	21.477	0.2	1.5	1	11.05	1.657 5
2	精铣拨叉脚槽内侧面至16.065～18.11 mm、$Ra3.2\ \mu m$	YG6 硬质合金镶齿铣刀、游标卡尺	380	21.477	0.2	1.0	1	11.05	1.657 5

										设计(日期)	校对(日期)	审核(日期)	标准化(日期)	会签(日期)
标记	处数	更改文件号	签字	日期	标记	处数	更改文件号	签字	日期					

表 9-8 机械加工工序卡片(五)

××××学院	机械加工工序卡片	产品型号		零件图号			
		产品名称	CA6140 车床	零件名称	拨叉	共 页	第 页

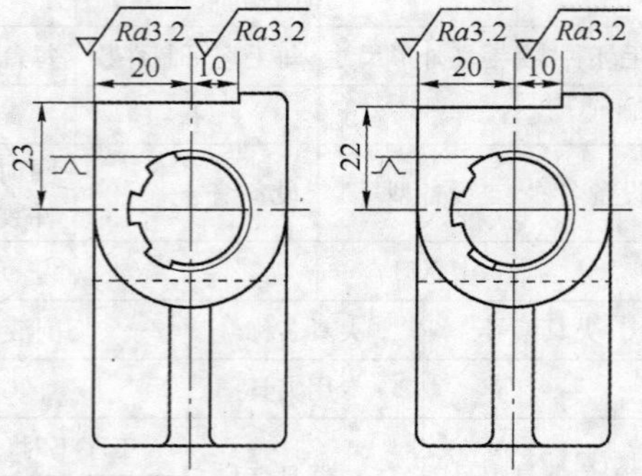

车间	工序号	工序名称	材料牌号
	6	粗铣拨叉头前后两端面	HT200
毛坯种类	毛坯外形尺寸	每毛坯可制件数	每台件数
		1	1
设备名称	设备型号	设备编号	同时加工件数
	X61		1
夹具编号	夹具名称	切削液	
	专用夹具		
工位器具编号	工位器具名称	工序工时(分)	
		准终	单件
			20.54 s

工步号	工步内容	工艺装备	主轴转速 r/min	切削速度 m/min	进给量 mm/r	切削深度 mm	进给次数	工步工时	
								机动	辅助
1	粗铣拨叉头台阶面至 25～23.5 mm	YG6 硬质合金镶齿三面刃铣刀、游标卡尺	160	40.2	0.2	2.0	1	9.6	1.18
2	精铣拨叉头台阶面至 23.5～22 mm、*Ra*3.2 μm	YG6 硬质合金镶齿三面刃铣刀、游标卡尺	160	40.2	0.2	1.0	1	9.6	1.18

										设计(日期)	校对(日期)	审核(日期)	标准化(日期)	会签(日期)
标记	处数	更改文件号	签字	日期	标记	处数	更改文件号	签字	日期					

参考文献

[1] 兰建设.机械制造工艺与夹具[M].北京:机械工业出版社,2004.
[2] 吴拓、勋建国.《机械制造工程》[M].2版.北京:机械工业出版社,2005.
[3] 吴拓.机械制造工艺与机床夹具[M].北京:机械工业出版社,2006.
[4] 刘守勇.机械制造工艺与机床夹具[M].北京:机械工业出版社,2000.
[5] 倪森寿.机械制造工艺与装配[M].北京:化学工业出版社,2003.
[6] 黄鹤汀,吴善元.机械制造技术[M].北京:机械工业出版社,2005.
[7] 周伟平.机械制造技术[M].武汉:华中科技大学出版社,2004.
[8] 肖继德,陈宁平.机床夹具设计[M].北京:机械工业出版社,2005.
[9] 徐嘉元、曾家驹.机械制造工艺学[M].北京:机械工业出版社,2004.
[10] 刘志刚.机械制造基础[M].北京:高等教育出版社,2002.
[11] 王明耀,张兆隆.机械制造技术[M].北京:高等教育出版社,2002.
[12] 郑修本.机械制造工艺学[M].2版.北京:机械工业出版社,2005.
[13] 何七荣.机械制造工艺与工装[M].北京:高等教育出版社,2003.
[14] 孟宪栋.机床夹具图册[M].北京:机械工业出版社,2006.
[15] 王贵成.机械制造学[M].北京:机械工业出版社,2001.
[16] 吴林禅.金属切削原理与刀具[M].北京:机械工业出版社,1998.
[17] 朱焕池.机械制造工艺学[M].北京:机械工业出版社,2000.
[18] 刘越.机械制造技术[M].北京:化学工业出版社,2003.